MALLE | WOSCHITZ | KOTH | SALZGER

Mathematik verstehen

8

Univ.-Prof. Mag. Dr. Günther Malle
Hochschulprofessorin Mag. Dr. Maria Koth
Prof. Mag. Dr. Helge Woschitz
Prof. Mag. Sonja Malle
Prof. Mag. Dr. Bernhard Salzger
MMag. Dr. Andreas Ulovec

Die Online-Ergänzung auf www.oebv.at wurde erstellt von:
Mag. Dr. Christian Dorner
Doz. Dr. Franz Embacher
Prof. Mag. Dr. Bernhard Salzger
MMag. Dr. Andreas Ulovec

D1619711

www.oebv.at

Wie arbeite ich mit dem Buch?

Jedes Kapitel beginnt mit einer **Aufzählung der Lernziele** (dunkelblau hinterlegt), die in den einzelnen Abschnitten dieses Kapitels angestrebt werden. Danach folgt eine **Zusammenstellung der Grundkompetenzen** (hellblau hinterlegt), die in diesem Kapitel erworben werden sollen.

Im Buch wird zwischen Lehrplan **L** und schriftlicher Reifeprüfung **R** unterschieden. Die orange Linie am linken Seitenrand zeigt genau an, was für die schriftliche Reifeprüfung relevant ist.

Fast jedes Kapitel beinhaltet eine Seite **Technologie kompakt**. Diese Seiten fördern technologiegestütztes Lernen, bieten gezielte Befehle für GeoGebra und Casio Class Pad II und beinhalten zusätzliche Aufgaben für den Technologieeinsatz.

Jedes Kapitel endet mit einem **Kompetenzcheck**, in dem die geforderten Grundkompetenzen durch Aufgaben vom **Typ 1** und **Typ 2** überprüft werden. Die zugehörigen Grundkompetenzen stehen jeweils links neben der Aufgabennummer.

Das letzte Semester setzt sich aus einem Kompendium für die Reifeprüfung und aus einer Vielzahl von Aufgaben vom **Typ 1** und **Typ 2** zusammen, die alle geforderten Grundkompetenzen zu den Inhaltsbereichen Algebra und Geometrie, Funktionale Abhängigkeiten, Analysis und Wahrscheinlichkeit und Statistik abprüfen.

Das **Lehrwerk Online** ist eine Ergänzung zum Schulbuch und bietet nützliche Materialien für den Unterricht. Man kann entweder den Online-Code direkt ins Suchfeld eingeben oder auf der Website direkt beim Lehrwerk auf Lehrwerk-Online klicken. Das verfügbare Online-Material wird laufend ergänzt und aktuell gehalten.

Dieses Symbol kennzeichnet Aufgaben oder Stellen, an denen ein **Technologieeinsatz** möglich bzw. empfehlenswert ist.

kompakt
Seite XXX

Dieses Symbol verweist auf die **Technologie kompakt**-Seiten, auf denen man kurzgefasste Anleitungen zum Technologieeinsatz von GeoGebra bzw. Casio Class Pad II vorfindet.

Applet
Lernapplet
Arbeitsblatt
Lesetext: ABC
Fragen zum Grundwissen
TI-Nspire kompakt
XXXXXX

Symbole dieser Art verweisen auf
- **Applets**, die zur Erklärung des Stoffes im Unterricht herangezogen und mit dem Programm GeoGebra geöffnet werden können.
- **Lernapplets**, die zum eigenständigen Erlernen bzw. Festigen grundlegender Inhalte herangezogen werden.
- **Arbeitsblätter**, die Schülerinnen und Schüler beim Üben unterstützen.
- **Lesetexte** zur Geschichte der Mathematik oder anderen Themen. Sie fördern die Fähigkeit mathematische Texte zu lesen und geben Anregungen für eine vorwissenschaftliche Arbeit.
- **Fragen zum Grundwissen** mit ausformulierten Antworten zu jedem Kapitel, die als pdf-Datei zum Download angeboten werden.
- **TI-Nspire kompakt**, die analog zu den Technologie kompakt-Seiten für jedes Kapitel Kurzanleitungen für den TI-Nspire bieten.

Dieses Symbol verweist auf folgende Zusatzbände:
Mathematik verstehen Technologietraining GeoGebra bzw. **Casio**

Die Zusatzbände **Mathematik verstehen Grundkompetenztraining 5, 6, 7** und das **Maturatraining** bieten weitere Möglichkeiten zum Erwerb und zur Überprüfung der Grundkompetenzen.

INHALTSVERZEICHNIS

7. SEMESTER

8. SEMESTER

1 STAMMFUNKTION UND INTEGRAL

LERNZIELE

1.1 Den Begriff der **Stammfunktion** kennen und Stammfunktionen elementarer Funktionen ermitteln können.

1.2 Die Begriffe der **Unter- und Obersumme** kennen und das **bestimmte Integral** als Zahl zwischen allen Unter- und Obersummen auffassen können.

1.3 Das **bestimmte Integral** näherungsweise als **Summe von Produkten** deuten können.

1.4 **Einfache Integrale** mit Hilfe von Stammfunktionen **berechnen** können.

1.5 **Sätze über Integrale** kennen.

- **Technologie kompakt**

- **Kompetenzcheck**

GRUNDKOMPETENZEN

AN-R 3.1 Den Begriff **Stammfunktion** kennen und zur Beschreibung von Funktionen einsetzen können.

AN-R 3.2 Den **Zusammenhang zwischen Funktion und Stammfunktion** in deren graphischer Darstellung (er)kennen und beschreiben können.

AN-R 4.1 Den **Begriff des bestimmten Integrals als Grenzwert einer Summe von Produkten** deuten und beschreiben können.

AN-R 4.2 **Einfache Regeln des Integrierens** kennen und anwenden können: Potenzregel, Summenregel, Regeln für $\int k \cdot f(x)\,dx$ und $\int f(k \cdot x)\,dx$, bestimmte Integrale von Polynomfunktionen ermitteln können.

AN-R 4.3 **Das bestimmte Integral in verschiedenen Kontexten deuten** und entsprechende Sachverhalte durch Integrale beschreiben können.

1.1 STAMMFUNKTIONEN

Der Begriff der Stammfunktion

1.01 Die Geschwindigkeit eines Körpers zum Zeitpunkt t beträgt $v(t) = 2t$.
Gib eine Termdarstellung der Zeit-Ort-Funktion s: $t \mapsto s(t)$ an, wenn $s(0) = 0$ ist (s in m, v in m/s)!

LÖSUNG: $v(t) = s'(t)$ (Geschwindigkeit = Änderungsrate des Ortes pro Zeiteinheit)
Für die gesuchte Zeit-Ort-Funktion muss also gelten:
$\qquad s'(t) = 2t$ und $s(0) = 0$
Die Funktion s mit $s(t) = t^2$ erfüllt diese Bedingungen. (Rechne nach!)

In der letzten Aufgabe haben wir zu einer gegebenen Funktion eine weitere Funktion gesucht, deren Ableitung die gegebene Funktion ist. Aufgabenstellungen dieser Art kommen in der Mathematik häufig vor. Dies rechtfertigt, den dabei gesuchten Funktionen einen eigenen Namen zu geben:

Definition: Sind f und F reelle Funktionen mit derselben Definitionsmenge A und gilt

$$F'(x) = f(x) \text{ für alle } x \in A,$$

dann heißt **F** eine **Stammfunktion von f**.

Kurz: **F ist Stammfunktion von f** $\Longleftrightarrow$ **F' = f**

1.02 Ermittle eine Stammfunktion der Funktion $f: \mathbb{R} \to \mathbb{R}$ mit $f(x) = x^2$!
Ist diese eindeutig bestimmt? Deute das Ergebnis geometrisch!

LÖSUNG:

Man kann durch Differenzieren überprüfen, dass die folgenden Funktionen die Funktion f als Ableitung haben:

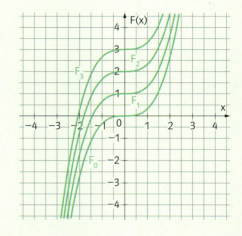

$$F_0(x) = \frac{x^3}{3}$$

$$F_1(x) = \frac{x^3}{3} + 1$$

$$F_2(x) = \frac{x^3}{3} + 2$$

$$F_3(x) = \frac{x^3}{3} + 3 \quad \text{usw.}$$

Allgemein hat jede Funktion der folgenden Form die Funktion f als Ableitung:

$$F(x) = \frac{x^3}{3} + c \quad \text{mit } c \in \mathbb{R}$$

Man kann dies folgendermaßen geometrisch interpretieren:

Die Graphen dieser Funktionen gehen durch Verschiebungen in Richtung der 2. Achse auseinander hervor (siehe nebenstehende Abbildung). Sie haben somit an jeder Stelle $x \in \mathbb{R}$ die gleiche Steigung. Also stimmen auch ihre Ableitungen an jeder Stelle x miteinander überein.

Ist $F_0: A \to \mathbb{R}$ eine Stammfunktion von f, dann ist auch jede Funktion F mit $f(x) = F_0(x) + c$ eine Stammfunktion von f, denn es ist $F'(x) = F'_0(x) = f(x)$ für alle $x \in A$.

Es stellt sich aber die Frage: Sind alle Stammfunktionen von f von dieser Form?
Um diese Frage zu beantworten, beweisen wir zuerst den folgenden Satz.

Satz: Ist I ein Intervall und $f'(x) = 0$ für alle $x \in I$, dann ist f konstant in I.

BEWEIS: Ist $f'(x) = 0$ für alle $x \in I$, dann gilt sowohl $f'(x) \geq 0$ als auch $f'(x) \leq 0$ für alle $x \in I$. Somit ist f in I sowohl monoton steigend als auch monoton fallend. Das ist nur möglich, wenn f in I konstant ist. $\square$

Nun können wir zeigen:

Satz
Ist die reelle Funktion f in einem Intervall I definiert und F_0 eine Stammfunktion von f, dann sind alle Stammfunktionen von f von der Form $F(x) = F_0(x) + c$ mit $c \in \mathbb{R}$.

BEWEIS: Sei F eine beliebige Stammfunktion von f. Wir betrachten die Funktion G mit $G(x) = F(x) - F_0(x)$. Wegen $G'(x) = F'(x) - F'_0(x) = f(x) - f(x) = 0$ gilt nach dem letzten Satz $G(x) = F(x) - F_0(x) = c$ mit $c \in \mathbb{R}$ und somit $F(x) = F_0(x) + c$ für alle $x \in I$. $\square$

Im letzten Satz ist die Voraussetzung, dass I ein Intervall ist, wesentlich. Ist der Definitions-bereich von f kein Intervall ist, muss nicht jede Stammfunktion von f von der Form $F(x) = F_0(x) + c$ sein, wie das folgende Beispiel zeigt.

BEISPIEL:
Gegeben ist die Funktion $f: \mathbb{R}^* \to \mathbb{R}$ mit $f(x) = -\dfrac{1}{x^2}$. Wir betrachten folgende Funktionen:

$F_1: \mathbb{R}^* \to \mathbb{R}$ mit $F_1(x) = \dfrac{1}{x}$
$\qquad\qquad$ $F_2: \mathbb{R}^* \to \mathbb{R}$ mit $F_2(x) = \begin{cases} \dfrac{1}{x} + 1 & \text{für } x < 0 \\ \dfrac{1}{x} & \text{für } x > 0 \end{cases}$

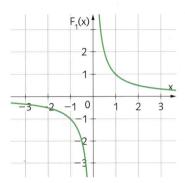 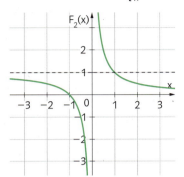

Beide Funktionen sind Stammfunktionen von f, denn es gilt: $F'_1(x) = F'_2(x) = -\dfrac{1}{x^2}$ für alle $x \in \mathbb{R}^*$.

Aber wie man an den Graphen sieht, gibt es kein $c \in \mathbb{R}$, sodass $F_2(x) = F_1(x) + c$ für alle $x \in \mathbb{R}^*$ gilt.

Einige Stammfunktionen

Funktion	eine Stammfunktion	Beweis
$f(x) = k$ (mit $k \in \mathbb{R}$)	$F(x) = k \cdot x$	$F'(x) = k = f(x)$
$f(x) = x^r$ (mit $r \in \mathbb{R}, r \neq -1$)	$F(x) = \dfrac{x^{r+1}}{r+1}$	$F'(x) = \dfrac{1}{r+1} \cdot (r+1) \cdot x^r = x^r = f(x)$
$f(x) = \sin x$	$F(x) = -\cos x$	$F'(x) = -(-\sin(x)) = \sin(x) = f(x)$
$f(x) = \cos x$	$F(x) = \sin x$	$F'(x) = \cos(x) = f(x)$
$f(x) = e^x$	$F(x) = e^x$	$F'(x) = e^x = f(x)$
$f(x) = a^x$ (mit $a \in \mathbb{R}^+, a \neq 1$)	$F(x) = \dfrac{a^x}{\ln a}$	$F'(x) = \dfrac{1}{\ln a} \cdot a^x \cdot \ln a = a^x = f(x)$
$f(x) = \dfrac{1}{x}$ (für $x > 0$)	$F(x) = \ln(x)$	$F'(x) = \dfrac{1}{x} = f(x)$

Summen, Differenzen und Vielfache von Funktionen

Definition
Sind $f: A \to \mathbb{R}$ und $g: A \to \mathbb{R}$ reelle Funktionen, dann setzt man:
(1) $f + g: A \to \mathbb{R}$ mit $(f + g)(x) = f(x) + g(x)$
(2) $f - g: A \to \mathbb{R}$ mit $(f - g)(x) = f(x) - g(x)$
(3) $k \cdot f: A \to \mathbb{R}$ mit $(k \cdot f)(x) = k \cdot f(x)$ (mit $k \in \mathbb{R}$)

Die Definition (1) lässt sich so verallgemeinern:

Sind $f_1, f_2 \ldots, f_n$ reelle Funktionen von A nach $\mathbb{R}$, dann setzt man:
$$f_1 + f_2 + \ldots + f_n: A \to \mathbb{R} \text{ mit } (f_1 + f_2 + \ldots + f_n)(x) = f_1(x) + f_2(x) + \ldots + f_n(x)$$

> **Satz:** Sind F und G Stammfunktionen der Funktionen f: A → ℝ bzw. g: A → ℝ, dann ist
> **(1)** die Funktion F + G eine Stammfunktion der Funktion f + g,
> **(2)** die Funktion F − G eine Stammfunktion der Funktion f − g,
> **(3)** die Funktion k · F eine Stammfunktion der Funktion k · f, (wobei $k \in \mathbb{R}$).

BEWEIS: Für alle $x \in A$ gilt:

(1) $(F + G)'(x) = F'(x) + G'(x) = f(x) + g(x) = (f + g)(x)$
(2) $(F - G)'(x) = F'(x) - G'(x) = f(x) - g(x) = (f - g)(x)$
(3) $(k \cdot F)'(x) = k \cdot F'(x) = k \cdot f(x) = (k \cdot f)(x)$ □

Die Regel (1) dieses Satzes lässt sich so verallgemeinern:

> **Satz:** Sind $F_1, F_2, \ldots, F_n$ Stammfunktionen der Funktionen $f_1, f_2, \ldots, f_n$, dann ist die Funktion
> $F_1 + F_2 + \ldots + F_n$ eine Stammfunktion der Funktion $f_1 + f_2 + \ldots + f_n$.

BEWEIS: Für alle x aus dem gemeinsamen Definitionsbereich dieser Funktionen gilt:
$(F_1 + F_2 + \ldots + F_n)'(x) = F'_1(x) + F'_2(x) + \ldots + F'_n(x) = f_1(x) + f_2(x) + \ldots + f_n(x) =$
$= (f_1 + f_2 + \ldots + f_n)(x)$ □

Stammfunktionen von Polynomfunktionen

T kompakt
Seite 22

Mit Hilfe der bisher bewiesenen Sätze können wir zu jeder Polynomfunktion eine Stammfunktion ermitteln. Ist f eine Polynomfunktion mit

$$f(x) = a_n x^n + a_{n-1} x^{n-1} + \ldots + a_1 x + a_0,$$

dann ist die folgende Funktion F eine Stammfunktion von f:

$$F(x) = \frac{a_n}{n+1} x^{n+1} + \frac{a_{n-1}}{n} x^n + \ldots + \frac{a_1}{2} x^2 + a_0 x$$

Überprüfe dies selbst durch Differenzieren!

Stammfunktionen von rationalen Funktionen

Rationale Funktionen kann man mit Hilfe der Quotientenregel problemlos differenzieren, es gibt aber für rationale Funktionen keine allgemeine Regel zur Ermittlung von Stammfunktionen. In einigen Fällen kann man eine Stammfunktion finden, wenn man den Funktionsterm in geeigneter Weise umformt, wie die nächste Aufgabe zeigt.

1.03 Ermittle eine Stammfunktion der Funktion f mit $f(x) = \frac{x^2 - 1}{x^2}$!

LÖSUNG: $f(x) = \frac{x^2 - 1}{x^2} = 1 - \frac{1}{x^2} = 1 - x^{-2} \Rightarrow F(x) = x - \frac{x^{-1}}{-1} = x + \frac{1}{x}$

Wie man am Beispiel der Funktion f mit $f(x) = \frac{1}{x}$ sieht, muss eine Stammfunktion einer rationalen Funktion selbst keine rationale Funktion sein.

AUFGABEN

1.04 Ermittle eine Stammfunktion der Funktion f: ℝ → ℝ!
a) $f(x) = 1$ **c)** $f(x) = x^2$ **e)** $f(x) = a$ (mit $a > 0$)   **g)** $f(x) = 0$
b) $f(x) = -\frac{1}{2}$ **d)** $f(x) = -x^4$ **f)** $f(x) = -a$ (mit $a > 0$)   **h)** $f(x) = x$

T 1.05 Ermittle eine Stammfunktion der Funktion f: ℝ → ℝ!
a) $f(x) = x^2 - 3x$ **c)** $f(x) = 2x^4 - x^2 + x + 1$
b) $f(x) = x^3 + 4x^2 - x$ **d)** $f(x) = x^5 - x^4 + x^3 - x^2 + x - 1$

T **1.06** Ermittle eine Stammfunktion der Funktion f: $\mathbb{R} \to \mathbb{R}$!

a) $f(x) = \cos(x) + \sin(x)$

c) $f(x) = a \cdot \sin(x) + b \cdot \cos(x)$ (mit $a, b \in \mathbb{R}^*$)

b) $f(x) = \sin(x) - 2 \cdot \cos(x)$

d) $f(x) = a \cdot \sin(x) - b \cdot \cos(x)$ (mit $a, b \in \mathbb{R}^*$)

T **1.07** Ermittle eine Stammfunktion der Funktion f: $\mathbb{R} \to \mathbb{R}$!

a) $f(x) = 2 \cdot e^x$

c) $f(x) = x + e^x$

e) $f(x) = e^x - \cos(x)$

b) $f(x) = 2 + e^x$

d) $f(x) = x - 2 \cdot e^x$

f) $f(x) = e^x + \sin(x)$

T **1.08** Ermittle eine Stammfunktion der Funktion f: $\mathbb{R} \to \mathbb{R}$!

a) $f(x) = 2^x$

b) $f(x) = 10^x$

c) $f(x) = -3^x$

d) $f(x) = 2^x + 3^x$

T **1.09** Ermittle eine Stammfunktion der Funktion f: $\mathbb{R}_0^+ \to \mathbb{R}$!

a) $f(x) = \sqrt{x}$

b) $f(x) = x^{\frac{2}{3}}$

c) $f(x) = -x^{1,5}$

d) $f(x) = x^3 + x^{\frac{1}{3}}$

T **1.10** Ermittle eine Stammfunktion der Funktion f: $\mathbb{R}^+ \to \mathbb{R}$!

a) $f(x) = -\dfrac{1}{x}$

b) $f(x) = \dfrac{3}{x}$

c) $f(x) = x + \dfrac{1}{x}$

d) $f(x) = \dfrac{2}{x} - x^2$

1.11 Die Geschwindigkeit eines Körpers zum Zeitpunkt t beträgt $v(t) = t^2$. Kreuze die beiden Zeit-Ort-Funktionen s an, die dazu passen!

☐ $s(t) = 2t$ ☐ $s(t) = t^3$ ☐ $s(t) = \dfrac{1}{3}t^3$ ☐ $s(t) = t^3 + 1$ ☐ $s(t) = \dfrac{1}{3} \cdot (t^3 + 1)$

1.12 Kreuze die beiden zutreffenden Aussagen an!

Jede Stammfunktion einer Potenzfunktion $x \mapsto x^z$ mit $z \in \mathbb{Z}^*$ ist eine Potenzfunktion.	☐
Jede Stammfunktion einer Polynomfunktion ist eine Polynomfunktion.	☐
Jede Stammfunktion einer rationalen Funktion ist eine rationale Funktion.	☐
Jede Stammfunktion einer Exponentialfunktion ist eine Exponentialfunktion.	☐
Jede Stammfunktion einer linearen Funktion ist eine lineare Funktion.	☐

1.13 Rechts ist der Graph einer Funktion f: $[-1; 1] \to \mathbb{R}$ gezeichnet.

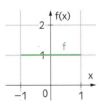

Lernapplet
9tm58a

Kreuze in den folgenden Abbildungen die Graphen jener beiden Funktionen an, die Stammfunktionen von f sind!

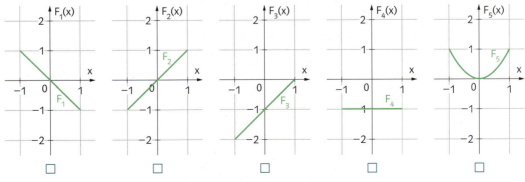

☐   ☐   ☐   ☐   ☐

1.14 Gib vier Stammfunktionen der Funktion f an!

a) $f(x) = 4x^3 - 1$

b) $f(x) = 4x^3 - 3x^2 + 2x - 1$

1.2 UNTER- UND OBERSUMMEN, INTEGRAL

Näherungsweises Berechnen von Flächeninhalten

Die Funktion f nehme im Intervall [a; b] nur nichtnegative Werte an. Die in der nebenstehenden Abbildung grün unterlegte Fläche bezeichnen wir kurz als die **von f in [a; b] festgelegte Fläche**. Deren Inhalt bezeichnen wir mit **$A_f(a, b)$** oder kurz mit **A(a, b)**.

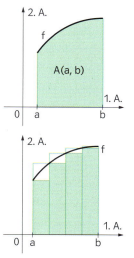

**kompakt
Seite 22**

Wir kennen keine Formel zur Berechnung eines solchen Flächeninhalts, können diesen aber näherungsweise berechnen, indem wir das Intervall [a; b] in Teilintervalle zerlegen. Über den Teilintervallen errichten wir Rechtecke, die der betrachteten Fläche ein- bzw. umgeschrieben sind. Die Summe der Inhalte der eingeschriebenen (umgeschriebenen) Rechtecke nennen wir kurz eine **Untersumme (Obersumme)** für A(a, b). Durch die Untersumme (Obersumme) erhalten wir eine untere (obere) Schranke für A(a, b).

Untersumme und Obersumme schätzen den Flächeninhalt A(a, b) im Allgemeinen umso genauer ab, in je mehr Teilintervalle [a; b] zerlegt wird. Dies zeigt die folgende Aufgabe:

1.15 Ermittle näherungsweise den Inhalt der Fläche, die von der Funktion f mit $f(x) = \frac{10}{x+1}$ im Intervall [0; 4] festgelegt wird!

LÖSUNG:

1. NÄHERUNG: Wir fügen in das Intervall [0; 4] keinen Teilungspunkt ein (siehe Abb. 1.1).
Untersumme = f(4) · 4 = 2 · 4 = 8
Obersumme = f(0) · 4 = 10 · 4 = 40
Daraus folgt: 8 ⩽ A(0; 4) ⩽ 40

2. NÄHERUNG: Wir teilen das Intervall [0; 4] in vier gleich lange Teilintervalle (siehe Abb. 1.2).
Untersumme = f(1) · 1 + f(2) · 1 + f(3) · 1 + f(4) · 1 = 12,83… (Rechne nach!)
Obersumme = f(0) · 1 + f(1) · 1 + f(2) · 1 + f(3) · 1 = 20,83…
Daraus folgt: 12,83 ⩽ A(0; 4) ⩽ 20,84

3. NÄHERUNG: Wir teilen das Intervall [0; 4] in acht gleich lange Teilintervalle (siehe Abb. 1.3).
Untersumme = f(0,5) · 0,5 + f(1) · 0,5 + … + f(3,5) · 0,5 + f(4) · 0,5 = 14,28…
Obersumme = f(0) · 0,5 + f(0,5) · 0,5 + … + f(3) · 0,5 + f(3,5) · 0,5 = 18,28…
Daraus folgt: 14,28 ⩽ A(0; 4) ⩽ 18,29

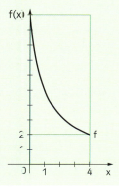

Abb. 1.1

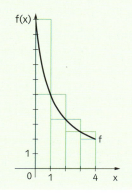

Abb. 1.2

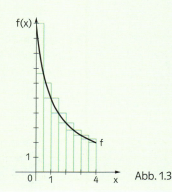

Abb. 1.3

1.16 (Fortsetzung von 1.15) Wie genau kann A(0; 4) berechnet werden?

LÖSUNG:

Wir teilen das Intervall [0; 4] in n gleich lange
Teilintervalle. Die Teilungspunkte bezeichnen wir mit
$x_0, x_1, x_2 \ldots x_n$, wobei $x_0 = 0$ und $x_n = 4$ ist. Die Länge
eines Teilintervalles bezeichnen wir mit Δx [sprich: Delta x].

Jedes Teilintervall hat die Länge $\Delta x = \frac{4}{n}$. Wir erhalten damit:

$$\text{Obersumme} = f(x_0) \cdot \Delta x + f(x_1) \cdot \Delta x + f(x_2) \cdot \Delta x + \ldots + f(x_{n-1}) \cdot \Delta x$$

$$\text{Untersumme} = \qquad\quad f(x_1) \cdot \Delta x + f(x_2) \cdot \Delta x + \ldots + f(x_{n-1}) \cdot \Delta x + f(x_n) \cdot \Delta x$$

$$\text{Obersumme} - \text{Untersumme} = f(x_0) \cdot \Delta x - f(x_n) \cdot \Delta x = (f(x_0) - f(x_n)) \cdot \Delta x =$$

$$= (f(0) - f(4)) \cdot \Delta x = (10 - 2) \cdot \frac{4}{n} = \frac{32}{n}$$

Wir sehen: Der Unterschied zwischen Ober- und Untersumme kann beliebig klein gemacht
werden, wenn man nur die Anzahl n der Teilintervalle genügend groß wählt. Somit kann A(0; 4)
mit jeder gewünschten Genauigkeit berechnet werden.

(R) Allgemeine Beschreibung von Ober- und Untersummen

Da ähnliche Überlegungen wie bei der näherungsweisen Ermittlung eines Flächeninhalts im
Folgenden häufig vorkommen werden, ist es sinnvoll, die verwendeten Begriffe allgemein
(dh. ohne Rückgriff auf die anschauliche Vorstellung des Flächeninhalts) zu definieren.

Wir sind von einer in einem Intervall [a; b] stetigen Funktion f ausgegangen, haben das Intervall
in Teilintervalle zerlegt und zur erhaltenen **Zerlegung** eine **Untersumme** und eine **Obersumme**
gebildet.

Definition

Unter einer **Zerlegung Z des Intervalls [a; b]** verstehen wir ein (n + 1)-Tupel $Z = (x_0 \,|\, x_1 \,|\, x_2 \,|\, \ldots \,|\, x_n)$
mit $a = x_0 < x_1 < x_2 < \ldots < x_n = b$.

Definition

Es sei f eine im Intervall [a; b] stetige Funktion und $Z = (x_0 \,|\, x_1 \,|\, x_2 \,|\, \ldots \,|\, x_n)$ eine Zerlegung von
[a; b]. Die Längen der Teilintervalle $[x_0; x_1]$, $[x_1; x_2]$, ..., $[x_{n-1}; x_n]$ seien $\Delta x_1, \Delta x_2, \ldots, \Delta x_n$.
Ferner seien $m_1, m_2, \ldots m_n$ Minimumstellen und $M_1, M_2, \ldots M_n$ Maximumstellen von f in den
jeweiligen Teilintervallen. Man setzt:

Untersumme von f in [a; b] bei der Zerlegung Z:

$$U_f(Z) = f(m_1) \cdot \Delta x_1 + f(m_2) \cdot \Delta x_2 + \ldots + f(m_n) \cdot \Delta x_n = \sum_{i=1}^{n} f(m_i) \cdot \Delta x_i$$

Obersumme von f in [a; b] bei der Zerlegung Z:

$$O_f(Z) = f(M_1) \cdot \Delta x_1 + f(M_2) \cdot \Delta x_2 + \ldots + f(M_n) \cdot \Delta x_n = \sum_{i=1}^{n} f(M_i) \cdot \Delta x_i$$

BEACHTE:

- Das in dieser Definition verwendete Summenzeichen ist so definiert:

$$\sum_{i=1}^{n} a_i = a_1 + a_2 + \ldots + a_n \quad \text{[Lies: Summe der } a_i \text{ für i gleich 1 bis n]}$$

- In dieser allgemeinen Definition wird nicht verlangt, dass die Teilintervalle gleich lang sind
und dass die Funktion f nur nichtnegative Werte annimmt.

R ### Das Integral

Wir betrachten eine stetige reelle Funktion, die im Intervall [a; b] nur nichtnegative Werte annimmt. Zu jeder Zerlegung von [a; b] können wir die Untersumme U und die Obersumme O von f in [a; b] bilden. Wenn wir an die näherungsweise Flächeninhaltsberechnung denken, dann sind die folgenden Aussagen anschaulich einleuchtend:

- U ≤ O (rechnerischer Nachweis in Aufgabe 1.21)
- Die Differenz O − U kann beliebig klein gemacht werden, wenn nur alle Teilintervalle der Zerlegung genügend klein sind.

Man kann beweisen, dass diese beiden Aussagen nicht nur gelten, wenn U und O zur gleichen Zerlegung von [a; b] gehören, sondern auch, wenn U und O zu verschiedenen Zerlegungen von [a, b] gehören, und auch dann, wenn f negative Werte annimmt. Wir halten daher fest:

Sei f eine in [a; b] stetige reelle Funktion. Ist U eine beliebige Untersumme und O eine beliebige Obersumme von f in [a; b], dann gilt:

(1) U ≤ O

(2) Die Differenz O − U kann beliebig klein gemacht werden, wenn nur die Teilintervalle der zugehörigen Zerlegungen genügend klein sind.

Dies lässt vermuten, dass es genau eine reelle Zahl I gibt, sodass U ≤ I ≤ O für alle Untersummen U und alle Obersummen O von [a; b] gilt (selbst wenn diese zu verschiedenen Zerlegungen von [a; b] gehören). Auch diese Vermutung kann bewiesen werden.

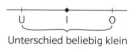

Unterschied beliebig klein

Die auf diese Weise eindeutig festgelegte Zahl I bekommt einen eigenen Namen:

Definition (Integral)

Es sei f eine im Intervall [a; b] stetige reelle Funktion. Die eindeutig bestimmte reelle Zahl I, die „zwischen" allen Untersummen U und allen Obersummen O von f in [a; b] liegt (genauer: U ≤ I ≤ O), nennt man das (bestimmte) **Integral von f in [a; b]** und schreibt:

$$I = \int_a^b f \quad \text{oder} \quad I = \int_a^b f(x)\,dx$$

Bemerkungen zum Integralsymbol:

- $\int_a^b f$ wird gelesen: „Integral von f zwischen den Grenzen a und b (oder von a bis b)".

  a heißt **untere Grenze**, **b** heißt **obere Grenze** des Integrals.

- Die Funktion **f** bzw. der Funktionsterm **f(x)** wird **Integrand** genannt.

- Die Variable **x** heißt **Integrationsvariable**.

- Das Berechnen von Integralen nennt man **Integrieren**.

- Die Bezeichnung der Integrationsvariablen hat keinen Einfluss auf den Wert des Integrals. Man kann daher die Integrationsvariable x durch jeden anderen Buchstaben ersetzen, zB:

$$\int_a^b f(x)\,dx = \int_a^b f(t)\,dt = \int_a^b f(u)\,du = \dots$$

- Beim Symbol $\int_a^b f(x)\,dx$ ist im Gegensatz zum Symbol $\int_a^b f$ die Integrationsvariable ersichtlich. Das ist oft von Vorteil. ZB muss man folgende Integrale unterscheiden:

$\int_a^b x^2 y\,dx$ bedeutet $\int_a^b f(x)\,dx$ mit $f(x) = x^2 y$ (y konstant). Man sagt: „Es wird nach x integriert."

$\int_a^b x^2 y\,dy$ bedeutet $\int_a^b g(y)\,dy$ mit $g(y) = x^2 y$ (x konstant). Man sagt: „Es wird nach y integriert."

AUFGABEN

1.17 Gegeben ist das Integral $\int_0^1 \frac{u-1}{2}\,du$.

a) Wie lautet der Integrand?

b) Wie lautet die Integrationsvariable?

c) Wie lautet die untere, wie die obere Grenze des Integrals?

d) Welche der folgenden Integrale stellen die gleiche Zahl dar wie das gegebene Integral:

(1) $\int_0^1 \frac{u-1}{2}\,dv$ **(2)** $\int_0^1 \frac{y-1}{2}\,dy$ **(3)** $\int_0^1 \frac{1}{2}\cdot(x-1)\,dz$ **(4)** $\int_0^1 \frac{1}{2}\cdot(x-1)\,dx$ **(5)** $\int_1^0 \left(\frac{x}{2}-\frac{1}{2}\right)dx$

Darstellung eines Flächeninhalts als Integral

 kompakt
Seite 22

Es sei f eine in einem Intervall [a; b] stetige Funktion, die nur nichtnegative Werte annimmt, und $A(a, b)$ der Inhalt der von f in [a; b] festgelegten Fläche. Die Unter- und Obersummen von f in [a; b] kann man als Summen der Inhalte von eingeschriebenen bzw. umgeschriebenen Rechtecken geometrisch deuten. Damit ist anschaulich klar, dass für alle Untersummen U und alle Obersummen O von f in [a; b] gilt:

$$U \leqslant A(a, b) \leqslant O$$

Andererseits gilt aufgrund der Definition des Integrals für alle Untersummen U und alle Obersummen O von f in [a; b]:

$$U \leqslant \int_a^b f(x)\,dx \leqslant O$$

Da es genau eine reelle Zahl gibt, die „zwischen" allen Untersummen U und allen Obersummen O von f in [a; b] liegt, muss gelten:

$$A(a, b) = \int_a^b f(x)\,dx$$

Satz (Flächeninhalt als Integral)

Die reelle Funktion f sei in [a; b] stetig und es sei $f(x) \geqslant 0$ für alle $x \in [a; b]$. Für den Inhalt $A(a, b)$ der von f in [a; b] festgelegten Fläche gilt:

$$A(a, b) = \int_a^b f(x)\,dx$$

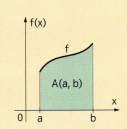

Integral als Verallgemeinerung eines Produkts

Ein Integral wird manchmal als eine Verallgemeinerung eines Produkts bezeichnet. Um dies zu verstehen, betrachten wir die Inhalte der beiden folgenden grün unterlegten Flächen:

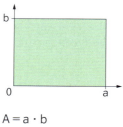

$$A = a \cdot b$$

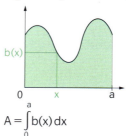

$$A = \int_0^a b(x)\,dx$$

In beiden Fällen ist die Länge a konstant. In der linken Abbildung ist auch die Breite b konstant. In der rechten Abbildung hängt die Breite b(x) jedoch von x ab und das Produkt a · b wird durch $\int_0^a b(x)\,dx$ ersetzt. In diesem Sinn kann das Integral als eine Verallgemeinerung eines gewöhnlichen Produkts aufgefasst werden.

AUFGABEN

1.18 Z ist eine Zerlegung des Intervalls [a; b]. Kreuze die beiden zutreffenden Aussagen an!

Für alle stetigen Funktionen f: [a; b] → ℝ gilt: U(Z) < O(Z).	☐
Für alle stetigen Funktionen f: [a; b] → ℝ gilt: $U(Z) < \int_a^b f$.	☐
Es gibt eine stetige Funktion f: [a; b] → ℝ, für die $U(Z) > \int_a^b f$ ist.	☐
Für alle stetigen Funktionen f: [a; b] → ℝ gilt: $U(Z) \leq \int_a^b f \leq O(Z)$.	☐
Es gibt eine stetige Funktion f: [a; b] → ℝ, für die $U(Z) = \int_a^b f = O(Z)$ ist.	☐

1.19 Gegeben ist die Funktion f mit $f(x) = 1 + x^2$.
1) Schätze den Inhalt der von f im Intervall [0; 3] festgelegten Fläche durch Ober- und Untersummen ab, wobei das Intervall in 1, 3 bzw. 6 gleich lange Teilintervalle zerlegt wird!
2) Ermittle die Differenz von Ober- und Untersumme bei Zerlegung von [0; 3] in n gleich lange Teilintervalle! Wie groß muss n gewählt werden, damit diese Differenz kleiner als 0,01 wird?

1.20 Gegeben ist die Funktion f mit $f(x) = \frac{x}{x+1}$.
1) Stelle den Inhalt der von f im Intervall [0; 4] festgelegten Fläche durch ein Integral dar!
2) Berechne dieses Integral näherungsweise! Teile dazu das Intervall [0; 4] in vier gleich lange Teilintervalle und nimm den Mittelwert von Unter- und Obersumme als Näherungswert!

1.21 Sei f eine stetige reelle Funktion, die im Intervall [a; b] nur nichtnegative Werte annimmt. Beweise: Für jede Zerlegung Z von [a; b] gilt: $U_f(Z) \leq O_f(Z)$.
HINWEIS: Benutze die Definitionen von $U_f(Z)$ und $O_f(Z)$ und die Ungleichungen $f(m_i) \leq f(M_i)$!

1.3 APPROXIMATION DES INTEGRALS DURCH SUMMEN

Zwischensummen

Applet
6e2ft4

Bei der Bildung einer Unter- bzw. Obersumme haben wir in jedem Teilintervall $[x_{i-1}; x_i]$ (mit $i = 1, 2, 3, \ldots, n$) eine Minimumstelle m_i bzw. eine Maximumstelle M_i von f betrachtet. Man kann jedoch stattdessen in jedem Teilintervall eine beliebige Stelle $\overline{x}_i$ wählen und folgende Summe bilden:

$$S = f(\overline{x}_1) \cdot \Delta x_1 + f(\overline{x}_2) \cdot \Delta x_2 + \ldots f(\overline{x}_n) \cdot \Delta x_n = \sum_{i=1}^{n} f(\overline{x}_i) \cdot \Delta x_i$$

Eine solche Summe wird oft als **Zwischensumme** bezeichnet. Nebenstehend ist ein Beispiel gezeichnet.

Unter- und Obersummen sind Sonderfälle von Zwischensummen (nämlich solche, bei denen $\overline{x}_i$ jeweils eine Minimum- bzw. Maximumstelle von f im Teilintervall $[x_{i-1}; x_i]$ ist). Gehören eine Untersumme U, eine Obersumme O und eine Zwischensumme S zur gleichen Zerlegung Z von $[a; b]$, dann gilt:

U ≤ S ≤ O   (siehe Aufgabe 1.22)

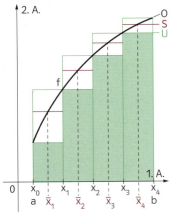

Da Unter- und Obersummen Näherungswerte für das Integral sind, sind auch Zwischensummen Näherungswerte für das Integral. Für eine Zwischensumme schreibt man oft kurz:
$S = \sum f(x) \cdot \Delta x$. Für ein Integral gilt also die leicht einprägsame Beziehung:

$$\int_a^b f(x)\,dx \approx \sum f(x) \cdot \Delta x$$

Merke
Ein **Integral** $\int_a^b f(x)\,dx$ ist näherungsweise gleich einer **Summe von sehr vielen sehr kleinen Produkten** der Form $f(x) \cdot \Delta x$.

Kurz: $\int_a^b f(x)\,dx \approx \sum f(x) \cdot \Delta x$

AUFGABEN

1.22 Sei f eine stetige reelle Funktion, die im Intervall $[a; b]$ nur nichtnegative Werte annimmt. Beweise, dass für eine Untersumme U, eine Zwischensumme S und eine Obersumme O, die zur gleichen Zerlegung Z von $[a; b]$ gehören, gilt: $U \leq S \leq O$.
HINWEIS: Benutze die Definitionen von U, O und S sowie $f(m_i) \leq f(\overline{x}_i) \leq f(M_i)$!

1.23 Gegeben sei die Funktion f mit $f(x) = 1 + \frac{1}{2}x^2$ und die Zerlegung $Z = (0\,|\,1\,|\,2\,|\,3\,|\,4)$ des Intervalls $[0; 4]$.
1) Berechne die Untersumme U und die Obersumme O von f in $[0; 4]$ bezüglich Z!
2) Berechne die Zwischensumme S, wobei in jedem Teilintervall der Mittelpunkt als Zwischenstelle genommen wird! Überprüfe die Beziehung $U \leq S \leq O$!

Approximation von Flächeninhalten durch Summen

Die Methode der näherungsweisen Berechnung von Flächeninhalten durch Summen geht auf **G. W. Leibniz (1646–1716)** zurück. Er zerlegte die von einer Funktion f in einem Intervall [a; b] festgelegte Fläche in sehr dünne Streifen der Breite Δx (siehe nebenstehende Abbildung). Für den Flächeninhalt ΔA eines solchen dünnen Streifens gilt:

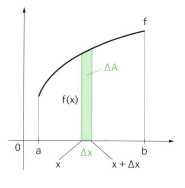

$$\Delta A \approx f(x) \cdot \Delta x$$

Der Inhalt A(a, b) der von f in [a; b] festgelegten Fläche ist näherungsweise gleich der Summe dieser Flächeninhalte:

$$A(a, b) \approx \sum f(x) \cdot \Delta x$$

Leibniz stellte sich nun vor, dass die Streifen immer dünner und dünner werden, wodurch sich die Summe auf der rechten Seite im Allgemeinen immer mehr dem Flächeninhalt A(a, b) annähert. Schließlich werden die Streifen „unendlich dünn". Die „unendlich kleine" Breite eines solchen Streifens bezeichnete Leibniz mit dx (siehe nebenstehende Abbildung). Dessen „unendlich kleiner" Flächeninhalt beträgt somit $f(x) \cdot dx$ und der Gesamtflächeninhalt ist gleich der „Summe" dieser „unendlich kleinen" Streifeninhalte:

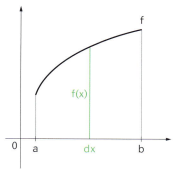

$$A(a, b) = \sum f(x) \cdot dx$$

Dies ist allerdings keine gewöhnliche Summe, denn es handelt sich um eine „Summe aus unendlich vielen unendlich kleinen Gliedern". Um auszudrücken, dass es sich dabei um keine gewöhnliche Summe handelt, haben Nachfolger von Leibniz das Summenzeichen zum Integralzeichen aufgebogen und statt $A = \sum f(x) \cdot dx$ geschrieben:

$$\mathbf{A = \int_a^b f(x)\, dx}$$

Das Integralzeichen soll also in seiner gebogenen Form noch an ein „S" für Summe und das dx an ein sehr kleines Δx erinnern.

Eine Flächenberechnung nach Leibniz läuft also in drei charakteristischen Schritten ab:

Flächeninhaltsberechnung nach Leibniz

1. Schritt: $\Delta A \approx f(x) \cdot \Delta x$

2. Schritt: $A(a, b) \approx \sum f(x) \cdot \Delta x$

3. Schritt: Diese Näherung wird im Allgemeinen umso genauer, je kleiner Δx ist. Für $\Delta x \to 0$ ergibt sich:

$$A(a, b) = \int_a^b f(x)\, dx$$

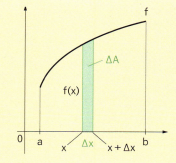

Dieses Vorgehen ist nicht sehr genau begründet und daher problematisch. Es lässt sich aber exakter begründen und führt im Allgemeinen bei praktischen Anwendungen zu keinen Fehlern.

1.4 BERECHNEN VON INTEGRALEN

Berechnung mit Stammfunktionen

Bisher konnten wir Integrale nur näherungsweise mit Hilfe von Ober-, Unter- oder Zwischensummen berechnen. In diesem Abschnitt lernen wir eine bequemere Methode kennen, die häufig anwendbar ist.

Satz

Ist die reelle Funktion f im Intervall [a; b] stetig und ist F eine beliebige Stammfunktion von f, dann gilt:

$$\int_a^b f(x)\,dx = F(b) - F(a)$$

BEGRÜNDUNG:

Wir betrachten eine Zerlegung $Z = (x_0 \mid x_1 \mid x_2 \mid \ldots \mid x_n)$ des Intervalls [a; b] und setzen $\Delta F_i = F(x_{i+1}) - F(x_i)$. In der Abbildung ist dies für eine streng monoton steigende Stammfunktion F veranschaulicht, die folgenden Überlegungen gelten aber auch, wenn F nicht monoton ist. Wir gehen in mehreren Schritten vor:

1. SCHRITT: Die Steigung von F in einem Teilungspunkt x_i beträgt: $F'(x_i) = \dfrac{\Delta F_i}{\Delta x_i}$

Daraus folgt:

$\Delta F_i \approx F'(x_i) \cdot \Delta x_i = f(x_i) \cdot \Delta x_i$

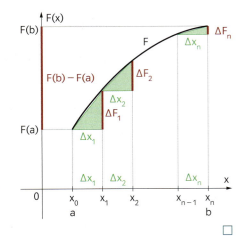

2. SCHRITT: Es gilt:

$F(b) - F(a) = \displaystyle\sum_{i=1}^n \Delta F_i \approx \sum_{i=1}^n f(x_i) \cdot \Delta x_i$

3. SCHRITT: Diese Näherung wird im Allgemeinen umso genauer, je kleiner die Längen Δx_i sind. Wenn die „Feinheit" der Zerlegung (dh. die Länge des größten Teilintervalls) gegen 0 strebt, ergibt sich:

$F(b) - F(a) = \displaystyle\int_a^b f(x)\,dx$ ☐

1.24 Berechne: $\displaystyle\int_1^3 x^2\,dx$

LÖSUNG: Eine Stammfunktion der Funktion f mit $f(x) = x^2$ ist die Funktion F mit $F(x) = \dfrac{x^3}{3}$.

Damit ergibt sich nach dem obigen Satz: $\displaystyle\int_1^3 x^2\,dx = F(3) - F(1) = \dfrac{3^3}{3} - \dfrac{1^3}{3} = \dfrac{27}{3} - \dfrac{1}{3} = \dfrac{26}{3}$

Zur Abkürzung verwendet man folgende Schreibweise: $F(x)\Big|_a^b = F(b) - F(a)$

Unter Verwendung dieser Schreibweisen sieht die Berechnung des Integrals in der letzten Aufgabe so aus:

$\displaystyle\int_1^3 x^2\,dx = \dfrac{x^3}{3}\Big|_1^3 = \dfrac{3^3}{3} - \dfrac{1^3}{3} = \dfrac{27}{3} - \dfrac{1}{3} = \dfrac{26}{3}$ oder $\displaystyle\int_1^3 x^2\,dx = \left[\dfrac{x^3}{3}\right]_1^3 = \dfrac{3^3}{3} - \dfrac{1^3}{3} = \dfrac{27}{3} - \dfrac{1}{3} = \dfrac{26}{3}$

T kompakt
Seite 22

Integrale können auch mit **Technologieeinsatz** berechnet werden (siehe Seite 22).

AUFGABEN

1.25 Berechne:

a) $\int\limits_{-2}^{2} dx \left[= \int\limits_{-2}^{2} 1\,dx\right]$
    c) $\int\limits_{-1}^{1} x\,dx$
    e) $\int\limits_{-1}^{1} x^2\,dx$
    g) $\int\limits_{1}^{2} \frac{1}{x^3}\,dx$

b) $\int\limits_{1}^{2} (-1)\,dx$
    d) $\int\limits_{1}^{10} x^{-1}\,dx$
    f) $\int\limits_{2}^{4} x^{-2}\,dx$
    h) $\int\limits_{1}^{2} \frac{1}{x^4}\,dx$

1.26 Berechne:

a) $\int\limits_{1}^{4} \sqrt{x}\,dx$
    b) $\int\limits_{1}^{8} \sqrt[3]{x}\,dx$
    c) $\int\limits_{1}^{9} \sqrt{2x}\,dx$
    d) $\int\limits_{u}^{v} x\sqrt{x}\,dx$
    e) $\int\limits_{4}^{9} \frac{x}{\sqrt{x}}\,dx$

1.27 Berechne:

a) $\int\limits_{0}^{\pi} \sin x\,dx$
    b) $\int\limits_{-\frac{\pi}{2}}^{\frac{\pi}{2}} \cos x\,dx$
    c) $\int\limits_{\frac{\pi}{4}}^{\frac{\pi}{2}} \sin x\,dx$
    d) $\int\limits_{-\frac{\pi}{2}}^{0} \cos x\,dx$

1.28 Berechne:

a) $\int\limits_{0}^{1} e^x\,dx$
    b) $\int\limits_{0}^{1} 2^x\,dx$
    c) $\int\limits_{0}^{1} 3^x\,dx$
    d) $\int\limits_{1}^{2} \frac{1}{x}\,dx$
    e) $\int\limits_{1}^{e} \left(-\frac{1}{x}\right)\,dx$

1.29 Für welche Werte von $a \in \mathbb{R}^+$ gilt:

a) $\int\limits_{0}^{a} x^2\,dx = 72$
    c) $\int\limits_{0}^{2a} x\,dx = 6$
    e) $\int\limits_{0}^{a} \sqrt{x}\,dx = \frac{2}{3}$

b) $\int\limits_{0}^{a} (x+3)\,dx = 8$
    d) $\int\limits_{0}^{\sqrt{a}} (x^3 - x)\,dx = 6$
    f) $\int\limits_{0}^{a} e^t\,dt = 1$

1.30 Berechne:

a) $\int\limits_{-2}^{2} (4x^3 - x^2 + x)\,dx$
    b) $\int\limits_{0}^{3} (1 - x + x^2)\,dx$
    c) $\int\limits_{0}^{3} (1 - x^2)\,dx$
    d) $\int\limits_{1}^{2} (x^2 + 6x - 4)\,dx$

1.31 Berechne:

a) $\int\limits_{-1}^{1} (y^2 - 1)\,dy$
    b) $\int\limits_{0}^{2} (1 - 3t^2)\,dt$
    c) $\int\limits_{-1}^{1} (au^2 + bu + c)\,du$
    d) $\int\limits_{-x}^{x} (a - 1)\,da;\ (x > 0)$

1.32 Berechne:

a) $\int\limits_{0}^{2} t^2 z\,dz$
    c) $\int\limits_{1}^{2} \frac{t}{x^2}\,dx$
    e) $\int\limits_{1}^{2} \frac{x^2}{y^2}\,dx$

b) $\int\limits_{0}^{2} t^2 z\,dt$
    d) $\int\limits_{1}^{2} \frac{t}{x^2}\,dt$
    f) $\int\limits_{1}^{2} \frac{x^2}{y^2}\,dy$

1.5 SÄTZE ÜBER INTEGRALE

Grundlegende Sätze

Im Folgenden wird vorausgesetzt, dass jede stetige Funktion eine Stammfunktion besitzt. Dass dies zutrifft, werden wir im Kapitel 3 genauer begründen.

Satz

Die reelle Funktion f sei im Intervall [a; b] stetig und es sei $c \in \mathbb{R}$. Dann gilt:

$$\int_a^b c \cdot f = c \cdot \int_a^b f$$

BEWEIS: Ist F eine Stammfunktion von f, dann ist $c \cdot F$ eine Stammfunktion von $c \cdot f$. Damit gilt:

$$\int_a^b c \cdot f = (c \cdot F)(b) - (c \cdot F)(a) = c \cdot F(b) - c \cdot F(a) = c \cdot [F(b) - F(a)] = c \cdot \int_a^b f \qquad \square$$

Satz

Die reellen Funktionen f und g seien im Intervall [a; b] stetig. Dann gilt:

$$\int_a^b (f + g) = \int_a^b f + \int_a^b g$$

BEWEIS: Sind F und G Stammfunktionen von f bzw. g, dann ist F + G eine Stammfunktion von f + g. Damit gilt:

$$\int_a^b (f + g) = (F + G)(b) - (F + G)(a) = [F(b) + G(b)] - [F(a) + G(a)] =$$

$$= [F(b) - F(a)] + [G(b) - G(a)] = \int_a^b f + \int_a^b g \qquad \square$$

Satz

Die reelle Funktion f sei im Intervall [a; c] stetig und es sei a < b < c. Dann gilt:

$$\int_a^b f + \int_b^c f = \int_a^c f$$

BEWEIS: Ist F eine Stammfunktion von f, dann gilt:

$$\int_a^b f + \int_b^c f = [F(b) - F(a)] + [F(c) - F(b)] = F(c) - F(a) = \int_a^c f \qquad \square$$

Dieser Satz ist anschaulich einleuchtend, wenn man die Integrale wie in der Abbildung als Flächeninhalte deutet.

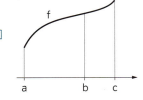

AUFGABEN

1.33 Die Funktionen f und g seien im Intervall [a; b] stetig und es seien $c, d \in \mathbb{R}$. Beweise:

a) $\displaystyle\int_a^b (-f) = -\int_a^b f$

b) $\displaystyle\int_a^b (c \cdot f + d \cdot g) = c \cdot \int_a^b f + d \cdot \int_a^b g$

c) $\displaystyle\int_a^b (c \cdot f - d \cdot g) = c \cdot \int_a^b f - d \cdot \int_a^b g$

1.34 Berechne möglichst geschickt:

a) $\displaystyle\int_1^4 (100x^2 - 150x)\,dx$

d) $\displaystyle\int_4^5 \left(\frac{1}{5}\sqrt{x} - \frac{2}{5}\sqrt{x}\right)dx$

g) $\displaystyle\int_0^\pi 24 \cdot (1 + \sin x)\,dx$

b) $\displaystyle\int_0^1 \left(\frac{\pi}{4}x^3 + \frac{\pi}{4}\right)dx$

e) $\displaystyle\int_m^{2m} \frac{a^2}{2}(t^2 - 1)\,dt;\ (m > 0)$

h) $\displaystyle\int_1^2 \left(6^x - \frac{6}{x}\right)dx$

c) $\displaystyle\int_1^2 \left(k \cdot x + \frac{k}{x^2}\right)dx$

f) $\displaystyle\int_u^{2u} \left(\frac{4}{x^3} - \frac{4}{x^2}\right)dx;\ (u > 0)$

i) $\displaystyle\int_2^4 \left(5x - \frac{5}{x}\right)dx$

1.35 Berechne möglichst geschickt:

a) $\displaystyle\int_0^{\frac{\pi}{2}} \sin x\,dx + \int_{\frac{\pi}{2}}^{\pi} \sin x\,dx$

b) $\displaystyle\int_0^1 e^x\,dx + \int_1^2 e^x\,dx$

c) $\displaystyle\int_1^e \frac{a}{5}\left(2x + \frac{2}{x}\right)dx + \int_e^{2e} \frac{a}{5}\left(2x + \frac{2}{x}\right)dx$

1.36 Berechne möglichst geschickt:

a) $\displaystyle\int_0^1 2(x-1)\,dx + \int_0^1 (x-1)\,dx - \int_0^1 \frac{x-1}{2}\,dx$

d) $\displaystyle\int_0^{\frac{\pi}{4}} (\sin x + \cos x)\,dx + \int_0^{\frac{\pi}{4}} \sin x\,dx - \int_0^{\frac{\pi}{4}} \cos x\,dx$

b) $\displaystyle\int_1^4 3 \cdot 2^{x-1}\,dx - \int_1^4 2^{x-1}\,dx - \int_1^4 2^x\,dx$

e) $\displaystyle\int_1^e \frac{1}{x}\,dx + \int_1^e \frac{2}{x}\,dx + \int_1^e \frac{3}{x}\,dx + \int_1^e \frac{4}{x}\,dx$

c) $\displaystyle\int_0^{\frac{\pi}{2}} \cos^2 x\,dx + \int_0^{\frac{\pi}{2}} \sin^2 x\,dx$

f) $\displaystyle\int_0^1 (1-x)\,dx + \int_1^2 (1-x)\,dx - \int_0^2 (1-x)\,dx$

Integranden der Form f(k · x)

Satz

Besitzt die Funktion $x \mapsto f(x)$ eine Stammfunktion $x \mapsto F(x)$, dann besitzt die Funktion $x \mapsto f(k \cdot x)$ (mit $k \neq 0$) die Stammfunktion $x \mapsto \frac{1}{k} \cdot F(k \cdot x)$.

BEWEIS: $G(x) = \frac{1}{k} \cdot F(k \cdot x) \Rightarrow G'(x) = \frac{1}{k} \cdot F'(k \cdot x) = \frac{1}{k} \cdot k \cdot f(k \cdot x) = f(k \cdot x)$ □

BEISPIEL: $\displaystyle\int_0^{\frac{\pi}{2}} \sin(2x)\,dx = \frac{1}{2} \cdot \left[-\cos(2x)\right]\Big|_0^{\frac{\pi}{2}} = \frac{1}{2} \cdot (-\cos\pi + \cos 0) = \frac{1}{2} \cdot (1+1) = 1$

AUFGABEN

1.37 Berechne:

a) $\displaystyle\int_0^\pi (-\cos(3t))\,dt$

b) $\displaystyle\int_0^\pi \left(\cos\left(\frac{1}{2}t\right) + \sin\left(\frac{1}{2}t\right)\right)dt$

c) $\displaystyle\int_{\frac{T}{2}}^{T} r \cdot \cos\left(\frac{2\pi}{T}t\right)dt;\ (T > 0)$

1.38 Berechne:

a) $\displaystyle\int_0^4 e^{2x}\,dx$

b) $\displaystyle\int_0^8 5 \cdot e^{-x}\,dx$

c) $\displaystyle\int_{-1}^1 a^{2x}\,dx;\ (a \in \mathbb{R}^+, a \neq 1)$

d) $\displaystyle\int_{-1}^1 a^{-2x}\,dx;\ (a \in \mathbb{R}^+, a \neq 1)$

1.39 Für welche Werte von a gilt:

a) $\displaystyle\int_0^a \sin(2x)\,dx = \frac{1}{2};\ (0 \leq a \leq 2\pi)$

b) $\displaystyle\int_0^a \cos\frac{x}{2}\,dx = 2;\ (0 \leq a \leq 2\pi)$

TECHNOLOGIE KOMPAKT

GEOGEBRA

CASIO CLASS PAD II

Eine Stammfunktion einer Funktion f ermitteln

GEOGEBRA

$\boxed{X=}$ CAS-Ansicht:

Eingabe: f(x) := *Funktionsterm* − Werkzeug $\boxed{=}$

Eingabe: Integral(f) − Werkzeug $\boxed{=}$

oder

Eingabe: Integral(f, x) − Werkzeug $\boxed{=}$

Ausgabe → *Funktionsterm einer Stammfunktion von f*

BEMERKUNG: Der Funktionsterm wird in der Form F(x) + c ausgegeben (unbestimmtes Integral, siehe Kapitel 3). Um eine Stammfunktion zu ermitteln, kann man zB c = 0 setzen.

CASIO CLASS PAD II

Iconleiste − Main − Menüleiste − Aktion − Berechnungen − $\int$ −

Eingabe: *Funktionsterm* − $\boxed{EXE}$

oder

Iconleiste − Main − Menüleiste − Interaktiv − Berechnungen − $\int$ −

Ausdruck: *Funktionsterm* − Variable: x $\boxed{EXE}$

oder

Iconleiste − Main − $\boxed{Keyboard}$ − $\boxed{Math2}$ − $\boxed{\int_\square^\square}$ −

1. Feld: *Funktionsterm* − 2. Feld: x $\boxed{EXE}$

Ausgabe → *Funktionsterm einer Stammfunktion von f*

BEMERKUNG: Das CPII führt bei einem unbestimmten Integral die Integrationskonstante c nicht an (c = 0).

Unter- und Obersummen einer Funktion f in [a; b] ermitteln

GEOGEBRA

Grafik-Ansicht:

Eingabe: f(x) = *Funktionsterm* $\boxed{ENTER}$

Eingabe: Untersumme(f, *a, b, n*) $\boxed{ENTER}$

bzw.

Eingabe: Obersumme(f, *a, b, n*) $\boxed{ENTER}$

Ausgabe → *Grafische Darstellung der eingeschriebenen bzw. umschriebenen Rechtecke bei Zerlegung des Intervalls [a; b] in n gleich große Teilintervalle*

Ausgabe → *Unter- bzw. Obersumme*

CASIO CLASS PAD II

Iconleiste − Main − $\boxed{Keyboard}$ − $\boxed{Math3}$

Define f(x) = *Funktionsterm* $\boxed{EXE}$

Eingabe: $u(n) = \frac{b-a}{n} \times \sum_{i=0}^{n-1}\left(f\left(a + i \times \frac{b-a}{n}\right)\right)$

bzw.

Eingabe: $o(n) = \frac{b-a}{n} \times \sum_{i=1}^{n}\left(f\left(a + i \times \frac{b-a}{n}\right)\right)$

Ausgabe → *Unter- bzw. Obersumme einer im Intervall [a; b] monoton steigenden Funktion f bei Zerlegung des Intervalls in n gleich große Teilintervalle*

BEMERKUNG: Das CPII bietet keine Funktion zur Berechnung von Ober- und Untersummen und zur grafischen Darstellung.

(Bestimmtes) Integral einer Funktion f in [a; b] ermitteln

GEOGEBRA

$\boxed{X=}$ CAS-Ansicht:

Eingabe: f(x) := *Funktionsterm* − Werkzeug $\boxed{=}$

Eingabe: Integral(f, *a, b*) − Werkzeug $\boxed{=}$

bzw.

Eingabe: Integral(f, x, *a, b*) − Werkzeug $\boxed{=}$

Ausgabe → *Bestimmtes Integral von f in [a; b]*

CASIO CLASS PAD II

Iconleiste − Main − Menüleiste − Aktion − Berechnungen − $\int$ −

Eingabe: *Funktionsterm*, x, *a, b* $\boxed{EXE}$

oder

Iconleiste − Main − $\boxed{Keyboard}$ − $\boxed{Math2}$ − $\boxed{\int_\square^\square}$ −

1. Feld: *Funktionsterm* − 2. Feld: x − u. Feld: *a* − o. Feld: *b*

$\boxed{EXE}$

Ausgabe → *Bestimmtes Integral der Funktion f in [a; b]*

Darstellung eines Flächeninhalts als Integral

GEOGEBRA

Grafik-Ansicht:

Eingabe: f(x) = *Funktionsterm* $\boxed{ENTER}$

Eingabe: Integral(f, *a, b*) $\boxed{ENTER}$

Ausgabe → *Grafische Darstellung der von f in [a; b] festgelegten Fläche.*

CASIO CLASS PAD II

Iconleiste − Menu − Grafik & Tabelle −

Eingabe: *Funktionsterm* $\boxed{EXE}$

Symbolleiste − $\boxed{\downdownarrows}$ − Menüleiste − Analyse − Grafische Lösung −

Integral − $\int$ dx − $\boxed{1}$ − Unterer: *a* − Oberer: *b* − $\boxed{OK}$

Ausgabe → *Grafische Darstellung der von f in [a; b] festgelegten Fläche.*

BEMERKUNG: Es ist darauf zu achten, dass f in [a; b] nur nichtnegative Werte annimmt!

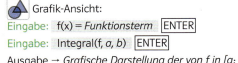 Für konkrete Anleitungen siehe Technologietrainingshefte

KOMPETENZCHECK

AUFGABEN VOM TYP 1

AN-R 3.1 **1.40** Kreuze die beiden zutreffenden Aussagen an!

Zwei Stammfunktionen einer Funktion f: $\mathbb{R}^* \to \mathbb{R}$ unterscheiden sich stets nur um eine Konstante.	☐
Zwei Stammfunktionen einer Funktion f: $[a; b] \to \mathbb{R}$ unterscheiden sich stets nur um eine Konstante.	☐
Jede Stammfunktion einer konstanten Funktion f: $\mathbb{R} \to \mathbb{R}$ ist konstant.	☐
Jede Stammfunktion einer konstanten Funktion f: $\mathbb{R} \to \mathbb{R}$ ist linear.	☐
Jede Stammfunktion einer konstanten Funktion f: $\mathbb{R}_0^+ \to \mathbb{R}$ ist eine direkte Proportionalitätsfunktion.	☐

AN-R 3.1 **1.41** In der linken Tabelle ist jeweils eine Funktion f: $[-2; 2] \to \mathbb{R}$ angegeben. Ordne jeder Funktion f eine Abbildung aus der rechten Tabelle zu, die eine Stammfunktion von f darstellt!

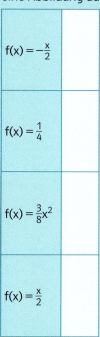

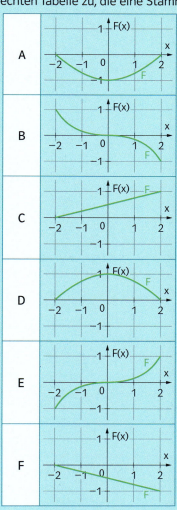

AN-R 3.1 **1.42** Gib drei Stammfunktionen der Funktion f an!

a) $f(x) = x^2 \cdot (1 - x)$

b) $f(x) = \dfrac{2}{3x^2} - \dfrac{3x}{2}$

AN-R 3.1 **1.43** Begründe, warum jede Polynomfunktion unendlich viele Stammfunktionen besitzt!

AN-R 3.1 **1.44** Gegeben ist eine Polynomfunktion f: $\mathbb{R} \to \mathbb{R}$, die nur nichtnegative Werte annimmt, und eine Stammfunktion F von f. Kreuze die beiden zutreffenden Aussagen an!

Ist F monoton steigend in einem Intervall [a; b], so ist f′(x) > 0 für alle x ∈ [a; b].	☐
Ist f monoton fallend in einem Intervall [a; b], so ist F(x) ≤ 0.	☐
Ist f(x) > 0 für alle x ∈ [a; b], so ist F streng monoton steigend in [a; b].	☐
Ist f(x) = c (mit c > 0) für alle x ∈ $\mathbb{R}$, dann ist F streng monoton steigend in $\mathbb{R}$.	☐
Ist p eine Wendestelle von f, so ist F(p) = 0.	☐

AN-R 4.2 **1.45** Ordne jeder Funktion f in der linken Tabelle eine Stammfunktion aus der rechten Tabelle zu!

$f(x) = x$	
$f(x) = x^2 + x$	
$f(x) = -x^3$	
$f(x) = 1 + \dfrac{x^3}{3}$	

A	$F(x) = 1 - \dfrac{x^4}{4}$
B	$F(x) = 1 + \dfrac{x^4}{4}$
C	$F(x) = \dfrac{1}{2} \cdot (x^2 + 1)$
D	$F(x) = \dfrac{x^3}{3} + \dfrac{x^2}{2} - 5$
E	$F(x) = \dfrac{x^4}{12} + x$
F	$F(x) = \dfrac{x^4}{12} - x$

AN-R 4.2 **1.46** Ermittle die Funktion f: $\mathbb{R} \to \mathbb{R}$, deren Ableitung durch f′(x) = $3x^2 - x$ gegeben ist und die an der Stelle −1 eine Nullstelle hat!

AN-R 4.2 **1.47** Welche Funktion f hat die Ableitung f′(x) = cos(x) und erfüllt die Bedingung 0 ≤ f(x) ≤ 2 für alle x ∈ $\mathbb{R}$? Gib eine Termdarstellung von f an!

AN-R 4.2 **1.48** Gib eine Termdarstellung der Funktion f: $\mathbb{R} \to \mathbb{R}$ an, deren 2. Ableitung durch f″(x) = 3x − 2 gegeben ist und für die f(0) = 1 und f(1) = 0 ist!

AN-R 4.2 **1.49** An welcher Stelle hat jede Stammfunktion F von f: x ↦ $2x - x^2$ die größte Steigung?

AN-R 4.2 **1.50** Gib eine reelle Funktion f und Grenzen a und b an, sodass $\int\limits_a^b f(x)\,dx = 2$ ist!

AN-R 4.2 **1.51** Von einer Funktion f: $\mathbb{R} \to \mathbb{R}$ kennt man folgende Angaben. Ermittle eine Termdarstellung von f!

a) f′(x) = x − 1 und $\int\limits_0^2 f = 5$

b) f″(x) = 18x, f′(0) = 0 und $\int\limits_0^2 f = 12$

AN-R 4.2 **1.52** Kreuze die beiden Integrale an, die den Wert 0 haben!

$$\int\limits_{-2}^2 x^3\,dx \qquad \int\limits_0^3 (x^2 - 3)\,dx \qquad \int\limits_0^\pi \sin(x)\,dx \qquad \int\limits_0^{2\pi} \cos(x)\,dx \qquad \int\limits_0^1 \sqrt{x}\,dx$$

☐ ☐ ☐ ☐ ☐

AUFGABEN VOM TYP 2

FA-R 1.2   **1.53**   **Funktion und Stammfunktion**
AN-R 3.1
AN-R 3.2

a) 1) Berechne $\int_{0}^{\pi} \sin(2 \cdot x)\,dx$!

2) Gegeben ist die Funktion f: $\mathbb{R} \to \mathbb{R}$ mit
$f(x) = -\cos(3 \cdot x)$. Die Funktion F ist eine Stammfunktion von f.
Kreuze die beiden zutreffenden Aussagen an!

$F(x) = 3 \cdot \sin(3 \cdot x)$	☐
$F(x) = -3 \cdot \sin(3 \cdot x)$	☐
$F(x) = \frac{1}{3} \cdot \sin(3 \cdot x)$	☐
$F(x) = -\frac{1}{3} \cdot \sin(3 \cdot x)$	☐
$F(x) = -\frac{1}{3} \cdot \sin(3 \cdot x) - 1$	☐

b) 1) In der Abbildung ist eine Polynomfunktion
f: $[-2; 2] \to \mathbb{R}$ vom Grad 2 dargestellt. Die Funktion F
ist die Stammfunktion von f mit $F(0) = 1$.
Kreuze die beiden zutreffenden Aussagen an!

$F(x) = \frac{x^3}{6} - x$	☐
$F(x) = \frac{x^3}{6} - x - 1$	☐
$F(x) = \frac{x^3}{6} - x + 1$	☐
$F(x) = \frac{x^3}{6} + x + 1$	☐
$F(x) = \frac{1}{6} \cdot (x^3 - 6x + 6)$	☐

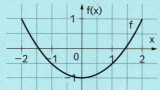

2) Jede der folgenden Abbildungen soll die Graphen einer Funktion f und einer dazugehörigen Stammfunktion F darstellen. Eine Abbildung wurde aber falsch gezeichnet.
Kreuze diese Abbildung an!

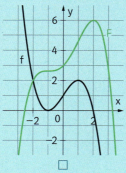
☐

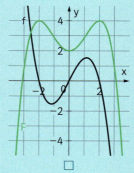
☐

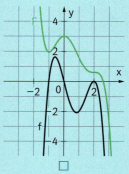
☐

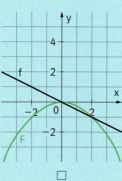
☐

☐

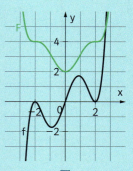
☐

2 EINIGE ANWENDUNGEN DER INTEGRALRECHNUNG

LERNZIELE

2.1 Integrale als **Flächeninhalte** deuten und Flächeninhalte durch Integrale beschreiben können.

2.2 Integrale als **Weglängen** deuten und Weglängen durch Integrale beschreiben können.

2.3 Integrale als **Volumina** deuten und **Volumina** durch Integrale beschreiben können.

2.4 Integrale als **Arbeit** deuten und **Arbeit durch ein Integral** beschreiben können.

2.5 Integrale von **Änderungsraten** deuten und ermitteln können.

- **Technologie kompakt**

- **Kompetenzcheck**

GRUNDKOMPETENZEN

AN-R 4.1 Den **Begriff des bestimmten Integrals als Grenzwert einer Summe von Produkten deuten und beschreiben** können.

AN-R 4.2 **Einfache Regeln des Integrierens** kennen und anwenden können: Potenzregel, Summenregel, Regeln für $\int k \cdot f(x)\,dx$ und $\int f(k \cdot x)\,dx$, bestimmte Integrale von Polynomfunktionen ermitteln können.

AN-R 4.3 **Das bestimmte Integral in verschiedenen Kontexten deuten** und entsprechende Sachverhalte durch Integrale beschreiben können.

2.1 FLÄCHENINHALTE

Flächeninhalte bei positiven Funktionswerten

Ist die Funktion f stetig in [a; b] und $f(x) \geq 0$ für alle $x \in [a; b]$, dann gilt für den Inhalt A(a, b) der von f in [a; b] festgelegten Fläche:

$$A(a, b) = \int_a^b f(x)\,dx$$

2.01 Berechne den Inhalt der Fläche, die von der Funktion f mit $f(x) = 3 - \dfrac{x^2}{2}$ im Intervall [−2; 2] festgelegt wird!

LÖSUNG: $A(-2; 2) = \int_{-2}^{2} f(x)\,dx = \int_{-2}^{2}\left(3 - \dfrac{x^2}{2}\right)dx = 3x - \dfrac{1}{6}x^3 \Big|_{-2}^{2} = \dfrac{28}{3} \approx 9{,}33$

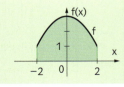

Flächeninhalte bei negativen Funktionswerten

Falls $f(x) \leq 0$ für alle $x \in [a; b]$ ist, spiegeln wir den Graphen der Funktion f an der x-Achse. Die gespiegelte Funktion bezeichnen wir mit $\bar{f}$. Es gilt $\bar{f}(x) = -f(x)$ für alle $x \in [a; b]$. Der Inhalt der von f in [a; b] festgelegten Fläche ist offensichtlich gleich dem Inhalt der von $\bar{f}$ in [a; b] festgelegten Fläche. Somit gilt:

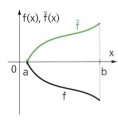

$$A_f(a, b) = A_{\bar{f}}(a, b) = \int_a^b \bar{f}(x)\,dx = \int_a^b (-f(x))\,dx = -\int_a^b f(x)\,dx$$

Satz

Die reelle Funktion f sei in [a; b] stetig und es sei $f(x) \leq 0$ für alle $x \in [a; b]$.
Für den Inhalt A(a, b) der von f in [a; b] festgelegten Fläche gilt:

$$A(a, b) = -\int_a^b f(x)\, dx$$

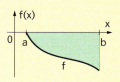

2.02
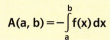
kompakt
Seite 48

Berechne den Inhalt der Fläche, die vom Graphen der Funktion f mit $f(x) = x^3 - 9x^2 + 18x$ und der x-Achse eingeschlossen wird!

LÖSUNG: Eine Untersuchung der Funktion f liefert den abgebildeten Graphen. Die Nullstellen von f sind: 0; 3; 6.
Man sieht, dass die gesuchte Fläche in zwei Teile zerfällt.

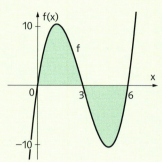

$$A(0; 3) = \int_0^3 (x^3 - 9x^2 + 18x)\, dx = \frac{1}{4}x^4 - 3x^3 + 9x^2 \Big|_0^3 = 20{,}25$$

$$A(3; 6) = -\int_3^6 (x^3 - 9x^2 + 18x)\, dx = -\frac{1}{4}x^4 + 3x^3 - 9x^2 \Big|_3^6 = 20{,}25$$

$$A(0; 6) = A(0; 3) + A(3; 6) = 20{,}25 + 20{,}25 = 40{,}5$$

BEACHTE: Besitzt eine Funktion positive und negative Werte, dann sind die Inhalte der Flächen, die über der ersten Achse liegen, und die Inhalte der Flächen, die unter der ersten Achse liegen, getrennt zu berechnen.

AUFGABEN

2.03 Berechne den Inhalt der von der Funktion f im angegebenen Intervall festgelegten Fläche!
a) $f(x) = 3 - x^2$, $[-1; 1]$
c) $f(x) = 7 + x^4$, $[0; 1]$
e) $f(x) = 4x^3 + x + 1$, $[0; 3]$
b) $f(x) = 8 - 2x^2$, $[-2; 0]$
d) $f(x) = x^2 + x$, $[2; 3]$
f) $f(x) = x^2 - 3$, $[-3; -2]$

2.04 Berechne den Inhalt der von der Funktion f im angegebenen Intervall festgelegten Fläche!
a) $f(x) = \frac{1}{x^2}$, $[-5; -2]$
c) $f(x) = 3^x$, $[0; 2]$
e) $f(x) = 2x + \frac{x^2}{2}$, $[0; 2]$
b) $f(x) = \sqrt{x}$, $[1; 9]$
d) $f(x) = \sqrt[3]{x^2}$, $[0; 8]$
f) $f(x) = \frac{1}{\sqrt{x}}$, $[1; 4]$

2.05 Berechne den Inhalt der von der Funktion f im angegebenen Intervall festgelegten Fläche!
a) $f(x) = 4 - x^2$, $[2; 4]$
b) $f(x) = -1 - 4x^4$, $[-1; 2]$
c) $f(x) = 3x^2 + 8x$, $[-2; -1]$

2.06 Berechne den Inhalt der von der Funktion f im angegebenen Intervall festgelegten Fläche!
a) $f(x) = \sin x$, $[0; \pi]$
b) $f(x) = \cos x$, $\left[-\frac{\pi}{2}; \frac{\pi}{2}\right]$
c) $f(x) = 1 - \sin x$, $[0; \pi]$

2.07 Berechne den Inhalt der Fläche, die vom Graphen der Funktion f und der x-Achse eingeschlossen wird!
a) $f(x) = 3x(4 - x)^3$
c) $f(x) = x^2 - 5$
e) $f(x) = (x^2 - 1) \cdot (x - 4)$
b) $f(x) = x^2 - 2x - 15$
d) $f(x) = x^3 - x^2$
f) $f(x) = -x^3 - 5x^2 - 4x$

2.08 Berechne den Inhalt der Fläche, die vom Graphen der Funktion f, der positiven 1. Achse und der 2. Achse eingeschlossen wird!
a) $f(x) = x^2 - 9$
c) $f(x) = \sqrt{x} - 1$
e) $f(x) = (x - 1)(x + 1)(x + 2)$
b) $f(x) = 2x^2 - 8x - 10$
d) $f(x) = x^3 - 1$
f) $f(x) = \cos x$ $\left(0 \leq x \leq \frac{\pi}{2}\right)$

⌁T 2.09 Berechne den Inhalt der Fläche, die von dem Teil des Graphen der Funktion f, der oberhalb der x-Achse liegt, und der x-Achse eingeschlossen wird!

a) $f(x) = x(x^2 - 1)$ **c)** $f(x) = -\frac{1}{2}x^4 + 8x^2$ **e)** $f(x) = -(x - 1)^2 + 3$

b) $f(x) = 2x^3 - 18x$ **d)** $f(x) = -x^2 + 3$ **f)** $f(x) = x^3 - 8x^2 + 16x$

⊕ 2.10 Ermittle $\int_0^{10} f$ anhand des dargestellten Graphen von f!

Lernapplet
u5563w

a)
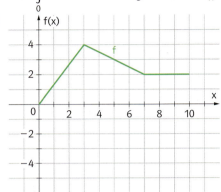

b)
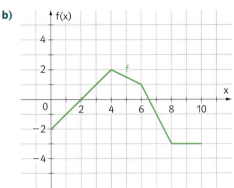

2.11 Gegeben ist die nebenstehend abgebildete Funktion f. Kreuze die beiden zutreffenden Aussagen an!

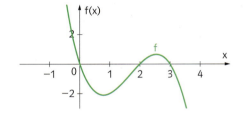

$\int_0^2 f(x)\,dx > 0$	☐
$\int_2^3 f(x)\,dx > 0$	☐
$\int_0^3 f(x)\,dx > 0$	☐
$\int_0^2 f(x)\,dx > \int_2^3 f(x)\,dx$	☐
$\int_2^3 f(x)\,dx > \int_0^3 f(x)\,dx$	☐

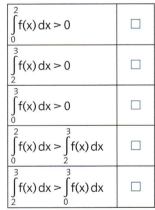

2.12 Gegeben ist die Funktion f mit $f(x) = \frac{1}{27}(x^3 - 18x^2 + 81x)$. Zeige, dass der Graph von f die x-Achse berührt und berechne den Inhalt der Fläche, die vom Graphen von f und der x-Achse begrenzt wird!

⊕ ⌁T 2.13 Ermittle $a \in \mathbb{R}^+$ so, dass der Inhalt der von der Funktion f im Intervall [0; a] festgelegten Fläche den Wert A hat!

Lernapplet
c93z87

a) $f(x) = \frac{1}{2}x + 2$, $A = 2{,}25$ **c)** $f(x) = \frac{1}{5}x^3$, $A = 12{,}8$ **e)** $f(x) = \frac{1}{2}\sqrt{x}$, $A = \frac{8}{3}$

b) $f(x) = \frac{1}{2}x^2$, $A = 36$ **d)** $f(x) = \frac{1}{10}x^4$, $A = 4{,}86$ **f)** $f(x) = 2 \cdot \sqrt[3]{x}$, $A = 1{,}5$

⌁T 2.14 Ermittle $a \in \mathbb{R}^+$ so, dass der Inhalt der vom Graphen der Funktion f und den beiden Koordinatenachsen eingeschlossenen Fläche den Wert A hat!

a) $f(x) = a - x^2$, $A = \frac{16}{3}$ **c)** $f(x) = -\frac{1}{4}x^2 + a$, $A = \frac{32}{3}$

b) $f(x) = 2 - ax^2$, $A = \frac{8}{3}$ **d)** $f(x) = -ax^2 + 3$, $A = \frac{9}{4}$

Inhalte von Flächen zwischen zwei Funktionsgraphen

2.15
T kompakt
Seite 48

Gegeben sind die Funktion f mit $f(x) = 3x - \frac{1}{2}x^2$ und die Punkte $P = (2\,|\,f(2))$ und $Q = (6\,|\,f(6))$. Berechne den Inhalt A der Fläche, die vom Graphen von f und der Geraden $g = PQ$ begrenzt wird!

LÖSUNG: $P = (2\,|\,4)$ und $Q = (6\,|\,0)$

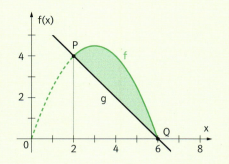

1. LÖSUNGSMÖGLICHKEIT:

$$A_f(2;\,6) = \int_2^6 \left(3x - \frac{1}{2}x^2\right)dx = \frac{3}{2}x^2 - \frac{1}{6}x^3 \Big|_2^6 = \frac{40}{3}$$

$$A_g(2;\,6) = \frac{1}{2} \cdot 4 \cdot 4 = 8 \quad \text{(Flächeninhalt eines Dreiecks)}$$

$$A = A_f(2;\,6) - A_g(2;\,6) = \frac{40}{3} - 8 = \frac{16}{3}$$

2. LÖSUNGSMÖGLICHKEIT:

Zeige selbst, dass $x + y = 6$ eine Gleichung der Geraden g ist! Die Gerade ist also der Graph der linearen Funktion g mit $g(x) = -x + 6$.

$$A_f(2;\,6) = \int_2^6 \left(3x - \frac{1}{2}x^2\right)dx = \frac{3}{2}x^2 - \frac{1}{6}x^3 \Big|_2^6 = \frac{40}{3}$$

$$A_g(2;\,6) = \int_2^6 (-x + 6)\,dx = -\frac{1}{2}x^2 + 6x \Big|_2^6 = 8$$

$$A = A_f(2;\,6) - A_g(2;\,6) = \frac{40}{3} - 8 = \frac{16}{3}$$

3. LÖSUNGSMÖGLICHKEIT:

$$A = A_f(2;\,6) - A_g(2;\,6) = \int_2^6 f(x)\,dx - \int_2^6 g(x)\,dx = \int_2^6 [f(x) - g(x)]\,dx = \int_2^6 \left[\left(3x - \frac{1}{2}x^2\right) - (-x + 6)\right]dx =$$

$$= \int_2^6 \left(-\frac{1}{2}x^2 + 4x - 6\right)dx = -\frac{1}{6}x^3 + 2x^2 - 6x \Big|_2^6 = \frac{16}{3}$$

Die dritte Lösungsmöglichkeit der vorigen Aufgabe lässt sich zu einem Satz verallgemeinern.

Satz

Die Funktionen f und g seien in $[a;\,b]$ stetig und es sei $f(x) \geq g(x)$ für alle $x \in [a;\,b]$. Für den Inhalt A der Fläche, die von den Graphen von f und g sowie den Geraden $x = a$ und $x = b$ eingeschlossen wird, gilt:

$$A = \int_a^b [f(x) - g(x)]\,dx \quad \text{(Integral von „oberer" minus „unterer" Funktion)}$$

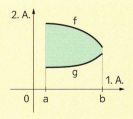

BEWEIS: Wir wählen notfalls k so, dass die Graphen von $f + k$ und $g + k$ über der 1. Achse liegen. Dann gilt:

$$A = \int_a^b (f + k) - \int_a^b (g + k) = \int_a^b [(f + k) - (g + k)] = \int_a^b (f - g) \qquad \square$$

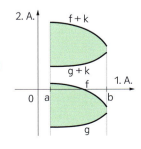

2.16 Kann man den Inhalt A der grün unterlegten Gesamtfläche mit Hilfe der folgenden Formel darstellen?

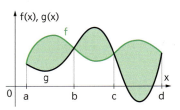

$$A = \int_a^d (f - g)$$

Wenn nicht, stelle ihn als Summe von Integralen dar!

2.17 Der Punkt P auf dem Graphen der Funktion f wird mit dem Ursprung O geradlinig verbunden. Wie groß ist der Inhalt der Fläche zwischen der Strecke OP und dem Graphen von f?

a) $f(x) = x^2$, $P = (1 \mid f(1))$

b) $f(x) = x^3$, $P = (1 \mid f(1))$

2.18 Berechne den Inhalt der vom Graphen der Funktion f und der Geraden g begrenzten Fläche!

a) $f(x) = \frac{1}{4}(x^2 - 2x - 8)$, g: $x - 2y + 2 = 0$

b) $f(x) = 4 - x^2$, g: $y = -2$

c) $f(x) = 2\sqrt{x}$, g: $2x - 3y + 4 = 0$

d) $f(x) = \sqrt{x}$, g: $x - 4y = 0$

2.19 Berechne den Inhalt der Fläche, die vom Graphen von f und der Geraden g begrenzt wird!

a) $f(x) = 9 - x^2$; g ist die Parallele zur x-Achse durch den Punkt $(0 \mid 7)$

b) $f(x) = \frac{x^4}{4} - 8x^2$; g ist die Tangente im Punkt $(0 \mid f(0))$

2.20 Auf dem Graphen der Funktion f liegen die Punkte P und Q. Berechne den Inhalt des Segments, das die Strecke PQ vom Graphen von f abschneidet!

a) $f(x) = \frac{1}{4}x^2 + 1$, $P = (-2 \mid f(-2))$, $Q = (4 \mid f(4))$

b) $f(x) = \frac{1}{9}x^3 - 1$, $P = (0 \mid f(0))$, $Q = (3 \mid f(3))$

2.21 Berechne den Inhalt der von den Graphen von f und g eingeschlossenen Fläche!

a) $f(x) = 2x^2 - 8$, $g(x) = x^2 + 4$

b) $f(x) = x + 2$, $g(x) = -x^2 + 3x + 5$

c) $f(x) = x^2$, $g(x) = 3 - x^2$

d) $f(x) = \frac{1}{4}(x^2 - 9)$, $g(x) = 9 - x^2$

2.22 Berechne den Inhalt des Flächenstücks, das von den Graphen der Funktionen f und g begrenzt wird! In welchem Verhältnis wird dieses Flächenstück von der durch die Schnittpunkte der beiden Funktionsgraphen verlaufenden Geraden geteilt?

a) $f(x) = x^2 - 2x + 1$, $g(x) = -2x^2 + 10x + 16$

b) $f(x) = -5x^2 - 10x + 1$, $g(x) = 4x^2 - x - 17$

c) $f(x) = 2x^2 - x + 2$, $g(x) = -x^2 - 7x + 11$

d) $f(x) = -3x^2 + 12x + 5$, $g(x) = 2x^2 - 23x + 55$

2.23 Die Gerade g: $y - 0,5 = 0$ schneidet vom Graphen der Funktion f mit $f(x) = \sin x$ im Intervall $[0; \pi]$ ein Segment ab. Berechne den Flächeninhalt dieses Segments!

2.24 Berechne den Inhalt der von den Graphen der Funktionen f und g sowie den Geraden $x = 0$ und $x = 2\pi$ eingeschlossenen Fläche!

a) $f(x) = \sin x + 2$, $g(x) = \sin x - 2$

b) $f(x) = \cos x + 3$, $g(x) = \cos x - 3$

2.25 Gegeben ist die Funktion f mit $f(x) = 1 - \cos x$. Berechne den Inhalt der Fläche, die die Graphen der Funktionen f und $-f$ im Intervall $[0; 2\pi]$ einschließen!

2.26 Der Graph der Funktion f, die Gerade g und die x-Achse begrenzen eine Fläche. Berechne den Inhalt dieser Fläche!

$f(x) = x^2$, g: $7x - y - 6 = 0$

2.27 Berechne den Inhalt des Flächenstücks, das von den Parabeln mit den Gleichungen $y^2 = 3x$ und $y^2 = \frac{9}{2} \cdot (x - 1)$ begrenzt wird!

2.28 Einem Quadrat mit der Seitenlänge a wird ein Parabelstück wie in nebenstehender Abbildung eingeschrieben. Archimedes hat gezeigt, dass die Parabel die Quadratfläche im Verhältnis 2 : 1 teilt. Beweise dies!

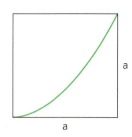

2.29 Zeige, dass der Graph der Funktion f mit $f(x) = \frac{1}{20} x^3 (x - 5)^2 + 2$ genau einen Hochpunkt $H = (h_1 | h_2)$ und genau einen Tiefpunkt $T = (t_1 | t_2)$ mit $h_1 < t_1$ hat und berechne den Inhalt der von f im Intervall $[h_1; t_1]$ festgelegten Fläche!

2.30 Es sei H der Hochpunkt und W der Wendepunkt des Graphen von f. Berechne den Flächeninhalt des Segments, das die Strecke HW vom Graphen von f abschneidet!
 a) $f(x) = x^3 - 6x^2 + 9x - 2$
 b) $f(x) = -x^3 + 3x^2 - 5$

2.31 Gegeben ist die Funktion f mit $f(x) = -\frac{4}{5}(x^2 - 4x - 5)$. Im Punkt $P = (0 | f(0))$ wird die Tangente an den Graphen von f gelegt. Ermittle das Verhältnis, mit dem der Graph von f die von dieser Tangente und den Koordinatenachsen eingeschlossenen Fläche teilt!

2.32 Gegeben sind die Funktion f mit $f(x) = \frac{1}{8}(x^3 - 6x^2 + 32)$ und die Gerade g: $x - 2y + 2 = 0$.
 1) Zeige, dass die Gerade g durch den Wendepunkt des Graphen von f geht!
 2) Berechne die beiden anderen Schnittpunkte der Geraden g mit dem Graphen von f!
 3) Zeige, dass die Gerade g vom Graphen von f zwei Flächenstücke mit gleichem Inhalt abschneidet!

2.33 Die von der Funktion f mit $f(x) = x^2$ im Intervall $[0; 3]$ festgelegte Fläche soll durch eine Parallele zur 2. Achse halbiert werden. Gib eine Gleichung dieser Parallelen an!

2.34 Der Graph der Funktion f mit $f(x) = 4 - (x - 1)^4$ besitze den Hochpunkt $H = (h_1 | h_2)$. Berechne den Inhalt der Fläche, die vom Graphen von f, der Geraden g: $y = h_2$ und der 2. Achse eingeschlossen wird!

2.35 Der Graph einer Polynomfunktion f vom Grad 2 schneidet die Koordinatenachsen in den Punkten
 a) $A = (-2 | 0)$, $B = (6 | 0)$ und $C = (0 | 6)$, **b)** $A = (-2 | 0)$, $B = (8 | 0)$ und $C = (0 | 8)$.
 1) Ermittle eine Termdarstellung der Funktion f und zeichne deren Graphen!
 2) Berechne den Inhalt des Flächenstücks FL, das vom Graphen und der x-Achse begrenzt wird!
 3) Bestimme eine Gleichung jener Geraden, die durch den Punkt A und den Extrempunkt des Graphen von f verläuft! Zeige, dass das Flächenstück FL durch diese Gerade im Verhältnis 1 : 7 geteilt wird!
 4) Die Tangenten an den Graphen in den Punkten A, B und C begrenzen ein Dreieck PQR. Bestimme die Koordinaten der Dreieckseckpunkte P, Q und R und zeige, dass sich die Flächeninhalte der Dreiecke ABC und PQR wie 2 : 1 verhalten!

2.2   WEGLÄNGEN

(R) Weglänge als Integral

Gegeben sei eine stetige Geschwindigkeitsfunktion $v: t \mapsto v(t)$, die jedem Zeitpunkt t die Geschwindigkeit $v(t)$ eines Körpers zuordnet. Wir setzen voraus, dass die Funktion v im Zeitintervall [a; b] nur nichtnegative Werte annimmt. Gesucht ist die Länge $w(a, b)$ des im Zeitintervall [a; b] zurückgelegten Weges.

Wir kennen keine Formel zur Berechnung einer solchen Weglänge, können diese aber wiederum näherungsweise berechnen, indem wir das Zeitintervall [a; b] in Teilintervalle zerlegen. In jedem Teilintervall nehmen wir gleichförmige Bewegung (dh. konstante Geschwindigkeit) an, berechnen die Längen der zurückgelegten Wege in den einzelnen Teilintervallen und summieren schließlich diese Weglängen. Gehen wir dabei in jedem Teilintervall von der kleinsten (bzw. größten) Geschwindigkeit in dem Teilintervall aus, erhalten wir eine **Untersumme** (bzw. **Obersumme**) für die gesamte Weglänge $w(a, b)$.

Anschaulich ist klar, dass für alle Untersummen U und alle Obersummen O von v in [a; b] gilt:
$$U \leqslant w(a, b) \leqslant O$$

Aufgrund der Definition des Integrals gilt aber auch für alle Untersummen U und alle Obersummen O von f in [a; b]:
$$U \leqslant \int_a^b v(t)\,dt \leqslant O$$

Da es genau eine reelle Zahl gibt, die „zwischen" allen Untersummen U und allen Obersummen O von v in [a; b] liegt, muss gelten:
$$w(a, b) = \int_a^b v(t)\,dt$$

Wir haben somit begründet:

Satz (Weglänge als Integral)
Die Geschwindigkeitsfunktion v sei im Zeitintervall [a; b] stetig und es gelte $v(t) \geqslant 0$ für alle $t \in$ [a; b]. Für die Länge $w(a, b)$ des im Zeitintervall [a; b] zurückgelegten Weges gilt:

$$\mathbf{w(a, b) = \int_a^b v(t)\,dt}$$

Merke
Die Weglänge ist das Integral der Geschwindigkeit nach der Zeit.

2.36   Ein Auto beschleunigt aus dem Stand ($s(0) = 0$, $v(0) = 0$). Seine Geschwindigkeit nach t Sekunden ist näherungsweise gegeben durch $v(t) = 3t$ (m/s).

1)   Gib eine Formel für den Ort $s(t)$ zum Zeitpunkt t an!

2)   Wie lang ist der zurückgelegte Weg im Zeitintervall $[t_1; t_2]$?

3)   Wie lang ist der zurückgelegte Weg im Zeitintervall [2; 3]?

LÖSUNG:

1) Es gilt $s'(t) = v(t)$. Die Zeit-Ort-Funktion s ist also eine Stammfunktion der Geschwindigkeitsfunktion v und somit von der Form:

$$s(t) = \frac{3}{2} \cdot t^2 + c$$

Aus $s(0) = 0$ folgt $c = 0$. Somit gilt:

$$s(t) = \frac{3}{2} \cdot t^2$$

2) 1. LÖSUNGSMÖGLICHKEIT: $w(t_1, t_2) = s(t_2) - s(t_1) = \frac{3}{2} \cdot t_2{}^2 - \frac{3}{2} \cdot t_1{}^2 = \frac{3}{2} \cdot (t_2{}^2 - t_1{}^2)$ (m)

2. LÖSUNGSMÖGLICHKEIT: $w(t_1, t_2) = \int_{t_1}^{t_2} v(t)\,dt = \int_{t_1}^{t_2} 3t\,dt = 3 \cdot \frac{t^2}{2}\Big|_{t_1}^{t_2} = \frac{3}{2} \cdot (t_2{}^2 - t_1{}^2)$ (m)

3) $w(2; 3) = \frac{3}{2} \cdot (3^2 - 2^2) = 7,5$ (m)

AUFGABEN

2.37 Ein Auto fährt mit der Anfangsgeschwindigkeit 10 m/s und beschleunigt. Seine Geschwindigkeit t Sekunden nach Beginn des Beschleunigungsvorgangs ist näherungsweise gegeben durch $v(t) = 2t + 10$ (m/s).
Berechne die Länge des im Zeitintervall **1)** $[t_1, t_2]$, **2)** $[0; 3]$, **3)** $[1; 3]$ zurückgelegten Weges!

2.38 Ein Auto fährt t Sekunden nach dem Beginn einer Beschleunigungsphase annähernd mit der Geschwindigkeit $v(t) = 3t + 15$ (m/s). Am Beginn dieser Phase ist das Auto 1500 m vom Startpunkt entfernt, von dem es sich geradlinig wegbewegt. Wie groß ist seine Entfernung $s(t)$ vom Startpunkt zum Zeitpunkt t?

2.39 Nebenstehend ist eine Geschwindigkeitsfunktion $v: t \mapsto v(t)$ dargestellt. Was bedeutet der Inhalt der grün unterlegten Fläche? Begründe die Antwort!

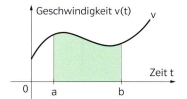

2.40 Stelle den Inhalt der grün unterlegten Fläche als Integral dar! Was bedeutet dieser Inhalt, wenn f(x) die
1) Geschwindigkeit zum Zeitpunkt x ist,
2) Breite eines Flusses in der Entfernung x von der Quelle ist?

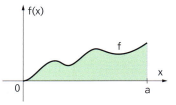

Lernapplet 32s45w

2.41 Nebenstehend ist eine Geschwindigkeitsfunktion v dargestellt.
1) Wie können die zurückgelegten Weglängen $w(0; 8)$ und $w(8; 11)$ in der Abbildung grafisch dargestellt werden?
2) Stelle diese Weglängen durch Integrale dar und berechne sie anhand der Abbildung!

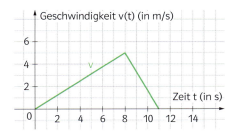

2.42 Ein Körper bewegt sich mit der Geschwindigkeit $v(t) = 0,4 \cdot t$ (t in s, $v(t)$ in m/s).
1) Zeichne den Graphen der Funktion v für $0 \leq t \leq 10$!
2) Stelle die zurückgelegte Weglänge $w(0; 10)$ als Integral dar und veranschauliche dieses in der Abbildung!
3) Berechne $w(0; 10)$ anhand der Abbildung!

2.43 Ein Körper kann auf einer geraden Bahn in be den Richtungen bewegt werden. Untenstehend ist die Geschwindigkeit $v(t)$ des Körpers in Abhängigkeit von der Zeit t dargestellt (t in min, $v(t)$ in m/min). Ermittle anhand des Graphen, wie weit der Körper nach zehn Minuten vom Ausgangsort entfernt ist!

a)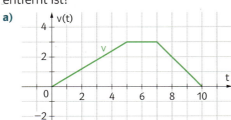

b)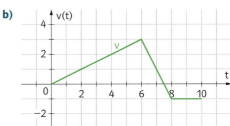

2.44 Ein Körper wird auf einer geraden Bahn hin und her bewegt. Nebenstehend ist seine Geschwindigkeit $v(t)$ in Abhängigkeit von der Zeit t dargestellt (t in min, $v(t)$ in m/min). Kreuze die beiden zutreffenden Aussage(n) an!

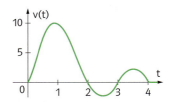

Zum Zeitpunkt 2 ist der Körper weiter vom Ausgangspunkt entfernt als zum Zeitpunkt 3.	☐
$\int_{1}^{2} v(t)\,dt$ ist die Länge des in den ersten zwei Minuten zurückgelegten Weges.	☐
Der Körper bewegt sich stets in die gleiche Richtung (dh. fährt nie zurück).	☐
In der ersten Minute legt der Körper einen kürzeren Weg zurück als in der letzten Minute.	☐
Nach 4 Minuten ist der Körper gleich weit vom Ausgangspunkt entfernt wie nach 2 Minuten.	☐

Bremsweg und Anhalteweg

Eine Autofahrerin erkennt eine Gefahr. Vom Erkennen der Gefahr bis zum Beginn des Bremsens vergeht ungefähr eine Sekunde („Schrecksekunde"). Der in dieser Zeit zurückgelegte Weg wird als **Reaktionsweg** bezeichnet, der vom Beginn des Bremsens bis zum Stillstand zurückgelegte Weg als **Bremsweg**. Der gesamte **Anhalteweg** setzt sich aus dem Reaktionsweg und dem Bremsweg zusammen.

AUFGABEN

2.45 Ein Auto fährt mit der Geschwindigkeit v_0 und leitet eine Vollbremsung ein. Seine Geschwindigkeit beträgt t Sekunden nach Bremsbeginn nur mehr $v(t) = v_0 - 8t$.
1) Stelle Formeln für die Länge des Bremswegs und des Anhalteweges auf! (Rechne mit einer Schrecksekunde!)
2) Berechne die Länge des Bremswegs und des Anhalteweges für $v_0 = 8\,\text{m/s}$ bzw. $20\,\text{m/s}$!
3) Berechne die Länge der beiden Wege für $v_0 = 100\,\text{km/h}$ bzw. $150\,\text{km/h}$!

R ## Berechnung von Weglängen bei vorgegebener Beschleunigungsfunktion

2.46 Ein Körper hat die Anfangsgeschwindigkeit $2\,m/s$ und wird beschleunigt. Seine Beschleunigung nach t Sekunden ist gegeben durch $a(t) = t$ (m/s^2).

  1) Stelle eine Formel für die Länge des im Zeitintervall $[t_1; t_2]$ zurückgelegten Weges auf!

  2) Berechne die Länge des im Zeitintervall $[2; 3]$ zurückgelegten Weges!

LÖSUNG:

Es sei $v: t \mapsto v(t)$ die Geschwindigkeitsfunktion und $a: t \mapsto a(t)$ die Beschleunigungsfunktion.
Es gilt: $v'(t) = a(t)$. Die Geschwindigkeitsfunktion v ist also eine Stammfunktion der Beschleunigungsfunktion a und somit von der Form:

$$v(t) = \tfrac{1}{2}t^2 + c$$

Aus $v(0) = 2$ folgt $c = 2$.
Somit gilt:

$$v(t) = \tfrac{1}{2}t^2 + 2$$

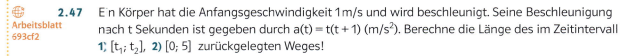

1) $w(t_1; t_2) = \int_{t_1}^{t_2} v(t)\,dt = \int_{t_1}^{t_2}\left(\tfrac{1}{2}t^2 + 2\right)dt = \left(\tfrac{t^3}{6} + 2t\right)\Big|_{t_1}^{t_2} = \tfrac{t_2^3}{6} + 2t_2 - \tfrac{t_1^3}{6} - 2t_1 = \tfrac{1}{6}(t_2^3 - t_1^3) + 2(t_2 - t_1)$ (m)

2) $w(2; 3) = \tfrac{1}{6} \cdot (27 - 8) + 2 \cdot (3 - 2) = \tfrac{31}{6} \approx 5{,}2$ (m)

R **AUFGABEN**

⊕ **Arbeitsblatt 693cf2**

2.47 Ein Körper hat die Anfangsgeschwindigkeit $1\,m/s$ und wird beschleunigt. Seine Beschleunigung nach t Sekunden ist gegeben durch $a(t) = t(t + 1)$ (m/s^2). Berechne die Länge des im Zeitintervall **1)** $[t_1; t_2]$, **2)** $[0; 5]$ zurückgelegten Weges!

2.48 Ein Körper hat die Anfangsgeschwindigkeit $10\,m/s$ und wird verzögert. Seine Beschleunigung nach t Sekunden ist gegeben durch $a(t) = -t$ (m/s^2). Berechne die Länge des im Zeitintervall **1)** $[t_1; t_2]$, **2)** $[0; 5]$ zurückgelegten Weges!

2.49 Ein Körper erfährt ab dem Zeitpunkt $t = 0$ die Beschleunigung $a(t) = \tfrac{1}{4}t$ (m/s^2).

  1) Berechne die Geschwindigkeit $v(t)$ des Körpers zum Zeitpunkt t, wenn $v(0) = 5\,m/s$ ist!

  2) Berechne die Länge des in den ersten drei Sekunden nach dem Beginn der Beschleunigungsphase zurückgelegten Weges!

2.50 Ein Stein fällt aus $20\,m$ Höhe. Er erfährt die konstante Erdbeschleunigung g. Zeige:

  1) Die Geschwindigkeit des Steins nach t Sekunden beträgt $v(t) = g \cdot t$.

  2) Die Höhe des Steins nach t Sekunden beträgt $h(t) = 20 - \tfrac{g}{2}t^2$ $\left(\text{für } 0 \le t \le \sqrt{\tfrac{40}{g}}\right)$.

2.51 Im Allgemeinen ist die Beschleunigung eines Autos nicht konstant. Bei höheren Geschwindigkeiten nimmt sie ab und wird schließlich 0 (bei Erreichen der Höchstgeschwindigkeit). Angenommen, ein Auto beschleunigt aus dem Stand ($s(0) = 0$, $v(0) = 0$), wobei seine Beschleunigung t Sekunden nach dem Start annähernd durch $a(t) = 3{,}2 - 0{,}16t + 0{,}002t^2$ (m/s^2) gegeben ist und diese Formel bis zu dem Zeitpunkt gilt, für den $a(t) = 0$ ist.

  1) Wie lange beschleunigt das Auto?

  2) Gib eine Formel für die Geschwindigkeit $v(t)$ zum Zeitpunkt t an!

  3) Bestimme die Höchstgeschwindigkeit in m/s und km/h!

  4) Wie lang ist der Weg, den das Auto bis zum Zeitpunkt t zurücklegt?

  5) Wie lang ist der Weg bis zur Erreichung der Höchstgeschwindigkeit?

2.3 VOLUMINA

R

Volumen als Integral der Querschnittsfläche

In der nebenstehenden Abbildung ist ein Körper K dargestellt. Wir legen eine Ebene parallel zur xy-Ebene durch den Punkt (0|0|z) und schneiden diese mit dem Körper K. Die entstehende Schnittfläche bezeichnen wir als **Querschnittsfläche in der Höhe z**. Ihren Inhalt bezeichnen wir mit A(z) (wobei $a \leq z \leq b$). Die Funktion A: $[a; b] \to \mathbb{R} \,|\, z \mapsto A(z)$ nennen wir die **Querschnittsflächenfunktion** des Körpers bezüglich der z-Achse. Wir setzen stets voraus, dass die Funktion A stetig ist.

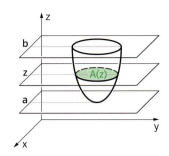

2.52 Der nebenstehend abgebildete Körper K hat die Höhe 4. Die Querschnittsfläche ist in jeder Höhe $z \in [0; 4]$ ein Quadrat mit der Diagonalenlänge $d(z) = 8 - 4\sqrt{z}$.
  1) Begründe, dass man das Volumen V(K) des Körpers als Integral darstellen kann!
  2) Berechne dieses Volumen!

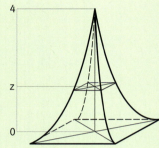

LÖSUNG:
1) Es sei A(z) der Inhalt der Querschnittsfläche in der Höhe z. Wir betrachten eine Zerlegung Z des Intervalls [0; 4] in n Teilintervalle der Länge Δz. Durch jeden Teilungspunkt legen wir eine Ebene parallel zur xy-Ebene. Zwischen diesen Ebenen errichten wir Prismen, die dem Körper ein- bzw. umgeschrieben sind (siehe nebenstehende Abbildung). Die Summe der Volumina der eingeschriebenen (umgeschriebenen) Prismen liefert eine Untersumme (Obersumme) für das Volumen des Körpers K.

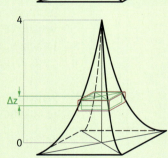

Anschaulich ist klar, dass für alle Untersummen U und alle Obersummen O von A in [0; 4] gilt:
$$U \leq V(K) \leq O$$

Andererseits gilt aufgrund der Definition des Integrals für alle Untersummen U und alle Obersummen O von A in [0; 4]:
$$U \leq \int_0^4 A(z)\, dz \leq O$$

Da es genau eine reelle Zahl gibt, die „zwischen" allen Untersummen U und allen Obersummen O von A in [0; 4] liegt, muss gelten:
$$V(K) = \int_0^4 A(z)\, dz$$

2) Ist a(z) die Seitenlänge des Schnittquadrats in der Höhe z, dann gilt nach dem pythagoräischen Lehrsatz: $[d(z)]^2 = 2 \cdot [a(z)]^2$. Daraus folgt:
$$A(z) = [a(z)]^2 = \frac{1}{2} \cdot [d(z)]^2 = \frac{1}{2} \cdot (8 - 4\sqrt{z})^2 = 32 - 32\sqrt{z} + 8z$$

$$V = \int_0^4 A(z)\, dz = \int_0^4 (32 - 32 \cdot \sqrt{z} + 8z)\, dz = 8 \cdot \int_0^4 (4 - 4 \cdot z^{\frac{1}{2}} + z)\, dz = 8 \cdot \left(4z - \frac{8}{3} \cdot z^{\frac{3}{2}} + \frac{1}{2}z^2\right)\Big|_0^4 = \frac{64}{3}$$

Die in der letzten Aufgabe erhaltene Formel für das Volumen kann verallgemeinert werden:

Satz

Es sei K ein Körper und A(z) der Inhalt der Querschnittsfläche in der Höhe z (mit $a \leq z \leq b$). Falls die Querschnittsflächenfunktion A stetig ist, gilt für das Volumen V(K) des Körpers:

$$V(K) = \int_a^b A(z)\,dz$$

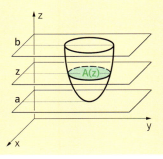

Merke

Das **Volumen** ist das **Integral des Querschnittsflächeninhalts nach der Höhe**.

AUFGABEN

2.53 Für den nebenstehend abgebildeten Körper ist die Querschnittsfläche in jeder Höhe $z \in [0; 6]$ ein Quadrat mit der Seitenlänge

$$a(z) = 6 - \frac{1}{6}z^2.$$

1) Begründe, dass das Volumen des Körpers als Integral dargestellt werden kann!

2) Berechne das Volumen des Körpers!

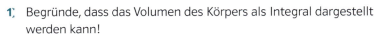

2.54 Für den nebenstehend abgebildeten Körper ist die Querschnittsfläche in jeder Höhe $z \in [0; 8]$ ein regelmäßiges Sechseck mit der

Seitenlänge $a(z) = \frac{1}{8}(z-4)^2 + 2$.

Berechne das Volumen des Körpers!

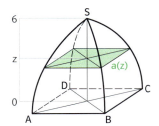

2.55 Die nebenstehend abgebildete Staumauer ist 50 m hoch und hat in jeder Höhe eine annähernd rechteckige horizontale Schnittfläche. Die Breite der Mauer (und damit eine Seitenlänge der Schnittfläche) ist in einer Höhe von z Meter über der Grundfläche gegeben durch:

$$b(z) = \frac{1}{150}(z^2 + 40z + 3\,000) \text{ (in Metern)}$$

Die Dicke dieser Mauer (und somit die zweite Seitenlänge der horizontalen Schnittfläche) nimmt von 30 m an der tiefsten Stelle ($z = 0$) bis zu 10 m an der höchsten Stelle ($z = 50$) linear ab. Wieviel Kubikmeter Beton sind zur Errichtung der Staumauer erforderlich?

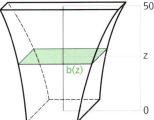

2.56 (Fortsetzung von 2.52) Begründe die Formel $V = \int_0^4 A(z)\,dz$ mit dem auf Seite 42 beschriebenen Verfahren!

R ## Herleitung von Volumsformeln

2.57 Leite die Volumsformel $V = \frac{G \cdot h}{3}$ für eine Pyramide mit dem Grundflächeninhalt G und der Höhe h her!

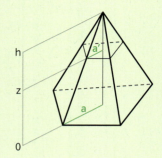

LÖSUNG:

Es seien a und a' die nebenstehend eingezeichneten Streckenlängen. Nach dem Strahlensatz gilt: $a' : a = (h - z) : h$.
Aus der Ähnlichkeitslehre wissen wir: Die Flächeninhalte ähnlicher Figuren verhalten sich wie die Quadrate entsprechender Streckenlängen in diesen Figuren. Daher gilt für den Inhalt A(z) der Querschnittsfläche in der Höhe z und den Inhalt G der Grundfläche:

$$A(z) : G = (a')^2 : a^2 = (h - z)^2 : h^2$$

Daraus ergibt sich:

$$A(z) = \frac{G \cdot (h - z)^2}{h^2} = \frac{G}{h^2} \cdot (h^2 - 2hz + z^2)$$

Die Querschnittsflächenfunktion A ist eine Polynomfunktion und daher stetig in [0; h]. Somit gilt:

$$V(K) = \int_0^h A(z)\,dz = \int_0^h \frac{G}{h^2} \cdot (h^2 - 2hz + z^2)\,dz = \frac{G}{h^2} \cdot \int_0^h (h^2 - 2hz + z^2)\,dz = \frac{G}{h^2} \cdot \left(h^2 z - hz^2 + \frac{z^3}{3}\right)\Big|_0^h =$$

$$= \frac{G}{h^2} \cdot \left(h^3 - h^3 + \frac{h^3}{3}\right) = \frac{G}{h^2} \cdot \frac{h^3}{3} = \frac{G \cdot h}{3}$$

BEMERKUNG: Die Formel $A = \frac{c \cdot h}{2}$ für den Flächeninhalt eines Dreiecks kann auf elementare Weise aus der Formel für den Flächeninhalt eines Rechtecks gewonnen werden. Beispielsweise kann sie aus der nebenstehenden Abbildung abgelesen werden.

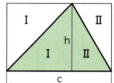

Eine analoge elementare Herleitung der Formel $V = \frac{G \cdot h}{3}$ für das Volumen einer Pyramide ist aber nicht möglich. Diese Formel kann man nur mit infinitesimalen Methoden herleiten, dh. mit Methoden, denen Grenzprozesse zugrundeliegen (wie mittels Integration).

R ### AUFGABEN

2.58 Leite die Formel $V = \frac{r^2 \pi h}{3}$ für das Volumen eines Kreiskegels mit dem Radius r und der Höhe h her!

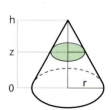

2.59 Leite die Formel $V = r^2 \pi h$ für das Volumen eines Zylinders mit dem Radius r und der Höhe h her!

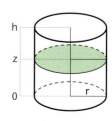

Volumina von Rotationskörpern

Eei der Herleitung der Formel $V(K) = \int_a^b A(z)\,dz$ haben wir Ebenen normal zur z-Achse gelegt.

Legt man Ebenen normal zur x-Achse oder y-Achse, erhält man durch analoge Überlegungen:

$$V(K) = \int_a^b A(x)\,dx \quad \text{bzw.} \quad V(K) = \int_a^b A(y)\,dy$$

T kompakt
Seite 48

- Dreht sich der nebenstehend abgebildete Graph der Funktion f um die x-Achse, entsteht ein Drehkörper (Rotationskörper). Wir setzen $y = f(x)$. Für den Inhalt der Querschnittsflächenfunktion an der Stelle x gilt:

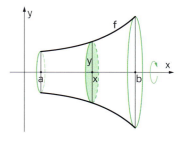

$$A(x) = y^2 \cdot \pi$$

Für das Volumen des Rotationskörpers ergibt sich:

$$V = \int_a^b A(x)\,dx = \int_a^b y^2 \cdot \pi\,dx = \pi \cdot \int_a^b y^2\,dx$$

- Analog gehen wir vor, wenn sich der Graph von f um die y-Achse dreht. Wir setzen voraus, dass sich die Gleichung $y = f(x)$ eindeutig nach x auflösen lässt, dh. dass die Umkehrfunktion von f existiert: $x = f^*(y)$.
Für den Inhalt der Querschnittsflächenfunktion an der Stelle y gilt dann:

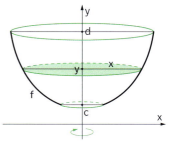

$$A(y) = x^2 \cdot \pi$$

Für das Volumen des Rotationskörpers ergibt sich:

$$V = \int_c^d A(y)\,dy = \int_c^d x^2 \cdot \pi\,dy = \pi \cdot \int_c^d x^2\,dy$$

V/ir haben somit bewiesen:

Satz

Es sei f eine reelle Funktion mit $y = f(x)$, $a \leq x \leq b$ und $c \leq y \leq d$. Dreht sich der Graph der Funktion f um eine Koordinatenachse, dann gilt für das Volumen des entstehenden Rotationskörpers

(1) bei **Drehung um die x-Achse**:

$$V = \pi \cdot \int_a^b y^2\,dx$$

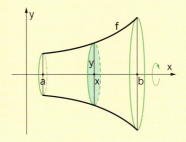

(2) bei **Drehung um die y-Achse**:

$$V = \pi \cdot \int_c^d x^2\,dy$$

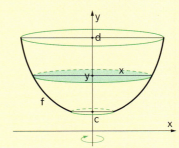

2.60 Eine Ellipse mit der Gleichung $b^2x^2 + a^2y^2 = a^2b^2$ rotiert **1)** um die x-Achse, **2)** um die y-Achse. Berechne jeweils das Volumen des entstehenden Rotationsellipsoids!

LÖSUNG:

1)

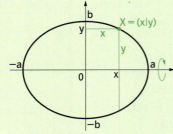

2)

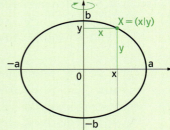

Aus der Ellipsengleichung folgt:

$$y^2 = b^2 - \frac{b^2}{a^2}x^2$$

Nach dem obigen Satz ergibt sich:

$$\frac{V}{2} = \pi \cdot \int_0^a \left(b^2 - \frac{b^2}{a^2}x^2\right)dx$$

Rechne selbst! Es ergibt sich: $V = \frac{4\pi}{3}ab^2$

Aus der Ellipsengleichung folgt:

$$x^2 = a^2 - \frac{a^2}{b^2}y^2$$

Nach dem obigen Satz ergibt sich:

$$\frac{V}{2} = \pi \cdot \int_0^b \left(a^2 - \frac{a^2}{b^2}y^2\right)dy$$

Rechne selbst! Es ergibt sich: $V = \frac{4\pi}{3}a^2b$

R

AUFGABEN

2.61 Der zwischen den Geraden $x = -2a$ und $x = 2a$ liegende Teil der Hyperbel hyp: $b^2x^2 - a^2y^2 = a^2b^2$ rotiert
a) um die x-Achse, **b)** um die y-Achse.
Berechne das Volumen des entstehenden Rotationshyperboloids!

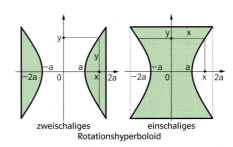

zweischaliges   einschaliges
Rotationshyperboloid

2.62 **a)** Ein Paraboloid entsteht durch Drehung der Parabel $y^2 = 2px$ um die x-Achse für $-2p \leqslant y \leqslant 2p$. Stelle eine Formel für das Volumen des Paraboloids auf!

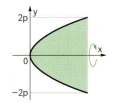

b) Ein Paraboloid entsteht durch Drehung der Parabel $x^2 = 2py$ um die y-Achse für $-2p \leqslant x \leqslant 2p$. Stelle eine Formel für das Volumen des Paraboloids auf!

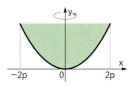

2.63 Der Graph der Funktion f rotiert um die x-Achse. Berechne das Volumen des entstehenden Drehkörpers!

a) $f(x) = \frac{1}{3}x$, $0 \leqslant x \leqslant 5$

c) $f(x) = \sqrt[3]{x}$, $1 \leqslant x \leqslant 27$

e) $f(x) = ax^2$, $0 \leqslant x \leqslant a$

b) $f(x) = \frac{3}{5}x + 2$, $1 \leqslant x \leqslant 5$

d) $f(x) = 2e^x$, $-1 \leqslant x \leqslant 3$

f) $f(x) = ax^3 + 8$, $0 \leqslant x \leqslant a$

2.64 Der Graph der Funktion f rotiert um die y-Achse. Berechne das Volumen des entstehenden Drehkörpers!

a) $f(x) = \frac{1}{3}x$, $0 \leq x \leq 4$ **c)** $f(x) = \frac{1}{2}x^2$, $0 \leq x \leq 2$ **e)** $f(x) = \frac{2}{x}$, $\frac{1}{2} \leq x \leq 2$

b) $f(x) = \frac{1}{2}x + 2$, $2 \leq x \leq 8$ **d)** $f(x) = \sqrt{x}$, $1 \leq x \leq 4$ **f)** $f(x) = (x + a)^2$, $0 \leq x \leq a$

2.65 Leite die Formel $V = \frac{4r^3\pi}{3}$ für das Volumen einer Kugel her!

HINWEIS: $A(x) = y^2\pi$ und $x^2 + y^2 = r^2$

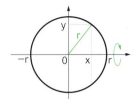

2.66 Berechne das Volumen des Körpers, der entsteht, wenn der Graph der Funktion f zwischen den beiden Nullstellen von f um die x-Achse rotiert!

a) $f(x) = 9 - x^2$ **c)** $f(x) = \sqrt{4 - x^2}$

b) $f(x) = x^2(3 - x)$ **d)** $f(x) = \sqrt{9 - 4x^2}$

2.67 Die von der Funktion f im Intervall [a; b] festgelegte Fläche rotiert um die x-Achse. Berechne das Volumen des entstehenden Rotationskörpers und überprüfe das Ergebnis mit einer elementar-geometrischen Volumsformel!

a) $f(x) = r$, $a = 0$, $b = h$ **c)** $f(x) = 2 + x$, $a = 0$, $b = h$

b) $f(x) = x$, $a = 0$, $b = h$ **d)** $f(x) = \frac{R - r}{h} \cdot x + r$, $a = 0$, $b = h$

2.68 Der Graph der im angegebenen Intervall definierten Funktion f rotiert einmal um die x-Achse und einmal um die y-Achse. Wie verhalten sich die Volumina der jeweils entstehenden Rotationskörper zueinander?

a) $f(x) = x^2$, $[0; 2]$ **b)** $f(x) = \frac{1}{2}\sqrt{x}$, $[1; 4]$ **c)** $f(x) = \sqrt[3]{\frac{x^2}{2}}$, $[0; 4]$ **d)** $f(x) = \frac{1}{x}$, $[1; 2]$

2.69 Der Graph der Funktion f, die Tangente an den Graphen im Punkt P und die beiden Koordinatenachsen begrenzen eine Fläche. Diese rotiert um die x-Achse bzw. um die y-Achse. Berechne die Volumina der entstehenden Drehkörper!

a) $f(x) = \frac{3}{5}x^2 + 3$, $P = (5 \mid f(5))$ **b)** $f(x) = \frac{1}{4}x^2 + 3$, $P = (6 \mid f(6))$

2.70 Der Hohlraum einer Sektschale entsteht durch Rotation der Funktion f mit $f(x) = k \cdot \sqrt{x}$ um die 1. Achse. Der Hohlraum ist 4 cm hoch und der Rand hat einen Radius von 6 cm.

1) Wie hoch steht der Flüssigkeitsspiegel in der Schale, wenn diese einen Achtelliter Sekt enthält?

HINWEIS: 1 Liter = 1000 cm³

2) Wie hoch müsste die Schale mindestens sein, damit einen Viertelliter Sekt darin Platz hätte?

2.71 Ein Rotationsparaboloid entsteht durch Rotation des Graphen der Funktion f: $x \rightarrow k \cdot \sqrt{x}$ um die x-Achse. Zeige: Das Volumen des Rotationsparaboloids ist halb so groß wie das Volumen des umgeschriebenen Zylinders (siehe nebenstehende Abbildung).

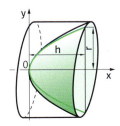

2.4 PHYSIKALISCHE ANWENDUNGEN DES INTEGRALS

Arbeit als Integral der Kraft nach dem Weg

Ein Körper werde durch eine Kraft $\vec{F}$ mit dem Betrag F geradlinig vom Ort a zum Ort b bewegt, wobei vorausgesetzt wird, dass die Kraftrichtung mit der Wegrichtung übereinstimmt und der Betrag F der Kraft konstant ist (siehe nebenstehende Abbildung). Die dabei verrichtete Arbeit ist definiert durch:

Arbeit = Kraft · Weg

$$W(a, b) = F \cdot (b - a)$$

Wir nehmen nun an, dass zwar die Kraftrichtung mit der Wegrichtung übereinstimmt, der Betrag F der Kraft jedoch nicht konstant ist. Jedem Ort $x \in [a; b]$ wird dadurch ein Betrag $F(x)$ der Kraft zugeordnet. Was soll man in diesem Fall unter der verrichteten Arbeit verstehen?

Wir denken uns das Wegintervall $[a; b]$ in Teilintervalle der Länge Δx zerlegt. In jedem Teilintervall wählen wir eine Stelle x mit kleinstmöglichem (größtmöglichem) $F(x)$ und berechnen damit die kleinstmögliche (größtmögliche) Arbeit $\Delta W = F(x) \cdot \Delta x$ in diesem Teilintervall. Die Summe dieser Produkte liefert eine Untersumme U (Obersumme O) für die gesuchte Arbeit $W(a, b)$.

Anschaulich ist klar, dass für alle Untersummen U und alle Obersummen O für $W(a, b)$ gilt:

$$U \leqslant W(a, b) \leqslant O$$

Andererseits gilt aufgrund der Definition des Integrals für alle diese Untersummen U und Obersummen O:

$$U \leqslant \int_a^b F(x)\, dx \leqslant O$$

Da es genau eine reelle Zahl gibt, die „zwischen" allen diesen Untersummen U und allen diesen Obersummen O liegt, muss gelten:

$$W(a, b) = \int_a^b F(x)\, dx$$

Falls F konstant ist, ergibt sich die ursprüngliche Formel als Spezialfall:

$$W(a, b) = \int_a^b F\, dx = F \cdot \int_a^b 1 \cdot dx = F \cdot x \Big|_a^b = F \cdot (b - a)$$

Wir halten fest:

Satz

Ein Körper werde durch eine Kraft von a nach b bewegt. Für jedes $x \in [a; b]$ sei $F(x)$ der Betrag dieser Kraft. Dann ist die dabei verrichtete Arbeit gegeben durch:

$$W(a, b) = \int_a^b F(x)\, dx$$

Merke

Die **Arbeit** ist das **Integral der Kraft nach dem Weg.**

Im Folgenden messen wir die Weglänge stets in Meter (m), die Kraft in Newton (N) und die Arbeit in Joule (J). Dabei gilt: $1\,J = 1\,Nm$.

Wird eine Schraubenfeder wie in nebenstehender Abbildung aus ihrer Ruhelage 0 bis zur Lage x (< 0) gestaucht, entsteht eine Kraft, die der Stauchung entgegengesetzt gerichtet ist und versucht, die Feder wieder in ihre Ruhelage zurückzuführen. Wenn die Stauchung nicht zu groß ist, gilt für den Betrag F dieser Kraft näherungsweise: $F(x) = -k \cdot x$. Dabei ist die positive Zahl k die sogenannte Federkonstante, die vom Material und der Bauart der Feder abhängt.

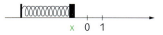

2.72 Eine Schraubenfeder mit der Federkonstanten $k = 400\,N/m$ wird ausgehend von ihrer Ruhelage um 0,05 m gestaucht. Berechne die Arbeit W, die die Feder verrichten muss, um wieder in die Ruhelage zurückzukehren!

LÖSUNG:

$F(x) = -400 \cdot x$

$$W(-0,05;\,0) = \int_{-0,05}^{0} F(x)\,dx = \int_{-0,05}^{0} (-400 \cdot x)\,dx = -400 \cdot \int_{-0,05}^{0} x\,dx = -400 \cdot \left.\frac{x^2}{2}\right|_{-0,05}^{0} = 0,5\,(J)$$

AUFGABEN

2.73 Die Federkonstante k einer Schraubenfeder beträgt **a)** 100 N/m **b)** 200 N/m, **c)** k_0 N/m. Die Feder wird von der Ruhelage 0 bis zur Lage $x = -0,1\,m$ gestaucht. Berechne die Arbeit, die die Feder verrichten muss, um sich wieder zur Ruhelage auszudehnen!

2.74 Die Federkonstante k einer Schraubenfeder beträgt k_0 N/m. Die Feder wird von der Ruhelage 0 bis zur Lage x (< 0) gestaucht. Stelle eine Formel für die Arbeit W(x; 0) auf, die die Feder verrichten muss, um sich wieder zur Ruhelage auszudehnen!

2.75 Eine Schraubenfeder wird aus ihrer Ruhelage bis zur Lage x (< 0) gestaucht. Um die Feder wieder in die Ruhelage zurückzuführen, muss die Arbeit W(x; 0) verrichtet werden. Ermittle, ob sich diese Arbeit verdoppelt, wenn **1)** k doppelt so groß wird, **2)** die Feder doppelt so weit gestaucht wird!

2.76 Auf einen im Gravitationsfeld der Erde befindlichen Körper wirkt die Gravitationskraft

$F(r) = G \cdot \dfrac{M \cdot m}{r^2}$. Dabei ist r die Entfernung des Körpers vom Erdmittelpunkt (in Meter), M die

Erdmasse (in Kilogramm), m die Masse des Körpers (in Kilogramm) und F(r) die Anziehungskraft (in Newton). $G = 6,67 \cdot 10^{-11}\,m^3 kg^{-1} s^{-2}$ ist die Gravitationskonstante.

1) Gib eine Formel für die Arbeit an, die verrichtet werden muss, um einen Körper der Masse m aus der Entfernung r_1 vom Erdmittelpunkt in die Entfernung r_2 vom Erdmittelpunkt zu bringen!

2) Berechne die Arbeit (in Joule), die verrichtet werden muss, um einen 1 t schweren Körper von der Erdoberfläche in 300 km Höhe zu bringen!
(Erdradius $R \approx 6378\,km$; Erdmasse $M \approx 5,97 \cdot 10^{24}\,kg$)

3) Berechne die Arbeit, die verrichtet werden muss, um einen Körper der Masse 100 kg von der Erdoberfläche um einen Erdradius zu entfernen!

Arbeit als Integral der Leistung nach der Zeit

Die Leistung wird in der Physik so definiert:

$$\text{Leistung} = \frac{\text{Arbeit}}{\text{Zeit}}$$

Wird im Zeitintervall [a; b] die konstante Leistung P erbracht, dann gilt:

Arbeit = Leistung · Zeit

W(a, b) = P · (b − a)

Ist die Leistung jedoch zeitlich variabel, so wird jedem Zeitpunkt $t \in [a; b]$ die Leistung P(t) zugeordnet und man erhält:

$$W(a, b) = \int_a^b P(t)\,dt$$

Falls P konstant ist, ergibt sich die ursprüngliche Formel als Spezialfall:

$$W(a, b) = \int_a^b P\,dt = P \cdot \int_a^b 1 \cdot dt = P \cdot t\,\Big|_a^b = P \cdot (b − a)$$

Geleistete Arbeit kann als Energie freigesetzt oder gespeichert werden.

Wir halten fest:

Satz

Ist P(t) die Leistung zu einem Zeitpunkt $t \in [a; b]$, dann ist die im Zeitintervall [a; b] verrichtete Arbeit gegeben durch:

$$W(a, b) = \int_a^b P(t)\,dt$$

Merke

Die **Arbeit** (bzw. benötigte oder erzeugte Energie) ist das **Integral der Leistung nach der Zeit**.

AUFGABEN

2.77 Die von einem Heizstrahler in einem bestimmten Zeitintervall abgegebene Wärmeenergie ist gleich der von dem Heizstrahler in diesem Zeitintervall geleisteten Arbeit. Ein bestimmter Heizstrahler lässt sich durch eine Zeituhr so einstellen, dass sein Leistungsverlauf dem folgenden Graphen entspricht. Ermittle anhand des Graphen die im Zeitintervall [0; 10] abgegebene Wärmeenergie!

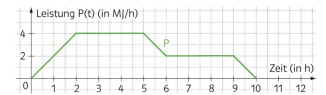

2.78 Die Leistung einer defekten Maschine nimmt im Verlauf von 24 Stunden exponentiell von 7,2 MJ/h auf 2,51 MJ/h ab. Berechne die dabei verrichtete Arbeit!

2.5 WEITERE ANWENDUNGEN

Integrale von Änderungsraten

Es sei f eine in [a; b] stetige Funktion mit stetiger Ableitung. Da f eine Stammfunktion von f′ ist, gilt nach dem Satz auf Seite 18:

$$\int_a^b f'(x)\,dx = f(b) - f(a)$$

2.79 Die Luft in einem Raum wird erwärmt. Es ist T(t) die Temperatur der Luft (in °C) zum Zeitpunkt t (in Stunden).

a) Was gibt T′(t) an?

b) Was gibt $\int_0^5 T'(t)\,dt$ an?

LÖSUNG:

a) T′(t) gibt die Änderungsrate der Temperatur (in °C/h) zum Zeitpunkt t (in Stunden) an.

b) $\int_0^5 T'(t)\,dt = T(5) - T(0)$. Somit gibt dieses Integral die gesamte Temperaturzunahme (in °C) im Zeitintervall [0; 5] an.

AUFGABEN

2.80 Es sei s: t ↦ s(t) eine Zeit-Ort-Funktion und v: t ↦ v(t) die zugehörige Geschwindigkeitsfunktion. Warum kann die Formel $w(a, b) = \int_a^b v(t)\,dt$ als Spezialfall der Formel $\int_a^b f'(x)\,dx = f(b) - f(a)$ aufgefasst werden? Was muss über s und v vorausgesetzt werden?

2.81 Durch ein Leck in einem Staudamm fließt Wasser aus. Die Durchflussrate R wurde aufgezeichnet und kann dem nebenstehenden Graphen entnommen werden. Nach sechs Stunden gelingt es schließlich, das Leck zu schließen.

1) Nimmt die pro Stunde ausgeflossene Wassermenge mit der Zeit zu oder ab?

2) Was gibt $\int_0^6 R(t)\,dt$ an? Ermittle dieses Integral näherungsweise anhand der Abbildung!

2.82 Ein Patient erhält für die Dauer von 24 Stunden eine Infusion. Die Dosierung (Medikamentenmasse pro Zeiteinheit) wechselt und entspricht annähernd dem nebenstehend abgebildeten Graphen.

1) Beschreibe den Verlauf der Dosierung in Worten!

2) Wann ist die Zunahme der Dosierung am stärksten, wann ungefähr ist die Abnahme am stärksten?

3) Was gibt der Inhalt der grün unterlegten Fläche an? Begründe die Antwort!

4) Stelle die vom Zeitpunkt 6 bis zum Zeitpunkt 16 verabreichte Medikamentenmasse durch ein Integral dar!

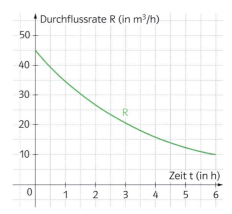

2.83 Nebenstehend ist die Förderrate R eines Erzbergwerks im Verlauf von 50 Jahren dargestellt.

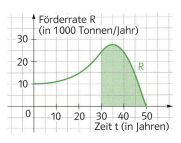

1) Wie viel wurde im ersten Jahr gefördert?
2) Wann ungefähr war die Förderrate am größten?
3) In welchem Jahrzehnt wurde am meisten gefördert?
4) Wann wurde die Förderung eingestellt?
5) Was bedeutet der Inhalt der grün unterlegten Fläche?
6) Stelle die gesamte geförderte Erzmenge als Integral dar!

2.84 Nebenstehend sind die Geburtenrate G und die Sterberate S für eine Population (beide in Individuen pro Jahr) im Verlauf von 15 Jahren dargestellt.

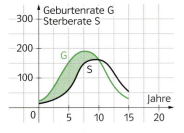

1) In welchem Zeitraum hat die Population zugenommen, in welchem abgenommen?
2) Was bedeutet der Inhalt der grün unterlegten Fläche? Stelle diesen durch ein Integral dar!
3) Wann ungefähr war der Individuenzuwachs am stärksten?

2.85 Aus einer Öffnung am Boden eines Gefäßes fließt Wasser ab. Das Volumen der Wassermenge, das sich t Sekunden nach Beginn des Abfließens noch im Gefäß befindet, sei V(t). Die Abflussrate zu diesem Zeitpunkt t sei $V'(t) = 2t - 10$ (in Liter pro Sekunde), sofern $t \leq 5$ ist. Ursprünglich sind 25 l im Gefäß.

1) Gib das Volumen V(t) des Wassers an, das nach t Sekunden noch im Gefäß ist!
2) Um wie viel Liter nimmt das Volumen im Zeitintervall [2; 4] ab?

Anwendungen in der Wirtschaft

Wir wiederholen die wichtigsten Begriffe für eine Produktion von x Mengeneinheiten einer Ware (vgl. Mathematik verstehen 7, Seiten 174–185)

Lernapplet
7y29ai

- **Kostenfunktion K: $x \mapsto K(x)$**
  $K(x) = K_f(x) + K_v(x) = $ **Fixkosten + variable Kosten**
  Die Kostenfunktion K heißt **progressiv**, wenn sie streng monoton steigend und linksgekrümmt ist, bzw. **degressiv**, wenn sie streng monoton steigend und rechtsgekrümmt ist.

- **Grenzkostenfunktion K': $x \mapsto K'(x)$**
  $K'(x)$ gibt näherungsweise den Kostenzuwachs bei Steigerung der Produktion um eine Mengeneinheit an: $K'(x) \approx K(x + 1) - K(x)$

- **Stückkostenfunktion $\overline{K}$: $x \mapsto \overline{K}(x)$**
  $\overline{K}(x) = \frac{K(x)}{x}$ gibt die mittleren (durchschnittlichen) Kosten pro Stück bei der Produktion von x Mengeneinheiten an ($x \neq 0$).

- Das **Betriebsoptimum x_{opt}** ist die Produktionsmenge, für die die Stückkosten minimal sind. Es gilt: $\overline{K}(x_{opt}) = K'(x_{opt})$.

- **Erlösfunktion E: $x \mapsto E(x)$ und Gewinnfunktion G: $x \mapsto G(x)$**
  $E(x) = p \cdot x$ **Erlös (Ertrag, Umsatz) = Verkaufspreis mal verkaufte Menge**
  $G(x) = E(x) - K(x)$ **Gewinn = Erlös minus Kosten**

- Die Produktionsmengen, für die der Gewinn null ist, nennt man **Gewinngrenzen (Break-even-Mengen)**. Die **Break-even-Punkte** sind die Schnittpunkte der Funktionen **K** und **E** an den Gewinngrenzen.

R

2.86 Ermittle den Typ und eine Termdarstellung der zugehörigen Kostenfunktion K!

a) $K'(x) = 0{,}15x^2 - 2x + 30$; $K(0) = 600$
b) $K'(x) = 0{,}01x + 10$, Fixkosten = 2000
c) $K'(x) = 0{,}5$; $K(100) = 10\,000$
d) $K'(x) = -0{,}02x + 45$; Fixkosten = 500

2.87 Nebenstehend ist die Grenzkostenfunktion K' eines Betriebs dargestellt und ein Flächenstück ist grün unterlegt.

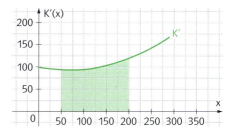

1) Stelle den Inhalt dieses Flächenstücks als Integral dar!

2) Wie kann der Inhalt dieses Flächenstücks wirtschaftlich interpretiert werden?

2.88 Die Abbildung zeigt eine Kostenfunktion K und eine Erlösfunktion E. Kreuze die zutreffende(n) Aussage(n) an!

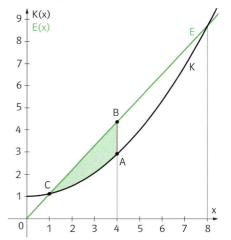

K ist progressiv (dh. streng monoton steigend und linksgekrümmt).	☐
Die Gewinngrenzen sind 0 ME und 8 ME.	☐
Die Grenzkosten sind irgendwo zwischen 4 ME und 5 ME maximal.	☐
Der Inhalt der grün unterlegten Fläche gibt den Gewinn bei der Produktion von 4 ME an.	☐
Die Länge der Strecke AB gibt den Gewinn bei der Produktion von 4 ME an.	☐

R ## Wichtige Schlussbemerkung zum Integralbegriff

Ein Integral haben wir bisher auf vielfache Weise gedeutet: als Flächeninhalt, als Volumen, als Weglänge, als Arbeit, usw. Das Integral selbst ist aber mit keiner dieser Deutungen identisch. In der Definition von Ober- und Untersumme sowie der Definition des Integrals ist keine Rede von Flächeninhalten, Volumina, Weglängen usw.

Das Integral ist somit ein **abstrakter Oberbegriff** für die einzelnen Deutungen.

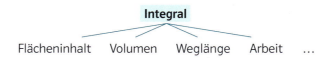

Integral

Flächeninhalt   Volumen   Weglänge   Arbeit   …

BEACHTE: Oft wird der Integralbegriff fälschlicherweise mit dem Flächeninhaltsbegriff identifiziert. Dass das Integral aber nicht mit dem Flächeninhalt identisch ist, zeigt die folgende einfache Überlegung. Der Graph der nebenstehend abgebildeten Funktion ist symmetrisch bezüglich des Ursprungs. Der Inhalt der Fläche, den der Graph von f im Intervall [a; b] mit der 1. Achse einschließt, ist sicher positiv, es gilt jedoch:

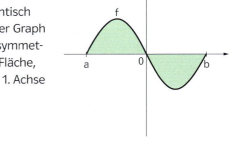

$$\int_a^b f = 0$$

TECHNOLOGIE KOMPAKT

GEOGEBRA

CASIO CLASS PAD II

Berechnung des Inhalts der vom Graphen einer Funktion f und der x-Achse eingeschlossenen Fläche

Grafik-Ansicht:

Eingabe: f(x) = *Funktionsterm* ENTER

Eingabe: Werkzeug ▦ – Funktionsgraph anklicken

Eingabe: rote Punkte (Intervallgrenzen) auf die erste bzw. letzte Nullstelle ziehen.

Ausgabe → *Im Feld Fläche kann der Inhalt der vom Graphen von f und der x-Achse eingeschlossenen Fläche abgelesen werden.*

Iconleiste – Menu – Grafik & Tabelle –

Eingabe: *Funktionsterm* EXE

Symbolleiste – ⊎ – Menüleiste – Analyse – Grafische Lösung – Integral – ∫dx Nullst. – EXE – Cursortaste rechts, bis das pinke Kreuz die letzte Nullstelle erreicht EXE

Ausgabe → *Unter ▦ wird der Inhalt der vom Graphen von f und der x-Achse eingeschlossenen Fläche angezeigt.*

BEMERKUNG: Die Nullstellen müssen im Grafikfenster sichtbar sein (Einstellung unter Menüleiste – Zoom).

Berechnung des Inhalts der von zwei Funktionsgraphen eingeschlossenen Fläche

Grafik-Ansicht:

Eingabe: f(x) = *Funktionsterm* ENTER

Eingabe: g(x) = *Funktionsterm* ENTER

Eingabe: Schneide(f, g) ENTER

Ausgabe → *Liste der Schnittpunkte $P_1 = (x_1, y_1), …, P_n = (x_n, y_n)$ der Graphen von f und g*

Eingabe: Integral(abs(f − g), x_i, x_j) ENTER

(wobei x_i die kleinste und x_j die größte der Schnittstellen ist)

Ausgabe → *Inhalt der von den Funktionsgraphen von f und g eingeschlossenen Fläche*

BEMERKUNG: Durch die Verwendung des Befehls abs(f − g) braucht man sich um die Vorzeichen der Integrale nicht zu kümmern.

Iconleiste – Menu – Grafik & Tabelle –

Eingabe: *Funktionsterm 1* EXE

Eingabe: *Funktionsterm 2* EXE

Symbolleiste – ⊎ – Menüleiste – Analyse – Grafische Lösung – Integral – ∫dx Schnittp. – EXE – Cursortaste rechts, bis das pinke Kreuz den letzten Schnittpunkt erreicht EXE

Ausgabe → *Unter ▦ wird der Inhalt der von den Funktionsgraphen von f und g eingeschlossenen Fläche angezeigt.*

BEMERKUNG: Die Schnittpunkte müssen im Grafikfenster sichtbar sein (Einstellung unter Menüleiste – Zoom).

Berechnung des Volumens eines Rotationskörpers

x= CAS-Ansicht:

Eingabe: f(x) := *Funktionsterm* – Werkzeug =

Eingabe: π*Integral(f^2, x, *a*, *b*) – Werkzeug =

Ausgabe → *Volumen des Rotationskörpers, der durch Drehung des Graphen von f im Intervall [a; b] um die x-Achse entsteht* bzw.

Eingabe: f(x) := *Funktionsterm* – Werkzeug =

Eingabe: Löse(f(x) = y, x) – Werkzeug =

Ausgabe → *Funktionsterm der Umkehrfunktion von f*

Eingabe: g(y) := *der eben erhaltene Funktionsterm* – Werkzeug =

Eingabe: π*Integral(g^2, y, f(*a*), f(*b*)) – Werkzeug =

Ausgabe → *Volumen des Rotationskörpers, der durch Drehung des Graphen von f im Intervall [a; b] um die y-Achse entsteht*

Iconleiste – Main – Keyboard – Math3

Define f(x) = *Funktionsterm* EXE

Eingabe: Math2 π × – ∫▦ – 1. Feld: f(x)^2 – 2. Feld: x – u. Feld: *a* – o. Feld: *b* EXE

Ausgabe → *Volumen des Rotationskörpers, der durch Drehung des Graphen von f im Intervall [a; b] um die x-Achse entsteht* bzw.

Define f(x) = *Funktionsterm* EXE

Menüleiste – Aktion – Weiterführend – solve(f(x) = y, x) EXE

Ausgabe → *Funktionsterm der Umkehrfunktion von f*

Define g(y) = *der eben erhaltene Funktionsterm* EXE

Eingabe: Math2 π × – ∫▦ – 1. Feld: g(y)^2 – 2. Feld: y – u. Feld: f(*a*) – o. Feld: f(*b*) EXE

Ausgabe → *Volumen des Rotationskörpers, der durch Drehung des Graphen von f im Intervall [a; b] um die y-Achse entsteht*

KOMPETENZCHECK

AUFGABEN VOM TYP 1

AN-R 4.1 **2.89** Die Abbildung zeigt den Graphen einer Polynomfunktion f und eine grün unterlegte, aus fünf Rechtecken gebildete Fläche. Der Inhalt dieser Fläche wird mit A bezeichnet. Kreuze die beiden zutreffenden Aussagen an!

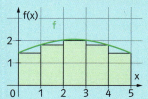

$\int_0^5 f(x)\,dx = A$	☐
$\int_0^5 f(x)\,dx \approx A$	☐
$\int_0^5 f(x)\,dx > A$	☐
$\int_0^5 f(x)\,dx < A$	☐
$A = f(0) + f(1) + f(2) + f(3) + f(4) + f(5)$	☐

AN-R 4.2 **2.90** Gegeben ist die Funktion $f: [0; 2] \to \mathbb{R} \mid x \mapsto x^2$. Bestimme $c \in [0; 2]$ so, dass gilt:

$$\int_0^c f(x)\,dx = \int_c^2 f(x)\,dx.$$

AN-R 4.3 **2.91** Berechne den Inhalt der Fläche, die vom Graphen von f und der Parallelen zur x-Achse durch den Punkt (0 | 4) begrenzt wird!
a) $f: x \mapsto -x^2 + 13$ **b)** $f: x \mapsto x^2 + x + 2$

AN-R 4.3 **2.92** Eine Mauer ist 10 m hoch und hat in jeder Höhe eine ungefähr rechteckige waagrechte Schnittfläche. Die Breite (in m) der Schnittfläche in der Höhe von z Metern ist gegeben durch $b(z) = \frac{1}{100} \cdot (z^2 + 10z + 2\,000)$. Die Dicke der Mauer nimmt von 30 m an der tiefsten Stelle (z = 0) bis zu 10 m an der höchsten Stelle (z = 10) linear ab.
Berechne, wie viel m³ Baumaterial zur Errichtung dieser Mauer nötig sind!

AN-R 4.3 **2.93** Ein Körper bewegt sich zum Zeitpunkt t mit der Geschwindigkeit v(t) (in m/s). Stelle den Weg, den er zwischen den Zeitpunkten a und b zurücklegt, als Integral dar und berechne dieses!
a) $v(t) = (t - c)^2, a = 0, b = c \ (c > 0)$ **b)** $v(t) = e^{kt}, a = 0, b = \frac{1}{k} \ (k > 0)$

AN-R 4.3 **2.94** Ein Auto, das die Geschwindigkeit 20 m/s hat, bremst so, dass seine Geschwindigkeit t Sekunden nach Beginn des Bremsvorgangs gleich $v(t) = 20 - 0{,}2t^2$ (in m/s) ist.
a) Berechne die Länge des zurückgelegten Wegs bis zum Stillstand!
b) Berechne die Länge des Anhaltewegs, wenn der Bremsvorgang erst 0,8 s nach Sichtung der Gefahr beginnt!

AN-R 4.3 **2.95** Zum Zeitpunkt t befindet sich ein Körper am Ort s(t) und hat die Geschwindigkeit v(t) sowie die Beschleunigung a(t). Was gibt der folgende Ausdruck an?

1) $\int_{t_1}^{t_2} s'(t)\,dt$ **2)** $\int_{t_1}^{t_2} v'(t)\,dt$ **3)** $\int_{t_1}^{t_2} a'(t)\,dt$

AN-R 4.3 **2.96** Die Abbildung zeigt näherungsweise den Geschwindigkeitsverlauf während eines kurzen Abschnitts einer Autofahrt. Kreuze die zutreffende(n) Aussage(n) an! (HINWEIS: 1 m/s = 3,6 km/h)

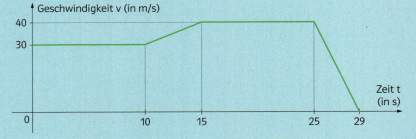

Zum Zeitpunkt t = 0 hat das Auto eine Geschwindigkeit von 100 km/h.	☐
Das Auto hält sich stets an die Geschwindigkeitsbegrenzung von 130 km/h.	☐
Das Auto fährt 10 s lang mit der Höchstgeschwindigkeit und legt dabei 400 m zurück.	☐
Die Bremsphase dauert 4 s, der dabei zurückgelegte Bremsweg ist 60 m lang.	☐
Im dargestellten Zeitintervall [0; 29] legt das Auto insgesamt 955 m zurück.	☐

AN-R 4.3 **2.97** Um ein elastisches Band um die Länge x > 0 auszudehnen, ist die Kraft $F(x) = k \cdot x + a \cdot x^2$ mit k > 0 und a > 0 erforderlich. Stelle eine Formel für die Arbeit auf, die man verrichten muss, um das Band von x = 0 bis x = d zu dehnen!

AN-R 4.3 **2.98** In einen zu Beginn leeren Öltank fließt Öl. Die Zuflussgeschwindigkeit von 0 Uhr bis 7 Uhr an einem bestimmten Tag kann dem nebenstehenden Graphen entnommen werden. Kreuze die beiden zutreffenden Aussagen an!

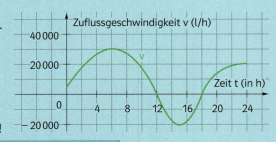

Von 2 Uhr bis 5 Uhr blieb der Ölstand unverändert.	☐
Der Ölstand nahm von 0 Uhr bis 2 Uhr zu.	☐
Der Ölstand nahm von 5 Uhr bis 7 Uhr ab.	☐
Um 1 Uhr waren 5 000 Liter Öl im Tank.	☐
Um 7 Uhr waren 50 000 Liter Öl im Tank.	☐

AN-R 4.3 **2.99** In einem Staubecken fließt Wasser zu und ab. Der zeitliche Verlauf der Zuflussgeschwindigkeit v (in l/h) kann für einen bestimmten Tag dem nebenstehenden Graphen entnommen werden. Das Becken ist um 0 Uhr nicht leer.

Kreuze die beiden zutreffenden Aussagen an!

Um 12 Uhr und um 18 Uhr war das Becken leer.	☐
Zweimal am Tag gab es weder Zu- noch Abfluss.	☐
Um 6 Uhr befand sich die größte Wassermenge im Becken.	☐
Von 12 Uhr bis 18 Uhr floss Wasser aus.	☐
$\int_0^{24} v(t)\,dt$ gibt das Wasservolumen im Becken um 24 Uhr an.	☐

AUFGABEN VOM TYP 2

FA-R 1.4
AN-R 4.3

2.100 **Fahrt einer U-Bahn**

Ein U-Bahn-Zug fährt von einer Station zur nächsten. Er beschleunigt zuerst, fährt dann mit gleichbleibender Geschwindigkeit und bremst dann wieder ab. Der ungefähre Verlauf der Geschwindigkeit kann dem nebenstehenden Graphen entnommen werden.

a) 1) Gib an, wie lang der Zug beschleunigt und wie groß die Beschleunigung ist!

   2) Berechne die Weglänge, die der Zug während des Beschleunigens zurücklegt!

b) 1) Wie lang bremst der Zug und wie groß ist die Verzögerung (negative Beschleunigung)?

   2) Gib an, welche Strecke der Zug beim Bremsen zurücklegt!

c) 1) Welche Strecke legt der Zug mit gleichbleibender Geschwindigkeit zurück?

   2) Gib an, wie weit die beiden Stationen voneinander entfernt sind!

AN-R 3.3
AN-R 4.2
AN-R 4.3

2.101 **Steigen eines Hubschraubers**

Ein Hubschrauber steigt zum Zeipunkt t = 0 senkrecht vom Boden auf. Seine Geschwindigkeit nach t Sekunden ist gegeben durch $v(t) = -\frac{1}{150}t^2 + \frac{2}{5}t$ (m/s).

a) 1) Zeichne den Graphen der Funktion v: t ↦ v(t) mit Technologieeinsatz!

   2) Ermittle den Zeitpunkt, zu dem der Hubschrauber am schnellsten steigt!

b) 1) Gib an, zu welchem Zeitpunkt der Hubschrauber seinen höchsten Punkt erreicht!

   2) Ermittle die größte Höhe, die der Hubschrauber über dem Boden erreicht!

FA-R 1.4
AN-R 3.3
AN-R 4.3

2.102 **Fahrt eines Autos**

Ein Auto mit der Masse 1000 kg fährt bergauf. Nebenstehend ist der Kraftaufwand in Abhängigkeit vom zurückgelegten Weg dargestellt.

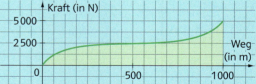

a) 1) Beschreibe den Verlauf der Änderungsrate des Kraftaufwandes bezüglich des Weges in Worten!

   2) Falls es eine Stelle gibt, an der diese Änderungsrate gleich 0 ist, gib diese Stelle an!

b) 1) Interpretiere den Inhalt der grün unterlegten Fläche im Kontext!

   2) Das Auto hat eine Masse von 1000 kg. Gib seine Beschleunigung nach 500 m Fahrt an!

AN-R 4.3
WS-R 1.3

2.103 **Wasserboiler**

Ein Boiler arbeitet drei Minuten lang mit der maximalen Leistung von 3 600 Watt (Joule/Sekunde). In der darauffolgenden Minute nimmt seine Leistung linear auf 1200 Watt ab. Dann schaltet sich der Boiler für zwei Minuten aus und leistet anschließend vier Minuten lang 2 400 Watt.

a) 1) P(t) ist die Leistung zum Zeitpunkt t. Zeichne den Graphen der Funktion P für 0 ≤ t ≤ 10!

   2) Gib eine abschnittweise Termdarstellung der Funktion P an!

b) 1) Berechne die mittlere Leistung während der angegebenen zehn Minuten!

   2) Ermittle den Energieverbrauch (in Kilojoule) während der angegebenen zehn Minuten!

3 VERTIEFUNG DER INTEGRALRECHNUNG

LERNZIELE

3.1 Den **Hauptsatz der Differential- und Integral-rechnung** kennen.

3.2 Das **unbestimmte Integral** kennen und den **Zusammenhang zwischen Differenzieren und Integrieren** erläutern können.

3.3 Integrale durch **Substitution** oder **partielle Integration** berechnen können.

▪ **Kompetenzcheck**

3.1 DER HAUPTSATZ DER DIFFERENTIAL- UND INTEGRALRECHNUNG

Eine Erweiterung des Integralbegriffs

Das Integral $\int_a^b f$ haben wir nur für $b > a$ definiert. Aus theoretischen Gründen ist es aber zweck-mäßig, den Integralbegriff durch die folgende Zusatzdefinition zu erweitern:

Definition: **(1)** $\int_a^a f = 0$ **(2)** $\int_a^b f = -\int_b^a f$, **falls** $b < a$

Man kann zeigen, dass mit dieser Definition alle Sätze für Integrale auf Seite 20 gültig bleiben. Einige davon werden in den Aufgaben 3.02 bis 3.04 bewiesen.

AUFGABEN

3.01 Berechne:

a) $\int_9^6 x^2\,dx$ **b)** $\int_{\frac{\pi}{2}}^{-\frac{\pi}{2}} \cos t\,dt$ **c)** $\int_0^{\ln 2} e^y\,dy$ **d)** $\int_2^2 \sqrt{x}\,dx$

3.02 Auf Seite 20 haben wir für $a < b$ bewiesen: $\int_a^b c \cdot f = c \cdot \int_a^b f$

Zeige, dass dies auch für $b < a$ gilt!

3.03 Auf Seite 20 haben wir für $a < b$ bewiesen: $\int_a^b (f + g) = \int_a^b f + \int_a^b g$

Zeige, dass dies auch für $b < a$ gilt!

3.04 Die Regel $\int_a^b f + \int_b^c f = \int_a^c f$ haben wir auf Seite 20 für $a < b < c$ bewiesen. Sie gilt aber für beliebige a, b, c aus dem Definitionsbereich von f. Zeige dies exemplarisch für:

a) $c < a < b$ **b)** $b < a < c$ **c)** $a < c < b$ **d)** $a < b = c$

R   ## Die Integralfunktion

Definition

Die reelle Funktion f sei im Intervall M stetig und es sei a ∈ M. Unter der **Integralfunktion von f bezüglich a** versteht man die Funktion

$$I_a: M \to \mathbb{R} \mid x \mapsto \int_a^x f$$

Falls f keine negativen Werte annimmt, kann die Integralfunktion I_a für x > a wie in nebenstehender Abbildung als Flächeninhalt A(a, x) gedeutet werden. Sie ist aber auch für x < a definiert.

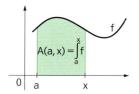

R   ### AUFGABEN

3.05   Die reelle Funktion f sei stetig in [a; b] und es sei f(x) > 0 für alle x ∈ [a; b]. Betrachte die Integralfunktion:

$$I_a: [a; b] \to \mathbb{R} \mid x \mapsto \int_a^x f$$

Erläutere durch anschauliche Argumente an einer Skizze, warum folgende Aussagen für I_a gelten müssen:

1) I_a ist stetig.

2) I_a ist streng monoton steigend in [a; b].

R   ## Der Hauptsatz der Differential- und Integralrechnung

Satz (Hauptsatz der Differential- und Integralrechnung)

(1) Ist die reelle Funktion f im Intervall [a; b] stetig und ist F eine beliebige Stammfunktion von f, dann gilt:

$$\int_a^b f(x)\, dx = F(x)\Big|_a^b = F(b) - F(a)$$

(2) Ist die reelle Funktion f im Intervall [a; b] bzw. [a; ∞) stetig, dann ist die **Integralfunktion** $I_a: A \to \mathbb{R} \mid x \mapsto \int_a^x f$ eine **Stammfunktion von f**.

BEWEIS:

(1) haben wir schon auf Seite 18 begründet.

(2) Ist F eine beliebige Stammfunktion von f, dann gilt:

$$I_a(x) = F(x) - F(a)$$

Daraus folgt:

$$I'_a(x) = F'(x) - 0 = f(x)$$

Somit ist I_a eine Stammfunktion von f.   ☐

BEACHTE die wesentlichen Ergebnisse dieses Satzes:

(1) stellt sicher, dass man ein bestimmtes Integral einer stetigen Funktion f immer berechnen kann, wenn man eine Stammfunktion F von f kennt.

(2) stellt sicher, dass eine stetige Funktion f stets eine Stammfunktion besitzt.

3.2 UNBESTIMMTES INTEGRIEREN

R

Das unbestimmte Integral

Definition (Unbestimmtes Integral)

Ist F eine beliebige Stammfunktion von f, so setzt man:

$$\int f = \int f(x)\,dx = F(x) + c \text{ (mit } c \in \mathbb{R})$$

Man bezeichnet das Symbol $\int f$ bzw. $\int f(x)\,dx$ als **unbestimmtes Integral von f**, weil keine Grenzen angegeben sind. Im Gegensatz dazu wird ein Integral mit vorgegebenen Grenzen als **bestimmtes Integral** bezeichnet. Die Bildung des unbestimmten Integrals bezeichnet man wie beim bestimmten Integral als **Integrieren**.

Da die Konstante c eine beliebige reelle Zahl ist, ist das Symbol für das unbestimmte Integral nicht eindeutig. Es legt keine eindeutig bestimmte Funktion fest, sondern eine Menge von Funktionen (eine „**Funktionenschar**").

Das unbestimmte Integral wird oft benutzt, um Stammfunktionen anzugeben.

BEISPIELE: $\int x^3\,dx = \frac{x^4}{4} + c, \quad \int \sin x\,dx = -\cos x + c, \quad \int e^x\,dx = e^x + c$

R

Zusammenhang zwischen Differenzieren und Integrieren

Aus $\int f(x)\,dx = F(x) + c$ folgt (sofern die auftretenden Ableitungen und Integrale existieren):

- $\left[\int f(x)\,dx\right]' = F'(x) = f(x)$

Daraus erkennt man: Wird f zuerst integriert und das Ergebnis der Integration anschließend differenziert, so ergibt sich wieder die Funktion f.
Kurz: **Differenzieren ist die Umkehrung des Integrierens.**

- $\int f'(x)\,dx = f(x) + c$, da f eine Stammfunktion von f' ist.

Daraus erkennt man: Wird f zuerst differenziert und die Ableitung anschließend integriert, so ergibt sich wieder die Funktion f (bis auf eine additive Konstante c).
Kurz: **Integrieren ist die Umkehrung des Differenzierens (bis auf eine additive Konstante).**

R

AUFGABEN

3.06 Ermittle das unbestimmte Integral!

a) $\int (x^3 - x + 1)\,dx$

b) $\int (x - 1)^2\,dx$

c) $\int \sqrt{x}\,dx$

d) $\int \sin(\omega t)\,dt$

e) $\int \frac{1}{x^3}\,dx$

f) $\int \sqrt[3]{x^2}\,dx$

g) $\int (x^{-3})^2\,dx$

h) $\int 2 \cdot \cos(2x)\,dx$

3.07 Ermittle:

a) $\int (au^2 + b)\,du, \ (a, b \in \mathbb{R})$

b) $\int (au^2 + b)\,da, \ (u, b \in \mathbb{R})$

c) $\int (au^2 + b)\,db, \ (u, a \in \mathbb{R})$

3.08 Ermittle das unbestimmte Integral von f! Differenziere das Ergebnis und zeige, dass sich die ursprüngliche Funktion f ergibt!

a) $f(x) = 3x$

b) $f(x) = 2x + 1$

c) $f(x) = x^2 - x + 1$

d) $f(x) = 2$

e) $f(x) = -x^3 + 1$

f) $f(x) = -5\sqrt{x} - 2$

g) $f(x) = \frac{3}{x}$

h) $f(x) = x + 2^x$

3.3 WEITERE INTEGRATIONSMETHODEN

Substitution

Die Formel $\int_a^b f(x)\,dx = F(b) - F(a)$ ist nur anwendbar, wenn man eine Stammfunktion F von f kennt.

Wenn dies nicht der Fall ist, kann man ein Integral manchmal berechnen, wenn man eine **Substitution** $x = g(t)$ mit einer geeigneten Funktion g durchführt.

Satz (Substitutionsregel)

Sei f stetig, g differenzierbar mit stetiger Ableitung und $x = g(t)$. Dann gilt:

$$\int_a^b f(x)\,dx = \int_c^d f(g(t)) \cdot g'(t)\,dt = \int_c^d f(g(t)) \cdot \frac{dx}{dt}\,dt, \text{ wobei } a = g(c) \text{ und } b = g(d)$$

Einen Beweis dieser Regel findet man im Anhang auf Seite 244.

3.09   Berechne: **a)** $\int_0^1 \frac{1}{4x+3}\,dx$ **b)** $\int_0^3 \sqrt{x+1}\,dx$

LÖSUNG:

a) ▪ Es liegt nahe, $4x + 3 = t$ zu setzen, dh. folgende Substitution durchzuführen: $x = \frac{t-3}{4}$
   ▪ Neue Grenzen: $x = 0 \Rightarrow t = 3$, $x = 1 \Rightarrow t = 7$
   ▪ Nach der Substitutionsregel ergibt sich:

$$\int_0^1 \frac{1}{4x+3}\,dx = \int_3^7 \frac{1}{t} \cdot \frac{dx}{dt}\,dt = \int_3^7 \frac{1}{t} \cdot \frac{1}{4}\,dt = \frac{1}{4} \cdot \int_3^7 \frac{1}{t}\,dt = \frac{1}{4} \cdot \ln t \Big|_3^7 = \frac{1}{4} \cdot (\ln 7 - \ln 3) \approx 0{,}212$$

b) ▪ Substitution: $\sqrt{x+1} = t$, dh. $x = t^2 - 1$
   ▪ Neue Grenzen: $x = 0 \Rightarrow t = 1$, $x = 3 \Rightarrow t = 2$
   ▪ Nach der Substitutionsregel ergibt sich:

$$\int_0^3 \sqrt{x+1}\,dx = \int_1^2 t \cdot \frac{dx}{dt}\,dt = \int_1^2 t \cdot 2t\,dt = 2 \cdot \int_1^2 t^2\,dt = \frac{2}{3} \cdot t^3 \Big|_1^2 = \frac{14}{3}$$

BEMERKUNG: In der Praxis geht man oft weniger exakt vor. ZB rechnet man in Aufgabe 3.09 a):

$$x = \frac{t-3}{4} \Rightarrow \frac{dx}{dt} = \frac{1}{4} \Rightarrow dx = \frac{1}{4}dt \Rightarrow \int_0^1 \frac{1}{4x+3}\,dx = \int_3^7 \frac{1}{t} \cdot \frac{1}{4}\,dt = \dots$$

Obwohl es eigentlich nicht erlaubt ist, $\frac{dx}{dt}$ als Bruch aufzufassen, führt dieses Vorgehen hier zum richtigen Ergebnis.

AUFGABEN

3.10   Berechne:

a) $\int_0^1 \frac{5}{2+3x}\,dx$ (HINWEIS: Setze $2 + 3x = t$!)   **b)** $\int_0^1 \frac{1}{(x-2)^2}\,dx$ (HINWEIS: Setze $x - 2 = t$!)

3.11   Berechne durch eine geeignete Substitution:

a) $\int_0^4 \sqrt{3x+4}\,dx$ **b)** $\int_0^a \sqrt{ax+b}\,dx$ $(a, b > 0)$ **c)** $\int_0^a \sqrt[3]{2x+1}\,dx$ $(a > 0)$

3.12   Berechne durch eine geeignete Substitution:

a) $\int_0^1 e^{5x+1}\,dx$ **b)** $\int_0^1 3 \cdot 2^{x-2}\,dx$ **c)** $\int_{\frac{\pi}{2}}^{\frac{3\pi}{4}} \sin\left(2x - \frac{\pi}{2}\right)\,dx$ **d)** $\int_a^b \cos\frac{x+1}{2}\,dx$

Mit Hilfe der Substitutionsregel kann man die in der Unterstufe nur anschaulich begründete Formel für den Flächeninhalt eines Kreises herleiten:

Satz (Flächeninhalt eines Kreises)

Für den Flächeninhalt A eines Kreises mit dem Radius r gilt: $A = r^2 \cdot \pi$

Ein Beweis dieses Satzes findet sich im Anhang auf Seite 244.

Partielle Integration

Satz (Partielle Integration)

Sei f stetig, F eine Stammfunktion von f und g differenzierbar mit stetiger Ableitung. Dann gilt:

$$\int_a^b f(x) \cdot g(x)\, dx = F(x) \cdot g(x)\Big|_a^b - \int_a^b F(x) \cdot g'(x)\, dx$$

Einen Beweis dieser Regel findet man im Anhang auf Seite 245.

BEISPIEL 1: $\displaystyle\int_1^e \underbrace{x}_{f} \cdot \underbrace{\ln(x)}_{g}\, dx = \frac{x^2}{2} \cdot \ln(x)\Big|_1^e - \int_1^e \frac{x^2}{2} \cdot \frac{1}{x}\, dx = \frac{x^2}{2} \cdot \ln(x)\Big|_1^e - \frac{1}{2} \cdot \int_1^e x\, dx =$

$$= \frac{x^2}{2} \cdot \ln(x)\Big|_1^e - \frac{1}{2} \cdot \frac{x^2}{2}\Big|_1^e = \frac{e^2}{2} - \left(\frac{e^2}{4} - \frac{1}{4}\right) = \frac{e^2}{4} + \frac{1}{4} = \frac{1}{4}(e^2 + 1)$$

BEISPIEL 2: Manchmal hilft es, die Faktoren zu vertauschen:

$$\int_0^{\frac{\pi}{2}} x \cdot \sin(x)\, dx = \int_0^{\frac{\pi}{2}} \underbrace{\sin(x)}_{f} \cdot \underbrace{x}_{g}\, dx = -\cos(x) \cdot x\Big|_0^{\frac{\pi}{2}} - \int_0^{\frac{\pi}{2}} [-\cos(x)] \cdot 1\, dx =$$

$$= -\cos(x) \cdot x\Big|_0^{\frac{\pi}{2}} - [-\sin(x)]\Big|_0^{\frac{\pi}{2}} = 0 + 1 = 1$$

BEISPIEL 3: $\displaystyle\int_0^{\frac{\pi}{2}} \cos^2(x)\, dx = \int_0^{\frac{\pi}{2}} \underbrace{\cos(x)}_{f} \cdot \underbrace{\cos(x)}_{g}\, dx = \sin(x) \cdot \cos(x)\Big|_0^{\frac{\pi}{2}} - \int_0^{\frac{\pi}{2}} \sin(x) \cdot [-\sin(x)]\, dx =$

$$= 0 + \int_0^{\frac{\pi}{2}} \sin^2(x)\, dx = \int_0^{\frac{\pi}{2}} [1 - \cos^2(x)]\, dx = \int_0^{\frac{\pi}{2}} 1\, dx - \int_0^{\frac{\pi}{2}} \cos^2(x)\, dx =$$

$$= x\Big|_0^{\frac{\pi}{2}} - \int_0^{\frac{\pi}{2}} \cos^2(x)\, dx = \frac{\pi}{2} - \int_0^{\frac{\pi}{2}} \cos^2(x)\, dx$$

Aus der Gleichung $\displaystyle\int_0^{\frac{\pi}{2}} \cos^2(x)\, dx = \frac{\pi}{2} - \int_0^{\frac{\pi}{2}} \cos^2(x)\, dx$ folgt: $\displaystyle\int_0^{\frac{\pi}{2}} \cos^2(x)\, dx = \frac{\pi}{4}$

AUFGABEN

3.13 Berechne:

a) $\displaystyle\int_1^e x^2 \cdot \ln x\, dx$ b) $\displaystyle\int_0^1 x \cdot e^x\, dx$ c) $\displaystyle\int_1^e \frac{\ln x}{x}\, dx$ d) $\displaystyle\int_0^\pi x \cdot \cos x\, dx$ e) $\displaystyle\int_0^{\frac{\pi}{2}} \sin^2 t\, dt$

3.14 Der Graph der Funktion f schließt im angegebenen Bereich mit den beiden Koordinatenachsen ein Flächenstück ein. Berechne dessen Inhalt!

a) $f(x) = (x + 1) \cdot e^{-x} \quad (-1 \leq x \leq 0)$ b) $f(x) = (x - 1) \cdot e^{-x} \quad (0 \leq x \leq 1)$

3.4 HISTORISCHES ZUR INTEGRALRECHNUNG

Die Quadratur des Kreises

Die griechischen Mathematiker der Antike beschäftigten sich vielfach mit dem Problem, Flächen durch geeignete geometrische Konstruktionen in Rechtecke oder Quadrate mit gleichem Flächeninhalt umzuwandeln. Dabei waren als Konstruktionsmittel nur Zirkel und Lineal zugelassen. Nachdem dies für verschiedene Vielecke gelang, stellte sich die Frage, ob es möglich sei, einen Kreis allein mit Zirkel und Lineal in ein flächengleiches Quadrat zu verwandeln. Dieses Problem wurde als Quadratur des Kreises bezeichnet.

Im 19. Jahrhundert konnte man zeigen, dass man zu einem gegebenen Kreis nur dann ein flächengleiches Quadrat mit Zirkel und Lineal konstruieren kann, wenn die Zahl π Lösung einer algebraischen Gleichung vom Grad n mit ganzzahligen Koeffizienten ist. Im Jahre 1882 gelang **C. L. F. Lindemann** der Nachweis, dass π nicht Lösung einer solchen Gleichung sein kann. Damit war bewiesen, dass die Quadratur des Kreises unmöglich ist.

Das Exhaustionsverfahren

Die griechischen Mathematiker der Antike haben sich auch mit Flächenberechnungen beschäftigt. Zur Berechnung des Inhalts einer krummlinig begrenzten Fläche entwickelten sie eine Methode, die als Exhaustionsverfahren bezeichnet wird. Diese Methode ist in den um etwa 300 v. Chr. erschienenen Büchern von **Euklid** beschrieben.

BEISPIEL: Berechnung des Kreisflächeninhalts nach der Exhaustionsmethode

Es sei K_r ein Kreis mit dem Radius r und K_1 ein Kreis mit dem Radius 1. Die Griechen zeigten: $A(K_r) = r^2 \cdot A(K_1)$. (Setzt man $A(K_1) = \pi$, erhält man die uns bekannte Formel $A(K_r) = r^2 \cdot \pi$.) Der Beweis wurde in zwei Schritten geführt, die hier nur kurz angedeutet werden:

1. SCHRITT: Man schreibt dem Kreis K_r Vielecke ein und zeigt, dass der Inhalt A der Fläche durch die Inhalte dieser Vielecke mit beliebiger Genauigkeit approximiert werden kann.

2. SCHRITT: Aufgrund dieses Ergebnisses schließt man dann die Fälle $A(K_r) > r^2 \cdot A(K_1)$ und $A(K_r) < r^2 \cdot A(K_1)$ aus, womit nur der Fall $A(K_r) = r^2 \cdot A(K_1)$ übrig bleibt.

Für $A(K_1) = \pi$ kannten die Griechen Näherungswerte. **Archimedes** (287−212 v. Chr.) gab an: $3\frac{10}{71} < \pi < 3\frac{1}{7}$.

Die Griechen konnten mit dem Exhaustionsverfahren nicht nur Inhalt und Umfang eines Kreises berechnen, sondern auch Volumen und Oberflächeninhalt von Zylinder, Kegel, Kugel, Kugelteilen, Rotationsparaboloid und Rotationshyperboloid.

Parabelflächen

Archimedes zeigte mit dem Exhaustionsverfahren: Der Inhalt des rot gefärbten Parabelabschnitts macht zwei Drittel des Inhalts des Rechtecks ABCD aus. Somit macht der Inhalt A der grün gefärbten Fläche ein Drittel des Inhalts des Rechtecks OBCE aus, ist also gleich $\frac{a^3}{3}$. Aus heutiger Sicht berechnete Archimedes den Inhalt der von der Funktion f mit $f(x) = x^2$ im Intervall [0; 1] festgelegten Fläche. Heute können wir diesen Inhalt mit Hilfe eines Integrals viel schneller ermitteln:

$$A = \int_0^a x^2\, dx = \left.\frac{x^3}{3}\right|_0^a = \frac{a^3}{3}$$

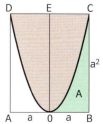

Nachfolgende Mathematiker versuchten den Inhalt A der Fläche zu ermitteln, die von der Funktion f mit $f(x) = x^k$ im Intervall [0; 1] festgelegt wird. **Bonaventura Cavalieri** (1598−1674) konnte für k = 3, 4, 5, 6, 7, 8 und 9 zeigen, dass $A = \frac{1}{k+1}$ gilt. Er scheiterte jedoch am allgemeinen Fall $k \in \mathbb{N}^*$. **Pierre de Fermat** (1601−1665) bewies später mit Hilfe trickreicher Überlegungen, dass die Formel für alle $k \in \mathbb{Q} \setminus \{-1\}$ gilt. Am Fall k = −1 scheiterte jedoch auch er.

Die Indivisibilienmethode

Leibniz (1646−1716) und andere Mathematiker stellten sich eine Fläche aus „unendlich vielen unendlich dünnen" Streifen (Strecken) zusammengesetzt vor (siehe nebenstehende Abbildung). Ebenso stellte man sich einen Körper aus „unendlich vielen unendlich dünnen" Schichten zusammengesetzt vor. Diese „unendlich dünnen" Streifen bzw. Schichten wurden als „Indivisibilien (= Unteilbare)" bezeichnet. Obwohl diese Vorstellungen problematisch sind, konnte man mit ihrer Hilfe viele richtige Resultate herleiten.

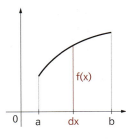

Galileo Galilei (1564−1642) begründete mit der Indivisibilienmethode seine Fallgesetze. Die Geschwindigkeit v beim freien Fall ist direkt proportional zur Zeit t, also

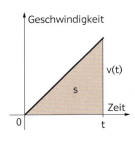

v = g · t, wobei g eine Konstante ist. Galilei dachte sich die Dreiecksfläche aus Strecken zusammengesetzt. Jede Strecke kann als „unendlich dünnes" Rechteck mit der Höhe v(t) und der „unendlich kleinen" Breite dt aufgefasst werden. Sein Flächeninhalt v(t) · dt entspricht der Länge des in dem „unendlich kleinen" Zeitintervall dt zurückgelegten Weges. Die Summe dieser Flächeninhalte entspricht der Länge s des gesamten in der Zeit t zurückgelegten Weges. Also:

$$s = \frac{1}{2} \cdot t \cdot v(t) = \frac{1}{2} \cdot t \cdot (g \cdot t) = \frac{g}{2} \cdot t^2.$$

Cavalieri verglich die von den Funktionen f und g = k · f in [a; b] festgelegten Flächeninhalte A_f und $A_{k \cdot f}$. Er behauptete, dass $A_{k \cdot f}$ k-mal so groß sei wie A_f und begründete dies so: Alle zu g gehörigen Strecken sind k-mal so lang wie die entsprechenden zu f gehörigen Strecken.

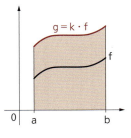

Somit ist auch die Summe der zu g gehörigen Strecken k-mal so groß wie die Summe der der zu f gehörigen Strecken.

Von Cavalieris Ergebnissen ist besonders hervorzuheben:

Prinzip von Cavalieri
Es seien K_1 und K_2 zwei Körper, die auf einer Ebene E ruhen und die gleiche Höhe h haben. Werden diese beiden Körper mit Ebenen parallel zu E geschnitten und sind die Inhalte der beiden Schnittflächen in jeder Höhe z einander gleich, dann haben die Körper gleiches Volumen.

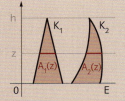

BEWEIS (nach Cavalieri): Die Körper sind aus unendlich vielen Schnittflächen zusammengesetzt. Da die Inhalte der Schnittflächen in jeder Höhe einander gleich sind, sind auch die Summen der Inhalte der Schnittflächen einander gleich und somit haben die beiden Körper gleiches Volumen.

□

Heute würden wir den Beweis mit dem Integral führen. Da die Inhalte $A_1(z)$ und $A_2(z)$ in jeder Höhe z einander gleich sind, gilt:

$$V(K_1) = \int_0^h A_1(z)\,dz = \int_0^h A_2(z)\,dz = V(K_2)$$

Obwohl man mit der Indivisibilienmethode viele richtige Resultate gefunden hatte, wurde diese Methode vielfach kritisiert, weil sie auch zu Fehlern führen kann. Das folgende Beispiel soll dies illustrieren:

BEISPIEL:

Wir denken uns die Dreiecke ADC und DBC aus Strecken zusammengesetzt. Zu jeder Strecke XX' im Dreieck ADC kann man eine gleich lange Strecke YY' im Dreieck DBC finden und umgekehrt.

Somit müsste der Flächeninhalt des Dreiecks ADC gleich dem Flächeninhalt des Dreiecks DBC sein. Das ist aber offensichtlich falsch.

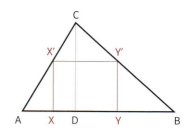

Die Hauptsätze der Differential- und Integralrechnung

Der Hauptsatz wurde, nach Vorarbeiten von **Isaac Barrow** (1630−1677), im Jahr 1676 von **James Gregory** publiziert. Damit war ein Zusammenhang zwischen der Differential- und Integralrechnung hergestellt und es wurden neue Möglichkeiten zur Berechnung von Flächeninhalten, Volumina usw. mit Hilfe von Stammfunktionen gefunden. Diese Entwicklung wurde vor allem von **Isaac Newton** (1643−1727), einem Schüler von **Barrow**, und **Gottfried Wilhelm Leibniz** (1646−1716) vorangetrieben.

Exaktifizierung der Integralrechnung

Nach Newton und Leibniz setzte eine stürmische Entwicklung der Differential- und Integralrechnung ein, die zu einer Fülle von neuen Ergebnissen, Methoden und Begriffen führte. Das Integral wurde dabei nach dem Muster von Leibniz als „unendliche Summe von unendlich kleinen Größen" aufgefasst. Obwohl eine genauere Definition dieses Begriffes fehlte, wurden viele bahnbrechende Resultate gefunden, vor allem in der Physik und Astronomie. Erst im 19. Jahrhundert begann man den Integralbegriff exakter zu fassen

und damit die Verwendung unendlich kleiner Größen zu vermeiden. Vor allem **Augustin Louis Cauchy** (1789−1857) und **Bernhard Riemann** (1826−1866) haben dazu beigetragen.

Gegen Ende des 19. Jahrhunderts und im 20. Jahrhundert wurde der Integralbegriff mehrfach verallgemeinert, wobei zum Teil sehr abstrakte Integralbegriffe gebildet wurden. Auch heute kommt es auf dem Gebiet der Integralrechnung noch zu Neuerungen.

Isaac Newton (1643−1727)

Gottfried Wilhelm Leibniz (1646−1716)

Augustin Louis Cauchy (1789−1857)

Bernhard Riemann (1826−1866)

R L KOMPETENZCHECK

3.15 Kreuze die beiden richtigen Aussagen an!

$\int_{-3}^{-2} x\,dx > 0$	☐
$\int_{2}^{3} x\,dx < 0$	☐
$\int_{-3}^{-2} x\,dx = -2{,}5$	☐
$\int_{-2}^{-3} x\,dx < \int_{2}^{3} x\,dx$	☐
$\int_{-3}^{2} x\,dx = \int_{3}^{-2} x\,dx$	☐

3.16 Gegeben ist eine Polynomfunktion f: $\mathbb{R} \to \mathbb{R}$. Kreuze die beiden zutreffenden Aussagen an!

$\int_{2}^{5} f(x)\,dx$ ist eine eindeutig bestimmte Funktion.	☐
$\int_{2}^{5} f(x)\,dx$ ist eine eindeutig bestimmte Zahl.	☐
$\int f(x)\,dx$ ist eine eindeutig bestimmte Funktion.	☐
$\int f(x)\,dx$ ist eine eindeutig bestimmte Zahl.	☐
$\int f(x)\,dx$ entspricht einer Schar von Funktionen, deren Termdarstellungen sich nur in einer additiven Konstanten unterscheiden.	☐

3.17 Kreuze die beiden richtigen Aussagen an!

$\int \sin(2x)\,dx = -\frac{1}{2}\cdot\cos(2x) + c$ (mit c $\in \mathbb{R}$)	☐
$\int \cos\left(\frac{x}{2}\right)dx = \frac{1}{2}\cdot\sin(x) + c$ (mit c $\in \mathbb{R}$)	☐
$\int \cos(2x) = 2\cdot\sin(2x) + c$ (mit c $\in \mathbb{R}$)	☐
$\int \sin\left(\frac{x}{2}\right)dx = 2\cdot\cos\left(\frac{x}{2}\right) + c$ (mit c $\in \mathbb{R}$)	☐
$\int \sin(-2x)\,dx = \frac{1}{2}\cdot\cos(2x) + c$ (mit c $\in \mathbb{R}$)	☐

3.18 Es ist f: $[a, b] \to \mathbb{R}$ eine Polynomfunktion und $f(x) > 0$ für alle $x \in [a, b]$. Die Funktion I_a: $[a, b] \to \mathbb{R} \mid x \mapsto \int_{a}^{x} f$ ist die Integralfunktion von f bezüglich a. Kreuze die beiden zutreffenden Aussagen an!

I_a ist stetig in [a, b].	☐
I_a ist streng monoton fallend in [a, b].	☐
I_a ist eine Stammfunktion von f in [a, b].	☐
$I_a(x) < 0$ für alle $x \in [a, b]$.	☐
Ist $f(x) = x$ für alle $x \in [a, b]$, dann ist $I_a(x) = \frac{x^2}{2} - a^2$	☐

3.19 Ordne jeder Funktion f (mit $x \in \mathbb{R}^+$) in der linken Tabelle das unbestimmte Integral $\int f(x)\,dx$ aus der rechten Tabelle (mit $c \in \mathbb{R}$) zu!

$f(x) = \sqrt{x}$		A	$\int f(x)\,dx = \frac{x^2}{2} + \frac{2}{3} \cdot x \cdot \sqrt{x} + c$
$f(x) = -\frac{1}{\sqrt{x}}$		B	$\int f(x)\,dx = \frac{2}{5} \cdot x^2 \cdot \sqrt{x} + c$
$f(x) = 2 \cdot \sqrt{x}$		C	$\int f(x)\,dx = \frac{2}{3} \cdot x \cdot \sqrt{x} + c$
$f(x) = x + \sqrt{x}$		D	$\int f(x)\,dx = -2 \cdot \sqrt{x} + c$
$f(x) = x \cdot \sqrt{x}$		E	$\int f(x)\,dx = \frac{4}{3} \cdot x \cdot \sqrt{x} + c$

3.20 Begründe anhand eines Beispiels, dass Differenzieren und Integrieren nicht Umkehroperationen voneinander sind!

3.21 Gegeben ist die Polynomfunktion $f: \mathbb{R} \to \mathbb{R}$ mit $f(x) = x^2 + x + 1$. Ermittle das unbestimmte Integral $\int f(x)\,dx$ und wähle aus der zugehörigen Funktionenschar die Funktion g mit $g(0) = 1$ aus! Ermittle anschließend das unbestimmte Integral $\int g(x)\,dx$ und wähle aus der zugehörigen Funktionenschar die Funktion h mit $h(0) = 1$ aus!
Gib Termdarstellungen der Funktionen g und h an!

3.22 Gib für die unten dargestellte Funktion f eine Termdarstellung der Integralfunktion $I_2: x \mapsto \int_2^x f(t)\,dt$ an! Berechne damit $I_2(5)$, veranschauliche $I_2(5)$ in der Abbildung und kontrolliere den Wert von $I_2(5)$ anhand einer geeigneten Flächenberechnung!

a) 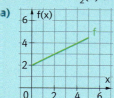   b) 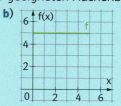   c)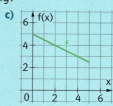

3.23 F ist eine Stammfunktion von f. Man kennt $F(1) = 7$ und $\int_1^2 f(x)\,dx = 11$. Berechne $F(2)$!

3.24 Ermittle $\int f(x)\,dx$ und gib anschließend eine Termdarstellung jener Stammfunktion F von f an, die an der Stelle 0 den Wert a annimmt!

a) $f(x) = \frac{1}{2}x^2$, $a = 6$ c) $f(x) = e^{-x}$, $a = 0$ e) $f(x) = e^{-x}$, $a = 2$

b) $f(x) = \sin(2x)$, $a = 1$ d) $f(x) = e^{-2x}$, $a = 0$ f) $f(x) = 2^x$, $a = \frac{1}{\ln(2)}$

3.25 Gib eine Funktion $f: x \to f(x)$ an, für die gilt:

a) $\int f(x)\,dx = x + c$ c) $\int f(x)\,dx = \cos(x) + c$ e) $\int f(x)\,dx = \frac{1}{2} \cdot e^{2x} + c$

b) $\int f(x)\,dx = x^3 + c$ d) $\int f(x)\,dx = -\sin(x) + c$ f) $\int f(x)\,dx = 2 \cdot e^{-x} + c$

3.26 Ermittle die Hoch-, Tief- und Wendepunkte des Graphen der Funktion I im angegebenen Intervall M!

a) $I(x) = \int_0^x [\sin(t) - \cos(t)]\,dt$, $M = [0; 2\pi]$ b) $I(x) = \int_1^x (t^2 - t - 2)\,dt$, $M = \mathbb{R}$

LERNZIELE

4.1 Diskrete und stetige Zufallsvariablen kennen und unterscheiden können.

4.2 Normalverteilte Zufallsvariablen kennen.

4.3 Grundaufgaben zur Normalverteilung lösen können.

4.3 Eine Binomialverteilung durch eine Normalverteilung approximieren können.

▪ Technologie kompakt

▪ Kompetenzcheck

GRUNDKOMPETENZEN

WS-R 3.1 Die Begriffe **Zufallsvariable**, **(Wahrscheinlichkeits-)Verteilung**, **Erwartungswert** und **Standardabweichung** verständig deuten und einsetzen können.

WS-R 3.4 **Normalapproximation der Binomialverteilung interpretieren und anwenden** können.

WS-L 3.5 **Mit der Normalverteilung**, auch in **anwendungsorientierten Bereichen**, arbeiten können.

4.1 DISKRETE UND STETIGE ZUFALLSVARIABLEN

Wiederholung: Diskrete Zufallsvariablen

In Mathematik verstehen 7 (Seite 195–200) haben wir diskrete Zufallsvariablen X betrachtet, dh. Variablen, die endlich viele Werte a_1, a_2, …, a_n oder abzählbar viele Werten a_1, a_2, a_3 … annehmen können. „Abzählbar" bedeutet, dass man die unendlich vielen Werte von X mit Hilfe der natürlichen Zahlen als Indizes durchnummerieren kann. Wir haben dabei folgende Funktionen betrachtet:

▪ Die Funktion P: $a_i \mapsto P(X = a_i)$ heißt **Wahrscheinlichkeitsfunktion von X** oder **Wahrscheinlichkeitsverteilung von X**.

▪ Die Funktion F: $a_i \mapsto P(X \leq a_i)$ heißt **Verteilungsfunktion von X**.

BEACHTE: Sind die Werte a_i der Größe nach geordnet, dann gilt:

▪ $P(a_i) = P(X = a_i)$

▪ $F(a_i) = P(X \leq a_i) = P(X = a_1) + P(X = a_2) + \ldots + P(X = a_i) = \sum_{j=1}^{i} P(a_j)$

(Lies: Summe der $P(a_j)$ für j = 1 bis i).

Der Kürze halber bezeichnen wir die Wahrscheinlichkeit **P(X = a_i)** mit **p_i** und erhalten damit:

$$P(a_i) = p_i \quad \text{und} \quad F(a_i) = p_1 + p_2 + \ldots + p_i = \sum_{j=1}^{i} p_j$$

Die Funktionen P und F können durch Tabellen oder Stabdiagramme dargestellt werden. Die Funktion F ergibt allerdings für bloß nominale Variablen (zB. Augenfarbe) keinen Sinn, weil die Versuchsausgänge (vor ihrer Verschlüsselung durch Zahlen) keine Ordnung aufweisen.

BEISPIEL: Anzahl von „Kopf" bei dreimaligem Münzwurf

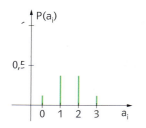

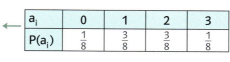

a_i	0	1	2	3
$P(a_i)$	$\frac{1}{8}$	$\frac{3}{8}$	$\frac{3}{8}$	$\frac{1}{8}$

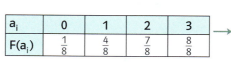

a_i	0	1	2	3
$F(a_i)$	$\frac{1}{8}$	$\frac{4}{8}$	$\frac{7}{8}$	$\frac{8}{8}$

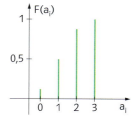

Für eine diskrete Zufallsvariable X mit endlich vielen möglichen Werten $a_1, a_2, \ldots, a_k$, die mit den Wahrscheinlichkeiten $p_1, p_2, \ldots, p_k$ angenommen werden, definiert man:

- **Erwartungswert von X:** $\mu = E(X) = a_1 \cdot p_1 + a_2 \cdot p_2 + \ldots + a_k \cdot p_k$
- **Varianz von X:** $\sigma^2 = V(X) = (a_1 - \mu)^2 \cdot p_1 + (a_2 - \mu)^2 \cdot p_2 + \ldots + (a_k - \mu)^2 \cdot p_k$
- **Standardabweichung von X:** $\sigma = \sqrt{V(X)}$

Für eine diskrete Zufallsvariable X mit abzählbar vielen möglichen Werten $a_1, a_2, a_3 \ldots$ definiert man analog:

- **Erwartungswert von X:** $\mu = E(X) = a_1 \cdot p_1 + a_2 \cdot p_2 + \ldots$
- **Varianz von X:** $\sigma^2 = V(X) = (a_1 - \mu)^2 \cdot p_1 + (a_2 - \mu)^2 \cdot p_2 + \ldots$
- **Standardabweichung von X:** $\sigma = \sqrt{V(X)}$

Bei sehr häufiger Wiederholung des Zufallsversuchs ist **E(X)** näherungsweise gleich dem **Mittelwert** der erhaltenen Variablenwerte und **V(X)** näherungsweise gleich der **empirischen Varianz** der erhaltenen Variablenwerte.

Zur Berechnung der Varianz bzw. Standardabweichung mit der Hand verwendet man geschickter folgenden Satz:

Satz (Verschiebungssatz für die Varianz)

$$\sigma^2 = a_1^2 \cdot p_1 + a_2^2 \cdot p_2 + \ldots + a_k^2 \cdot p_k - \mu^2 \quad \text{bzw.} \quad \sigma^2 = a_1^2 \cdot p_1 + a_2^2 \cdot p_2 + \ldots - \mu^2$$

Ⓡ **AUFGABEN**

4.01 Die Wahrscheinlichkeitsverteilung der Augensumme zweier Würfel ist durch die nachfolgende Tabelle gegeben.
1) Ergänze die Tabelle durch die Werte der Verteilungsfunktion!
2) Stelle die Wahrscheinlichkeitsfunktion und die Verteilungsfunktion durch Stabdiagramme dar!

Werte a_i der Augensumme	2	3	4	5	6	7	8	9	10	11	12
Wahrscheinlichkeit $P(a_i)$	$\frac{1}{36}$	$\frac{2}{36}$	$\frac{3}{36}$	$\frac{4}{36}$	$\frac{5}{36}$	$\frac{6}{36}$	$\frac{5}{36}$	$\frac{4}{36}$	$\frac{3}{36}$	$\frac{2}{36}$	$\frac{1}{36}$
Verteilungswerte $F(a_i)$											

4.02 **a)** Berechne die Varianz und die Standardabweichung der Augenzahl beim Wurf mit einem Würfel! Interpretiere das Ergebnis!
b) Berechne die Varianz und die Standardabweichung der Augensumme beim Wurf mit zwei Würfeln! Interpretiere das Ergebnis!

Stetige Zufallsvariablen

Es gibt auch Zufallsvariablen, die unendlich viele, nicht abzählbare Werte annehmen können, zum Beispiel alle Werte in einem Intervall (welches auch ganz $\mathbb{R}$ sein kann). Solche Zufallsvariablen bezeichnet man als **stetige Zufallsvariablen**.

Wie berechnet man Wahrscheinlichkeiten für stetige Zufallsvariablen?

4.03 Bei einer Produktion von Hunderternägeln (dh. Nägel der Länge 100 mm) treten produktionsbedingte Schwankungen der Nagellänge X auf. Wie groß ist die Wahrscheinlichkeit, dass ein zufällig der Produktion entnommener Nagel genau die Länge 101 mm aufweist?

LÖSUNG: Da es unendlich viele mögliche Nagellängen gibt, ist das Ereignis, dass der entnommene Nagel die genaue Länge 101 mm aufweist, so unwahrscheinlich, dass man diese Wahrscheinlichkeit sinnvollerweise gleich 0 setzt (obwohl das Ereignis eintreten kann).

Anders ist die Situation, wenn man in Aufgabe 4.03 nach der Wahrscheinlichkeit fragt, dass die Nagellänge X höchstens 101 mm beträgt. Wir betrachten dazu Klasseneinteilungen im Bereich aller möglichen Nagellängen und zeichnen Histogramme, wobei die Flächeninhalte der Rechtecke den Wahrscheinlichkeiten in den einzelnen Klassen entsprechen. Wenn man die Klassenbreiten fortlaufend verkleinert, werden die Rechtecke immer dünner, bis sie schließlich im Grenzfall „unendlich dünn" werden. In allen Abbildungen entspricht der Inhalt der grün unterlegten Fläche der Wahrscheinlichkeit $P(X \leq 101)$.

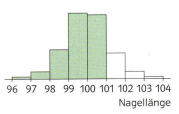
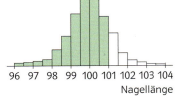
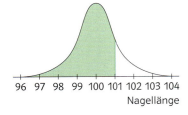

Nagellänge — Nagellänge — Nagellänge

Diese Überlegungen legen nahe, eine Wahrscheinlichkeit der Form $P(X \leq x)$ für eine stetige Zufallsvariable als Inhalt einer Fläche unter dem Graphen einer passenden Funktion f anzugeben. Für f kommen dazu nur Funktionen in Frage, die folgende Eigenschaften haben:

(1) $f(x) \geq 0$ für alle $x \in \mathbb{R}$ **(2)** $P(X \leq x) = \int_{-\infty}^{x} f(t)\,dt$ für alle $x \in \mathbb{R}$ **(3)** $\int_{-\infty}^{\infty} f(x)\,dx = 1$

Die Eigenschaft (3) ergibt sich daraus, dass die Zufallsvariable X irgendeinen Wert $x \in \mathbb{R}$ sicher, also mit der Wahrscheinlichkeit 1, annimmt.

Definition
Sei X eine stetige Zufallsvariable und f eine Funktion mit folgenden Eigenschaften:

(1) $f(x) \geq 0$ für alle $x \in \mathbb{R}$ **(2)** $P(X \leq x) = \int_{-\infty}^{x} f(t)\,dt$ für alle $x \in \mathbb{R}$ **(3)** $\int_{-\infty}^{\infty} f(x)\,dx = 1$

- Die Funktion f heißt **Wahrscheinlichkeitsdichtefunktion** oder kurz **Dichtefunktion** der Zufallsvariablen X.
- Die Funktion $F: x \mapsto P(X \leq x)$ heißt **Verteilungsfunktion** der Zufallsvariablen X.

Man sagt: Durch die Dichtefunktion (oder die Verteilungsfunktion) wird eine **stetige Wahrscheinlichkeitsverteilung der Zufallsvariablen X** beschrieben.

Die Verteilungsfunktion F hat folgende Eigenschaften:
(1) F ist stetig. **(2)** F ist monoton steigend. **(3)** $\lim\limits_{x \to -\infty} F(x) = 0$ und $\lim\limits_{x \to \infty} F(x) = 1$

4.04 Begründe anhand der Abbildung:
$$P(X \leq a) = P(X < a)$$

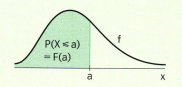

LÖSUNG:

Der Inhalt der grün unterlegten Fläche ist unabhängig davon, ob man die Begrenzungsstrecke am rechten Rand hinzunimmt oder nicht. Rechnerisch kann man dies mit der Additionsregel der Wahrscheinlichkeitsrechnung beweisen:

$$P(X \leq a) = P(X < a) + P(X = a) = P(X < a) + 0 = P(X < a)$$

Auf analoge Weise lassen sich folgende Formeln begründen:

$$P(X \geq a) = P(X > a)$$
$$P(a \leq X \leq b) = P(a < X < b) = P(a < X \leq b) = P(a \leq X < b)$$

Merke

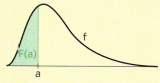

$$P(X \leq a) = F(a) = \int_{-\infty}^{a} f(x)\,dx$$

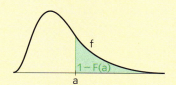

$$P(X \geq a) = 1 - F(a) = 1 - \int_{-\infty}^{a} f(x)\,dx$$

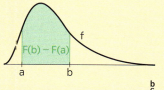

$$P(a \leq X \leq b) = F(b) - F(a) = \int_{a}^{b} f(x)\,dx$$

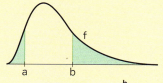

$$P(X \leq a \vee X \geq b) = 1 - \int_{a}^{b} f(x)\,dx$$

Der Erwartungswert, die Varianz und die Standardabweichung einer stetigen Zufallsvariablen werden analog zu den entsprechenden Begriffen diskreter Zufallsvariablen definiert. Aus den Summen werden dabei Integrale, aus a_i wird x und aus p_i wird $f(x)\,dx$.

Definition

Für eine stetige Zufallsvariable X definiert man:

- **Erwartungswert von X:** $\qquad \mu = E(X) = \int_{-\infty}^{\infty} x \cdot f(x)\,dx$

- **Varianz von X:** $\qquad\qquad \sigma^2 = V(X) = \int_{-\infty}^{\infty} (x - \mu)^2 \cdot f(x)\,dx$

- **Standardabweichung von X:** $\quad \sigma = \sqrt{V(X)}$

AUFGABEN

4.05 Eine Zufallsvariable X sei stetig verteilt. Drücke die folgenden Wahrscheinlichkeiten mit Hilfe der Verteilungsfunktion F von X aus!

1) $P(X < x)$

2) $P(X > x)$

3) $P(a < X < b)$, falls $a < b$

4) $P(X < a \vee X > b)$, falls $a < b$

4.2 NORMALVERTEILTE ZUFALLSVARIABLEN

Die Gauß'sche Glockenkurve

Viele Zufallsvariablen in naturwissenschaftlichen, technischen und ökonomischen Anwendungen besitzen eine Dichtefunktion, deren Graph eine glockenförmige Kurve ist. Nebenstehend ist als Beispiel die Verteilung der Durchmesser bei einer Produktion von Stahlstiften dargestellt.

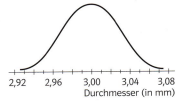

Weitere Beispiele so verteilter Zufallsvariablen: Fertigungsmaße (zB. Länge, Dicke, Masse) von Industrieprodukten, Messergebnisse, Körpergrößen, Intelligenzquotienten von Erwachsenen, Flugzeiten einer Fluglinie auf einer bestimmten Strecke etc.

Weil solche Verteilungen häufig vorkommen, bezeichnet man diese als „Normalverteilungen". Durch theoretische Überlegungen kam **Carl Friedrich Gauß** (1777−1855) zum Ergebnis, dass die Dichtefunktion f einer solchen Verteilung durch folgende Termdarstellung beschrieben werden kann:

Dichtefunktion einer Normalverteilung:

$$f(x) = \frac{1}{\sqrt{2\pi}\,\sigma} \cdot e^{-\frac{1}{2} \cdot \left(\frac{x-\mu}{\sigma}\right)^2}$$

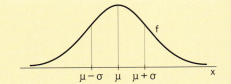

Diese Funktion hängt von den Parametern μ und σ ab. Der Graph dieser Funktion heißt **Gauß'sche Glockenkurve mit den Parametern μ und σ.** Man kann zeigen, dass μ die einzige Maximumstelle von f ist, dass μ − σ und μ + σ Wendestellen von f sind und der Graph von f symmetrisch bezüglich der Geraden x = μ ist (siehe Aufgabe 4.06).

Definition (Normalverteilung)
Eine Zufallsvariable X, deren Wahrscheinlichkeitsverteilung durch eine Gauß'sche Glockenkurve mit den Parametern μ und σ beschrieben werden kann, heißt **normalverteilt mit den Parametern μ und σ.** Die Wahrscheinlichkeitsverteilung von X bezeichnet man als **Normalverteilung mit den Parametern μ und σ.**

Durch Berechnung der entsprechenden Integrale kann man zeigen:
- μ ist der **Erwartungswert von X.**
- σ ist die **Standardabweichung von X.**

AUFGABEN

4.06 Zeige durch eine Funktionsuntersuchung mit Differentialrechnung, dass die Dichtefunktion f einer Normalverteilung mit den Parametern μ und σ folgende Eigenschaften besitzt:
a) f ist in (−∞ ; μ] streng monoton steigend und in [μ; ∞) streng monoton fallend.
b) f besitzt die globale Maximumstelle μ.
c) f ist in (−∞; μ − σ] linksgekrümmt, in [μ − σ; μ + σ] rechtsgekrümmt und in [μ + σ; ∞) linksgekrümmt.
d) f besitzt die Wendestellen μ − σ und μ + σ.
e) Der Graph von f ist symmetrisch bezüglich der Geraden x = μ.

R

Die Standardnormalverteilung

Da die Form einer Gauß'schen Glockenkurve von den Parametern μ und σ abhängt, gibt es unendlich viele verschiedene Gauß'sche Glockenkurven. Man kann jedoch jede Glockenkurve durch eine einfache **Skalentransformation** (Veränderung der Skala auf der Achse) auf eine Glockenkurve mit den Parametern μ = 0 und σ = 1 zurückführen. Wir bezeichnen dazu die ursprüngliche Skala der Zufallsvariablen als **x-Skala** und die neue Skala als **z-Skala**:

Die z-Skala wählen wir so:
Dem Wert x = μ entspricht der Wert z = 0,
dem Wert x = μ + σ entspricht der Wert z = 1,
dem Wert x = μ + 2 · σ entspricht der Wert z = 2,
usw. Allgemein entspricht dem Wert
x = μ + z · σ auf der x-Skala der Wert z auf der
z-Skala.

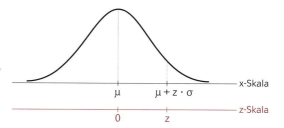

Merke: Zwischen x und z besteht folgender Zusammenhang:
$$x = μ + z · σ \quad \text{bzw.} \quad z = \frac{x - μ}{σ}$$

Die Normalverteilung mit μ = 0 und σ = 1 heißt **Standardnormalverteilung**. Den Übergang von einer Normalverteilung mit den Parametern μ und σ zur Normalverteilung mit den Parametern μ = 0 und σ = 1 bezeichnet man als **Standardisieren**.

Die **Dichtefunktion der Standardnormalverteilung** wird mit φ bezeichnet. Eine Termdarstellung für φ erhält man durch Einsetzen von μ = 0 und σ = 1 in die allgemeine Termdarstellung der Dichtefunktion f einer Normalverteilung auf Seite 66:

Dichtefunktion der Standardverteilung

$$φ(z) = \frac{1}{\sqrt{2π}} · e^{-\frac{z^2}{2}}$$

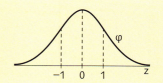

Die **Verteilungsfunktion** der Standardnormalverteilung wird mit Φ bezeichnet. Die Werte Φ(z) sind für verschiedene z in der **Tabelle** auf Seite 251 näherungsweise angegeben.

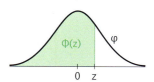

Ein grundlegender Satz, der im Folgenden noch öfter gebraucht wird, lautet:

Satz: Ist die Zufallsvariable X normalverteilt mit den Parametern μ und σ, dann gilt:
$$P(μ - z · σ ≤ X ≤ μ + z · σ) = 2 · Φ(z) - 1$$

BEWEIS:
P(μ − z · σ ≤ X ≤ μ + z · σ) = Φ(z) − Φ(−z)
Da die Standardglockenkurve symmetrisch bezüglich der Geraden
z = 0 ist, ist Φ(−z) = 1 − Φ(z) (siehe nebenstehende Abbildung).
Damit folgt:
P(μ − z · σ ≤ X ≤ μ + z · σ) = Φ(z) − (1 − Φ(z)) = 2 · Φ(z) − 1 □

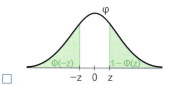

R

Die σ-Regeln

Satz (σ-Regeln)

Ist eine Zufallsvariable X normalverteilt mit den Parametern μ und σ, dann gilt:

(1) $P(\mu - \sigma \leq X \leq \mu + \sigma) \approx 0{,}683 = \textbf{68,3\%}$

(2) $P(\mu - 2 \cdot \sigma \leq X \leq \mu + 2 \cdot \sigma) \approx 0{,}954 = \textbf{95,4\%}$

(3) $P(\mu - 3 \cdot \sigma \leq X \leq \mu + 3 \cdot \sigma) \approx 0{,}997 = \textbf{99,7\%}$

BEWEIS:

$P(\mu - 1 \cdot \sigma \leq X \leq \mu + 1 \cdot \sigma) = 2 \cdot \Phi(1) - 1 \approx 2 \cdot 0{,}8413 - 1 = 0{,}6826 \approx 68{,}3\,\%$

$P(\mu - 2 \cdot \sigma \leq X \leq \mu + 2 \cdot \sigma) = 2 \cdot \Phi(2) - 1 \approx 2 \cdot 0{,}9772 - 1 = 0{,}9544 \approx 95{,}4\,\%$

$P(\mu - 3 \cdot \sigma \leq X \leq \mu + 3 \cdot \sigma) = 2 \cdot \Phi(3) - 1 \approx 2 \cdot 0{,}9987 - 1 = 0{,}9974 \approx 99{,}7\,\%$ □

Dies kann man so interpretieren: Bestimmt man durch einen Zufallsversuch sehr oft den Wert einer normalverteilten Zufallsvariablen X, dann liegen von den erhaltenen Werten

ca. 68,3 %
im Intervall [μ − σ; μ + σ]

ca. 95,4 %
im Intervall [μ − 2σ; μ + 2σ]

ca. 99,7 % (also praktisch alle)
im Intervall [μ − 3σ; μ + 3σ]

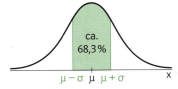
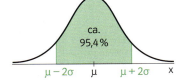
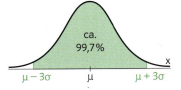

L

Wahrscheinlichkeitsberechnungen mit der Standardnormalverteilung

Satz: Ist die Zufallsvariable X normalverteilt mit den Parametern μ und σ, dann gilt:

(1) $P(X \leq x) = \Phi\left(\dfrac{x - \mu}{\sigma}\right)$

(2) $P(X \geq x) = \Phi\left(-\dfrac{x - \mu}{\sigma}\right)$

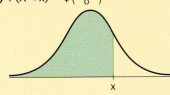
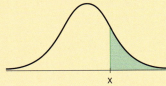

(3) $P(x_1 \leq X \leq x_2) = \Phi\left(\dfrac{x_2 - \mu}{\sigma}\right) - \Phi\left(\dfrac{x_1 - \mu}{\sigma}\right)$

(4) $P(\mu - c \leq X \leq \mu + c) = 2 \cdot \Phi\left(\dfrac{c}{\sigma}\right) - 1$

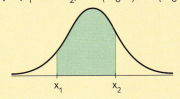
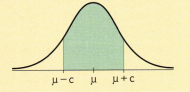

BEWEIS:

(1) $P(X \leq x) = F(x) = \Phi\left(\dfrac{x - \mu}{\sigma}\right)$

(2) Das Ereignis X ≥ x ist das Gegenereignis des Ereignisses X < x. Somit gilt:

$P(X \geq x) = 1 - P(X < x) = 1 - P(X \leq x) = 1 - \Phi\left(\dfrac{x - \mu}{\sigma}\right) = \Phi\left(-\dfrac{x - \mu}{\sigma}\right)$

(3) $P(x_1 \leq X \leq x_2) = P(X \leq x_2) - P(X < x_1) = P(X \leq x_2) - P(X \leq x_1) = \Phi\left(\dfrac{x_2 - \mu}{\sigma}\right) - \Phi\left(\dfrac{x_1 - \mu}{\sigma}\right)$

(4) Die Formel $P(\mu - z \cdot \sigma \leq X \leq \mu + z \cdot \sigma) = 2 \cdot \Phi(z) - 1$ geht für $z \cdot \sigma = c$ über in:

$P(\mu - c \leq X \leq \mu + c) = 2 \cdot \Phi\left(\dfrac{c}{\sigma}\right) - 1$ □

4.3 GRUNDAUFGABEN ZUR NORMALVERTEILUNG

R **L** **Ermitteln der Wahrscheinlichkeit in einem vorgegebenen Intervall**

4.07 Bei der Abfüllung von Metallteilen in Kisten ist die Masse M einer Kiste annähernd normalverteilt mit $\mu = 50$ und $\sigma = 2$ (Angaben in kg). Berechne:

🌐 **Lernapplet u634sk**

a) $P(M \leq 53)$ **b)** $P(M \geq 48)$ **c)** $P(47 \leq M \leq 52)$

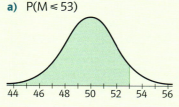 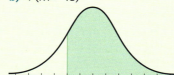 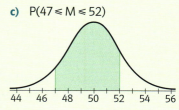

R **T kompakt Seite 79**

LÖSUNG MIT TECHNOLOGIEEINSATZ:

Wie auf Seite 79 beschrieben, erhält man:

a) $P(M \leq 53) \approx 0{,}9332$ **b)** $P(M \geq 48) \approx 0{,}8413$ **c)** $P(47 \leq M \leq 52) \approx 0{,}7745$

L LÖSUNG MIT DER STANDARDNORMALVERTEILUNG:

a) $P(M \leq 53) = \Phi\left(\dfrac{53 - \mu}{\sigma}\right) = \Phi\left(\dfrac{53 - 50}{2}\right) = \Phi(1{,}50) \approx 0{,}9332$

b) $P(M \geq 48) = \Phi\left(-\dfrac{48 - \mu}{\sigma}\right) = \Phi\left(-\dfrac{48 - 50}{20}\right) = \Phi(1{,}00) \approx 0{,}8413$

c) $P(47 \leq M \leq 52) = \Phi\left(\dfrac{52 - \mu}{\sigma}\right) - \Phi\left(\dfrac{47 - \mu}{\sigma}\right) = \Phi\left(\dfrac{52 - 50}{2}\right) - \Phi\left(\dfrac{47 - 50}{2}\right) =$

$$= \Phi(1{,}00) - \Phi(-1{,}50) \approx 0{,}8413 - 0{,}0668 = 0{,}7745$$

R **T** **AUFGABEN**

4.08 Die Zufallsvariable X ist normalverteilt mit den Parametern $\mu = 5$ und $\sigma = 1{,}6$. Berechne:

  a) $P(X \leq 3)$ **c)** $P(X \geq 7)$ **e)** $P(3 \leq X \leq 5)$ **g)** $P(4{,}5 \leq X \leq 6{,}5)$

  b) $P(X \leq 8)$ **d)** $P(X \geq 2)$ **f)** $P(1 \leq X \leq 9)$ **h)** $P(3{,}2 \leq X \leq 5{,}8)$

4.09 Die Zufallsvariable X ist normalverteilt mit den Parametern $\mu = 135$ und $\sigma = 25$. Berechne:

  a) $P(X < 100)$ **c)** $P(X > 150)$ **e)** $P(140 < X < 175)$ **g)** $P(110 \leq X < 130)$

  b) $P(X < 120)$ **d)** $P(X > 180)$ **f)** $P(125 < X \leq 155)$ **h)** $P(100 \leq X \leq 140)$

4.10 Die Firma *Nagel & Co* fertigt Nägel an, deren Länge L annähernd normalverteilt mit $\mu = 20$ und $\sigma = 1{,}2$ ist (Angaben in mm). Berechne:

  a) $P(L \leq 19)$ **c)** $P(L = 20)$ **e)** $P(18 \leq L \leq 21)$

  b) $P(L \geq 2)$ **d)** $P(L \leq 20)$ **f)** $P(19{,}5 \leq L \leq 20{,}5)$

4.11 Eine Maschine füllt Flaschen mit Haushaltsreiniger ab. Der Flascheninhalt ist annähernd normalverteilt mit $\mu = 0{,}3$ und $\sigma = 0{,}002$ (Angaben in Liter). Ermittle die Wahrscheinlichkeit, dass eine Flasche höchstens 0,295 Liter enthält!

4.12 Die Masse von Zuckerpaketen ist annähernd normalverteilt mit $\mu = 1000$ und $\sigma = 5$ (Angaben in g). Falls ein Zuckerpaket weniger als 990 g enthält, kann reklamiert werden. Mit welchem Prozentsatz an Reklamationen muss die Herstellerfirma rechnen?

4.13 Die Lebensdauer der LED-Leuchte *Lux* ist annähernd normalverteilt mit $\mu = 15\,000$ und $\sigma = 2\,000$ (Angaben in Stunden). Berechne die Wahrscheinlichkeit, dass eine zufällig ausgewählte *Lux*-LED-Leuchte **a)** mindestens 13 000 Stunden, **b)** höchstens 16 000 Stunden brennt!

4.14 Bei einer Serienproduktion von Metallröhren ist der Röhrendurchmesser annähernd normalverteilt mit den Parametern $\mu = 3,5$ und $\sigma = 0,4$ (Angaben in cm). Berechne die Wahrscheinlichkeit, dass der Durchmesser einer zufällig der Produktion entnommenen Röhre

a) höchstens 3,4 cm beträgt,

b) mindestens 3,7 cm beträgt,

c) mindestens 3,4 cm und höchstens 3,7 cm beträgt!

4.15 Ein Autobesitzer kauft neue Reifen. Der Reifenhersteller gibt an, dass die „Nutzungslänge" eines solchen Reifens annähernd normalverteilt mit $\mu = 55\,000\,km$ und $\sigma = 11\,000\,km$ ist. Berechne die Wahrscheinlichkeit, dass man mit einem neuen Reifen

a) mindestens 70 000 km fahren kann,

b) höchstens 50 000 km fahren kann,

c) mindestens 50 000 km, aber höchstens 80 000 km fahren kann!

4.16 Bei der Produktion von dünnen Rohren ist der Innendurchmesser annähernd normalverteilt mit $\mu = 4,00$ und $\sigma = 0,30$ (Angaben in mm). Berechne die Wahrscheinlichkeit, dass der Innendurchmesser eines zufällig der Produktion entnommenen Rohres

a) mindestens 4,10 mm beträgt,

b) höchstens 3,85 mm beträgt,

c) zwischen 4,00 und 4,25 mm liegt!

4.17 Bei der Produktion von Stromkabeln ist die Länge des aufgerollten Kabels annähernd normalverteilt mit $\mu = 50$ und $\sigma = 0,05$ (Angaben in m). Berechne die Wahrscheinlichkeit, dass die Länge des Kabels auf einer zufällig der Produktion entnommenen Rolle

a) höchstens 49,80 m beträgt,

b) mindestens 50,02 m beträgt,

c) zwischen 50,00 m und 50,05 m liegt,

d) außerhalb des Intervalls [49,90; 50,10] liegt!

4.18 Die radioaktive Strahlenbelastung wird in Millirem (mrem) gemessen. Man geht davon aus, dass die radioaktive Strahlenbelastung eines Passagiers auf dem Flug von London nach New York normalverteilt mit $\mu = 4,35\,mrem$ und $\sigma = 0,59\,mrem$ ist. Berechne die Wahrscheinlichkeit, dass die Strahlenbelastung einer Person auf einem solchen Flug

a) mindestens 3,00 mrem beträgt,

b) höchstens 5,00 mrem beträgt,

c) mindestens 3,00 mrem und höchstens 5,00 mrem beträgt!

4.19 Familie Mayer erwartet ein Kind. Die Mayers wissen schon, dass es ein Mädchen wird und Helena heißen soll. Aufgrund langjähriger Statistiken ist bekannt, dass das „Geburtsgewicht" von Mädchen normalverteilt mit $\mu = 2,9$ und $\sigma = 0,6$ ist (Angaben in kg). Ein neugeborenes Mädchen mit höchstens 2,25 kg wird als *untergewichtig*, eines mit mindestens 3,75 kg als *übergewichtig*, alle anderen werden als *normalgewichtig* bezeichnet. Berechne die Wahrscheinlichkeit, dass Helena

a) normalgewichtig,

b) untergewichtig,

c) übergewichtig geboren wird!

Ermitteln der Wahrscheinlichkeit in einem symmetrischen Intervall um μ

4.20 Bei der Produktion von Leiterplatten ist die Plattendicke D annähernd normalverteilt mit $\mu = 5$ und $\sigma = 0,8$ (Angaben in mm). Ermittle, bei wie viel Prozent der produzierten Platten die Dicke um höchstens 1 mm von μ abweicht!

kompakt
Seite 79

LÖSUNG MIT TECHNOLOGIEEINSATZ:

Wie auf Seite 79 beschrieben, erhält man: $P(\mu - 1 \leq D \leq \mu + 1) = P(4 \leq D \leq 6) \approx 0,79$.
Somit weicht bei ca. 79 % der Platten die Plattendicke um höchstens 1 mm von μ ab.

LÖSUNG MIT DER STANDARDNORMALVERTEILUNG:

$$P(\mu - 1 \leq D \leq \mu + 1) = 2 \cdot \Phi\left(\frac{1}{\sigma}\right) - 1 = 2 \cdot \Phi\left(\frac{1}{0,8}\right) - 1 = 2 \cdot \Phi(1,25) - 1 \approx 2 \cdot 0,8944 - 1 \approx 0,79$$

Somit weicht bei ca. 79 % der Platten die Plattendicke um höchstens 1 mm von μ ab.

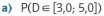

AUFGABEN

4.21 Die Zufallsvariable X ist normalverteilt mit $\mu = 100$ und $\sigma = 15$. Berechne die Wahrscheinlichkeit dafür, dass die Werte von X **a)** um höchstens 5, **b)** um mindestens 10 von μ abweichen!

4.22 Bei der Produktion von Beilagscheiben ist der innere Durchmesser D annähernd normalverteilt mit $\mu = 4$ und $\sigma = 1,2$ (Angaben in mm). Berechne:

a) $P(D \in [3,0;\ 5,0])$ **c)** $P(|D - \mu| \leq 0,1)$
b) $P(D \in [3,7;\ 5,3])$ **d)** $P(|D - \mu| \leq 0,2)$

4.23 In einem Seebad ist die mittlere Wassertemperatur T im September annähernd normalverteilt mit $\mu = 18$ und $\sigma = 1,5$ (Angaben in °C). Berechne die Wahrscheinlichkeit für das Ereignis:
a) $T \in [\mu - 3;\ \mu + 3]$ **b)** $T \notin [\mu - 2;\ \mu + 2]$

4.24 Bei der automatischen Befüllung von Säcken mit Gartenerde ist die Masse M eines vollen Sackes annähernd normalverteilt mit $\mu = 20$ und $\sigma = 1,2$ (Angaben in kg). Berechne:
a) $P(16 \leq M \leq 24)$ **c)** $P(18 \leq M \leq 22)$
b) $P(17 \leq M \leq 23)$ **d)** $P(19 \leq M \leq 21)$

4.25 Bei der Abfüllung von Eiscreme in Waffeltüten ist die abgefüllte Eiscrememasse annähernd normalverteilt mit $\mu = 140$ und $\sigma = 1,2$ (Angaben in g). Ermittle, bei wie vielen von 10 000 abgefüllten Waffeltüten der Inhalt voraussichtlich um höchstens 1,5 g von μ abweichen wird!

4.26 Die *AluAG* erzeugt Alufolien, deren Dicke annähernd normalverteilt mit dem Erwartungswert $\mu = 20$ und der Standardabweichung $\sigma = 0,2$ ist (Angaben in μm). Folien, deren Dicke um mehr als 0,5 μm vom Erwartungswert abweichen, werden als Ausschuss betrachtet.

1) Ermittle, wie viel Prozent Ausschuss zu erwarten sind!
2) Angenommen, die Maschine verstellt sich im Lauf der Zeit so, dass sich der Erwartungswert um 0,1 μm vergrößert, aber σ gleich bleibt. Ermittle, wie viel Prozent Ausschuss dann zu erwarten sind!

Ermitteln eines Intervalls mit vorgegebener Wahrscheinlichkeit

4.27 Bei einer Serienproduktion von Metallzylindern ist der Durchmesser D annähernd normalverteilt mit $\mu = 3{,}5$ und $\sigma = 0{,}4$ (Angaben in cm).

a) Ermittle näherungsweise, welchen Durchmesser die untersten 75 % aller Metallzylinder höchstens erreichen!

b) Ermittle näherungsweise, welchen Durchmesser die obersten 75 % aller Metallzylinder mindestens erreichen!

LÖSUNG MIT TECHNOLOGIEEINSATZ:

T kompakt
Seite 79

a) Gesucht ist $x \in \mathbb{R}$ so, dass $P(D \le x) = 0{,}75$.
Wie auf Seite 79 beschrieben, erhält man: $x \approx 3{,}8\,\text{cm}$.

b) Gesucht ist $x \in \mathbb{R}$ so, dass $P(D \ge x) = 0{,}75$.
Wie auf Seite 79 beschrieben, erhält man: $x \approx 3{,}2\,\text{cm}$.

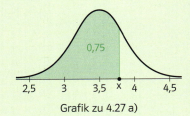

Grafik zu 4.27 a)

LÖSUNG MIT DER STANDARDNORMALVERTEILUNG:

a) $P(D \le x) = 0{,}75 \;\Rightarrow\; \Phi\!\left(\dfrac{x-\mu}{\sigma}\right) = \Phi\!\left(\dfrac{x-3{,}5}{0{,}4}\right) = 0{,}75$

Aus der Tabelle entnimmt man: $\dfrac{x-3{,}5}{0{,}4} \approx 0{,}67$. Daraus folgt: $x \approx 3{,}5 + 0{,}4 \cdot 0{,}67 \approx 3{,}8$ (cm).

b) $P(D \ge x) = 0{,}75 \;\Rightarrow\; \Phi\!\left(-\dfrac{x-\mu}{\sigma}\right) = \Phi\!\left(-\dfrac{x-3{,}5}{0{,}4}\right) = 0{,}75$

Aus der Tabelle entnimmt man: $-\dfrac{x-3{,}5}{0{,}4} \approx 0{,}67$. Daraus folgt: $x \approx 3{,}5 - 0{,}4 \cdot 0{,}67 \approx 3{,}2$ (cm).

AUFGABEN

4.28 Eine Zufallsvariable X ist normalverteilt mit $\mu = 25$ und $\sigma = 3{,}8$. Ermittle x näherungsweise so, dass gilt:

a) $P(X \le x) = 0{,}25$ **b)** $P(X \le x) = 0{,}9$ **c)** $P(X \ge x) = 0{,}20$ **d)** $P(X \ge x) = 0{,}68$

4.29 Die Körpergröße K der Jugendlichen einer Schule ist annähernd normalverteilt mit $\mu = 158$ und $\sigma = 4$ (Angaben in cm).

a) Ermittle den Prozentsatz der Jugendlichen mit einer Körpergröße von mindestens 170 cm!

b) Ermittle, welche Körpergröße die kleinsten 5 % der Jugendlichen höchstens erreichen und welche Körpergröße die größten 5 % der Jugendlichen mindestens aufweisen!

4.30 Ein Transportunternehmen nimmt Gepäckstücke bis zu 20 kg an. Aufgrund bisheriger Erfahrungen geht das Unternehmen davon aus, dass die Masse der abgegebenen Gepäckstücke annähernd normalverteilt mit $\mu = 17\,\text{kg}$ und $\sigma = 2\,\text{kg}$ ist.

a) Ermittle, wie viel Prozent der abgegebenen Gepäckstücke das Unternehmen voraussichtlich abweisen muss!

b) Gib an, welche maximale Masse pro Gepäckstück das Unternehmen tolerieren müsste, damit nur 1 % der abgegebenen Gepäckstücke abzuweisen sind!

4.31 *PharmaZeut* stellt auf zwei Maschinen Kapseln des Medikaments *SimulStatin* her, wobei die Masse M des Kapselinhalts jeweils annähernd normalverteilt ist. Die erste Maschine arbeitet mit $\mu_1 = 1{,}80$ und $\sigma = 0{,}05$, die zweite mit $\mu_2 = 1{,}85$ und der gleichen Standardabweichung wie die erste Maschine (Angaben in cg).

1) Ermittle für die Produktion der ersten Maschine, welchen Inhalt die am besten befüllten 5 % der produzierten Kapseln mindestens erreichen!

2) Gib an, wie viel Prozent der von der zweiten Maschine produzierten Kapseln mindestens die in **1)** errechnete Masse erreichen!

Ermitteln eines symmetrischen Intervalls um μ

4.32 Bei einer Produktion von Stahlkugeln für Kugellager ist der Kugeldurchmesser D annähernd normalverteilt mit $\mu = 4$ und $\sigma = 0,2$ (Angaben in mm). Ermittle ein symmetrisches Intervall um μ, in dem 80 % aller Kugeldurchmesser liegen!

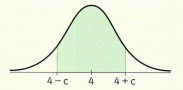

LÖSUNG MIT TECHNOLOGIEEINSATZ:

⚡T kompakt Seite 79

Gesucht ist $c \in \mathbb{R}$ so, dass $P(4 - c \le D \le 4 + c) = 0,80$.
Wie auf Seite 79 beschrieben, erhält man: $P(3,74 \le D \le 4,26) \approx 0,80$.
Somit liegen ca. 80 % aller Kugeldurchmesser im Intervall [3,74; 4,26].

LÖSUNG MIT DER STANDARDNORMALVERTEILUNG:

Gesucht ist $c \in \mathbb{R}$ so, dass $P(\mu - c \le X \le \mu + c) = 2 \cdot \Phi\left(\frac{c}{\sigma}\right) - 1 = 0,80$.
Daraus folgt: $\Phi\left(\frac{c}{\sigma}\right) = 0,9$. Aus der Tabelle auf Seite 251 entnimmt man: $\frac{c}{\sigma} \approx 1,28$.
Daraus folgt: $c \approx 1,28 \cdot \sigma = 1,28 \cdot 0,2 \approx 0,26$. Damit erhält man $P(3,74 \le D \le 4,26) \approx 0,80$.
Somit liegen ca. 80 % aller Kugeldurchmesser im Intervall [3,74; 4,26].

AUFGABEN

4.33 Eine Zufallsvariable X ist normalverteilt mit den Parametern $\mu = 25$ und $\sigma = 3,8$. Ermittle $c \in \mathbb{R}^+$ näherungsweise so, dass:

a) $P(25 - c \le X \le 25 + c) = 0,90$
b) $P(25 - c \le X \le 25 + c) = 0,45$
c) $P(|X - 25| \le c) = 0,30$
d) $P(|X - 25| \le c) = 0,55$

4.34 Die Flügellänge F einer Insektenart ist annähernd normalverteilt mit $\mu = 5,0$ und $\sigma = 1,1$ (Angaben in mm).

a) Berechne die minimale Flügellänge, die von 75 % dieser Insekten erreicht oder überschritten wird!
b) Ermittle ein symmetrisches Intervall um μ, in dem 90 % der Flügellängen liegen!

4.35 Eine Metallhobelmaschine erzeugt Metallplatten, deren Dicke annähernd normalverteilt mit $\mu = 10$ und $\sigma = 0,02$ ist (Angaben in mm). Platten, deren Dicke nicht im Toleranzbereich von 9,95 mm bis 10,05 mm liegt, gelten als Ausschuss.

a) Ermittle, wie viel Prozent Ausschuss zu erwarten sind!
b) Berechne, wie viel Prozent der Plattendicken die untere Toleranzgrenze unterschreiten und wie viel Prozent die obere Toleranzgrenze überschreiten!
c) Wie müsste man die Toleranzgrenzen $\mu - c$ und $\mu + c$ wählen, damit 95 % der Plattendicken innerhalb dieser Toleranzgrenzen liegen?

4.36 Auf dem Bio-Hof *Hühnerglück* legen Hennen der Rasse „Sulmtal" täglich ca. 1500 Eier, deren Masse M annähernd normalverteilt mit $\mu = 55$ und $\sigma = 5$ ist (Angaben in g). *Hühnerglück* teilt Eier in drei Klassen ein. Eier unter 49 g fallen in die Klasse S (small), Eier über 61 g gehören zur Klasse L (large), alle anderen Eier fallen in die Klasse M (medium).

a) Gib an, wie viele Eier einer Tagesproduktion von *Hühnerglück* ungefähr auf die Klasse M entfallen!
b) Bestimme Schranken $\mu - c$ und $\mu + c$ der Klasse M so, dass ca. 750 Eier der Tagesproduktion in die Klasse M fallen!

R L

Ermitteln von μ

4.37 Eine Maschine soll Flaschen mit 0,75 l Wein abfüllen. Dabei ist der tatsächliche Flascheninhalt F nach der Füllung als annähernd normalverteilt mit σ = 0,01 l anzusehen. Um Beschwerden wegen zu geringen Inhalts aus dem Weg zu gehen, beschließt die Firmenleitung, pro Flasche etwas mehr als 0,75 l abzufüllen. Ermittle, wie viel Wein die Maschine im Mittel pro Flasche abfüllen muss, damit nur 2 % aller Flaschen weniger als 0,75 l enthalten!

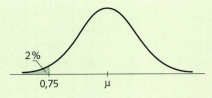

R

ⲧ **kompakt**
Seite 79

LÖSUNG MIT TECHNOLOGIEEINSATZ:

Es soll gelten: $P(F < 0,75) = P(F \leq 0,75) = 0,02$.

Mit Technologieeinsatz erhält man $\mu \approx 0,77$.

Die Maschine muss also im Mittel ca. 0,77 l pro Flasche abfüllen.

L

LÖSUNG MIT DER STANDARDNORMALVERTEILUNG:

Es soll gelten: $P(F < 0,75) = P(F \leq 0,75) = \Phi\left(\dfrac{0,75 - \mu}{\sigma}\right) = \Phi\left(\dfrac{0,75 - \mu}{0,01}\right) = 0,02$. Aus der Tabelle auf

Seite 251 entnimmt man: $\dfrac{0,75 - \mu}{0,01} \approx -2,05$. Daraus erhält man: $\mu \approx 0,75 + 0,01 \cdot 2,05 \approx 0,77$.

Die Maschine muss also im Mittel ca. 0,77 l pro Flasche abfüllen.

R ⲧ

AUFGABEN

4.38 Firma *Fruchtgarten* füllt Himbeersirup in Flaschen ab, die 0,7 l enthalten sollen. Aufgrund der automatischen Abfüllung schwankt der Flascheninhalt jedoch, wobei man annehmen kann, dass dieser annähernd normalverteilt mit σ = 0,05 l ist. Ermittle, welchen Erwartungswert μ der Abfüllprozess aufweisen muss, damit nur 1 % der Flaschen weniger als 0,7 l enthalten!

4.39 Die Firma *Nuts & Co* füllt auf einer Produktionsanlage Erdnüsse in Dosen ab, die jeweils 500 g enthalten sollen. Man kann davon ausgehen, dass die Füllmasse M annähernd normalverteilt mit σ = 2 g ist. *Nuts & Co* möchte erreichen, dass höchstens 5 % der Dosen weniger als 500 g enthalten. Ermittle, mit welchem Erwartungswert μ die Anlage dazu arbeiten muss!

4.40 Der Hersteller von Batterien des Typs *Eterna* behauptet, dass nur 2 % der produzierten Batterien eine „Lebensdauer" von 270 Betriebsstunden oder weniger aufweisen. Ermittle die mittlere „Lebensdauer" von Batterien dieses Typs unter der Annahme, dass der Hersteller Recht hat und die „Lebensdauer" von *Eterna*-Batterien normalverteilt mit σ = 15 h ist!

4.41 Von Tintenrollern des Typs *LongRun* gibt der Hersteller an, dass 97 % der produzierten *LongRun*-Tintenroller eine Schreiblänge von mindestens 2 450 m besitzen. Ermittle die mittlere Schreiblänge eines *LongRun*-Tintenrollers, wenn man voraussetzt, dass die Angaben des Herstellers zutreffen und die Schreiblänge normalverteilt mit σ = 375 m ist!

4.42 Eine Maschine füllt Waschmittelpakete mit der Aufschrift „Füllmenge 500 g" ab. Um Beschwerden wegen zu geringen Inhalts aus dem Weg zu gehen, füllt die Maschine die Pakete jedoch so ab, dass die Masse des eingefüllten Waschmittels annähernd normalverteilt mit dem Erwartungswert μ = 510 g und der Standardabweichung σ = 5 g ist.
a) Beantworte folgende Kundenfrage: Wie viel Prozent der Pakete wiegen weniger als 500 g?
b) Beantworte folgende Produzentenfrage: Mit welchem Erwartungswert μ müsste die Maschine (mit σ = 5 g) arbeiten, damit nur 2 % der Pakete weniger als 500 g wiegen?

Ermitteln von σ

4.43 Eine Maschine erzeugt Metallscheiben, wobei der Scheibendurchmesser D als annähernd normalverteilt mit $\mu = 75\,mm$ angesehen werden kann. Nur Scheiben, deren Durchmesser um höchstens 0,3 mm von μ abweichen, werden weiterverwendet. Ermittle, wie groß die Standardabweichung σ von D höchstens sein darf, damit 98 % der produzierten Scheiben weiterverwendet werden können!

LÖSUNG MIT TECHNOLOGIEEINSATZ:

 kompakt
Seite 79

Es soll gelten: $P(\mu - 0,3 \le D \le \mu + 0,3) = 0,98$.
Wie auf Seite 79 beschrieben, erhält man $\sigma \approx 0,13$ (mm).
Die Standardabweichung σ von D darf also höchstens 0,13 mm betragen.

LÖSUNG MIT DER STANDARDNORMALVERTEILUNG:

Es soll gelten: $P(\mu - 0,3 \le D \le \mu + 0,3) = 2 \cdot \Phi\left(\frac{0,3}{\sigma}\right) - 1 = 0,98$. Daraus folgt: $\Phi\left(\frac{0,3}{\sigma}\right) = 0,99$.

Aus der Tabelle auf Seite 251 entnimmt man: $\frac{0,3}{\sigma} \approx 2,33$. Daraus ergibt sich: $\sigma \approx 0,13$ (mm).

AUFGABEN

4.44 Die Molkerei *Alpin* füllt Joghurtbecher ab, die 200 g enthalten sollen. Aufgrund von Qualitätskontrollen kann man die Füllmasse M als annähernd normalverteilt mit $\mu = 200\,g$ ansehen. Becher, die mehr als 205 g Joghurt enthalten, sind aus der Sicht der Molkerei unerwünscht. Ermittle, wie groß die Standardabweichung σ von M höchstens sein darf, damit
a) nur 1 %, **b)** nur 2 % aller Becher mehr als 205 g enthalten!

4.45 Ein Lebensmittelproduzent erzeugt Dijon-Senf in Tuben, wobei der Tubeninhalt T als annähernd normalverteilt mit $\mu = 200\,g$ angesehen werden kann. Ermittle, wie groß die Standardabweichung σ von T höchstens sein darf, damit der Inhalt von nur 3 % aller Tuben um mehr als 3 g von μ abweicht!

4.46 Auf einer Fertigungsstraße wird Parfum in Fläschchen abgefüllt, wobei die Füllmenge M als annähernd normalverteilt mit $\mu = 100\,ml$ angesehen werden kann. Ermittle, wie groß die Standardabweichung σ von M höchstens sein darf, damit der Inhalt von 95 % der befüllten Fläschchen um höchstens 4 ml von μ abweicht!

4.47 Die Rösterei *Arabia* füllt Packungen ab, die 500 g Kaffee enthalten sollen. Qualitätsprüfungen belegen, dass die Füllmasse M der Packungen annähernd normalverteilt mit $\mu = 500\,g$ ist. Ermittle, wie groß die Standardabweichung σ von M höchstens sein darf, damit bei 90 % der abgefüllten Packungen die Füllmenge um höchstens 2 g vom Sollwert abweicht!

4.48 In einer Geburtsklinik wiegen 90 % aller Neugeborenen zwischen 2 900 g und 3 500 g. Man kann annehmen, dass die „Gewichte" der Neugeborenen normalverteilt sind und die angegebenen Intervallgrenzen symmetrisch um den Erwartungswert μ liegen. Ermittle, wie viel Prozent der Neugeborenen zwischen 3 100 g und 3 300 g wiegen!

4.49 In einer Schule liegen 95 % der Körperlängen aller Jugendlichen zwischen 150 cm und 180 cm. Man kann annehmen, dass die Körperlängen normalverteilt sind und die angegebenen Intervallgrenzen symmetrisch um den Erwartungswert μ liegen. Ermittle, wie viel Prozent der Körperlängen unter 140 cm oder über 190 cm liegen!

4.4 APPROXIMATION DER BINOMIALVERTEILUNG DURCH DIE NORMALVERTEILUNG

R

Wiederholung: Die Binomialverteilung

Die Binomialverteilung haben wir in Mathematik verstehen 7 (Seite 217–224) ausführlich besprochen. Wir wiederholen die wichtigsten Eigenschaften dieser Verteilung.

Bei einem Zufallsversuch tritt ein Ereignis E mit der Wahrscheinlichkeit p ein. Der Versuch wird n-mal unter den gleichen Bedingungen durchgeführt. Ist H die Anzahl der Versuche, bei denen E eintritt, dann gilt:

$$P(H = k) = \binom{n}{k} \cdot p^k \cdot (1 - p)^{n - k}$$

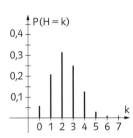

Durch diese Formel ist eine Wahrscheinlichkeitsverteilung der Zufallsvariablen H festgelegt, die man als **Binomialverteilung mit den Parametern n und p** bezeichnet. Die Zufallsvariable H nennt man **binomialverteilt mit den Parametern n und p**. Eine solche Verteilung kann durch eine Tabelle oder ein Stabdiagramm dargestellt werden. Ein Beispiel findet man in nebenstehender Abbildung.

Wahrscheinlichkeiten der Form $P(H = k)$, $P(H \leqslant k)$ oder $P(H \geqslant k)$ können mit Technologieeinsatz berechnet werden. Für $n = \frac{1}{6}$, $n = 10$ und $n = 20$ können sie auch aus den Tabellen auf Seite 248 bis 250 abgelesen werden.

Ist H eine binomialverteilte Zufallsvariable, dann gilt für ihren Erwartungswert μ und ihre Standardabweichung σ:

$$\mu = n \cdot p, \quad \sigma = \sqrt{n \cdot p \cdot (1 - p)}$$

4.50 Eine Münze wird 20-mal geworfen. Ermittle die Wahrscheinlichkeit, dass höchstens 8-mal „Zahl" kommt!

LÖSUNG:
Die absolute Häufigkeit H für „Zahl" bei 20 Würfen ist binomialverteilt mit $n = 20$ und $p = 0{,}5$. Der Tabelle auf Seite 250 entnimmt man: $P(H \leqslant 8) \approx 0{,}252$.

L

AUFGABEN

4.51 Ein Würfel wird zehnmal geworfen. Ermittle die Wahrscheinlichkeit, dass **a)** genau zwei Sechser, **b)** mindestens zwei Sechser, **c)** höchstens zwei Sechser kommen!

4.52 Bei einem Spielautomaten gewinnt man mit der Wahrscheinlichkeit 0,4. Ermittle die Wahrscheinlichkeit, dass man bei zehn Spielen **a)** nie, **b)** immer, **c)** genau fünfmal, **d)** mindestens fünfmal, **e)** höchstens fünfmal gewinnt!

4.53 Bei einem Spielautomaten gewinnt man mit der Wahrscheinlichkeit 0,1. Ermittle die Wahrscheinlichkeit, dass man bei 30 Spielen **a)** höchstens einmal, **b)** mindestens einmal, **c)** genau einmal, **d)** genau zweimal gewinnt!

4.54 In einer Urne sind zwei weiße und 13 schwarze Kugeln. Es wird 20-mal eine Kugel mit Zurücklegen gezogen. Berechne den Erwartungswert und die Standardabweichung für die Anzahl der gezogenen weißen Kugeln!

R

Approximation der Binomialverteilung durch die Normalverteilung

4.55 Eine Münze wird 100 000-mal geworfen. Ermittle die Wahrscheinlichkeit, dass höchstens 49 800-mal „Zahl" kommt!

LÖSUNGSVERSUCH:

Die absolute Häufigkeit H für „Zahl" bei 100 000 Würfen ist binomialverteilt mit $n = 100\,000$ und $p = 0,5$. Die Berechnung von $P(H \leqslant 49\,800)$ mit Technologieeinsatz hängt zwar von der verwendeten Software ab, wird aber unter Umständen versagen, weil die Werte für n und k zu groß sind. Eine Berechnung mit der Hand ist praktisch undurchführbar, weil man dazu folgende Rechnung ausführen müsste:

$$P(H \leqslant 49\,800) = P(H = 0) + P(H = 1) + \ldots + P(H = 49\,800) =$$

$$= \binom{100\,000}{0} \cdot 0,5^0 \cdot 0,5^{100\,000} + \binom{100\,000}{1} \cdot 0,5^1 \cdot 0,5^{99\,999} + \ldots + \binom{100\,000}{49\,800} \cdot 0,5^{49\,800} \cdot 0,5^{50\,200}$$

Im Folgenden überlegen wir uns eine Methode, wie man diese Aufgabe auf eine andere Art lösen kann, allerdings nur näherungsweise.

🌐
Applet
s923v7

In den folgenden Abbildungen sind verschiedene Binomialverteilungen dargestellt. Diese sind nicht – wie bisher üblich – durch Stabdiagramme, sondern durch Histogramme dargestellt. Dabei werden auf der Zahlengeraden Intervalle (Klassen) der Breite 1 gezeichnet, deren Mittelpunkte den ganzen Zahlen entsprechen. Über jedem Intervall mit dem Mittelpunkt k wird ein Rechteck gezeichnet, dessen Flächeninhalt gleich der Wahrscheinlichkeit $P(H = k)$ ist.

$n = 50$, $p = 0,5$, $\mu = 25$, $\sigma = 3,54$:

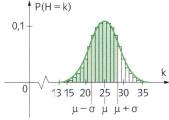

$n = 100$, $p = 0,5$, $\mu = 50$, $\sigma = 5$:

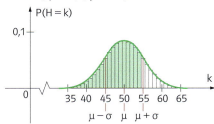

$n = 50$, $p = 0,3$, $\mu = 15$, $\sigma = 3,24$:

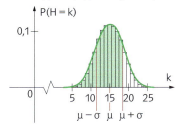

$n = 100$, $p = 0,3$, $\mu = 30$, $\sigma = 4,58$:

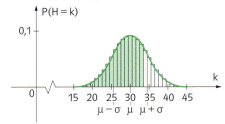

In jede Abbildung wurde auch die Dichtefunktion einer Normalverteilung mit den Parametern $\mu = n \cdot p$ und $\sigma = \sqrt{n \cdot p \cdot (1 - p)}$ eingezeichnet. Die Abbildungen lassen vermuten, dass man in jedem Fall die „Treppenfunktion" durch eine stetige Kurve annähern kann, die die Form einer Gauß'schen Glockenkurve hat. Wir vermuten also:

Satz (Grenzwertsatz von DeMoivre und Laplace in „lockerer" Formulierung)
Ist n genügend groß, dann kann eine Binomialverteilung mit den Parametern n und p näherungsweise durch eine Normalverteilung mit den Parametern $\mu = n \cdot p$ und $\sigma = \sqrt{n \cdot p \cdot (1 - p)}$ ersetzt werden.

Dieser Satz ist nicht sehr genau formuliert, weil nicht klar ist, was „genügend groß" und „näherungsweise" bedeuten soll. Für die Praxis hat sich jedoch folgende Faustregel für die Approximation einer Binomialverteilung durch die passende Normalverteilung als brauchbar herausgestellt:

Faustregel: Eine Binomialverteilung darf näherungsweise durch eine Normalverteilung ersetzt werden, wenn $n \cdot p \cdot (1 - p) > 9$ gilt.

Wir können nun Aufgabe 4.55 mit Hilfe einer Normalverteilung näherungsweise lösen:

4.56 Eine Münze wird 100 000-mal geworfen. Ermittle die Wahrscheinlichkeit, dass höchstens 49 800-mal „Zahl" kommt!

LÖSUNG:
- Die absolute Häufigkeit H für „Zahl" bei 100 000 Würfen ist binomialverteilt mit $n = 100\,000$ und $p = 0{,}5$.
- Überprüfen der Faustregel: $n \cdot p \cdot (1 - p) = 100\,000 \cdot 0{,}5 \cdot 0{,}5 = 25\,000 > 9$
- Wir ersetzen die Binomialverteilung von H näherungsweise durch eine Normalverteilung mit $\mu = 100\,000 \cdot 0{,}5 = 50\,000$ und $\sigma = \sqrt{100\,000 \cdot 0{,}5 \cdot 0{,}5} \approx 158{,}11$.
- Wir erhalten mit Technologieeinsatz bzw. der Tabelle auf Seite 251: $P(H \leqslant 49\,800) \approx 0{,}103$

R **T** **AUFGABEN**

Arbeitsblatt
c235hu

4.57 Eine Münze wird 500-mal geworfen. Berechne die Wahrscheinlichkeit, dass „Zahl"
a) mindestens 230-mal, **b)** höchstens 270-mal, **c)** mindestens 230-mal und höchstens 270-mal kommt!

4.58 Ein Würfel wird 2 000-mal geworfen. Berechne die Wahrscheinlichkeit, dass der Sechser
a) mindestens 360-mal, **b)** höchstens 300-mal, **c)** mindestens 320-mal und höchstens 340-mal kommt!

4.59 Eine Münze wird 1 000-mal geworfen. H zählt die Anzahl von „Kopf" in einer solchen Wurfserie. Ermittle ein symmetrisches Intervall um den Erwartungswert μ von H, in dem H voraussichtlich in 75 % aller Wurfserien liegt!

4.60 Ein Würfel wird 1 000-mal geworfen. H zählt die Anzahl der Sechser in einer solchen Wurfserie. Ermittle ein symmetrisches Intervall um den Erwartungswert μ von H, in dem H voraussichtlich in 80 % aller Wurfserien liegt!

4.61 Ein Glücksrad ist in drei gleich große Sektoren A, B und C geteilt. Man gewinnt nur im Sektor A. Das Glücksrad wird 1 600-mal gedreht. Berechne die Wahrscheinlichkeit, dass man
a) mindestens 600-mal, **b)** mindestens 500-mal und höchstens 540-mal gewinnt!

4.62 Auf einem Spielautomaten gewinnt man mit der Wahrscheinlichkeit 0,4. Der Automat wird 10 000-mal betätigt. H zählt die Anzahl der Gewinne in einer solchen Spielserie. Ermittle ein symmetrisches Intervall um den Erwartungswert μ von H, in dem H mit der Wahrscheinlichkeit 0,9 liegt!

4.63 Von 10 000 Losen sind 500 Gewinnlose. Es werden 1 300 Lose gezogen. H ist die Anzahl der gezogenen Gewinnlose.
1) Berechne den Erwartungswert μ und die Standardabweichung σ von H!
2) Ermittle die Wahrscheinlichkeit, dass man mindestens 50 Gewinnlose erhält!

TECHNOLOGIE KOMPAKT

GEOGEBRA	CASIO CLASS PAD II

Wahrscheinlichkeiten bei einer normalverteilten Zufallsvariablen mit den Parametern μ und σ berechnen

GEOGEBRA

Wahrscheinlichkeitsrechner:

Auswahl: ∫ Normal

Eingabe: μ μ ENTER σ σ ENTER

Auswahl:] für P(X ≤ x)   bzw.   [für P(X ≥ x)   bzw.

[ ] für P(x_1 ≤ H ≤ x_2)

Eingabe: P(X ≤ x) ENTER bzw. P(x ≤ X) ENTER

bzw. P(x_1 ≤ X ≤ x_1) ENTER

Ausgabe → P(X ≤ x), P(X ≥ x), bzw. P(x_1 ≤ X ≤ x_2) bei einer *normalverteilten Zufallsvariablen mit den Parametern μ und σ*

CASIO CLASS PAD II

Iconleiste – Main – Keyboard – ▼ – normCDf(– Eingabe

Eingabe: −∞, x, σ, μ EXE   für P(X ≤ x)

Eingabe: x, ∞, σ, μ EXE   für P(X ≥ x)

Eingabe: x_1, x_2, σ, μ EXE   für P(x_1 ≤ X ≤ x_2)

oder:

Iconleiste – Menu – Statistik – Menüleiste – Calc – Verteilung –

Typ: Verteilung – Normal-V summiert – WEITER>> –

Unterer: −∞ – Oberer: x – σ: σ – μ: μ – WEITER>> bzw.

Unterer: x – Oberer: ∞ – σ: σ – μ: μ – WEITER>> bzw.

Unterer: x_1 – Oberer: x_2 – σ: σ – μ: μ – WEITER>>

Ausgabe → P(X ≤ x) bzw. P(X ≥ x) bzw. P(x_1 ≤ X ≤ x_2) bei einer *normalverteilten Zufallsvariablen mit den Parametern μ und σ*

Ermitteln eines Intervalls mit vorgegebener Wahrscheinlichkeit p bei einer normalverteilten Zufallsvariablen

GEOGEBRA

Wahrscheinlichkeitsrechner:

Auswahl: ∫ Normal

Eingabe: μ μ ENTER σ σ ENTER

Auswahl:] für P(X ≤ x)   bzw.   [für P(X ≥ x)

Eingabe: P(X ≤ x) = p ENTER   bzw.

P(x ≤ X) = p ENTER

Ausgabe → x, sodass P(X ≤ x) = p bzw. P(X ≥ x) = p bei einer *normalverteilten Zufallsvariablen m den Parametern μ und σ*

CASIO CLASS PAD II

Iconleiste – Main – Keyboard – ▼ – invNormCDf(– Eingabe

Eingabe: −1, p, σ, μ EXE   für P(X ≤ x)

Eingabe: 1, p, σ, μ EXE   für P(X ≥ x)

oder:

Iconleiste – Menu – Statistik – Menüleiste – Calc – Verteilung –

Typ: Inverse Verteilung – Inverse Normal-V – WEITER>> –

Lage Wkt.: Links für P(X ≤ x) bzw. Re. für P(X ≥ x)

– prob: p – σ: σ – μ: μ – WEITER>>

Ausgabe → x, sodass P(X ≤ x) = p bzw. P(X ≥ x) = p bei einer *normalverteilten Zufallsvariablen mit den Parametern μ und σ*

Ermitteln eines symmetrischen Intervalls um μ mit vorgegebener Wahrscheinlichkeit p

GEOGEBRA

X= CAS-Ansicht:

Eingabe: Normal(μ, σ, μ + c) − Normal(μ, σ, μ − c) = p –

Werkzeug X≈

Ausgabe → c, sodass P(μ − c ≤ X ≤ μ + c) = p bei einer *normal-verteilten Zufallsvariablen mit den Parametern μ und σ*

CASIO CLASS PAD II

Iconleiste – Menu – Statistik – Menüleiste – Calc – Verteilung –

Typ: Inverse Verteilung – Inverse Normal-V – WEITER>> –

Lage Wkt.: Mittelpunkt – prob: p – σ: σ – μ: μ

– WEITER>>

Ausgabe → x_1 und x_2, sodass P(x_1 ≤ X ≤ x_2) = p bei einer *normal-verteilten Zufallsvariablen mit den Parametern μ und σ*

Ermitteln von μ oder σ bei vorgegebener Wahrscheinlichkeit p

GEOGEBRA

X= CAS-Ansicht:

Eingabe: Normal(μ, σ, x) = p – Werkzeug X≈ (falls μ gesucht)

Eingabe: Normal(μ, σ, x) = p – Werkzeug X≈ (falls σ gesucht)

Ausgabe → μ, sodass P(X ≤ x) = p bei einer normalverteilten *Zufallsvariable mit den Parametern μ und σ*

BEMERKUNG: Die Aufgabe kann auch durch Probieren im Wahrscheinlichkeitsrechner gelöst werden.

CASIO CLASS PAD II

Iconleiste – Main – Menüleiste – Aktion – Weiterführend – solve –

Menüleiste – Aktion – Verteilungsfunktion – Fortlaufend

– normCDf(

Eingabe: −∞, x, σ, μ) = p, μ EXE (falls μ gesucht)

Eingabe: −∞, x, σ, μ) = p, σ EXE (falls σ gesucht)

Ausgabe → μ bzw. σ, sodass P(X ≤ x) = p bei einer normalverteil-ten *Zufallsvariablen mit den Parametern μ und σ*

KOMPETENZCHECK

AUFGABEN VOM TYP 1

WS-R 3.4 **4.64** In den folgenden Abbildungen sind zwei verschiedene Normalverteilungen einer Zufallsvariablen X dargestellt. Gib an, welche Verteilung den größeren Erwartungswert μ und welche die kleinere Standardabweichung σ besitzt!

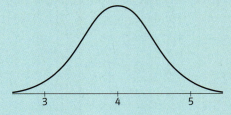 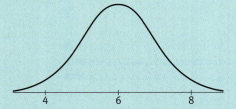

WS-R 3.4 **4.65** Eine Zufallsvariable X ist normalverteilt mit $\mu = 80$ und $\sigma = 10$. Berechne:
a) $P(X \leq 100)$ **b)** $P(X \geq 95)$

WS-R 3.4 **4.66** Eine Zufallsvariable X ist normalverteilt mit $\mu = 75$ und $\sigma = 8$. Berechne:
a) $P(70 \leq X \leq 100)$ **b)** $P(55 \leq X \leq 90)$

WS-R 3.4 **4.67** Eine Zufallsvariable X ist normalverteilt mit $\mu = 12$ und $\sigma = 2{,}5$. Berechne:
a) $P(8 \leq X \leq 16)$ **b)** $P(9{,}3 \leq X \leq 14{,}7)$

WS-R 3.4 **4.68** Eine Zufallsvariable X ist normalverteilt mit $\mu = 135$ und $\sigma = 25$. Berechne:
a) $P(140 < X < 175)$ **b)** $P(110 \leq X < 130)$

WS-R 3.4 **4.69** Eine Zufallsvariable X ist normalverteilt mit $\mu = 75$ und $\sigma = 2$. Berechne, mit welcher Wahrscheinlichkeit die Werte von X von μ um höchstens 1 abweichen!

WS-R 3.4 **4.70** Eine Zufallsvariable X ist normalverteilt mit $\mu = 50$ und $\sigma = 10$. Ermittle näherungsweise das Intervall, in dem die untersten 25 % der Werte von X liegen!

WS-R 3.4 **4.71** Eine Zufallsvariable X ist normalverteilt mit $\mu = 100$ und $\sigma = 15$. Ermittle näherungsweise ein symmetrisches Intervall um μ, in dem 80 % der Werte von X liegen!

WS-R 3.4 **4.72** Eine Zufallsvariable X ist normalverteilt mit $\sigma = 4$. Wie muss μ gewählt werden, damit nur 2 % der Werte von X höchstens gleich 70 sind?

WS-R 3.4 **4.73** Eine Zufallsvariable X ist normalverteilt mit $\mu = 100$. Wie muss σ gewählt werden, damit nur 20 % der Werte von X von μ um höchstens 1 abweichen?

WS-R 3.4 **4.74** Eine Zufallsvariable X ist normalverteilt mit $\mu = 60$ und $\sigma = 3$. Gib zwei verschiedene Zahlen $a, b \in \mathbb{R}$ an, sodass gilt:
a) $P(X < a) > P(X > b)$ **b)** $P(X = a) = P(X = b)$

WS-R 3.4 **4.75** Eine Zufallsvariable X ist normalverteilt mit den Parametern μ und σ. Ermittle die Wahrscheinlichkeit, mit der die Werte von X im Intervall $[\mu - 1{,}5 \cdot \sigma;\ \mu + 1{,}5 \cdot \sigma]$ liegen!

WS-R 3.4 **4.76** In einem Baumarkt füllt eine Maschine Gartenerde in 50-Liter-Säcke ab. Dabei ist die abgefüllte Menge an Gartenerde annähernd normalverteilt mit dem Parameter $\sigma = 2$ Liter. Berechne, wie viel Gartenerde im Mittel in die Säcke gefüllt werden muss, damit nicht mehr als 3 % aller Säcke weniger als 50 Liter Gartenerde enthalten!

WS-R 3.4 **4.77** Eine Firma erzeugt Stifte, deren Durchmesser normalverteilt mit $\mu = 3$ und $\sigma = 0,2$ (Angaben in mm) ist. Stifte, deren Durchmesser zu stark von μ abweicht, können nicht verkauft werden. Ermittle, wie die Toleranzgrenzen für den Durchmesser gewählt werden müssen, wenn nur 1 % der Durchmesser außerhalb des Toleranzbereichs liegen soll!

WS-R 3.4 **4.78** Die Zufallsvariable X ist normalverteilt mit $\mu = 10$ und $\sigma = 2$. Kreuze die beiden zutreffenden Aussagen an!

$P(X \leq 6) \approx 0,05$	☐
$P(X \geq 9) \approx 0,69$	☐
$P(8 \leq X \leq 10) \approx 0,44$	☐
$P(7 \leq X \leq 11) = P(9 < X < 13)$	☐
$P(X > 8,2) = P(X \leq 12,2)$	☐

WS-R 3.4 **4.79** Die Zufallsvariable X ist normalverteilt mit den Parametern μ und σ und es ist $0 < a < b$. Kreuze die beiden zutreffenden Aussagen an!

$P(X > \mu) > 0,5$	☐
$P(X \leq \mu - a) = P(X > \mu + a)$	☐
$P(\mu - a \leq X \leq \mu + a) > P(\mu - b \leq X \leq \mu + b)$	☐
$P(|X - \mu| \leq a) = 1 - P(|X - \mu| \geq a)$	☐
$P(X \leq a) + P(X \geq b) = 1$	☐

WS-R 3.4 **4.80** Gegeben ist eine normalverteilte Zufallsvariable X mit den Parametern μ und σ. Ordne jeder Wahrscheinlichkeit in der linken Tabelle den passenden Wert aus der rechten Tabelle zu!

$P(X = c)$ mit $c \in \mathbb{R}$		A	ca. 99,7 %
$P(X \geq \mu)$		B	50 %
$P(\mu - \sigma \leq X \leq \mu + \sigma)$		C	ca. 68,3 %
$P(\mu - 2\sigma \leq X \leq \mu + 2\sigma)$		D	0 %
$P(\mu - 3\sigma \leq X \leq \mu + 3\sigma)$		E	ca. 95,4 %

WS-R 3.4 **4.81** Eine Firma erzeugt Platten, deren Dicke D normalverteilt mit den Parametern $\mu = 2$ und $\sigma = 0,05$ ist (Angaben in cm). Berechne im Kopf ein symmetrisches Intervall um μ, in dem ca. 99,7 % der Dicken aller produzierten Platten liegen!

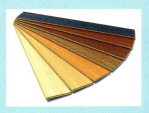

WS-R 3.4 **4.82** Welche der folgenden Abbildungen zeigt die Dichtefunktion der Standardnormalverteilung?

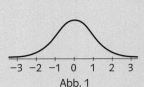
Abb. 1

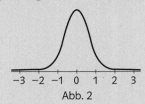
Abb. 2

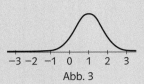
Abb. 3

WS-R 3.4 **4.83** Eine Zufallsvariable X ist normalverteilt mit den Parametern μ und σ. Drücke folgende Wahrscheinlichkeiten mit Hilfe der Verteilungsfunktion Φ der Standardnormalverteilung aus!

a) $P(X \leqslant x)$ **b)** $P(X > x)$ **c)** $P(x \leqslant X \leqslant y)$ **d)** $P(\mu - x \leqslant X \leqslant \mu + x)$

WS-R 3.4 **4.84** In der Tabelle sind Binomialverteilungen mit verschiedenen Parametern n und p angegeben. Kreuze die beiden Binomialverteilungen an, die näherungsweise durch eine Normalverteilung ersetzt werden dürfen!

$n = 10, \ p = 0,2$	☐
$n = 20, \ p = 0,5$	☐
$n = 50, \ p = 0,9$	☐
$n = 80, \ p = 0,8$	☐
$n = 90, \ p = 0,5$	☐

WS-R 3.4 **4.85** Kreuze die beiden Zufallsvariablen X an, die binomialverteilt sind und durch eine Normalverteilung angenähert werden können!

X = Anzahl des Eintretens von „Zahl" bei 100-maligem Werfen einer Münze.	☐
X = Anzahl der Doppelsechser bei 300-maligem Würfeln mit zwei Würfeln.	☐
X = Anzahl der richtigen Antworten bei zufälligem Beantworten eines Multiple-Choice-Tests mit 50 Fragen mit je 6 Antwortalternativen, von denen jeweils genau eine richtig ist.	☐
X = Anzahl der richtigen Antworten bei zufälligem Beantworten eines Multiple-Choice-Tests mit 50 Fragen mit je 5 Antwortalternativen, von denen jeweils genau eine richtig ist.	☐
X = Anzahl der richtigen Antworten bei zufälligem Beantworten eines Multiple-Choice-Tests mit 60 Fragen mit je 4 Antwortalternativen, von denen jeweils genau eine richtig ist.	☐

WS-R 3.4 **4.86** Die Ergebnisse eines internationalen Schulleistungstests sind annähernd normalverteilt mit einer mittleren Punktezahl von $\mu = 500$ Punkten und einer Standardabweichung von $\sigma = 100$ Punkten. Kreuze die beiden zutreffenden Aussagen an!

Ca. 81 % der Getesteten haben mindestens 400 Punkte erreicht.	☐
Ein Drittel der Getesteten hat mehr als 550 Punkte erreicht.	☐
Wer 670 Punkte erreicht hat, gehört zu den besten 5 %.	☐
Wer 410 Punkte erreicht hat, gehört zu den untersten 20 %.	☐
Nur etwa 1,9 % der Getesteten haben höchstens 300 Punkte erreicht.	☐

AUFGABEN VOM TYP 2

WS-R 3.4 **4.87** **Durchmesser von Baumstämmen**

Ein Sägewerk kauft Baumstämme, um daraus Bretter zu schneiden. Aus Erfahrung weiß man, dass der Durchmesser der Baumstämme annähernd normalverteilt mit $\mu = 55$ und $\sigma = 8$ ist (Angaben in cm). Die Baumstämme sollen in drei Klassen eingeteilt werden: dünn, mittel, dick.

a) **1)** Berechne die Klassengrenzen bezüglich des Stammdurchmessers so, dass in jeder Klasse annähernd gleich viele Baumstämme liegen!

    2) Berechne die Klassengrenzen so, dass in der mittleren Klasse annähernd 60 % der Baumstämme liegen und die anderen beiden Klassen annähernd den gleichen Prozentsatz an Baumstämmen enthalten!

b) **1)** Wie viel Prozent aller Baumstämme liegen in den jeweiligen Klassen, wenn man die Klassengrenzen bei $\mu - \sigma$ und $\mu + \sigma$ festlegt?

    2) Nach einiger Zeit stellt sich heraus, dass sich μ und σ verändert haben. Untersuche, ob sich dadurch auch die unter **1)** berechneten Prozentsätze geändert haben!

WS-R 3.4 **4.88** **Flugbegleiter**

Flugbegleiter (Stewardessen und Stewards) dürfen nicht zu klein sein, weil sie die Gepäckfächer über den Sitzen erreichen müssen. Sie dürfen aber wegen der Kabinenhöhe der Flugzeuge auch nicht zu groß sein. Die Fluglinie *FlyJoy* beschließt daher, nur Flugbegleiter mit einer Körpergröße von mindestens 165 cm und höchstens 177 cm aufzunehmen. Aus bisherigen Aufzeichnungen weiß die Fluglinie, dass die Körpergröße der Bewerber annähernd normalverteilt mit $\mu = 171$ cm und $\sigma = 6$ cm ist.

a) **1)** Wie viel Prozent der Bewerber erfüllen die Größenanforderungen?

    2) Wie müssten die Schranken $\mu - c$ und $\mu + c$ für die Körpergröße gewählt werden, damit 90 % der Bewerber die Größenanforderungen erfüllen? (Runde die untere Schranke auf cm ab und die obere auf cm auf!)

b) **1)** Berechne, wie groß die größten 25 % der Bewerber mindestens sind!

    2) Berechne, wie viel Prozent der Bewerber kleiner als 168 cm sind!

WS-R 3.4 **4.89** **Treibstoffverbrauch**

Vom Autohersteller *ReduCar* wurde das neue Kleinwagenmodell *Futura* entwickelt. *ReduCar* gibt an, dass der Treibstoffverbrauch von *Futura* bei Überlandfahrten annähernd normalverteilt mit $\mu = 4,8$ und $\sigma = 0,4$ ist (Angaben in Liter/100 km).

a) **1)** Ermittle, welcher Treibstoffverbrauch voraussichtlich bei nur 2 % aller Überlandfahrten erreicht oder überschritten wird!

    2) Berechne, wie wahrscheinlich ein Treibstoffverbrauch zwischen 4,6 l/100 km und 5,0 l/100 km bei Überlandfahrten ist!

b) **1)** Berechne die Wahrscheinlichkeit, dass auf einer Überlandfahrt mit dem Modell *Futura* der Treibstoffverbrauch mindestens 5,4 l/100 km beträgt!

    2) Bei welchem Erwartungswert μ (und gleichem σ) würde bei nur 1 % aller Überlandfahrten der Treibstoffverbrauch mindestens 5,4 l/100 km betragen?

WS-R 3.4 4.90   Eine Jahrmarktattraktion

Auf einem Jahrmarkt steht ein Boxautomat. Die erreichte Schlagstärke gibt ein Zeiger wie nachfolgend dargestellt an. In einer Versuchsreihe mit 500 Personen stellte sich heraus, dass die Schlagstärke annähernd normalverteilt mit $\mu = 25$ und $\sigma = 8$ ist.

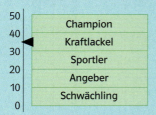

a) Ermittle näherungsweise, wie viele Personen in dieser Versuchsreihe
   1) höchstens Angeber,
   2) mindestens Kraftlackel waren!

b) Ermittle ebenso, wie viele Personen
   1) Durchschnittstypen (mindestens Angeber und höchstens Kraftlackel),
   2) Außenseiter (Schwächlinge oder Champions) waren!

c) 1) Gib ein symmetrisches Intervall um μ an, in dem ca. 75 % aller erzielten Schlagstärken lagen!
   2) Gib eine Schlagstärke an, die mit gleicher Wahrscheinlichkeit unter- und überschritten wird!

WS-R 3.4 4.91   Intelligenzquotient

Intelligenztests messen den Intelligenzquotienten IQ von Personen. Intelligenztests sind so konstruiert, dass die Zufallsvariable IQ annähernd normalverteilt mit $\mu = 100$ und $\sigma = 15$ ist.

a) 1) Für wie viel Prozent der Personen, die sich einem Intelligenztest unterziehen, kann man folgende Ergebnisse erwarten:
   IQ ≤ 60 (verminderte Intelligenz), $60 \leq$ IQ ≤ 140 (Normalität), IQ ≥ 140 (Genialität)
   2) Eine Person absolviert einen Intelligenztest. Gib an, welches der Ergebnisse $75 \leq$ IQ ≤ 120 und $\mu - 2\sigma \leq$ IQ $\leq \mu + \sigma$ wahrscheinlicher ist! Begründe!

b) 1) In einer Studie wird für 100 Personen der IQ ermittelt. Ermittle, wie viele dieser Personen voraussichtlich mit ihrem IQ außerhalb des Bereichs der Normalität liegen!
   2) Ermittle, wie viele Personen voraussichtlich einen IQ über 110 haben werden!

WS-R 3.4 4.92   Plattenproduktion

Eine Maschine erzeugt Metallplatten. Die Plattendicke ist normalverteilt mit $\mu = 5$ und $\sigma = 0{,}2$ (Angaben in mm).

a) 1) Platten mit Dicken unter 4,7 mm oder über 5,3 mm werden als Ausschuss betrachtet. Berechne, wie viel Prozent Ausschuss zu erwarten sind!
   2) Platten mit einer Dicke zwischen 4,9 mm und 5,1 mm werden als *„Erste Ware"* bezeichnet. Ermittle, wie viel Prozent aller Platten *„Erste Ware"* sind!

b) 1) Wie viel Prozent der Ausschussplatten sind dicker als 5,4 mm?
   2) Die Maschine soll so umgebaut werden, dass sie genauer arbeitet. Wie groß darf nach dem Umbau die Standardabweichung σ der Plattendicke höchstens sein, damit der Ausschussanteil der Produktion nur 5 % ausmacht?

WS-R 3.4 4.93 **Reifenwechsel bei Autorennen**

Bei Autorennen kommt es darauf an, dass die Reifen in der Box schnell gewechselt werden. Ein Rennteam weiß aus Erfahrung, dass die Zeitdauer eines Reifenwechsels annähernd normalverteilt mit $\mu = 8$ und $\sigma = 1{,}5$ ist (Angaben in s).

a) Berechne die Wahrscheinlichkeit, dass der nächste Reifenwechsel
   1) mindestens drei Sekunden dauern wird,
   2) höchstens zwölf Sekunden dauern wird!

b) Berechne die Wahrscheinlichkeit, dass der nächste Reifenwechsel
   1) zwischen sechs und zehn Sekunden dauern wird,
   2) höchstens eine Sekunde vom Erwartungswert abweichen wird!

WS-R 3.4 4.94 **Abfüllung von Kaffeepackungen**

Eine Maschine füllt Kaffeepackungen ab, wobei die Abfüllmasse M annähernd normalverteilt mit $\mu = 1{,}00$ und $\sigma = 0{,}02$ ist (Angaben in kg).

a) 1) Ermittle die Höchstabfüllmasse der leichtesten 10 % der Kaffeepackungen!
   2) Ermittle die Mindestabfüllmasse der schwersten 10 % der Kaffeepackungen!

b) Durch die dauernde Beanspruchung der Maschine hat sich der Erwartungswert der Abfüll-masse von $\mu = 1{,}00$ auf $\mu = 1{,}01$ erhöht, jedoch ist σ gleich geblieben. Beantworte die unter a) gestellten Fragen aufgrund des neuen Wertes für μ!

WS-R 3.4 4.95 **Produktion von Zündhölzern**

Die Firma *Lanterna* produziert maschinell Zündhölzer, deren Länge L annähernd normalverteilt mit $\mu = 5$ und $\sigma = 0{,}1$ ist (Angaben in cm).

a) 1) Ermittle die maximale Länge der kürzesten 5 % der erzeugten Zündhölzer!
   2) Ermittle die minimale Länge der längsten 10 % der erzeugten Zündhölzer!

b) Die Qualitätskontrolle von *Lanterna* stellt nach einiger Zeit fest, dass infolge der Abnützung der Maschinen der Erwartungswert der Zündholzlängen von $\mu = 5$ auf $\mu = 4{,}95$ gesunken ist und σ von 0,1 auf 0,15 angewachsen ist. Bearbeite die unter a) gestellten Aufgaben auf Grund des neuen Wertes von μ!

WS-R 3.4 4.96 **Körpergrößen von Säuglingen**

Die folgende Tabelle zeigt die Verteilung der Körpergrößen von 700 sechsmonatigen Säuglingen:

Körpergröße in cm	62	63	64	65	66	67	68	69	70	71	72
absolute Häufigkeiten	25	35	52	84	120	135	100	61	41	33	14

Wir nehmen an, dass die Körpergröße K von sechsmonatigen Säuglingen annähernd normalverteilt mit $\mu = \bar{x}$ und $\sigma = s$ ist, wobei $\bar{x}$ der Mittelwert und s die empirische Standardabweichung der Körpergrößen in der obigen Tabelle ist.

a) 1) Berechne, wie viel Prozent der sechsmonatigen Säuglinge höchstens 65 cm groß sind!
   2) Berechne, wie viel Prozent der sechsmonatigen Säuglinge mindestens 70 cm groß sind!

b) 1) Berechne näherungsweise, welche Körpergröße die größten 20 % aller sechsmonatigen Säuglinge mindestens erreichen!
   2) Berechne näherungsweise, welche Körpergröße das kleinste Viertel aller sechsmonatigen Säuglinge höchstens erreicht!

SCHÄTZEN VON ANTEILEN

LERNZIELE

5.1 **Streubereiche** als Schätzungen für die relative Häufigkeit in Stichproben **ermitteln und interpretieren** können.

5.2 **Konfidenzintervalle** als Schätzungen für Wahrscheinlichkeiten (relative Anteile) in Grundgesamtheiten **ermitteln und interpretieren** können.

- **Technologie kompakt**
- **Kompetenzcheck**

GRUNDKOMPETENZEN

WS-R 4.1 **Konfidenzintervalle** als Schätzung für eine Wahrscheinlichkeit oder einen unbekannten Anteil p interpretieren (frequentistische Deutung) und verwenden können; Berechnungen auf Basis der Normalverteilung oder einer durch die Normalverteilung approximierten Binomialverteilung durchführen können.

5.1 STREUBEREICHE

Zwei Grundaufgaben der beurteilenden Statistik

In der **beurteilenden Statistik** werden Beziehungen zwischen einer **Grundgesamtheit** und dazugehörigen **Stichproben** untersucht. Typische Fragen sind etwa:

- **Von der Grundgesamtheit zur Stichprobe:**

  Der relative Anteil p eines Merkmals in der Grundgesamtheit beträgt 0,34. Welche relative Häufigkeit h des Merkmals ergibt sich daraus voraussichtlich in einer Stichprobe vom Umfang 150?

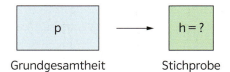

  Grundgesamtheit   Stichprobe

- **Von der Stichprobe zur Grundgesamtheit:**

  Die relative Häufigkeit h eines Merkmals in einer Stichprobe vom Umfang 120 beträgt 0,28. Welcher relative Anteil p des Merkmals ergibt sich daraus schätzungsweise in der Grundgesamtheit?

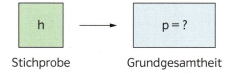

  Stichprobe   Grundgesamtheit

In diesem Abschnitt behandeln wir die erste dieser beiden Fragen. Die zweite Frage behandeln wir im Abschnitt 5.2.

R

Streuung der relativen Häufigkeit in einer Stichprobe

Der relative Anteil eines Merkmals in einer Grundgesamtheit beträgt p. Welche relative Häufigkeit h des Merkmals ergibt sich daraus voraussichtlich in einer Stichprobe vom Umfang n?

Wir fassen die relative Häufigkeit h des Merkmals in einer Stichprobe vom Umfang n als Zufallsvariable auf. Man könnte den bekannten Wert p als voraussichtlichen Wert für den unbekannten Wert von h nehmen. Dieses Vorgehen ist aber nicht sehr verlässlich, weil h in der Stichprobe von p zufällig stark abweichen kann. Besser ist es, ein Intervall anzugeben, in dem der unbekannte Wert von h mit einer vorgegebenen Wahrscheinlichkeit γ zu erwarten ist.

Definition
Der bekannte relative Anteil eines Merkmals in einer Grundgesamtheit beträgt p. Es wird eine Stichprobe vom vorgegebenen Umfang n erhoben. Das symmetrisch um p liegende Intervall, welches die unbekannte relative Häufigkeit h des Merkmals in der Stichprobe mit der Wahrscheinlichkeit γ enthält, heißt **γ-Streubereich für h** (bzw. **γ-Schätzbereich für h**).

Meist wählt man **$\gamma = 0{,}95$** oder **$\gamma = 0{,}99$**. Einen γ-Streubereich für h mit $\gamma = 0{,}95$ bezeichnet man auch als **0,95-Streubereich** oder **95 %-Streubereich** für h, einen γ-Streubereich für h mit $\gamma = 0{,}99$ auch als **0,99-Streubereich** oder **99 %-Streubereich** für h.

kompakt
Seite 94

Einen γ-Streubereich kann man näherungsweise so berechnen: Man ersetzt die Binomialverteilung der absoluten Häufigkeit H durch die Normalverteilung mit $\mu = n \cdot p$ und $\sigma = \sqrt{n \cdot p \cdot (1-p)}$ (sofern die Faustregel erfüllt ist). Dann ermittelt man ein symmetrisches Intervall um μ, in dem H mit der Wahrscheinlichkeit γ liegt. Dividiert man die Intervallgrenzen durch n, so erhält man das entsprechende Intervall für h.

Eine andere näherungsweise Berechnungsmöglichkeit liefert der folgende Satz.

Satz
Ist p der relative Anteil eines Merkmals in einer Grundgesamtheit, dann gilt für die relative Häufigkeit h des Merkmals in einer Stichprobe von großem Umfang n:

$$\gamma\text{-Streubereich für h} \approx \left[p - z \cdot \sqrt{\frac{p \cdot (1-p)}{n}} \,;\, p + z \cdot \sqrt{\frac{p \cdot (1-p)}{n}} \right] \text{ mit } \Phi(z) = \frac{1+\gamma}{2}$$

BEWEIS:
Die absolute Häufigkeit H des untersuchten Merkmals in Stichproben vom Umfang n ist binomialverteilt mit den Parametern n und p. Wir setzen n genügend groß voraus, sodass die Zufallsvariable H näherungsweise normalverteilt mit $\mu = n \cdot p$ und $\sigma = \sqrt{n \cdot p \cdot (1-p)}$ ist.
Wir ermitteln ein symmetrisches Intervall um μ, das H mit der Wahrscheinlichkeit γ enthält:

$$P(\mu - z \cdot \sigma \leq H \leq \mu + z \cdot \sigma) = \gamma \,(= 2 \cdot \Phi(z) - 1)$$

$$P\left(n \cdot p - z \cdot \sqrt{n \cdot p \cdot (1-p)} \leq H \leq n \cdot p + z \cdot \sqrt{n \cdot p \cdot (1-p)}\right) = \gamma$$

Dividieren wir die Ungleichungskette in der Klammer durch n, so ergibt sich:

$$P\left(p - z \cdot \sqrt{\frac{p \cdot (1-p)}{n}} \leq h \leq p + z \cdot \sqrt{\frac{p \cdot (1-p)}{n}}\right) \approx \gamma$$

Somit erhalten wir: γ-Streubereich für h $\approx \left[p - z \cdot \sqrt{\frac{p \cdot (1-p)}{n}} \,;\, p + z \cdot \sqrt{\frac{p \cdot (1-p)}{n}} \right]$.

Aus $\gamma = 2 \cdot \Phi(z) - 1$ folgt $\Phi(z) = \frac{1+\gamma}{2}$. □

5.01 Unter den Beschäftigten des Fahrzeugherstellers *YesEco* beträgt der relative Anteil der Männer 0,72. Ermittle den **a)** 95 %-Streubereich, **b)** 99 %-Streubereich für die relative Häufigkeit h der Männer in einer Stichprobe vom Umfang 200!

LÖSUNG:

a) • $p = 0,72$

• $\Phi(z) = \dfrac{1+\gamma}{2} = \dfrac{1+0,95}{2} = 0,975$. Aus der Tabelle auf Seite 251 lesen wir ab: $z \approx 1,96$.

• 95 %-Streubereich für $h \approx \left[0,72 - 1,96 \cdot \sqrt{\dfrac{0,72 \cdot 0,28}{200}}\,;\ 0,72 + 1,96 \cdot \sqrt{\dfrac{0,72 \cdot 0,28}{200}}\right]$

Wir runden die untere Schranke ab und die obere Schranke auf, weil ein etwas zu großer Streubereich für h mehr Sicherheit liefert als ein etwas zu kleiner Streubereich. Wir erhalten so:

95 %-Streubereich für $h \approx [0,65;\ 0,79] = [65\,\%;\ 79\,\%]$

b) • $\Phi(z) = \dfrac{1+0,99}{2} = 0,995$. Aus der Tabelle auf Seite 251 lesen wir ab: $z \approx 2,575$.

• 99 %-Streubereich für $h \approx \left[0,72 - 2,575 \cdot \sqrt{\dfrac{0,72 \cdot 0,28}{200}}\,;\ 0,72 + 2,575 \cdot \sqrt{\dfrac{0,72 \cdot 0,28}{200}}\right] \approx$

$\approx [0,63;\ 0,81] = [63\,\%;\ 81\,\%]$

Merke: • Zu $\gamma = 0{,}95$ gehört $z \approx 1{,}96$. • Zu $\gamma = 0{,}99$ gehört $z \approx 2{,}575$.

AUFGABEN

5.02 Der Hersteller eines Massenartikels geht davon aus, dass ca. 5 % der Produktion fehlerhaft sind. Zur Qualitätskontrolle wird eine Stichprobe vom Umfang 1500 erhoben. Gib den 95 %-Streubereich für den Prozentsatz fehlerhafter Ware in der Stichprobe an!

5.03 Man weiß, dass ca. 60 % der Migränepatienten auf Entspannungsübungen positiv reagieren. In einer Studie führen 100 zufällig ausgewählte Migränepatienten solche Übungen aus. Gib den 95 %-Streubereich für den Prozentsatz der Studienteilnehmer an, die nicht positiv reagieren!

5.04 Aus Untersuchungen geht hervor: 30 % der Patienten reagieren auf den Blutdrucksenker *ReduBlo* nicht. Für eine neue Untersuchung werden 80 Bluthochdruckpatienten zufällig ausgewählt. Gib einen 95 %-Streubereich für den Prozentsatz der Patienten in der Stichprobe an, die auf *ReduBlo* nicht reagieren!

5.05 In einer bestimmten Bevölkerungsgruppe sind ca. 15 % Linkshänder. Für eine Stichprobe werden 100 Personen aus dieser Gruppe zufällig ausgewählt. Gib
a) den 95 %-Streubereich,
b) den 99 %-Streubereich für den Prozentsatz der Linkshänder in dieser Stichprobe an!

5.2 KONFIDENZINTERVALLE

Schätzung eines relativen Anteils in einer Grundgesamtheit

Wir behandeln nun die zweite der auf Seite 86 gestellten Fragen. Die relative Häufigkeit eines Merkmals in einer Stichprobe vom Umfang n beträgt h. Welcher relative Anteil p des Merkmals ergibt sich daraus schätzungsweise in der Grundgesamtheit?

Diese Frage kann man auf zwei Arten beantworten. Man kann den bekannten Wert h als Schätzwert für den unbekannten Wert von p nehmen, was aber nicht sehr verlässlich ist. Besser ist es, ein Intervall anzugeben, das den unbekannten Wert von p mit einer vorgegebenen Wahrscheinlichkeit γ enthält.

Wie kommt man zu einem solchen Intervall? In der Statistik ist folgendes Vorgehen üblich: Zu jedem Schätzwert p gehört ein γ-Streubereich für h. Einen Schätzwerte für p sieht man als „guten Schätzwert" an, wenn der dazugehörige γ-Streubereich den in der Stichprobe beobachteten Wert h überdeckt.

Nebenstehend sind einige Schätzwerte p (schwarze Punkte) sowie die dazugehörigen γ-Streubereiche dargestellt, die alle h überdecken. Die zu p_1 bzw. p_2 gehörigen γ-Streubereiche überdecken h gerade noch. Man erkennt, dass die Schätzwerte p, deren γ-Streubereiche h überdecken, das Intervall $[p_1; p_2]$ bilden. Dieses Intervall erhält einen eigenen Namen:

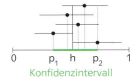
Konfidenzintervall

Definition
Zur Schätzung des unbekannten relativen Anteils p eines Merkmals in einer Grundgesamtheit wird eine Stichprobe von großem Umfang n erhoben. Ist h die relative Häufigkeit des Merkmals in der Stichprobe, dann bezeichnet man die Menge aller Schätzwerte für p, deren zugehörige γ-Streubereiche den Wert h überdecken, als **Konfidenzintervall mit der Sicherheit γ** oder kurz als **γ-Konfidenzintervall** für p. (Ein Konfidenzintervall bezeichnet man auch als **Vertrauensintervall**, die Sicherheit bezeichnet man auch als **Konfidenzniveau**.)

kompakt
Seite 94

Meist wählt man $\gamma = 0{,}95$ oder $\gamma = 0{,}99$. Ein γ-Konfidenzintervall mit $\gamma = 0{,}95$ bezeichnet man auch als **0,95-Konfidenzintervall** bzw. **95 %-Konfidenzintervall**, ein γ-Konfidenzintervall mit $\gamma = 0{,}99$ auch als **0,99-Konfidenzintervall** bzw. **99 %-Konfidenzintervall**.

Leider kann man nicht mit Sicherheit sagen, dass der unbekannte relative Anteil p im Konfidenzintervall liegt. Das Konfidenzintervall hängt ja von der relativen Häufigkeit h des Merkmals in der Stichprobe ab und h kann zufällig von p so stark abweichen, dass p tatsächlich außerhalb des Konfidenzintervalls liegt. Man kann aber sagen, dass das γ-Konfidenzintervall das unbekannte p mit der Wahrscheinlichkeit γ enthält. Diese Aussage kann man so interpretieren:

Frequentistische Deutung eines Konfidenzintervalls: Würde man sehr oft Stichproben vom Umfang n erheben, so würden in ca. $(100 \cdot \gamma)$ % aller Stichproben die dabei ermittelten γ-Konfidenzintervalle das unbekannte p enthalten.

Beispielsweise gilt für ein 95 %-Konfidenzintervall: Würde man sehr oft Stichproben vom Umfang n erheben, so würden in ca. 95 % aller Stichproben die dabei ermittelten 0,95-Konfidenzintervalle das unbekannte p enthalten.

Diese Deutung ist nebenstehend für ein 95%-Konfidenzintervall veranschaulicht. Da der Wert h der relativen Häufigkeit des Merkmals von Stichprobe zu Stichprobe zufälligen Schwankungen unterliegt, erhält man im Allgemeinen unterschiedliche Konfidenzintervalle, die durch verschieden lange Strecken dargestellt sind. Von diesen werden ca. 95% den relativen Anteil p in der Grundgesamtheit überdecken.

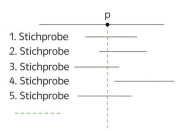

Geht man von einer vorgegebenen relativen Häufigkeit h in der Stichprobe aus (dh. hält man h konstant), kann man fragen, wie die **Sicherheit γ**, der **Stichprobenumfang n** und die **Länge d des Konfidenzintervalls** miteinander zusammenhängen. Die folgenden Zusammenhänge sind intuitiv einsichtig, wir werden sie aber auf Seite 93 anhand von Formeln noch genauer begründen.

Sicherheit **γ** wird **größer** $\xleftrightarrow{\text{n konstant}}$ Länge **d** des Konfidenzintervalls wird **größer**

Stichprobenumfang **n** wird **größer** $\xleftrightarrow{\text{γ konstant}}$ Länge **d** des Konfidenzintervalls wird **kleiner**

Sicherheit **γ** wird **größer** $\xleftrightarrow{\text{d konstant}}$ Stichprobenumfang **n** wird **größer**

Näherungsweise Berechnung eines Konfidenzintervalls

Satz

kompakt Seite 94

Ist h die relative Häufigkeit eines Merkmals in einer Stichprobe von großem Umfang n, dann gilt für den relativen Anteil p des Merkmals in der Grundgesamtheit:

$$\text{γ-Konfidenzintervall für } p \approx \left[h - z \cdot \sqrt{\frac{h \cdot (1-h)}{n}}\; ;\; h + z \cdot \sqrt{\frac{h \cdot (1-h)}{n}}\right] \text{ mit } \Phi(z) = \frac{1+γ}{2}$$

BEWEIS:

$p \in$ γ-Konfidenzintervall $\Leftrightarrow$ zugehöriger γ-Schätzbereich überdeckt den in der Stichprobe beobachteten Wert h $\Leftrightarrow$

$$\Leftrightarrow p - z \cdot \sqrt{\frac{p \cdot (1-p)}{n}} \le h \le p + z \cdot \sqrt{\frac{p \cdot (1-p)}{n}} \quad \left(\text{wobei } \Phi(z) = \frac{1+γ}{2}\right)$$

Um Schranken für p zu erhalten, müsste man die beiden Ungleichungen nach p auflösen, was auf das aufwändige Lösen zweier quadratischer Ungleichungen führen würde. Begnügt man sich mit einer Näherung für das Konfidenzintervall, kann man den Rechenaufwand so vereinfachen: Der Wurzelausdruck ist klein, wenn man n groß voraussetzt. Er ändert sich also nicht sehr, wenn man in ihm den relativen Anteil p in der Grundgesamtheit durch die relative Häufigkeit h in der Stichprobe ersetzt. Dadurch erhält man näherungsweise:

$$p \in \text{γ-Konfidenzintervall} \Leftrightarrow p - z \cdot \sqrt{\frac{h \cdot (1-h)}{n}} \le h \le p + z \cdot \sqrt{\frac{h \cdot (1-h)}{n}}$$

Durch algebraische Umformung der beiden Ungleichungen ergibt sich näherungsweise:

$$p \in \text{γ-Konfidenzintervall} \Leftrightarrow h - z \cdot \sqrt{\frac{h \cdot (1-h)}{n}} \le p \le h + z \cdot \sqrt{\frac{h \cdot (1-h)}{n}} \quad \text{(Rechne nach!)}$$

Somit ist das Intervall $\left[h - z \cdot \sqrt{\frac{h \cdot (1-h)}{n}}\; ;\; h + z \cdot \sqrt{\frac{h \cdot (1-h)}{n}}\right]$ (zumindest näherungsweise) das gesuchte γ-Konfidenzintervall. □

BEMERKUNG: Diesen Satz kann man sich leicht merken, denn er geht aus dem entsprechenden Satz für den γ-Streubereich für h auf Seite 87 durch Vertauschung von p und h hervor.

5.06 Aus der Bevölkerung einer Region wird eine Stichprobe vom Umfang 500 erhoben. In der Stichprobe werden 65 Linkshänder festgestellt. Ermittle **a)** ein 95%-Konfidenzintervall, **b)** ein 99%-Konfidenzintervall für den relativen Anteil p der Linkshänder in der gesamten Bevölkerung der Region! Interpretiere die Ergebnisse!

LÖSUNG:

a) • $h = \frac{65}{500} = 0,13$

• $\Phi(z) = \frac{1+\gamma}{2} = \frac{1+0,95}{2} = 0,975$. Aus der Tabelle auf Seite 251 lesen wir ab: $z \approx 1,96$.

• 95%-Konfidenzintervall für $p \approx \left[0,13 - 1,96 \cdot \sqrt{\frac{0,13 \cdot 0,87}{500}}; \ 0,13 + 1,96 \cdot \sqrt{\frac{0,13 \cdot 0,87}{500}}\right]$

Wir runden die untere Schranke ab und die obere Schranke auf, weil ein etwas zu großes Konfidenzintervall für p mehr Sicherheit liefert als ein etwas zu kleines Konfidenzintervall für p. Wir erhalten so:
95%-Konfidenzintervall für $p \approx [0,10; \ 0,16] \approx [10\%; \ 16\%]$

• Interpretation: Würde man sehr oft Stichproben vom Umfang 500 erheben, so würden in ca. 95% aller Stichproben die dabei ermittelten γ-Konfidenzintervalle das unbekannte p enthalten.

b) • $h = \frac{65}{500} = 0,13$

• $\Phi(z) = \frac{1+\gamma}{2} = \frac{1+0,99}{2} = 0,975$. Aus der Tabelle auf Seite 251 lesen wir ab: $z \approx 2,575$.

• 95%-Konfidenzintervall für $p \approx \left[0,13 - 2,575 \cdot \sqrt{\frac{0,13 \cdot 0,87}{500}}; \ 0,13 + 2,575 \cdot \sqrt{\frac{0,13 \cdot 0,87}{500}}\right]$
$\approx [0,09; \ 0,17] \approx [9\%; \ 17\%]$

• Interpretation: Würde man sehr oft Stichproben vom Umfang 500 erheben, so würden in ca. 99% aller Stichproben die dabei ermittelten γ-Konfidenzintervalle das unbekannte p enthalten.

R **⫟T** **AUFGABEN**

5.07 Bei einer Umfrage fanden sich unter 320 Jugendlichen eines Schulsprengels 282 Rechtshänder. Gib ein Konfidenzintervall mit der Sicherheit **a)** $\gamma = 0,95$, **b)** $\gamma = 0,99$ für den unbekannten relativen Anteil der rechtshändigen Jugendlichen in diesem Schulsprengel an! Interpretiere das Ergebnis!

Arbeitsblatt tk3y6k

5.08 Die Gesundheitsbehörde einer Stadt interessiert sich für die Verteilung der Blutgruppen in der Wohnbevölkerung. In einer Stichprobe bestehend aus 1000 Einwohnern wiesen 38% die Blutgruppe 0 auf. Gib ein Konfidenzintervall mit der Sicherheit **a)** $\gamma = 0,95$, **b)** $\gamma = 0,99$ für den unbekannten relativen Anteil der Einwohner mit Blutgruppe 0 in der Wohnbevölkerung an!

5.09 Bei einer Befragung unter 100 Passagieren von *EasyRail* gaben 72 Personen an, mit den bestehenden Fahrplänen zufrieden zu sein. Bestimme ein 95%-Konfidenzintervall für den unbekannten relativen Anteil der zufriedenen Fahrgäste unter allen Passagieren von *EasyRail*!

5.10 Das neu entwickelte Rheuma-Medikament *FlamEx* wurde bei 850 Probanden getestet und verursachte bei 17% der Probanden spürbare Nebenwirkungen. Gib ein **a)** 95%-Konfidenzintervall, **b)** 99%-Konfidenzintervall für den unbekannten relativen Anteil der Patienten an, bei denen *FlamEx* spürbare Nebenwirkungen hervorruft!

R

Wie groß ist die Sicherheit eines Konfidenzintervalls?

5.11 Vor einer Wahl wird der prozentuelle Stimmenanteil p der *Zukunftspartei ZP* geschätzt. In einer Stichprobe von 2 000 Wahlberechtigten ergibt sich, dass 34 % der Befragten die ZP wählen wollen. Daraufhin gibt die *Morgenzeitung* das Konfidenzintervall [0,32; 0,36] und die konkurrierende *Abendzeitung* das Konfidenzintervall [0,33; 0,35] für p an. Ermittle, mit welcher Sicherheit jede der beiden Zeitungen ihre Behauptung aufstellen kann!

T kompakt Seite 94

LÖSUNG: Beide Zeitungen gehen vom Stichprobenergebnis h = 0,34 aus.

- Wir berechnen zuerst γ für die *Morgenzeitung*. Für die Länge des Konfidenzintervalls der *Morgenzeitung* gilt: $0{,}04 = 2 \cdot z \cdot \sqrt{\frac{0{,}34 \cdot 0{,}66}{2\,000}}$, daraus folgt $z \approx 1{,}89$ und anhand der Tabelle auf Seite 251 erhält man $\Phi(z) \approx 0{,}9706$.
  Wegen $\Phi(z) = \frac{1+\gamma}{2}$ ergibt sich nach Umformung $\gamma = 2 \cdot \Phi(z) - 1 \approx 0{,}94$
- Analog berechnet man für die *Abendzeitung*: $\gamma \approx 0{,}65$
- Die Prognose der *Morgenzeitung* ist weniger genau, dafür aber mit 94 % recht sicher. Dagegen „bezahlt" die *Abendzeitung* ihre genauere Prognose mit dem viel höheren Risiko einer Fehlprognose von 35 %.

R

AUFGABEN

T 5.12 Eine Befragung von 1 000 zufällig ausgewählten Männern ergab, dass sich 30 % elektrisch rasieren. Daraufhin gibt die Marktforscherin A das Konfidenzintervall [0,28; 0,32], die Marktforscherin B das Konfidenzintervall [0,29; 0,31] für den unbekannten relativen Anteil p der sich elektrisch rasierenden Männer in der zu Grunde liegenden männlichen Bevölkerung an. Ermittle für jede der beiden Marktforscherinnen, mit welcher Sicherheit diese ihre Behauptung aufstellen kann!

T 5.13 Ein Pharmakonzern behauptet in einem Werbespot: „20 % aller Senioren haben Venenprobleme". Er stützt sich dabei auf eine Befragung von 500 zufällig ausgewählten Senioren. Ermittle die Sicherheit, mit der man für den unbekannten Prozentsatz der Senioren mit Venenproblemen in der Gesamtbevölkerung das Konfidenzintervall **a)** [0,18; 0,22], **b)** [0,15; 0,25] angeben kann!

R

Wie groß muss der Stichprobenumfang sein?

Satz: Soll für den unbekannten relativen Anteil p eines Merkmals in einer Grundgesamtheit mittels einer großen Stichprobe ein γ-Konfidenzintervall der vorgegebenen Länge d ermittelt werden, dann gilt für den erforderlichen Stichprobenumfang:

$$n \approx \frac{4z^2 \cdot h \cdot (1-h)}{d^2} \quad \text{mit} \quad \Phi(z) = \frac{1+\gamma}{2}$$

Dabei ist h die vorweg noch unbekannte relative Häufigkeit des Merkmals in der zu erhebenden Stichprobe. Den Wert von h schätzt man aufgrund des Ergebnisses einer Vorhebung, falls eine solche vorliegt. Andernfalls setzt man am besten h = 0,5.

BEWEIS: Die Länge d des Konfidenzintervalls beträgt $d \approx 2 \cdot z \cdot \sqrt{\frac{h \cdot (1-h)}{n}}$ mit $\Phi(z) = \frac{1+\gamma}{2}$.

Daraus ergibt sich: $\quad n \approx \frac{4z^2 \cdot h \cdot (1-h)}{d^2}$ mit $\Phi(z) = \frac{1+\gamma}{2}$

Liegt aufgrund einer Vorhebung ein Schätzwert für p vor, so verwendet man diesen Schätzwert als Näherungswert für h. Andernfalls ermittelt man sicherheitshalber ein $h \in [0; 1]$ so, dass der erforderliche Stichprobenumfang n entsprechend der angeführten Formel für n möglich groß ist. Das ist genau dann der Fall, wenn das Produkt $h \cdot (1-h)$ maximal ist. Zeige selbst, dass die Funktion f mit $f(h) = h \cdot (1-h)$ ihren größten Wert im Intervall [0; 1] für h = 0,5 annimmt! □

5.14 Für den unbekannten relativen Anteil p der Wähler der Partei „*Gemeinsam*" soll durch eine genügend große Stichprobe ein 95 %-Konfidenzintervall der Länge 0,04 gefunden werden. Ermittle, wie groß der Stichprobenumfang n sein muss, wenn

1) eine Vorerhebung gezeigt hat, dass ca. 38 % die Partei „*Gemeinsam*" wählen wollen,
2) keine Vorerhebung existiert.

LÖSUNG:

Für die Länge des 95 %-Konfidenzintervalls gilt:

$$0{,}04 \approx 2 \cdot 1{,}96 \cdot \sqrt{\frac{h \cdot (1-h)}{n}} \quad \text{(mit unbekanntem h)}$$

Daraus folgt:

$$n \approx 9\,604 \cdot h \cdot (1-h)$$

1) Für $h \approx 0{,}38$ erhält man: $n \approx 9\,604 \cdot 0{,}38 \cdot 0{,}62 \approx 2\,263$
2) Für $h = 0{,}5$ erhält man: $n \approx 9\,604 \cdot 0{,}5 \cdot 0{,}5 \approx 2\,402$

AUFGABEN

5.15 Durch eine Erhebung soll für die Region *Donau-Alpe-Adria* der Prozentsatz der Haushalte geschätzt werden, die einen Internetanschluss besitzen. Wie viele Haushalte müssen zufällig ausgewählt und befragt werden, damit man für diesen Prozentsatz ein 95 %-Konfidenzintervall der Länge 0,04 angeben kann, wenn

a) eine frühere Erhebung ergeben hat, dass 64 % einen Internetanschluss besitzen,
b) keine früheren Erhebungen vorliegen?

5.16 Für den relativen Anteil der Befürworter von längeren Geschäftsöffnungszeiten in der Bevölkerung soll ein 95 %-Konfidenzintervall der Länge 0,02 angegeben werden.

1) Wie viele Personen müssen mindestens befragt werden, wenn kein Schätzwert für den untersuchten Anteil bekannt ist?
2) Nach einer Telefonumfrage mit 250 Personen ist bekannt, dass $h \approx 0{,}4$ ist. Wie viele Personen müssen aufgrund dieses Ergebnisses befragt werden? Wie groß ist die relative Ersparnis an notwendigen Befragungen im Vergleich zu **1)**?

Zusammenhänge von γ, n und d

Für ein durch eine Stichprobe vorgegebenes h gelten die Formeln:

(1) $d \approx 2 \cdot z \cdot \sqrt{\dfrac{h \cdot (1-h)}{n}}$ mit $\Phi(z) = \dfrac{1+\gamma}{2}$ (2) $n \approx \dfrac{4z^2 \cdot h \cdot (1-h)}{d^2}$ mit $\Phi(z) = \dfrac{1+\gamma}{2}$

Damit kann man die auf Seite 90 formulierten Zusammenhänge zwischen n, γ und d begründen:

a) Für konstantes n gilt: γ wird größer $\iff$ d wird größer
b) Für konstantes γ gilt: n wird größer $\iff$ d wird kleiner
c) Für konstantes d gilt: γ wird größer $\iff$ n wird größer

BEGRÜNDUNG:

a) Nach (1) gilt: γ wird größer $\iff$ $\Phi(z) = \dfrac{1+\gamma}{2}$ wird größer $\iff$ z wird größer $\iff$ d wird größer

b) Nach (1) gilt: n wird größer $\iff$ $\sqrt{\dfrac{h \cdot (1-h)}{n}}$ wird kleiner $\iff$ d wird kleiner

c) Nach (2) gilt: γ wird größer $\iff$ $\Phi(z) = \dfrac{1+\gamma}{2}$ wird größer $\iff$ z wird größer $\iff$ n wird größer

$\square$

TECHNOLOGIE KOMPAKT

GEOGEBRA　　　　　　　　　　　　　CASIO CLASS PAD II

Ermitteln eines γ-Streubereichs für die relative Häufigkeit h

GEOGEBRA

$X=$ CAS-Ansicht:

Eingabe: $2 \cdot \text{Normal}(0, 1, z) - 1 = \gamma$ – Werkzeug $X \approx$

Ausgabe → z

Eingabe: $S(n, p, z) := (p - z \cdot \text{sqrt}(p \cdot (1 - p)/n), p + z \cdot \text{sqrt}(p \cdot (1 - p)/n))$ – Werkzeug $=$

Eingabe: $S(n, p, z)$ – Werkzeug $\approx$

Ausgabe → *γ-Streubereich für die relative Häufigkeit h bei Gegebenem relativen Anteil p und Stichprobenumfang n*

BEMERKUNG: Berechnet man mehrere Streubereiche, lohnt sich die hier gezeigte Definition einer eigenen Funktion!

BEMERKUNG: Für alle Berechnungen dieses Kapitels empfiehlt sich: Einstellungen → Runden auf 4 Dezimalstellen

CASIO CLASS PAD II

Iconleiste – Main – Menüleiste – Aktion – Weiterführend – solve – 2× –

Menüleiste – Aktion – Verteilungsfunktion – Fortlaufend – normCDf –

Eingabe: $(-\infty, z, 1, 0) - 1 = \gamma, z)$ EXE

Ausgabe → z

Eingabe: $p - z \times \sqrt{p \times (1 - p)/n}$ EXE

Eingabe: $p + z \times \sqrt{p \times (1 - p)/n}$ EXE

Ausgabe → *Intervallgrenzen des γ-Streubereichs für die relative Häufigkeit h bei gegebenem relativen Anteil p und Stichprobenumfang n*

Näherungsweises Ermitteln eines γ-Konfidenzintervalls für den relativen Anteil p

GEOGEBRA

$X=$ CAS-Ansicht:

Eingabe: $\text{GaußAnteilSchätzer}(h, n, \gamma)$ – Werkzeug $=$

Ausgabe → *Näherungsweises γ-Konfidenzintervall für den relativen Anteil p bei gegebener relativer Häufigkeit h und Stichprobenumfang n*

CASIO CLASS PAD II

Iconleiste – Menu – Statistik – Menüleiste – Calc – Konfidenzintervall – Typ: Konfidenzintervall – 1-Anteilsw. Z-Int. – WEITER>> –

C-Niveau: γ – x: $h \times n$ – n: n – WEITER>>

Ausgabe → *Näherungsweises γ-Konfidenzintervall [Oberer; Unterer] für den relativen Anteil p bei gegebener relativer Häufigkeit h und Stichprobenumfang n*

Exaktes Ermitteln eines γ-Konfidenzintervalls für den relativen Anteil p

GEOGEBRA

$X=$ CAS-Ansicht:

Eingabe: $2 \cdot \text{Normal}(0, 1, z) - 1 = \gamma$ – Werkzeug $X \approx$

Ausgabe → z

Eingabe: $\text{Löse}(p - z \cdot \text{sqrt}(p \cdot (1 - p)/n) <= h, p)$ – Werkzeug $\approx$

Eingabe: $\text{Löse}(p + z \cdot \text{sqrt}(p \cdot (1 - p)/n) >= h, p)$ – Werkzeug $\approx$

Ausgabe → *Intervallgrenzen des γ-Konfidenzintervalls für den relativen Anteil p bei gegebener relativer Häufigkeit h und Stichprobenumfang n*

CASIO CLASS PAD II

Eingabe wie oben:

$\text{solve}(2 \times \text{normCDf}(-\infty, z, 1, 0) - 1 = \gamma, z)$ EXE

Ausgabe → z

Eingabe: $\text{solve}(p - z \times \sqrt{p \times (1 - p)/n} \leq h, p)$ EXE

Eingabe: $\text{solve}(p + z \times \sqrt{p \times (1 - p)/n} \leq h, p)$ EXE

Ausgabe → *Intervallgrenzen des γ-Konfidenzintervalls für den relativen Anteil p bei gegebener relativer Häufigkeit h und Stichprobenumfang n*

Sicherheit eines γ-Konfidenzintervalls mit Länge d für den relativen Anteil p ermitteln

GEOGEBRA

$X=$ CAS-Ansicht:

Eingabe: $\text{Löse}(2 \cdot z \cdot \text{sqrt}(h \cdot (1 - h)/n) = d, z)$ – Werkzeug $\approx$

Ausgabe → z

Eingabe: $\text{Normal}(0, 1, z)$ – Werkzeug $\approx$

Ausgabe → Φ(z)

Eingabe: $2 \cdot \Phi(z) - 1$ – Werkzeug $\approx$

Ausgabe → *Sicherheit des γ-Konfidenzintervalls für den relativen Anteil p bei gegebener relativer Häufigkeit h, Stichprobenumfang n und Intervalllänge d*

CASIO CLASS PAD II

Iconleiste – Main – Menüleiste – Aktion – Weiterführend – $\text{solve}(2 \times z \times \sqrt{h \times (1 - h)/n} = d, z)$ EXE

Ausgabe → z

Menüleiste – Aktion – Verteilungsfunktion – Fortlaufend – normCDf$(-\infty, z, 1, 0)$ EXE

Ausgabe → Φ(z)

Eingabe: $2 \times \Phi(z) - 1$ EXE

Ausgabe → *Sicherheit des γ-Konfidenzintervalls für den relativen Anteil p bei gegebener relativer Häufigkeit h, Stichprobenumfang n und Intervalllänge d*

KOMPETENZCHECK

AUFGABEN VOM TYP 1

WS-R 4.1 **5.17** Der Großhändler *Blumenwelt* geht davon aus, dass ca. 5 % der gelagerten Rosen bereits welk sind. Für eine Lieferung an einen Kunden werden zufällig 500 Rosen dem Lager entnommen. Gib den 0,95-Streubereich für den Prozentsatz der welken Rosen in dieser Lieferung an!

WS-R 4.1 **5.18** Um die Zuschauerakzeptanz einer neuen Vorabendserie zu ermitteln, werden im Auftrag eines Fernsehsenders 1000 Personen befragt, die in einem Haushalt mit Fernsehgerät leben. Von diesen Personen haben 193 mindestens einen Teil der Serie gesehen, von diesen beurteilen 127 die Serie positiv. Ermittle ein 95 %-Konfidenzintervall für den relativen Anteil jener Personen, die die Serie positiv beurteilen, unter all jenen, die mindestens einen Teil der Serie gesehen haben!

WS-R 4.1 **5.19** Ein Glücksrad wird 500-mal gedreht. Dabei bleibt der Zeiger 132-mal im Sektor A stehen. Gib auf Grund dieses Ergebnisses ein 95 %-Konfidenzintervall für die Wahrscheinlichkeit p an, dass nach einmaligem Drehen des Glücksrades der Zeiger im Sektor A stehenbleibt!

WS-R 4.1 **5.20** Bei einer Befragung von 800 Leserinnen und Lesern des Politmagazins *WatchDog* gaben 184 an, *WatchDog* regelmäßig zu lesen. Gib ein **a)** 95 %-Konfidenzintervall, **b)** 99 %-Konfidenzintervall für den unbekannten relativen Anteil der regelmäßigen Leser unter allen *WatchDog*-Lesern an!

WS-R 4.1 **5.21** Bei einer Befragung von 1000 Personen gaben 285 der Befragten an, die Partei A wählen zu wollen. Daraufhin prognostizierten drei Zeitungen den zu erwartenden Stimmenanteil der Partei A in folgender Weise:

Nachrichten Aktuell:	28,5 % ± 2,8 %;	Sicherheit 95 %
Neuer Tagesbote:	28,5 % ± 2,1 %;	Sicherheit 99 %
Unser Land:	28,5 % ± 0,5 %;	Sicherheit 90 %

Gib an, welche Zeitung korrekt vorgegangen ist!

WS-R 4.1 **5.22** Wie groß ist der Prozentsatz p aller Familien mit Schulkindern, die diesen bei den Hausaufgaben helfen müssen? Aus einer Befragung von 500 Familien mit Schulkindern geht hervor, dass in 83 % dieser Familien solche Hilfen nötig sind. Ermittle, mit welcher Sicherheit man ein Konfidenzintervall der Länge **a)** 0,04, **b)** 0,06 für den unbekannten Prozentsatz p angeben kann!

WS-R 4.1 **5.23** In einer medizinischen Studie wird festgestellt, dass von 1000 zufällig ausgewählten Personen 25 an einer neu entdeckten Krankheit leiden. Es wird das Konfidenzintervall [0,02; 0,03] für den unbekannten relativen Anteil p der von dieser Krankheit Betroffenen in der Gesamtbevölkerung angegeben. Ermittle die Sicherheit dieser Angabe!

WS-R 4.1 **5.24** Im Rahmen der Studie *Jugend heute* wurden 2000 Jugendliche im Alter von 14 bis 17 Jahren befragt. Dabei gaben 36 % Künstler und 34 % Sportler als ihre Idole an. Für die entsprechenden relativen Anteile, bezogen auf alle Jugendlichen im Alter von 14 bis 17 Jahren, wurden im Endbericht der Studie Konfidenzintervalle der Länge 0,04 angegeben, die symmetrisch um die Stichprobenergebnisse liegen. Ermittle, wie sicher diese Intervallangaben sind!

WS-R 4.1 5.25 Im Auftrag der Tourismuswirtschaft soll ein Marktforschungsinstitut schätzen, wie viel Prozent der Österreicherinnen und Österreicher ihren nächsten Urlaub im eigenen Land verbringen wollen. Ermittle, wie viele Personen mindestens befragt werden müssen, damit als Schätzung ein Konfidenzintervall der Länge 0,04 mit der Sicherheit 95 % angegeben werden kann!

WS-R 4.1 5.26 Aufgrund von Stichproben gibt das Meinungsforschungsinstitut A das Konfidenzintervall [0,15; 0,25] und das Meinungsforschungsinstitut B das Konfidenzintervall [0,17; 0,23] für den relativen Stimmenanteil der Partei XY bei der nächsten Wahl an. In beiden Stichproben wurden gleich viele Personen befragt. Wir bezeichnen die Sicherheit des Konfidenzintervalls von A mit γ_A und die des Konfidenzintervalls von B mit γ_B. Entscheide, ob $\gamma_A > \gamma_B$, $\gamma_A < \gamma_B$ oder $\gamma_A = \gamma_B$ gilt!

WS-R 4.1 5.27 Aufgrund von Stichproben gibt das Meinungsforschungsinstitut A das Konfidenzintervall [0,40; 0,50] und das Meinungsforschungsinstitut B das Konfidenzintervall [0,35; 0,55] für den relativen Stimmenanteil der Kandidatin Müller bei der nächsten Bürgermeisterwahl an. Beide Angaben erfolgen mit der gleichen Sicherheit γ. Wir bezeichnen den Stichprobenumfang von A mit n_A und den von B mit n_B. Entscheide, ob $n_A > n_B$, $n_A < n_B$ oder $n_A = n_B$ gilt!

WS-R 4.1 5.28 Aufgrund von Stichproben geben die Meinungsforschungsinstitute A und B beide dasselbe Konfidenzintervall [0,18; 0,24] für den relativen Stimmenanteil der „Fortschrittspartei" bei der nächsten Wahl an, B jedoch mit größerer Sicherheit als A. Gib an, von welchem Meinungsforschungsinstitut mehr Personen befragt wurden!

WS-R 4.1 5.29 In der Abbildung sind drei Konfidenzintervalle dargestellt, die aufgrund einer Stichprobe vom Umfang 500 erstellt wurden. Ordne die Konfidenzintervalle nach steigender Sicherheit!

A:
0,1   0,4   0,7

B:
0,3 0,4 0,5

C:
0,2   0,4   0,6

WS-R 4.1 5.30 Die Partei A kandidiert für die nächste Wahl. Eine Befragung von 500 zufällig ausgewählten Wahlberechtigten hat ergeben, dass 29 % die Partei A wählen wollen. Daraufhin wird für den Stimmenanteil der Partei A bei der nächsten Wahl das korrekte 95 %-Konfidenzintervall [25 %; 33 %] angegeben. Kreuze die beiden Aussagen an, die mit Sicherheit zutreffen!

Die Partei A wird bei der nächsten Wahl sicher einen Stimmenanteil zwischen 25 % und 33 % erhalten.	☐
Die Wahrscheinlichkeit, dass die Partei A bei der nächsten Wahl weniger als 25 % der Stimmen erhalten wird, ist kleiner als 3 %.	☐
Wenn an der Wahl 3 000 Personen teilnehmen, wird die Partei A mit 95 %-iger Wahrscheinlichkeit 800 bis 900 Stimmen erhalten.	☐
Das 95 %-Konfidenzintervall wäre größer gewesen, wenn sich 29 % A-Wähler bei einer Befragung von mehr als 500 Personen ergeben hätte.	☐
Die Sicherheit des Konfidenzintervalls wäre größer gewesen, wenn sich 29 % A-Wähler bei einer Befragung von mehr als 500 Personen ergeben hätte.	☐

AUFGABEN VOM TYP 2

WS-R 4.1 **5.31** **Bewertung einer Fernsehsendung**

Bei einer Blitz-Telefonumfrage unter 850 zufällig ausgewählten Zuschauern gaben 238 an, dass ihnen die Sendung *Saturday-Night-Show* gefallen hat. Mit p bezeichnen wir den unbekannten relativen Anteil der Zuschauer, denen diese Sendung gefallen hat, an allen Zuschauern.

a) **1)** Gib ein 90 %-Konfidenzintervall für p an!

2) Mit welcher Sicherheit kann man das Konfidenzintervall [0,26; 0,30] für p angeben?

b) **1)** Gib ein 95 %-Konfidenzintervall für p an!

2) Kreuze die beiden auf dieses Konfidenzintervall zutreffenden Aussagen an!

p liegt mit Sicherheit in diesem Konfidenzintervall.	☐
p liegt mit mindestens 90 %-iger Wahrscheinlichkeit in diesem Konfidenzintervall.	☐
p liegt mit 10 %-iger Wahrscheinlichkeit außerhalb dieses Konfidenzintervalls.	☐
p liegt mit 5 %-iger Wahrscheinlichkeit außerhalb dieses Konfidenzintervalls.	☐
p liegt mit 2,5 %-iger Wahrscheinlichkeit außerhalb dieses Konfidenzintervalls.	☐

WS-R 4.1 **5.32** **Blutgruppenerhebung**

Einer Voruntersuchung zufolge beträgt der relative Anteil der Menschen mit Blutgruppe B in einer bestimmten Bevölkerung etwa 12 %. Durch eine neuerliche Stichprobe soll dieser Anteil überprüft werden.

a) Ermittle, wie viele Personen mindestens untersucht werden müssen, um ein 95 %-Konfidenzintervall der Länge 0,04 angeben zu können, wenn das Ergebnis der Voruntersuchung

1) einfließt,

2) nicht einfließt!

b) Jemand behauptet: „Wenn in der neuerlichen Stichprobe doppelt so viele Personen befragt werden, sinkt die Länge des 95 %-Konfidenzintervalls mindestens um die Hälfte".
Stimmt das? Begründe die Antwort!

WS-R 1.2
WS-R 4.1 **5.33** **Kontakte zwischen Schule und Erziehungsberechtigten**

Die Schulpsychologie eines Bezirks befragt Elternpaare, ob bei diesen häufiger die Mutter, häufiger der Vater, beide Elternteile gleich oft oder beide Elternteile nie an Elternsprechtagen teilnehmen. In der folgenden Tabelle sind die Ergebnisse der Befragung zusammengefasst:

keine Teilnahme	häufiger der Vater	Vater und Mutter gleich oft	häufiger die Mutter
8 %	11 %	16 %	65 %

a) **1)** Stelle die Befragungsergebnisse durch ein Kreisdiagramm dar!

2) An einer Schule gibt es 750 Elternpaare mit Kindern an dieser Schule. Berechne die Wahrscheinlichkeit, dass von diesen Paaren jeweils mindestens ein Partner zum nächsten Elternsprechtag gehen wird!

b) Die Daten der Schulpsychologie sollen durch eine neue Befragung aktualisiert werden. Ermittle, wie viele Elternpaare befragt werden müssen, wenn die vorliegenden Befragungsergebnisse für die Berechnung

1) berücksichtigt werden,

2) nicht berücksichtigt werden!

6 TESTEN VON ANTEILEN

6.1 EINSEITIGE ANTEILSTESTS

L **Irrtumswahrscheinlichkeit**

6.01 Eine Herstellerfirma produziert eine sehr große Anzahl von Minen für Druckbleistifte und behauptet, dass nur 2 % der Minen unbrauchbar sind. Ein kritischer Abnehmer vermutet, dass dieser Anteil höher ist. Er erhebt eine Stichprobe von 20 Minen und stellt fest, dass zwei dieser Minen (also 10 %) unbrauchbar sind.

1) Kann der Abnehmer aufgrund dieses Ergebnisses die Behauptung der Herstellerfirma mit Sicherheit verwerfen?

2) Der Abnehmer verwirft die Behauptung des Herstellers aufgrund seines Stichprobenergebnisses. Mit welcher Wahrscheinlichkeit begeht er einen Irrtum, falls die Herstellerfirma doch Recht hat?

LÖSUNG:

1) Der Abnehmer kann die Behauptung der Herstellerfirma nicht mit Sicherheit verwerfen, selbst wenn er in der Stichprobe mehr als zwei unbrauchbare Minen vorfinden würde. Er könnte es nicht einmal dann, wenn er in der Stichprobe nur unbrauchbare Minen vorfinden würde. Denn die Anzahl der unbrauchbaren Minen ist von Stichprobe zu Stichprobe zufälligen Schwankungen unterworfen und kann in der vorliegenden Stichprobe zufällig 2 oder mehr ausmachen.

2) Es sei H die Häufigkeit der unbrauchbaren Minen in Stichproben vom Umfang 20. Wenn die Herstellerfirma Recht hat, ist H binomialverteilt mit $n = 20$ und $p = 0{,}02$. Der Abnehmer verwirft die Behauptung des Herstellers beim Stichprobenergebnis $H = 2$ und würde dies klarerweise auch bei jedem Stichprobenergebnis $H \geq 2$ tun. Die Wahrscheinlichkeit für ein solches Ergebnis ermitteln wir mit Technologieeinsatz oder mit der Tabelle auf Seite 250:

$$P(H \geq 2) \approx 0{,}060.$$

Der Abnehmer verwirft also ungefähr mit der Wahrscheinlichkeit 0,060 die Behauptung der Herstellerfirma irrtümlich, falls diese doch Recht hat.

In der letzten Aufgabe haben wir die Wahrscheinlichkeit für einen Irrtum des Abnehmers berechnet, den dieser begeht, wenn er die Behauptung der Herstellerfirma verwirft, obwohl diese Recht hat. Wenn der Abnehmer diese Irrtumswahrscheinlichkeit, also das Risiko einer Fehlentscheidung, für „genügend klein" ansieht, wird er die Behauptung der Herstellerfirma mit einem gewissen Recht verwerfen können. Aber wann ist die errechnete Irrtumswahrscheinlichkeit wirklich „genügend klein"?

Diese Frage kann nicht eindeutig beantwortet werden. Ob eine Irrtumswahrscheinlichkeit als „genügend klein" bewertet wird, ist subjektiv. In der statistischen Praxis hat sich aber durchgesetzt, eine Irrtumswahrscheinlichkeit als „genügend klein" zu bewerten, wenn sie höchstens 0,05 (bzw. manchmal 0,01) beträgt. Man bezeichnet die Zahl 0,05 (bzw. 0,01) als **maximal zugelassene Irrtumswahrscheinlichkeit**.

Lässt man in Aufgabe 6.01 eine Irrtumswahrscheinlichkeit von maximal 0,05 zu, dann kann wegen $P(H \geq 2) > 0,05$ die Behauptung der Herstellerfirma nicht verworfen werden, weil die Irrtumswahrscheinlichkiet $P(H \geq 2)$ mehr als 0,05 beträgt.

Einseitige Anteiltests

Wir beschreiben die Schritte in der letzten Aufgabe allgemein:

- Mittels einer Stichprobe vom Umfang n soll geprüft werden, ob der relative Anteil p eines Merkmals (z. B. der unbrauchbaren Minen) einen bestimmten Wert p_0 hat oder ob dieser Wert größer als p_0 ist. Dabei werden zwei Hypothesen einander gegenübergestellt:
  Nullhypothese H_0: $p = p_0$ **Alternativhypothese H_1: $p > p_0$**
  (Behauptung der Herstellerfirma)   (Vermutung des Abnehmers)

- Vor der Erhebung der Stichprobe legt man eine **maximal zugelassene Irrtumswahrscheinlichkeit α** fest. Diese gibt an, wie hoch das Risiko einer Fehlentscheidung höchstens sein darf. Man bezeichnet α als **Signifikanzzahl** oder **Signifikanzniveau**. (Meist wählt man α = 0,05 bzw. bei gravierenden Folgen von Fehlentscheidungen α = 0,01 oder eine noch kleinere Zahl.)

- Dann wird die Stichprobe erhoben und der sich ergebende Wert für die absolute Häufigkeit H des Merkmals (z. B. der unbrauchbaren Minen) in dieser Stichprobe festgehalten:
  $H = k$ (mit $0 \leq k \leq n$).

- Verwirft man die Nullhypothese H_0 bei einem Stichprobenergebnis $H \geq k$, begeht man einen Irrtum, falls die Nullhypothese H_0 doch gilt. Die Wahrscheinlichkeit $P(H \geq k)$ für diesen Irrtum kann man mit der Binomialverteilung von H mit den Parametern n und p_0 ermitteln.

- Ist diese Irrtumswahrscheinlichkeit höchstens gleich α, geht man das vorher festgelegte Risiko ein und darf die Nullhypothese H_0 verwerfen.

Dieses Vorgehen bezeichnet man als einen **einseitigen Anteiltest mit der Signifikanz α** (bzw. auf dem **α-Signifikanzniveau**). Man sagt auch: Man testet die Nullhypothese H_0 mit der Signifikanz α. Das Wort „einseitig" rührt daher, dass die Alternativhypothese H_1 in der Form $p > p_0$ bzw. $p < p_0$ formuliert wird, dh. dass nur einseitige Abweichungen des relativen Anteils p betrachtet werden.

- Lautet die Alternativhypothese H_1: $p > p_0$, sprechen wir von einem **rechtsseitigen Anteiltest**. In diesem Fall ist die Irrtumswahrscheinlichkeit $P(H \geq k)$ zu berechnen.
- Lautet die Alternativhypothese H_1: $p < p_0$, sprechen wir von einem **linksseitigen Anteiltest**. In diesem Fall ist die Irrtumswahrscheinlichkeit $P(H \leq k)$ zu berechnen.

Vorgehen bei einem einseitigen Anteilstest

1. Schreibe eine Nullhypothese H_0 und eine Alternativhypothese H_1 in folgender Form an:

   $$H_0\!: p = p_0 \qquad\qquad H_1\!: p > p_0 \quad [\text{bzw. } p < p_0]$$

2. Lege eine Signifikanzzahl α fest!
3. Erhebe eine Stichprobe vom Umfang n und bestimme den Wert k der untersuchten Häufigkeit H!
4. Nimm an, dass die Nullhypothese gilt, und berechne unter dieser Annahme die Irrtumswahrscheinlichkeit $P(H \geq k)$ [bzw. $P(H \leq k)$]!
5. Ist diese Irrtumswahrscheinlichkeit kleiner oder gleich α, kann die Nullhypothese verworfen werden.

Es ist wichtig, dass die Signifikanzzahl α aufgrund sachlicher Überlegungen **vor** der Erhebung der Stichprobe oder zumindest unabhängig vom Vorliegen einer Stichprobe festgelegt wird. Denn sonst könnte manipuliert werden. Man könnte ja hinterher α so groß wählen, dass die ermittelte Irrtumswahrscheinlichkeit kleiner als α ist. Auf diese Weise könnte man jede Nullhypothese verwerfen. Das wäre aber sinnlos.

6.02 Die Stadtverwaltung behauptet, dass die Geschwindigkeitsbeschränkung (30 km/h) in der *Domstraße* von einem Viertel der durchfahrenden Autos nicht beachtet wird. Eine Journalistin hält dies für übertrieben, weil in einer Stichprobe von 300 durch die *Domstraße* fahrenden Autos nur 70 zu schnell fuhren (also weniger als ein Viertel). Kann sie die Behauptung der Stadtverwaltung mit der maximal zugelassenen Irrtumswahrscheinlichkeit 0,05 verwerfen?

LÖSUNG: Es sei p der relative Anteil der Autos, die in der *Domstraße* zu schnell fahren. Wir führen einen linksseitigen Anteilstest mit der Signifikanz 0,05 durch.

1. Nullhypothese $H_0\!: p = 0{,}25$ \qquad Alternativhypothese $H_1\!: p < 0{,}25$
   (Behauptung der Stadtverwaltung) \qquad\qquad (Vermutung der Journalistin)
2. $\alpha = 0{,}05$
3. $k = 70$
4. Falls die Nullhypothese H_0 gilt, ist die absolute Häufigkeit H der in der *Domstraße* zu schnell fahrenden Autos binomialverteilt mit $n = 300$ und $p = 0{,}25$. Mit Technologieeinsatz erhalten wir die Irrtumswahrscheinlichkeit $P(H \leq 70) \approx 0{,}2767$.
5. Wegen $P(H \leq 70) > 0{,}05$ kann die Nullhypothese (Behauptung der Stadtverwaltung) mit der maximal zugelassenen Irrtumswahrscheinlichkeit 0,05 nicht verworfen werden.

In der folgenden Abbildung ist ein rechtsseitiger Test mit binomialverteiltem H veranschaulicht. Die Summe der blauen Stablängen entspricht der Irrtumswahrscheinlichkeit $P(H \geq k)$.

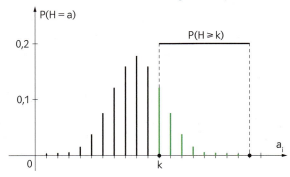

- Ist $P(H \geq k) \leq \alpha$, kann H_0 verworfen werden.
- Ist $P(H \geq k) > \alpha$, kann H_0 nicht verworfen werden.

Was bedeutet das Verwerfen einer Nullhypothese?

Heißt dies, dass die Nullhypothese nicht gilt? Mit Sicherheit kann man dies leider nicht sagen, denn man könnte die Nullhypothese ja aufgrund des vorliegenden Stichprobenergebnisses irrtümlich verworfen haben. Die Wahrscheinlichkeit dafür ist aber klein, nämlich höchstens gleich der Signifikanzzahl α. Man kann dies so interpretieren:

Würde man sehr oft Stichproben vom Umfang n erheben und dabei jedes Mal die Nullhypothese bei einem Stichprobenergebnis H ≥ k (bzw. H ≤ k) verwerfen, so würde man sich in höchstens $(100 \cdot \alpha)\%$ aller Stichproben irren, falls die Nullhypothese doch gilt.

BEMERKUNG: Kann H_0 mit der maximalen Irrtumswahrscheinlichkeit α verworfen werden, so kann H_1 mit der maximalen Irrtumswahrscheinlichkeit α angenommen werden.

Was bedeutet das Nichtverwerfen einer Nullhypothese?

Heißt dies, dass die Nullhypothese gilt? Leider kann man auch das nicht mit Sicherheit sagen. Denken wir etwa an die Herstellerfirma, die behauptet, dass 2% ihrer Minen unbrauchbar sind. Falls es die vorliegende Stichprobe nicht gestattet, die Behauptung der Herstellerfirma zu verwerfen, weil die relative Häufigkeit der unbrauchbaren Minen in der Stichprobe nicht allzu sehr von 2% abweicht, heißt dies noch lange nicht, dass die Herstellerfirma Recht hat. Ein derartiges Stichprobenergebnis könnte bloß zufällig eingetreten sein.

Wenn eine Nullhypothese aufgrund eines vorliegenden Stichprobenergebnisses nicht verworfen werden kann, kann über die Gültigkeit der Nullhypothese (und damit auch über die Gültigkeit der Alternativhypothese) nichts ausgesagt werden. Der Test war vergeblich.

AUFGABEN

6.03 Die Bürgermeisterkandidatin Claudia Maier behauptet, dass 70% der Gemeindebürger sie zur Bürgermeisterin wählen werden. Das Lokalblatt *GemeindeAktuell* vermutet, dass der Maier-Anteil niedriger sein wird. Bei einer Zufallsbefragung von 20 Gemeindebürgern ergibt sich, dass nur 11 Bürger, das sind weniger als 70% der Befragten, Claudia Maier wählen wollen. Kann *GemeindeAktuell* die Behauptung von Claudia Maier mit der maximal zugelassenen Irrtumswahrscheinlichkeit 0,05 verwerfen? Interpretiere das Ergebnis!

6.04 In einer Arbeitgeberstudie wird der relative Anteil der männlichen Büroangestellten eines Landes mit 15% angegeben. Die Gewerkschaft vermutet, dass dieser Anteil geringer ist, und möchte dies mit der Signifikanz **a)** 0,05, **b)** 0,01 testen. In einer Stichprobe vom Umfang 20 findet sich kein männlicher Büroangestellter. Führe den Test durch und interpretiere das Ergebnis!

6.05 Der Getränkehersteller *Zisch* füllt Orangeade in Literflaschen ab, wobei die Flascheninhalte geringfügig schwanken können. *Zisch* behauptet, dass nur 10% der Flaschen einen zu geringen Inhalt aufweisen. Ein Abnehmer vermutet, dass dieser Anteil höher ist, und möchte dies mit der Signifikanz **a)** 0,05, **b)** 0,01 testen. Er wählt zufällig 20 Flaschen aus und stellt folgende Inhalte (in Liter) fest:

        0,96; 1,10; 1,08; 1,05; 1,00; 1,04; 0,95; 0,92; 1,16; 1,10;
        1,02; 1,09; 0,93; 1,04; 1,04; 1,00; 1,08; 0,95; 1,02; 1,02

Führe den Test durch!

6.06 *Carbon Ltd.* erzeugt Graphitstifte, deren Durchmesser mindestens 3,2 mm und höchstens 3,4 mm betragen darf. *Carbon Ltd.* behauptet, dass höchstens 2 % der Graphitstifte keinen solchen Durchmesser aufweisen. Ein Abnehmer vermutet, dass dieser Anteil höher ist, und möchte dies mit der Signifikanz **a)** 0,05, **b)** 0,01 testen. Er erhebt eine Stichprobe von 20 Graphitstiften und stellt folgende Durchmesser (in Millimeter) fest:

3,21; 3,23; 3,34; 3,29; 3,30; 3,19; 3,25; 3,25; 3,40; 3,39;
3,39; 3,22; 3,41; 3,40; 3,40; 3,18; 3,20; 3,27; 3,41; 3,30

Führe den Test durch!

6.07 Der Hersteller des Fleckputzmittels *FleckWeg* behauptet: „*FleckWeg* beseitigt 90 % aller Fettflecken!" Die Wäscherei *Clean* hält dies für übertrieben. *Clean* stellte fest: Mit *FleckWeg* konnten 172 von 200 Fettflecken entfernt werden. Kann *Clean* die Behauptung des Herstellers mit der maximalen Irrtumswahrscheinlichkeit 0,05 verwerfen?

6.08 In der Zeitschrift *AutoInfo* wird behauptet, dass ein Zehntel aller Katalysatoren defekt sind. In einer KFZ-Prüfstelle glaubt man, dass dieser Anteil höher ist. Vorliegenden Prüfberichten entnimmt man, dass von 628 untersuchten Katalysatoren 70 defekt waren. Teste die Behauptung der Autozeitschrift mit 5 % Signifikanz!

Anteilstest bei großem Stichprobenumfang

Wenn der Stichprobenumfang n sehr groß ist, kann es passieren, dass die eingesetzte Technologie versagt. In diesem Fall kann man sich damit behelfen, dass man die Binomialverteilung von H mit den Parametern n und p_0 durch eine Normalverteilung mit den Parametern $\mu = n \cdot p_0$ und $\sigma = \sqrt{n \cdot p_0 \cdot (1 - p_0)}$ ersetzt (sofern $n \cdot p_0 \cdot (1 - p_0) > 9$).
Die Irrtumswahrscheinlichkeit $P(H \geq k)$ bzw. $P(H \leq k)$ kann dann mit dieser Normalverteilung ermittelt werden.

In der nebenstehenden Abbildung ist ein rechtsseitiger Test mit normalverteiltem H veranschaulicht. Die grün unterlegte Fläche entspricht der maximal zugelassenen Irrtumswahrscheinlichkeit α, die schraffierte Fläche der Irrtumswahrscheinlichkeit $P(H \geq k)$.

H_0 kann nicht verworfen werden

H_0 kann verworfen werden

α

$P(H \geq k)$

k

- Liegt k im rot markierten Intervall (einschließlich Randpunkt), dann ist $P(H \geq k)$ höchstens gleich α und H_0 kann verworfen werden.
- Liegt k im blau markierten Intervall (ohne den Randpunkt), dann ist $P(H \geq k)$ größer als α und H_0 kann nicht verworfen werden.

AUFGABEN

6.09 Der *Stadtanzeiger* titelt: „Jedes vierte Auto fährt bei Gelb oder Rot über die Ringkreuzung." Der Autofahrerclub *Vorwärts* hält diese Behauptung für übertrieben, da er in einer Beobachtungsreihe festgestellt hat, dass von 2 500 Autos „nur" 580 bei Gelb oder Rot über die Ringkreuzung fuhren. Teste mit α = 0,05!

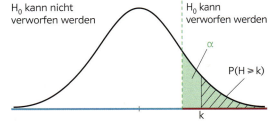

6.10 Eine Firmenleitung behauptet, dass nur 4 % aller produzierten Bauteile Ausschuss sind. Ein Mitarbeiter glaubt, dass es mehr sind, weil er in einer Stichprobe von 2 000 Bauteilen 93 Ausschussstücke vorgefunden hat. Kann er die Behauptung der Firmenleitung mit der maximal zugelassenen Irrtumswahrscheinlichkeit 0,05 verwerfen?

6.2 ZWEISEITIGE ANTEILSTESTS

L **Aufteilung der Irrtumswahrscheinlichkeit**

6.11 Aus Studien ist bekannt, dass der Cholesterin-Senker *SimulStatin* bei etwa 40 % der Patienten wirkt. Nach einem geringfügigen chemischen Umbau des Wirkstoffs soll getestet werden, ob sich die Wirkung des Medikaments verändert hat. Es liegt allerdings keine Vermutung vor, ob die Wirkung zu- oder abgenommen hat. Teste mit der Signifikanz 0,05, ob sich die Wirkung von *Simul-Statin* verändert hat, wenn folgendes Ergebnis vorliegt:

1) In einer Stichprobe von 20 Patienten hat das Medikament bei 12 Patienten gewirkt.

2) In einer Stichprobe von 2 000 Patienten hat das Medikament bei 844 Patienten gewirkt.

LÖSUNG:

Es sei p der unbekannte relative Anteil aller Patienten, bei denen SimuStatin wirkt.
Wir schreiben eine Nullhypothese und eine Alternativhypothese an:

$H_0: p = 0{,}4$ $\qquad\qquad\qquad\qquad$ $H_1: p \neq 0{,}4$
(Wirkung ist gleich geblieben) $\qquad\qquad$ (Wirkung hat sich verändert)

1) Es sei H die Anzahl der Patienten in Stichproben vom Umfang 20, bei denen *SimulStatin* wirkt. Wenn die Nullhypothese H_0 gilt, ist H binomialverteilt mit n = 20 und p = 0,4.

Wir werden die Nullhypothese H_0 verwerfen, wenn entweder H ≤ 12 oder H ≥ 12 ein „sehr unwahrscheinliches" Ereignis ist. Es liegt nahe, die maximal zugelassene Irrtumswahrscheinlichkeit 0,05 je zur Hälfte auf die beiden Enden der Wahrscheinlichkeitsverteilung von H aufzuteilen und die Nullhypothese genau dann zu verwerfen, wenn eine der beiden Wahrscheinlichkeiten P(H ≤ 12) und P(H ≥ 12) höchstens gleich 0,025

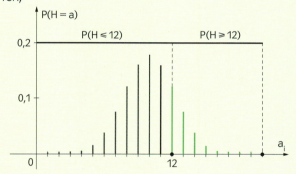

ist. Mit Technologieeinsatz oder der Tabelle auf Seite 250 erhalten wir:
P(H ≤ 12) ≈ 0,979 und P(H ≥ 12) ≈ 0,057
Da beide Wahrscheinlichkeiten größer als 0,025 sind, können wir die Nullhypothese mit der maximal zugelassenen Irrtumswahrscheinlichkeit 0,05 nicht verwerfen. Man kann somit nicht behaupten, dass sich die Wirkung von *SimulStatin* verändert hat.

2) Da die Stichprobe groß ist, lösen wir die Aufgabe mit der Normalverteilung. Es sei H die absolute Häufigkeit der Patienten in Stichproben vom Umfang 2 000, bei denen *SimulStatin* wirkt. Wenn die Nullhypothese H_0 gilt, ist H binomialverteilt mit n = 2 000 und p = 0,4.
Da n · p · (1 − p) = 2 000 · 0,4 · 0,6 = 480 > 9 ist, kann diese Binomialverteilung näherungsweise durch eine Normalverteilung mit folgenden Parametern ersetzt werden:

$$\mu = n \cdot p = 2\,000 \cdot 0{,}4 = 800 \quad \text{und} \quad \sigma = \sqrt{n \cdot p \cdot (1-p)} = \sqrt{2\,000 \cdot 0{,}4 \cdot 0{,}6} \approx 21{,}91.$$

Mit Technologieeinsatz oder der Tabelle auf Seite 251 erhalten wir:
P(H ≤ 844) ≈ 0,9777 und P(H ≥ 844) ≈ 0,0223
Da die zweite Wahrscheinlichkeit kleiner als 0,025 ist, können wir die Nullhypothese mit der maximal zugelassenen Irrtumswahrscheinlichkeit 0,05 verwerfen. Man kann somit behaupten, dass sich die Wirkung von *SimulStatin* verändert hat.

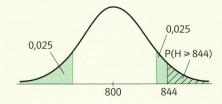

Ein Vorgehen wie in der letzten Aufgabe bezeichnet man als **zweiseitigen Anteilstest mit der Signifikanz α**. Das Wort „zweiseitig" rührt daher, dass die Alternativhypothese H_1 weder in der Form $p > p_0$ noch in der Form $p < p_0$ formuliert wird, sondern in der Form $p \neq p_0$. Es werden also Abweichungen des relativen Anteils p von p_0 nach oben und nach unten betrachtet.

Vorgehen bei einem zweiseitigen Anteilstest

1. Schreibe eine Nullhypothese H_0 und eine Alternativhypothese H_1 in folgender Form an:

   $$H_0: p = p_0 \qquad\qquad H_1: p \neq p_0$$

2. Lege eine Signifikanzzahl α fest!

3. Bestimme den Wert k der untersuchten Häufigkeit H in einer Stichprobe vom Umfang n!

4. Nimm an, dass die Nullhypothese H_0 gilt, und berechne unter dieser Annahme die Irrtums-wahrscheinlichkeiten $P(H \leq k)$ und $P(H \geq k)$!

5. Ist eine dieser beiden Irrtumswahrscheinlichkeiten kleiner oder gleich $\frac{\alpha}{2}$, kann die Nullhypothese verworfen werden.

In der folgenden Abbildung ist ein zweiseitiger Anteilstest mit binomialverteiltem H veranschaulicht.

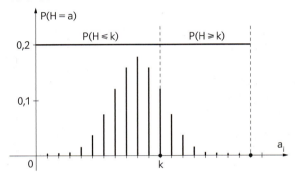

- Ist entweder $P(H \leq k) \leq \frac{\alpha}{2}$ oder $P(H \geq k) \leq \frac{\alpha}{2}$, kann H_0 verworfen werden.
- Ist $P(H \leq k) > \frac{\alpha}{2}$ und $P(H \geq k) > \frac{\alpha}{2}$, kann H_0 nicht verworfen werden.

In der nächsten Abbildung ist ein zweiseitiger Anteilstest mit näherungsweise normalverteiltem H veranschaulicht. Die grün unterlegten Flächen entsprechen jeweils der Wahrscheinlichkeit $\frac{\alpha}{2}$, die schraffierten Flächen den Wahrscheinlichkeiten $P(H \leq k)$ bzw. $P(H \geq k)$.

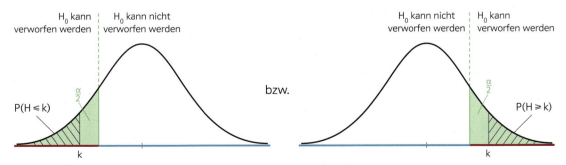

- Liegt k in einem der rot markierten Intervalle (einschließlich der Randpunkte), dann ist $P(H \leq k) \leq \frac{\alpha}{2}$ oder $P(H \geq k) \leq \frac{\alpha}{2}$ und H_0 kann verworfen werden.
- Andernfalls ist $P(H \leq k) > \frac{\alpha}{2}$ und $P(H \geq k) > \frac{\alpha}{2}$, sodass H_0 nicht verworfen werden kann.

AUFGABEN

6.12 Eine Lokalzeitung meldete im Vorjahr, dass in einem Waldgebiet ca. 30 % der Zecken mit FSME-Viren oder Borreliose-Bakterien infiziert sind. Durch einen zweiseitigen Test mit $\alpha = 0{,}05$ soll geprüft werden, ob sich dies in der Zwischenzeit geändert hat. In einer Stichprobe von 20 Zecken findet man 11 infizierte Tiere. Führe den Test durch!

6.13 In einer vor einiger Zeit durchgeführten Erhebung hat sich gezeigt, dass 25 % der Angestellten eines Betriebes während der Arbeit rauchen. Durch einen zweiseitigen Test mit $\alpha = 0{,}05$ soll geprüft werden, ob sich dies in der Zwischenzeit geändert hat. In einer Stichprobe von 20 Angestellten stellt man fest, dass 3 von diesen Personen während der Arbeit rauchen. Führe den Test durch!

6.14 Eine Maschine füllt Pakete mit der Sollmasse 248,5 g ab. Bei sorgfältiger Einstellung der Maschine weicht die Füllmasse nur bei etwa 2 % der Pakete von der Sollmasse ab. Da sich die Maschine bei längerem Betrieb verstellen kann, muss die tatsächliche Füllmasse der Pakete in regelmäßigen Abständen geprüft werden. Dies geschieht dadurch, dass eine Stichprobe von 20 Paketen erhoben und ein zweiseitiger Anteilstest mit $\alpha = 0{,}01$ durchgeführt wird. Notfalls muss die Maschine nachjustiert werden. Gib begründet an, ob sich die Maschine verstellt hat, wenn in der Stichprobe **a)** vier Pakete nicht die Sollmasse aufweisen, **b)** kein Paket von der Sollmasse abweicht!

6.15 Jim und Joe würfeln. Joe beschuldigt Jim, einen gefälschten Würfel zu verwenden, bei dem die Wahrscheinlichkeit eines Sechsers nicht gleich $\frac{1}{6}$ ist. Joe wirft den Würfel 20-mal und erhält zwei Sechser. Kann er behaupten, dass der Würfel gefälscht ist? Teste zweiseitig mit $\alpha = 0{,}05$!

6.16 Stimmt es, dass 20 % aller Bürgerinnen und Bürger einen Passantrag nicht richtig ausfüllen können? In der Passabteilung einer Bezirksbehörde fanden sich unter 350 zufällig ausgewählten Passanträgen 76 falsch ausgefüllte Formulare. Teste mit $\alpha = 0{,}05$!

6.17 *AkkuLife* gibt an, dass bei Batterien des Typs *Akalin* ca. 20 % der Batterien mindestens 50 h verwendbar sind. Nach dem Einbau veränderter Materialien soll getestet werden, ob sich die Verwendbarkeitsdauer dieser Batterien geändert hat. In einer Stichprobe von 275 Batterien neuen Typs halten 61 länger als 50 h. Teste mit $\alpha = 0{,}05$!

6.18 Bei der Produktion einer Massenware gibt es erfahrungsgemäß 15 % Produkte minderer Qualität. Nachdem einige Fertigungsmaschinen ausgetauscht wurden, soll geprüft werden, ob sich dieser Anteil geändert hat. In einer Stichprobe vom Umfang 1000 findet man 122 Produkte minderer Qualität vor. Teste zweiseitig mit $\alpha = 0{,}05$! Kann man aufgrund des Ergebnisses sagen, dass der Maschinentausch die Qualität der Produktion verbessert hat?

6.19 Ein städtisches Gesundheitsamt ist bisher von der Annahme ausgegangen, dass ca. 15 % der Stadtbewohner unter Pollenallergie leiden. Durch eine Stichprobe soll geprüft werden, ob sich dies in der Zwischenzeit geändert hat. Unter 500 zufällig ausgewählten Einwohnern der Stadt findet man 92 Pollenallergiker. Teste zweiseitig mit $\alpha = 0{,}05$!

6.3 KRITISCHE WERTE

Kritische Werte bei einem einseitigen Anteilstest

Definition

Der **zur Signifikanzzahl α gehörige kritische Wert** ist
- bei einem rechtsseitigen Anteilstest die Zahl k_0 mit $P(H \geq k_0) = \alpha$,
- bei einem linksseitigen Anteilstest die Zahl k_0 mit $P(H \leq k_0) = \alpha$.

Arbeitet man mit einer Binomialverteilung für H, lässt sich die Bedingung $P(H \geq k_0) = \alpha$ bzw. $P(H \leq k_0) = \alpha$ nicht genau realisieren, weil ein binomialverteiltes H nur ganzzahlige Werte annehmen kann. Bei Technologieeinsatz wird k_0 oft automatisch auf Ganze gerundet. Daher ermitteln wir im Folgenden kritische Werte im Allgemeinen mit Hilfe der approximierenden Normalverteilung (siehe die folgenden beiden Abbildungen).

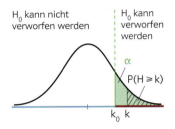
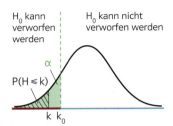

6.20 Durch einen Chemieunfall ist Gift in einen Teich gelangt. Ein Vertreter der chemischen Industrie behauptet, dass durch den Unfall nur 20 % der Fische in diesem Teich vergiftet wurden.
Ein Umweltschützer vermutet, dass dieser Anteil höher ist. Wie viele vergiftete Fische muss der Umweltschützer in einer Stichprobe vom Umfang 100 mindestens vorfinden, um die Behauptung des Industrievertreters mit der maximalen Irrtumswahrscheinlichkeit 0,05 verwerfen zu können?

LÖSUNG:

- $\qquad$ H_0: p = 0,2 $\qquad\qquad$ H_1: p > 0,2

  (Behauptung des Industrieverterters) $\qquad$ (Vermutung des Umweltschützers)

- Wenn die Nullhypothese H_0 gilt, ist die Häufigkeit H der vergifteten Fische in Stichproben vom Umfang 100 binomialverteilt mit n = 100 und p = 0,2.
  Wegen $n \cdot p \cdot (1-p) = 100 \cdot 0,2 \cdot 0,8 = 16 > 9$ können wir diese Binomialverteilung durch eine Normalverteilung mit folgenden Parametern ersetzen:

  $$\mu = n \cdot p = 100 \cdot 0,2 = 20, \quad \sigma = \sqrt{n \cdot p \cdot (1-p)} = \sqrt{100 \cdot 0,2 \cdot 0,8} = 4$$

Wir ermitteln nun k_0 so, dass $P(H \geq k_0) = 0,05$ ist. Mit Technologieeinsatz bzw. der Tabelle auf Seite 251 erhalten wir: $k_0 \approx 26,58$.

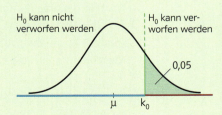

Der Umweltschützer muss also mindestens 27 vergiftete Fische vorfinden, um die Behauptung des Industrievertreters mit der maximal zugelassenen Irrtumswahrscheinlichkeit 0,05 verwerfen zu können.

6.21 Ein Produzent behauptet, dass nur 2 % seiner Erzeugnisse Ausschussstücke sind. Ein kritischer Abnehmer glaubt, dass dieser Anteil höher ist. Wie viele Ausschussstücke muss der Abnehmer in einer Stichprobe vom Umfang 500 mindestens vorfinden, um die Behauptung des Produzenten mit der maximalen Irrtumswahrscheinlichkeit $\alpha = 0,05$ verwerfen zu können?

6.22 Auf einem Glücksspielautomaten steht der Werbeslogan *„Gewinn bei mindestens 35 % aller Spiele"*. Ein Spieler vermutet weniger oft zu gewinnen und möchte seine Vermutung durch eine Serie von 90 Spielen überprüfen. Wie oft darf er dabei höchstens gewinnen, damit er den Werbeslogan mit der maximalen Irrtumswahrscheinlichkeit **a)** 0,05, **b)** 0,01 verwerfen kann?

6.23 Bei einem maschinellen Produktionsprozess werden erfahrungsgemäß 5 % Ausschussstücke hergestellt. Zur Qualitätskontrolle werden täglich 220 Stück entnommen und es wird durch einen rechtsseitigen Anteilstest mit $\alpha = 0,05$ geprüft, ob sich der Ausschussprozentsatz erhöht hat. Wenn dies auf Grund des Tests angenommen werden kann, werden die Maschinen nachjustiert. Ab wie vielen Ausschussstücken in der Stichprobe müssen die Maschinen nachjustiert werden?

6.24 Ein Antibiotikum wirkt erfahrungsgemäß in 90 % aller Anwendungen. Nach einer gewissen Zeit will man anhand einer Stichprobe vom Umfang 250 überprüfen, ob die Bakterien gegen das Medikament resistent geworden sind. Bei welchen Stichprobenergebnissen kann man die Annahme, dass keine Resistenzen gebildet worden sind, mit der maximalen Irrtumswahrscheinlichkeit 0,01 verwerfen?

6.25 Der Zoologe Konrad vermutet, dass Mäuse vom Licht angezogen werden. Um dies zu testen, schickt er 40 Versuchstiere durch das nebenstehend dargestellte Gangsystem. Die Nullhypothese des Tests lautet: Mäuse wählen den linken und rechten Gang rein zufällig. Konrad vermutet alternativ: Mäuse wählen den rechten Gang häufiger als den linken Gang.

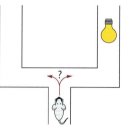

1) Ermittle, wie viele Versuchstiere den rechten Gang zum Licht mindestens wählen müssen, damit Konrad die Nullhypothese mit der maximalen Irrtumswahrscheinlichkeit 0,05 verwerfen kann!

2) Gib an, wie Konrad den Versuch gestalten müsste, um auszuschließen, dass das Testergebnis von einer eventuell bei Mäusen vorhandenen Bevorzugung einer Richtung (nach links bzw. rechts) beeinflusst wird!

Kritische Werte bei einem zweiseitigen Anteilstest

Definition

Bei einem zweiseitigen Anteiltest nennt man die Zahlen k_1 und k_2 mit $P(H \leq k_1) = \frac{\alpha}{2}$ bzw. $P(H \geq k_2) = \frac{\alpha}{2}$ die **zur Signifikanzzahl α gehörigen kritischen Werte**.

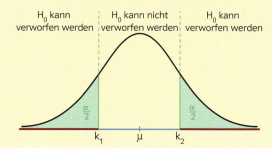

6.26 Eine Kaffeeabfüllmaschine füllt erfahrungsgemäß 4 % aller Packungen schlecht ab. Durch eine Stichprobe vom Umfang 600 soll überprüft werden, ob sich dieser relative Anteil geändert hat. Bei welchen Stichprobenergebnissen kann die Nullhypothese, dass sich der relative Anteil der schlecht befüllten Packungen geändert hat, mit der maximalen Irrtumswahrscheinlichkeit 0,05 verworfen werden?

LÖSUNG:

- $$H_0: p = 0,04 \qquad\qquad H_1: p \neq 0,04$$
  (Maschine hat sich nicht verändert) (Maschine hat sich verändert)

- Wenn die Nullhypothese H_0 gilt, ist die Häufigkeit H der schlecht abgefüllten Packungen in Stichproben vom Umfang 600 binomialverteilt mit $n = 600$ und $p = 0,04$.
  Wegen $n \cdot p \cdot (1 - p) = 600 \cdot 0,04 \cdot 0,96 = 23,04 > 9$ können wir diese Binomialverteilung durch eine Normalverteilung mit folgenden Parametern ersetzen:

  $$\mu = n \cdot p = 600 \cdot 0,04 = 2, \quad \sigma = \sqrt{n \cdot p \cdot (1 - p)} = \sqrt{600 \cdot 0,04 \cdot 0,96} = 4,8$$

- Wir bestimmen nun zwei symmetrisch bezüglich μ liegende Werte k_1 und k_2, sodass gilt:
  $$P(H \leq k_1) = 0,025 \quad \text{und} \quad P(H \geq k_2) = 0,025$$
  Mit Technologieeinsatz bzw. der Tabelle auf Seite 251 erhalten wir
  $k_1 \approx 14,592$ und $k_2 \approx 33,408$.
  Die Nullhypothese kann also mit der maximal zugelassenen Irrtumswahrscheinlichkeit 0,05 verworfen werden, wenn man in der Stichprobe höchstens 14 oder mindestens 34 schlecht abgefüllte Packungen vorfindet.

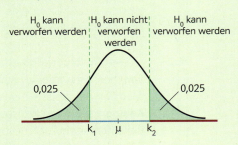

AUFGABEN

6.27 Bei einer Serienproduktion von Leuchtdioden wird erfahrungsgemäß 5 % Ausschuss produziert. Durch eine Stichprobe vom Umfang 450 soll überprüft werden, ob sich dieser Anteil geändert hat. Bei welchen Stichprobenergebnissen kann die Annahme, dass sich der Ausschussanteil nicht geändert hat, mit der maximalen Irrtumswahrscheinlichkeit 0,05 verworfen werden?

6.28 Das Schmerzmittel *DolorEx* wirkt bei ca. 90 % aller Anwendungen. Anhand einer Stichprobe vom Umfang 500 soll überprüft werden, ob das Generikum *SimDolorEx* (Nachbildung mit gleichen Wirkstoffen) eine andere Wirkung wie *DolorEx* hat. Bei welchen Stichprobenergebnissen kann man mit der maximalen Irrtumswahrscheinlichkeit 0,05 die Annahme verwerfen, dass das Generikum die gleiche Wirkung wie das Original hat?

6.29 *CityTram* ist bisher von der Annahme ausgegangen, dass ca. 10 % der Passagiere ohne Fahrschein unterwegs sind. Bei einer Kontrolle soll durch zufällige Auswahl von 500 Fahrgästen überprüft werden, ob sich der Prozentsatz der „Schwarzfahrer" geändert hat. Bei welchen Stichprobenergebnissen kann die Annahme, dass sich nichts geändert hat, mit der maximalen Irrtumswahrscheinlichkeit 0,05 verworfen werden?

6.4 ERGÄNZENDE BEMERKUNGEN ZU DEN ANTEILSTESTS

Die Grundidee eines Anteilstests

Diese Grundidee wird hier an einem rechtsseitigen Anteilstest erläutert. Die Behauptung, die man eigentlich untermauern will, ist die Alternativhypothese H_1. Zu diesem Zweck stellt man die Nullhypothese H_0 probehalber als eine Art „Strohmann" auf und versucht, diese umzustoßen (siehe die folgende Abbildung). Dazu erhebt man eine Stichprobe vom Umfang n, ermittelt den Wert k der untersuchten Häufigkeit H und berechnet die Irrtumswahrscheinlichkeit $P(H \geq k)$. Ist diese höchstens gleich der Signifikanzzahl α, kann der Strohmann umgestoßen, dh. die Nullhypothese verworfen werden. Ist die Irrtumswahrscheinlichkeit jedoch größer als α, kann die Nullhypothese nicht verworfen werden. In diesem Fall kann man über die Gültigkeit der Nullhypothese (bzw. Alternativhypothese) nichts aussagen. Der Test war vergebens.

Zum besseren Verständnis besprechen wir zwei Analogien zu einem statistischen Test.

Analogie 1: Indirekter Beweis

Bei einem indirekten Beweis nimmt man das Gegenteil der zu beweisenden Behauptung an und versucht durch logische Folgerungen eine Aussage herzuleiten, die im Widerspruch zu diesem Gegenteil steht (siehe die folgende Abbildung). Gelingt dies, darf das Gegenteil der Behauptung verworfen und somit die Behauptung akzeptiert werden. Gelingt dies nicht, kann man über die Gültigkeit der Behauptung (bzw. ihres Gegenteils) nichts aussagen. Der Beweisversuch war vergebens.

Bei einem statistischen Test geht man analog vor (siehe die folgende Abbildung). Man nimmt das Gegenteil der Alternativhypothese H_1, also die Nullhypothese H_0, an und versucht durch eine Stichprobe zu zeigen, dass ein „stochastischer Widerspruch" eintritt, dh. dass ein sehr unwahrscheinliches Stichprobenergebnis eingetreten ist, wenn H_0 tatsächlich gilt. Gelingt dies, darf H_0 verworfen werden (und damit H_1 akzeptiert werden). Gelingt dies nicht, kann man über die Gültigkeit von H_0 (bzw. H_1) nichts aussagen. Der Test war vergebens. Im Gegensatz zu einem indirekten Beweis liefert diese Vorgangsweise nicht mit hundertprozentiger Sicherheit die richtige Entscheidung, die Wahrscheinlichkeit eines Irrtums ist aber sehr klein.

Analogie 2: Indizienprozess bei Gericht

Hier entspricht der Nullhypothese H_0 die Unschuldsvermutung zugunsten des Angeklagten und der Alternativhypothese H_1 die Schuldvermutung des Anklägers. An die Stelle einer Stichprobe treten polizeiliche Ermittlungen, bei denen versucht wird, ausreichende Indizien für die Schuld des Angeklagten zu finden. Gelingt dies, wird die Unschuldsvermutung verworfen (und damit die Schuldvermutung akzeptiert). Gelingt dies nicht, kann über die Unschuld (bzw. Schuld) des Angeklagten nichts ausgesagt werden. (In der Gerichtspraxis führt dies zwar zu einem Freispruch des Angeklagten wegen mangelnder Beweise, das ändert aber nichts daran, dass die Schuldfrage ungeklärt bleibt.)

Vergleich von einseitigen und zweiseitigen Anteilstests

Es kann vorkommen, dass eine Nullhypothese durch einen einseitigen Anteilstest mit der Signifikanz α verworfen werden kann, nicht jedoch durch einen zweiseitigen Anteilstest mit der Signifikanz α (vgl. Aufgabe 6.30). Warum dies passieren kann, ist aus nebenstehender Abbildung ersichtlich. Ergibt sich in der Stichprobe ein Wert $H = k$ wie eingezeichnet, kann die Nullhypothese im Falle eines einseitigen Tests verworfen werden, im Falle eines zweiseitigen Tests aber nicht.

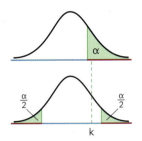

Man hat also beim einseitigen Testen mehr „Chancen" die Nullhypothese zu verwerfen, als beim zweiseitigen Testen. Damit erhebt sich die Frage: Falls es bei einem zweiseitigen Test nicht gelingt, die Nullhypothese zu verwerfen, darf man dann auf einen einseitigen Test umsteigen, in der Hoffnung, dass man die Nullhypothese dann verwerfen kann? Die Antwort auf diese Frage lautet: Nein, man darf es nicht. Die Entscheidung, ob einseitig oder zweiseitig getestet werden soll, muss bereits vor der Erhebung der Stichprobe getroffen werden und zwar aufgrund sachlicher Überlegungen und aufgrund des verfügbaren Informationsstandes. Weiß man über den betreffenden Anteil nicht viel, wird man zweiseitig testen. Gibt es jedoch gute Gründe, zu vermuten, dass der Anteil größer (bzw. kleiner) als der behauptete Wert ist, wird man einseitig testen. Der Informationsstand kann sich natürlich ändern und damit auch die Art des angewandten Tests. Testet man etwa eine Anteilsbehauptung sehr oft zweiseitig und erhält man in den Stichproben stets größere Anteile als behauptet, kann dies zur Vermutung führen, dass der relative Anteil größer ist als behauptet. Daher kann man beschließen, das nächste Mal einen einseitigen Test nach oben durchzuführen.

AUFGABEN

6.30 Bei einer Stückgutproduktion beträgt der relative Anteil der Premiumqualität erfahrungsgemäß 20 %. Dieser relative Anteil soll durch einen Test mit der Signifikanz 0,05 geprüft werden. In einer Stichprobe von 500 Stück erhält man 116 Premiumstücke. Zeige, dass die Nullhypothese verworfen werden kann, wenn man rechtsseitig testet, aber nicht, wenn man zweiseitig testet!

KOMPETENZCHECK

L

AUFGABEN VOM TYP 1

WS-L 4.2 6.31 Zur Überprüfung einer Behauptung wird ein statistischer Test mit vorgegebener Signifikanz durchgeführt, wobei eine Nullhypothese und eine Alternativhypothese formuliert werden. Bei der Durchführung des Tests stellt sich heraus, dass die Nullhypothese nicht verworfen werden kann. Kreuze die beiden Aussagen an, die mit Sicherheit zutreffen!

Die Nullhypothese gilt.	☐
Die Nullhypothese gilt nicht.	☐
Die Alternativhypothese gilt.	☐
Über die Gültigkeit der Alternativhypothese kann nichts ausgesagt werden.	☐
Der Test war vergebens.	☐

WS-L 4.2 6.32 Bei einer Veranstaltung werden Lose verteilt. Der Veranstalter behauptet, dass 40 % der Lose Gewinnlose sind. Ein Besucher der Veranstaltung vermutet, dass dieser Anteil geringer ist, weil er unter 20 Losen nur fünf Gewinnlose vorgefunden hat. Kann er die Behauptung des Veranstalters mit der maximalen Irrtumswahrscheinlichkeit 0,05 verwerfen?

WS-L 4.2 6.33 Eine Lokalzeitung schreibt: „20 % der Autofahrer missachten die Stopptafel in der *Bahnhofstraße*." Eine Anrainerin hält diese Behauptung für übertrieben. Sie hat nämlich in einer Stichprobe von 50 Autos nur sechs Autos beobachtet, die an dieser Stopptafel nicht hielten. Kann die Anrainerin die Behauptung der Lokalzeitung mit der maximalen Irrtumswahrscheinlichkeit 0,05 verwerfen?

WS-L 4.2 6.34 Ein Pharmaunternehmen geht davon aus, dass das Schmerzmittel *Antidolin* bei 80 % aller Patienten wirkt. Nach Veränderungen an der Rezeptur soll durch einen zweiseitigen Test mit $\alpha = 0,01$ geprüft werden, ob sich die Wirksamkeit von *Antidolin* verändert hat. In einer Stichprobe vom Umfang 200 findet man 170 Personen vor, bei denen das veränderte Heilmittel gewirkt hat. Führe den Test durch!

AUFGABEN VOM TYP 2

WS-L 4.2 6.35 **a)** Der Hersteller eines Massenartikels geht davon aus, dass seine Produktion $p = 2 \%$ Ausschussstücke enthält. Ein Abnehmer befürchtet, dass der Ausschussanteil höher ist.

    1) Durch einen rechtsseitigen Test mit der Signifikanz 5 % soll die Hypothese des Produzenten geprüft werden. Bei der Untersuchung von 1000 zufällig der Produktion entnommenen Stücken erhält man 22 Stück Ausschuss. Führe den Test durch!

    2) Ermittle, wie viele Ausschussstücke man in der Stichprobe mindestens vorfinden müsste, um die Hypothese des Produzenten mit der maximalen Irrtumswahrscheinlichkeit 0,05 verwerfen zu können!

b) Würde man sehr oft Stichproben vom Umfang 1000 erheben und dabei jedes Mal die Nullhypothese $p = 0,02$ bei einem Stichprobenergebnis von mehr als 24 Ausschussstücken verwerfen, so würde man sich in höchstens x % aller Stichproben irren, falls die Nullhypothese doch gilt. Kreuze an, für welche Werte von x diese Aussage richtig ist!

☐ x = 1	☐ x = 25	☐ x = 5	☐ x = 50	☐ x = 10

7 DIFFERENZEN- UND DIFFERENTIALGLEICHUNGEN

LERNZIELE

7.1 Veränderungen von Größen durch **Differenzengleichungen** beschreiben können und diese im Kontext deuten können.

7.2 Veränderungen von Größen durch **Differentialgleichungen** beschreiben können und diese im Kontext deuten können.

- ■ **Technologie kompakt**
- ■ **Kompetenzcheck**

GRUNDKOMPETENZEN

AN-R 1.4 Das systemdynamische **Verhalten von Größen durch Differenzengleichungen beschreiben** bzw. diese **im Kontext deuten** können.

AN-L 1.5 **Einfache Differentialgleichungen**, insbesondere $f'(x) = k \cdot f(x)$, **lösen können.**

7.1 DIFFERENZENGLEICHUNGEN

R

Rekursive Darstellungen

Lernapplet 76py6v

Beispiel 1: Lineares Wachsen
Es ist P_n die Größe einer linear wachsenden Population zum Zeitpunkt n (n in Jahren). Zu Beginn ist die Populationsgröße gleich d, pro Jahr wächst sie um den konstanten Betrag k.

$$P_0 = d \quad \text{und} \quad P_{n+1} = P_n + k \quad \text{für } n = 0, 1, 2, \dots$$

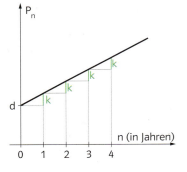

Man bezeichnet diese Darstellung als **rekursive Darstellung** des linearen Wachstumsprozesses. Ausgehend von der **Anfangsbedingung** $P_0 = d$ kann man mit Hilfe der **Rekursionsgleichung** $P_{n+1} = P_n + k$ der Reihe nach die Werte $P_1, P_2, P_3, \dots$ berechnen.

Neben der rekursiven Darstellung kann man auch eine **Termdarstellung** für P_n angeben:
$$P_n = k \cdot n + d \quad \text{für } n \in \mathbb{N}$$

7.01 Für das Wachstum der Population im Beispiel 1 gelte: $d = 1000$ und $k = 400$. Berechne P_n für $n = 0$, 1, 2, 3 **a)** mit Hilfe der rekursiven Darstellung, **b)** mit Hilfe der Termdarstellung!

LÖSUNG: Rekursive Darstellung:

$P_0 = 1000$
$P_1 = P_0 + 400 = 1000 + 400 = 1400$
$P_2 = P_1 + 400 = 1400 + 400 = 1800$
$P_3 = P_2 + 400 = 1800 + 400 = 2200$

Termdarstellung:

$P_0 = 1000 + 0 \cdot 400 = 1000$
$P_1 = 1000 + 1 \cdot 400 = 1400$
$P_2 = 1000 + 2 \cdot 400 = 1800$
$P_3 = 1000 + 3 \cdot 400 = 2200$

Beispiel 2: Exponentielles Wachsen

Es ist P_n die Größe einer exponentiell wachsenden Population zum Zeitpunkt n (n in Jahren). Zu Beginn ist die Populationsgröße gleich c, pro Jahr wächst sie mit dem konstanten Faktor $a > 1$.

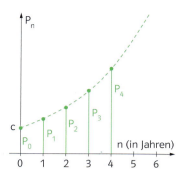

Rekursive Darstellung:

$$P_0 = c \quad \text{und} \quad P_{n+1} = P_n \cdot a \quad \text{für } n = 0, 1, 2, \ldots$$

Termdarstellung:

$$P_n = c \cdot a^n \quad \text{für } n \in \mathbb{N}$$

7.02 Für das Wachstum der Population im Beispiel 2 gelte: $c = 1000$ und $a = 1{,}2$. Berechne P_n für $n = 0, 1, 2, 3$ **a)** mit Hilfe der rekursiven Darstellung, **b)** mit Hilfe der Termdarstellung!

LÖSUNG: Rekursive Darstellung:

$P_0 = 1000$
$P_1 = P_0 \cdot 1{,}2 = 1000 \cdot 1{,}2 = 1200$
$P_2 = P_1 \cdot 1{,}2 = 1200 \cdot 1{,}2 = 1440$
$P_3 = P_2 \cdot 1{,}2 = 1440 \cdot 1{,}2 = 1728$

Termdarstellung:

$P_0 = 1000$
$P_1 = 1000 \cdot 1{,}2^1 = 1200$
$P_2 = 1000 \cdot 1{,}2^2 = 1440$
$P_3 = 1000 \cdot 1{,}2^3 = 1728$

Beispiel 3: Medikamentengabe

Ein Patient erhält jeden Tag, beginnend mit dem Tag 0, zur selben Uhrzeit eine Injektion. Dadurch erhöht sich die Masse des Wirkstoffs in seinem Blut stets um q mg. Von einer Injektion bis zur nächsten werden jedoch jeweils p% der anfänglich im Blut vorhandenen Wirkstoffmasse abgebaut. Mit m_n bezeichnen wir die im Blut vorhandene Wirkstoffmasse am Tag n unmittelbar nach der Injektion.

Eine rekursive Darstellung für die Wirkstoffmasse m_n im Blut sieht so aus:

$$m_0 = q \quad \text{und} \quad m_{n+1} = \left(1 - \frac{p}{100}\right) \cdot m_n + q \quad \text{für } n = 0, 1, 2, \ldots$$

Eine Termdarstellung ist in diesem Beispiel schwierig zu finden. Wir verzichten hier darauf.

7.03 Berechne im Beispiel 3 die Wirkstoffmassen m_n im Blut für $n = 0, 1, 2, 3$ mit $p = 70$ und $q = 200$!

LÖSUNG: $m_0 = 200$ (mg)

$m_1 = 0{,}3 \cdot m_0 + 200 = 0{,}3 \cdot 200 + 200 = 260$ (mg)
$m_2 = 0{,}3 \cdot m_1 + 200 = 0{,}3 \cdot 260 + 200 = 278$ (mg)
$m_3 = 0{,}3 \cdot m_2 + 200 = 0{,}3 \cdot 278 + 200 = 283{,}4$ (mg)

kompakt
Seite 118

Allgemein besteht eine **rekursive Darstellung** einer **Folge** $(x_0, x_1, x_2, \ldots)$ wie in den Beispielen 1, 2 und 3 aus einer **Anfangsbedingung** $x_0 = m$ und einer **Rekursionsgleichung** $x_{n+1} = f(x_n)$. Die Anfangsbedingung legt das erste Glied der Folge fest, mit Hilfe der **Rekursionsgleichung** kann man zu jedem Glied x_n das nächste Glied x_{n+1} berechnen. Die **Folge** $(x_0, x_1, x_2, \ldots)$ bezeichnet man als **Lösung dieser Rekursionsgleichung mit der gegebenen Anfangsbedingung.**

BEMERKUNG:
- Eine Gleichung der Form $x_{n+1} = f(x_n)$ heißt **Rekursionsgleichung.**
- Eine Gleichung der Form $x_{n+1} - x_n = f(x_n)$ heißt **Differenzengleichung.**

Diese beiden Begriffe werden jedoch meist synonym gebraucht, weil man beide Gleichungen ineinander umformen kann:

$$x_{n+1} = f(x_n) \Rightarrow x_{n+1} - x_n = f(x_n) - x_n = g(x_n)$$

bzw. $\quad x_{n+1} - x_n = g(x_n) \Rightarrow x_{n+1} = g(x_n) + x_n = f(x_n)$

Will man die Größe einer Population nicht nur in (ganzen) Jahren messen, sondern in beliebigen Zeitabständen Δt, ist es zweckmäßig, $P(t)$ statt P_t zu schreiben und die Populationsgröße als Funktion $P: \mathbb{R}_0^+ \to \mathbb{R}$ aufzufassen. Zum Beispiel:

lineares Wachsen (Abnehmen): $P(0) = d$ und $P(t + \Delta t) = P(t) + k \cdot \Delta t$

exponentielles Wachsen (Abnehmen): $P(0) = c$ und $P(t + \Delta t) = P(t) \cdot a^{\Delta t}$

Daraus kann man der Reihe nach $P(0)$, $P(\Delta t)$, $P(2 \cdot \Delta t)$, $P(3 \cdot \Delta t)$, $P(4 \cdot \Delta t)$, … berechnen.

AUFGABEN

7.04   **Arbeitsblatt g9dw8z**   Für ein bestimmtes Konto wurden die monatlichen Endkontostände (in €) im Laufe eines Jahres in der folgenden Tabelle zusammengefasst:

Jän	Feb	März	April	Mai	Juni	Juli	Aug	Sept	Okt	Nov	Dez
2 000	1750	1500	1250	1000	750	500	250	0	−250	−500	−750

Gib eine Termdarstellung und eine rekursive Darstellung des Endkontostandes K_n im n-ten Monat für $n = 1, 2, …, 12$ an!

7.05   Ein Kapital von A Euro wird jährlich mit $p\%$ verzinst. Es ist K_n das Kapital (in €) nach n Jahren für $n = 0, 1, 2, 3, …$.

1)   Gib eine Anfangsbedingung und eine Rekursionsgleichung für K_n an!

2)   Berechne K_n für $n = 0, 1, 2, 3, 4$, wenn $A = 1000$ und $p = 2$ ist!

7.06   Für eine Größe G gilt: $G(0) = 10$ und $G(n + 1) = a \cdot G(n) + 6$ (mit $n \in \mathbb{N}$; $a \in \mathbb{R}^+$)

a)   Wie groß ist $G(3)$?

b)   Berechne die Werte $G(n)$ für $n = 0, 1, 2, 3, 4$, falls $a = 1,5$, $a = 1$ bzw. $a = 0,1$!

c)   Zeige, dass die Termdarstellung $G(n) = \dfrac{6 + (4 - 10a) \cdot a^n}{1 - a}$ für $a \neq 1$ die rekursive Darstellung erfüllt!

d)   Finde eine Termdarstellung für $G(n)$ für den Fall $a = 1$!

7.07   Für den Wert W_n (in €) eines Lieferwagens n Jahre nach dem Kauf gilt: $W_n = 38\,800 \cdot 0,75^n$.

1)   ▪ Gib den Kaufpreis des Lieferwagens und den jährlichen prozentuellen Wertverlust an!

   ▪ Gib eine rekursive Darstellung für W_n an!

2)   ▪ Berechne den Wert des Autos nach 0, 1, 2, 3, 4 Jahren!

   ▪ Gib an, wie viel an Wert das Auto im ersten Jahr bzw. im vierten Jahr verliert!

3)   Der Besitzer beschließt, den Lieferwagen wieder zu verkaufen, wenn sein Wert unter ein Fünftel des Neuwertes gesunken ist. Ermittle, nach wie vielen Jahren das der Fall ist!

Weitere Rekursionstypen

Es kann sein, dass bei einer rekursiven Darstellung ein Folgenglied aus mehreren vorangehenden Gliedern berechnet wird, wobei mehrere Anfangsbedingungen nötig sind.

7.08   Die „Fibonacci-Folge" ist so definiert:

$f_0 = 0$, $f_1 = 1$ und $f_{n+1} = f_{n-1} + f_n$ für $n = 1, 2, 3, 4, …$ (vgl. Mathematik verstehen 6, Seite 142). Gib die ersten zehn Glieder dieser Folge an!

LÖSUNG: $f_0 = 0$, $f_1 = 1$, $f_2 = 0 + 1 = 1$, $f_3 = 1 + 1 = 2$, $f_4 = 1 + 2 = 3$, $f_5 = 2 + 3 = 5$, $f_6 = 3 + 5 = 8$, …
Setze selbst fort!

7.2 DIFFERENTIALGLEICHUNGEN

Lineares und exponentielles Wachsen bzw. Abnehmen

Manche Prozesse lassen sich auch mit Hilfe von Ableitungen beschreiben. Zum Beispiel:

Lineares Wachsen (Abnehmen): $\quad P(t) = k \cdot t + d \Rightarrow P'(t) = k$

Exponentielles Wachsen (Abnehmen): $\quad P(t) = c \cdot e^{kt} \Rightarrow P'(t) = c \cdot k \cdot e^{kt} = k \cdot c \cdot e^{kt} = k \cdot P(t)$

Lineares Wachsen (Abnehmen) lässt sich also durch die „Differentialgleichung" $P'(t) = k$ mit der „Anfangsbedingung" $P(0) = d$ beschreiben (Wachsen für $k > 0$, Abnehmen für $k < 0$). Exponentielles Wachsen (Abnehmen) lässt sich durch die „Differentialgleichung" $P'(t) = k \cdot P(t)$ mit der „Anfangsbedingung" $P(0) = c$ (Wachsen für $k > 0$, Abnehmen für $k < 0$).

**kompakt
Seite 118**

Allgemein versteht man unter einer **Differentialgleichung** für eine Funktion $f: x \mapsto f(x)$ eine Gleichung, in der (erste oder höhere) Ableitungen von f auftreten. Jede Funktion f, für die die vorgegebene Differentialgleichung gilt, nennt man eine **Lösungsfunktion** oder kurz **Lösung** der Differentialgleichung. Durch Angabe geeigneter **Anfangsbedingungen** lassen sich spezielle Funktionen aus der Menge aller Lösungen auswählen.

BEACHTE: Die Lösungen einer Differentialgleichung sind keine Zahlen, sondern Funktionen.

Anhand der obigen Überlegungen zum linearen und exponentiellen Wachsen sieht man:

- Eine **lineare Funktion f** mit $f(x) = k \cdot x + d$ genügt der Differentialgleichung $f'(x) = k$ (mit $k \in \mathbb{R}$).
- Eine **Exponentialfunktion f** mit $f(x) = c \cdot e^{kx}$ genügt der Differentialgleichung $f'(x) = k \cdot f(x)$ (mit $k \in \mathbb{R}$).

Sofern f in einem Intervall definiert und differenzierbar ist, sind die genannten linearen bzw. exponentiellen Funktionen sogar die einzigen Lösungen der jeweiligen Differentialgleichung. Dies wird in dem folgenden Satz bewiesen.

Satz

Für eine in einem Intervall definierte, differenzierbare Funktion f gilt:

(1) $f'(x) = k \Leftrightarrow f(x) = k \cdot x + d \;(k, d \in \mathbb{R})$

(2) $f'(x) = k \cdot f(x) \Leftrightarrow f(x) = c \cdot e^{k \cdot x} \;(k, c \in \mathbb{R})$

BEWEIS: Jede der beiden Behauptungen ist eine Äquivalenz und muss daher in beiden Richtungen bewiesen werden.

(1) ▪ Es gilt: $f(x) = k \cdot x + d \Rightarrow f'(x) = k$.
 ▪ Es gilt: $f'(x) = k \Rightarrow f(x) = \int f'(x)\,dx = \int k\,dx = k \cdot x + d$

(2) ▪ Es gilt: $f(x) = c \cdot e^{kx} \Rightarrow f'(x) = c \cdot k \cdot e^{kx} = k \cdot c \cdot e^{kx} = k \cdot f(x)$
 ▪ Wir zeigen jetzt, dass auch umgekehrt gilt: $f'(x) = k \cdot f(x) \Rightarrow f(x) = c \cdot e^{k \cdot x}$.
 Dazu betrachten wir die Funktion g mit $g(x) = f(x) \cdot e^{-kx}$ und berechnen deren Ableitung:
 $g'(x) = f'(x) \cdot e^{-kx} + f(x) \cdot (-k) \cdot e^{-kx} = [f'(x) - k \cdot f(x)] \cdot e^{-kx}$
 Da laut Voraussetzung $f'(x) - k \cdot f(x) = 0$ gilt, folgt daraus: $g'(x) = 0$. Da g wie f in einem Intervall definiert ist, muss g eine konstante Funktion sein:
 $g(x) = f(x) \cdot e^{-kx} = c$ (mit $c \in \mathbb{R}$)
 Daraus folgt: $f(x) = c \cdot e^{kx}$. $\qquad \square$

7.09 Die Funktion f: $\mathbb{R} \to \mathbb{R}$ genügt der angegebenen Differentialgleichung. Ermittle die Lösung dieser Differentialgleichung mit der angegebenen Anfangsbedingung für f(0)!

a) $f'(x) = \frac{1}{2}$, $f(0) = 1$ **b)** $f'(x) = -2 \cdot f(x)$, $f(0) = \frac{1}{2}$

LÖSUNG:

a) $f(x) = \frac{1}{2} \cdot x + d$. Aus $f(0) = 1$ folgt $d = 1$. Somit gilt: $f(x) = \frac{1}{2} \cdot x + 1$.

b) $f(x) = c \cdot e^{-2x}$. Aus $f(0) = \frac{1}{2}$ folgt $c = \frac{1}{2}$. Somit gilt: $f(x) = \frac{1}{2} \cdot e^{-2x}$.

AUFGABEN

7.10 Ermittle eine Termdarstellung der Funktion f: $\mathbb{R} \to \mathbb{R}$, die die angegebene Differentialgleichung mit der angegebenen Anfangsbedingung für f(0) erfüllt und skizziere ihren Graphen!
a) $f'(x) = -\frac{3}{4}$, $f(0) = -\frac{4}{5}$ **b)** $f'(x) = f(x)$, $f(0) = \frac{1}{2}$ **c)** $f'(x) = -\frac{1}{2} \cdot f(x)$, $f(0) = -1$

7.11 Die Funktion f: $\mathbb{R} \to \mathbb{R} \mid x \mapsto c \cdot a^x$ (mit $c \in \mathbb{R}^*$, $a \in \mathbb{R}^+$) ist eine Lösung der Differentialgleichung $f'(x) = k \cdot f(x)$ (mit $k \in \mathbb{R}$). Drücke a durch k aus!

7.12 Die Funktion f: $\mathbb{R} \to \mathbb{R}$ ist eine Lösung der Differentialgleichung $f'(x) = k$. Für welche Werte von k beschreibt f einen Wachstumsprozess, für welche einen Abnahmeprozess?

7.13 Die Funktion f: $\mathbb{R} \to \mathbb{R}$ ist eine Lösung der Differentialgleichung $f'(x) = k \cdot f(x)$, wobei $f(0) > 0$ ist. Für welche Werte von k beschreibt f einen Wachstumsprozess, für welche einen Abnahmeprozess?

7.14 Es sei A(t) die Anzahl der Bakterien in einer Kultur zum Zeitpunkt t (t in Stunden). Die Funktion A erfüllt näherungsweise die Differentialgleichung $A'(t) = 5 \cdot A(t)$. Kreuze die beiden zutreffenden Aussagen an!

Die Wachstumsgeschwindigkeit der Bakterienanzahl wächst linear mit der Zeit.	☐
Die Wachstumsgeschwindigkeit der Bakterienanzahl wächst exponentiell mit der Zeit.	☐
Die Bakterienanzahl wächst linear mit der Zeit.	☐
Die Bakterienanzahl wächst exponentiell mit der Zeit.	☐
Die Bakterienanzahl verdoppelt sich ungefähr alle 5 Stunden.	☐

7.15 Kreuze die beiden Funktionen an, die der Differentialgleichung $f''(x) = -f(x)$ genügen!
☐ $f(x) = x^2$ ☐ $f(x) = e^x$ ☐ $f(x) = \cos(x)$ ☐ $f(x) = \sin(2x)$ ☐ $f(x) = \sin(x) - \cos(x)$

7.16 Wird ein Körper mit der Temperatur A in einen Raum mit der konstant gehaltenen Temperatur $B < A$ gebracht, so kühlt er ab. Ist T(t) die Temperatur des Körpers zum Zeitpunkt t (in Minuten nach Beginn des Vorgangs), so nimmt die Temperaturdifferenz $T(t) - B$ exponentiell ab.
1) Stelle eine Formel für T(t) auf, wenn die Differenz $T(t) - B$ pro Minute um $\frac{1}{10}$ ihres Betrages sinkt!
2) Gib die Änderungsgeschwindigkeit T'(t) der Temperatur zum Zeitpunkt t an!
3) Prüfe, ob T die Differentialgleichung $T'(t) = k \cdot T(t)$ für ein $k \in \mathbb{R}$ erfüllt!

Wachstum bei Beschränkung

Es sei $N(t)$ die Größe einer wachsenden Population zum Zeitpunkt t. Bei linearem Wachsen geht man davon aus, dass die Änderungsrate $N'(t)$ konstant ist, bei exponentiellem Wachsen hingegen, dass $N'(t)$ direkt proportional zu $N(t)$ ist. Beide Annahmen führen aber dazu, dass die Populationsgröße $N(t)$ irgendwann unrealistisch groß wird. Hält man es dagegen für zutreffend, dass die Populationsgröße $N(t)$ durch eine Konstante K nach oben beschränkt ist, ist es besser anzunehmen, dass $N'(t)$ direkt proportional sowohl zu $N(t)$ als auch zum noch vorhandenen „Wachstumsfreiraum" $K - N(t)$ ist. Bezeichnen wir den Proportionalitätsfaktor mit a, liefert dies folgende Differentialgleichung

$$N'(t) = a \cdot N(t) \cdot [K - N(t)]$$

Diese Differentialgleichung beschreibt ein **kontinuierliches logistisches Wachstum**, das wir schon in Mathematik verstehen 6 (Seite 84) kennengelernt haben.

Man kann zeigen, dass die Lösung dieser Differentialgleichung mit der Anfangsbedingung $N(0) = N_0$ die folgende Form hat:

$$N(t) = \frac{K \cdot N_0}{N_0 + (K - N_0) \cdot e^{-aKt}}$$

Der typische Verlauf des Graphen einer solchen Lösungsfunktion ist in der folgenden Abbildung dargestellt.

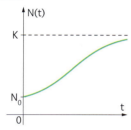

AUFGABEN

7.17 Zeige durch Nachrechnen, dass die Funktion N mit $N(t) = \dfrac{K \cdot N_0}{N_0 + (K - N_0) \cdot e^{-aKt}}$ die Differentialgleichung $N'(t) = a \cdot N(t) \cdot [K - N(t)]$ mit der Anfangsbedingung $N(0) = N_0$ erfüllt und somit eine Lösung dieser Differentialgleichung ist!

7.18 Ermittle eine Lösungsfunktion der Differentialgleichung $N'(t) = a \cdot N(t) \cdot [K - N(t)]$ für folgende Angaben und skizziere den Graphen der Lösungsfunktion!
a) $K = 500$, $N_0 = 100$, $a = 0{,}001$ **b)** $K = 500$, $N_0 = 200$, $a = 0{,}001$

Schwingungen

Es sei $s(t) = r \cdot \sin(\omega \cdot t + \varphi)$ die Elongation einer harmonischen Schwingung zum Zeitpunkt t. Man kann zeigen, dass die Funktion s der Differentialgleichung $s''(t) = -\omega^2 \cdot s(t)$ genügt.
$$s''(t) = -\omega^2 \cdot s(t)$$

AUFGABEN

7.19 Zeige, dass die Zeit-Ort-Funktion s mit $s(t) = a \cdot \sin(\omega t + \varphi) + b \cdot \cos(\omega t + \varphi)$ eine Lösung der Differentialgleichung $s''(t) = -\omega^2 \cdot s(t)$ ist!

R L TECHNOLOGIE KOMPAKT

GEOGEBRA

CASIO CLASS PAD II

Folge anhand ihrer Rekursionsgleichung $x_{n+1} = f(x_n)$ untersuchen

GEOGEBRA

Tabellen-Ansicht:

Eingabe in Zelle A1 bis Zelle A*m*: *Nacheinander die Indizes von 0 bis m*

Eingabe in Zelle B1: x_0

Eingabe in Zelle B2: $= f(x_n)$, dabei ersetze x_n durch B1!

Zelle B2 markieren und das Ausfüllkästchen bis zur Zeile $m + 1$ nach unten ziehen.

Ausgabe → *Liste der Glieder $x_0, x_1, ..., x_m$ in der Spalte B*

Für die grafische Darstellung der Folgenglieder:

Eingabe: Alle Zellen, die Daten enthalten, markieren –

Werkzeug {•••} – Erzeugen

Grafik-Ansicht:

Ausgabe → *Grafische Darstellung der Glieder $x_0, x_1, ..., x_m$*

oder:

X= CAS-Ansicht:

Eingabe: IterationsListe($f(x_n)$, a, {x_0}, m) , dabei ersetze x_n in $f(x_n)$ durch a – Werkzeug =

Ausgabe → *Liste der Glieder $x_0, x_1, ..., x_m$*

Bei mehreren Anfangsbedingungen (als Beispiel: gegeben sind x_0 und x_1):

X= CAS-Ansicht:

Eingabe: IterationsListe($f(x_n)$, a, b, {x_0, x_1}, m) , dabei ersetze x_{n-1} in $f(x_n)$ durch a und x_n in $f(x_n)$ durch b – Werkzeug =

Ausgabe → *Liste der Glieder $x_0, x_1, ..., x_m$*

CASIO CLASS PAD II

Iconleiste – Menu – Tabellenkalkulat. –

Zelle A1: 0

Zelle A2: Menüleiste – Edit – Füllen – Mit Wert Füllen –

Formel: = A1 + 1 – Bereich: A2:A$m + 1$ – OK

Zelle B1: x_0

Zelle B2: Menüleiste – Edit – Füllen – Mit Wert Füllen –

Formel: $= f(x_n)$, dabei x_n durch B1 ersetzen –

Bereich: B2:B$m + 1$ – OK

Ausgabe → *Liste der Glieder $x_0, x_1, ..., x_m$ in der Spalte B*

Für die grafische Darstellung der Folgenglieder:

Menüleiste – Edit – Wählen – Bereich wählen –

Bereich: A1:B$m + 1$ – OK – Symbolleiste – ▼ – ⣿

Ausgabe → *Grafische Darstellung der Glieder $x_0, x_1, ..., x_m$*

oder:

Iconleiste – Menu – Folgen & Reihen –

Symbolleiste – $\begin{smallmatrix}n+1\\a0\end{smallmatrix}$ – a_{n+1}: $f(x_n)$ – a_0: x_0 EXE

Symbolleiste – ⣿ – Startwert: 0 – Ende: m – OK

Menüleiste – ◆ – Σ-Anzeige – Aus

Symbolleiste – ⣿

Ausgabe → *Liste der Glieder $x_0, x_1, ..., x_m$ in der Spalte a_n*

Symbolleiste – ⣿

Ausgabe → *Grafische Darstellung der Glieder $x_0, x_1, ..., x_m$*

Bei mehreren Anfangsbedingungen (zB: gegeben sind x_0 und x_1) gehe analog vor und wähle Symbolleiste – $\begin{smallmatrix}n+2\\a0a1\end{smallmatrix}$.

Lösung einer Differentialgleichung ermitteln

X= CAS-Ansicht:

Eingabe: LöseDgl(*Differentialgleichung*) , dabei ersetze f(x) durch y und f'(x) durch y' – Werkzeug =

Ausgabe → *Lösung der Differentialgleichung*

Iconleiste – Main – Aktion – Weiterführend –

dsolve(f' = *Term(f, x)*, x, f) EXE

Ausgabe → *Lösung der Differentialgleichung*

Lösung einer Differentialgleichung mit Anfangsbedingung $f(0) = f_0$ ermitteln

X= CAS-Ansicht:

Eingabe: LöseDgl(*Differentialgleichung*, (0, f_0)) , dabei ersetze f(x) durch y und f'(x) durch y' – Werkzeug =

Ausgabe → *Lösung der Differentialgleichung mit Anfangsbedingung*

Um den Graphen der Lösungsfunktion in der Grafik-Ansicht einzublenden, klicke auf den kleinen Kreis unter der Zeilennummer.

Ausgabe → *Grafische Darstellung der Lösung der Differentialgleichung mit Anfangsbedingung*

Iconleiste – Main – Aktion – Weiterführend –

dsolve(f' = *Term(f, x)*, x, f, f(0) = f_0) EXE

Ausgabe → *Lösung der Differentialgleichung mit Anfangsbedingung*

Für die grafische Darstellung:

Symbolleiste – ⣿ – Term der Lösung mittels Drag & Drop ins Grafikfenster ziehen

Ausgabe → *Grafische Darstellung der Lösung der Differentialgleichung mit Anfangsbedingung*

KOMPETENZCHECK

AUFGABEN VOM TYP 1

AN-R 1.4 **7.20** Adam nimmt zu Beginn eines Jahres einen Bankkredit auf. Ab dem folgenden Jahr wird dieser Kredit in folgender Weise getilgt: Zum Jahresbeginn wird die Restschuld aus dem Vorjahr mit 5 % verzinst, danach zahlt Adam 20 000 € zurück. Kreuze die beiden korrekten Rekursionsgleichungen für die Restschuld R_n im n-ten Jahr an!

$R_{n+1} = 1{,}05 \cdot R_n + 20\,000$	☐
$R_{n+1} = 1{,}05 \cdot R_n - 20\,000$	☐
$R_{n+1} = 0{,}05 \cdot R_n + 20\,000$	☐
$R_{n+1} = 0{,}05 \cdot R_n - 20\,000$	☐
$R_{n+1} = R_n + 0{,}05 \cdot R_n - 20\,000$	☐

AN-R 1.4 **7.21** In der Tabelle ist der Wert x_n einer Größe X zum Zeitpunkt n für n = 0, 1, 2, 3 angegeben. Die zeitliche Entwicklung dieser Größe kann durch eine Differenzengleichung der Form $x_{n+1} = a \cdot x_n + b$ (mit a, b ∈ ℝ) beschrieben werden. Gib mögliche Werte für a und b an!

n	x_n
0	5
1	9
2	17
3	33

AN-R 1.4 **7.22** Eine Pflanze ist zu Beginn 25 cm hoch und wächst pro Woche um 2 %. Gib eine rekursive Darstellung für die Pflanzenhöhe h_n nach n Wochen an und berechne h_n für n = 0, 1, 2, 3, 4!

AUFGABEN VOM TYP 2

AN-R 1.4 **7.23** **Warenlager**

Eine Firma besitzt zwei Warenlager. Nach n Wochen befinden sich im ersten Lager a_n Stück einer Ware und im zweiten Lager b_n Stück derselben Ware. Für n = 0, 1, 2, 3, … gilt:
$a_0 = 3\,200$, $a_{n+1} = a_n - 80$ und $b_0 = 2\,400$, $b_{n+1} = b_n - 40$

a) ▪ Ermittle, nach wie vielen Wochen das erste Lager leer ist!
▪ Ermittle, nach wie vielen Wochen das zweite Lager leer ist!

b) ▪ Ermittle den Unterschied der Stückzahlen in den beiden Lagern nach 10 Wochen!
▪ Ermittle, nach wie vielen Wochen sich in beiden Lagern die gleiche Stückzahl befindet!

AN-R 1.4 **7.24** **Medikamenteneinnahme**

Ein Patient nimmt jeden Morgen um dieselbe Zeit eine Tablette ein. Wir bezeichnen mit m_n die im Blut befindliche Wirkstoffmenge (in mg) nach Einnahme der Tablette am Morgen des n-ten Tages (n ∈ ℕ). Dabei gilt näherungsweise:
$m_0 = 20$ und $m_{n+1} = 0{,}2 \cdot m_n + 20$ für n = 0, 1, 2, 3, …

a) ▪ Gib an, wie viel mg Wirkstoff bei einer Tabletteneinnahme ins Blut gelangen!
▪ Gib an, wie viel Prozent des im Blut befindlichen Wirkstoffs von einer Einnahme bis zur nächsten abgebaut werden!

b) ▪ Berechne m_n für n = 1, 2, 3, 4, 5, 6 und stelle eine Vermutung über die langfristige Entwicklung von m_n auf!
▪ Zeige, dass aus $m_n < 25$ stets $m_{n+1} < 25$ folgt! Begründe damit, dass die Wirkstoffmenge m_n im Blut stets weniger als 25 mg ausmacht!

VERNETZTE SYSTEME UND DEREN DYNAMIK

LERNZIELE

8.1 **Vernetzungen in Systemen** durch **Ursache-Wirkung-Diagramme** und **Flussdiagramme** grafisch darstellen können.

8.2 **Populationsentwicklungen** durch **Systeme von Differenzengleichungen** beschreiben und erläutern können.

- **Technologie kompakt**
- **Kompetenzcheck**

GRUNDKOMPETENZEN

AN-R 1.4 Das systemdynamische **Verhalten von Größen durch Differenzengleichungen beschreiben** bzw. diese **im Kontext** deuten können.

8.1 GRAFISCHE DARSTELLUNGEN VON VERNETZTEN SYSTEMEN

Ursache-Wirkung-Diagramme

Wir betrachten eine vom ansteigenden Straßenverkehr geplagte Stadt mit Lärm, Abgasen und täglichem Verkehrschaos. Man hofft, das Verkehrsproblem durch vermehrten Einsatz öffentlicher Verkehrsmittel mildern zu können. In einer Diskussionsrunde darüber werden Komponenten genannt, die den Verkehr beeinflussen. Es wird auch darüber nachgedacht, wie diese Komponenten aufeinander wirken.

BEISPIELE:

- Ausbau der öffentlichen Verkehrsmittel bewirkt deren stärkere Benützung.
- Stärkere Benützung öffentlicher Verkehrsmittel erfordert umgekehrt deren stärkeren Ausbau.
- Verkürzung der Fahrtdauer öffentlicher Verkehrsmittel bewirkt deren stärkere Benützung.
- Erhöhung der Fahrtkosten öffentlicher Verkehrsmittel bewirkt eine Abnahme ihrer Benützung.

Um die verschiedenen Zusammenhänge in diesem **vernetzten System** leichter überblicken zu können, kann man die betrachteten Komponenten und deren Wirkungen aufeinander durch ein sogenanntes **Ursache-Wirkung-Diagramm** wie in Abb. 8.1 darstellen (ö.V. = öffentliche Verkehrsmittel). Dabei bedeutet ein Pfeil von A nach B, dass die Komponente A auf die Komponente B wirkt. Um die Art der Wirkung darzustellen, werden die Pfeile mit „ + " oder „ − " bewertet. Dabei gilt:

- Wird ein von A nach B führender Pfeil mit „ + " bewertet, so bedeutet dies **gleichsinnige Wirkung**: Eine Zunahme (Abnahme) von A führt zu einer Zunahme (Abnahme) von B.
- Wird ein von A nach B führender Pfeil mit „ − " bewertet, so bedeutet dies **gegensinnige Wirkung**: Eine Zunahme (Abnahme) von A führt zu einer Abnahme (Zunahme) von B.

In Abb. 8.2 ist ein weiteres Ursache-Wirkung-Diagramm dargestellt, in dem es um die Produktion einer Ware in einer Firma geht.

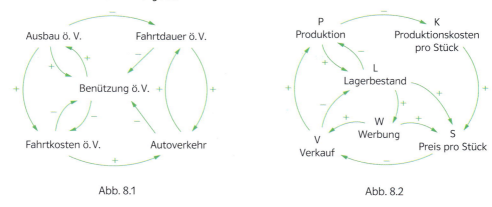

Abb. 8.1   Abb. 8.2

Indirekte Wirkungen

Ein **gerichteter Weg** in einem Ursache-Wirkung-Diagramm besteht aus Komponenten, die durch aufeinanderfolgende, gleich gerichtete Pfeile verbunden sind. Wir betrachten dazu einige Ausschnitte aus Abb. 8.1:

a) Benützung ö.V. $\overset{+}{\to}$ Ausbau ö.V. $\overset{+}{\to}$ Fahrtkosten ö.V.

Verstärkte Benützung öffentlicher Verkehrsmittel hat einen verstärkten Ausbau dieser Verkehrsmittel zur Folge und dies wiederum erhöhte Fahrtkosten. Verstärkte Benützung öffentlicher Verkehrsmittel hat also erhöhte Fahrtkosten zur Folge. Die indirekte Wirkung von Benützung ö.V. auf Fahrtkosten ö.V. längs dieses gerichteten Weges ist also mit „ + " zu bewerten. Es gibt allerdings in Abb. 8.1 auch eine direkte, mit „ − " bewertete Wirkung von Benützung ö.V. auf Fahrtkosten ö.V. Die beiden Wirkungen schwächen einander. Welche Wirkung jedoch überwiegt, kann aufgrund des Diagramms allein nicht gesagt werden.

b) Ausbau ö.V. $\overset{-}{\to}$ Fahrtdauer ö.V. $\overset{+}{\to}$ Autoverkehr

Verstärkter Ausbau öffentlicher Verkehrsmittel hat geringere Fahrtdauer dieser Verkehrsmittel zur Folge und dies wiederum geringeren Autoverkehr. Verstärkter Ausbau der öffentlichen Verkehrsmittel hat somit geringeren Autoverkehr zur Folge. Die indirekte Wirkung von Ausbau ö.V. auf Autoverkehr längs dieses gerichteten Weges ist also mit „ − " zu bewerten. Es gibt allerdings in Abb. 8.1 auch eine mit „ + " bewertete indirekte Wirkung von Ausbau ö.V. über Fahrtkosten ö.V. auf Autoverkehr. Auch diese beiden Wirkungen schwächen einander. Welche Wirkung überwiegt, kann auf Grund des Diagramms allein nicht gesagt werden.

c) Ausbau ö.V. $\overset{-}{\to}$ Fahrtdauer ö.V. $\overset{-}{\to}$ Benützung ö.V.

Verstärkter Ausbau öffentlicher Verkehrsmittel hat geringere Fahrtdauer dieser Verkehrsmittel zur Folge und dies wiederum eine verstärkte Benützung dieser Verkehrsmittel. Die indirekte Wirkung von Ausbau ö.V. auf Benützung ö.V. längs dieses gerichteten Weges ist also mit „ + " zu bewerten. Es gibt allerdings in Abb. 8.1 noch weitere indirekte Wirkungen von Ausbau ö.V. auf Benützung ö.V. Wie sich das Zusammenwirken aller drei indirekten Wirkungen insgesamt auswirkt, kann man auf Grund des Diagramms allein nicht sagen.

In einem gerichteten Weg lässt jedes „+" die Tendenz unverändert (Zunahme führt zu Zunahme und Abnahme zu Abnahme), jedes „−" ändert jedoch die Tendenz (Zunahme wird zu Abnahme und Abnahme zu Zunahme). Daraus folgt:

- Tritt in einem gerichteten Weg eine gerade Anzahl von „−" auf, ist die Gesamtwirkung mit „+" zu bewerten.
- Tritt in einem gerichteten Weg eine ungerade Anzahl von „−" auf, ist die Gesamtwirkung mit „−" zu bewerten.

Rückkopplung

In einem vernetzten System kann eine Komponente auf dem Umweg über andere Komponenten auf sich selbst zurückwirken. Wir betrachten dazu einige Beispiele:

a) Wir betrachten den nebenstehenden Ausschnitt aus Abb. 8.1. Ausbau der öffentlichen Verkehrsmittel bewirkt deren verstärkte Benützung. Dies wiederum bewirkt stärkeren Ausbau der öffentlichen Verkehrsmittel, dies wiederum verstärkte Benützung usw. Jede Veränderung der beiden Komponenten wird auf dem Umweg über die andere Komponente verstärkt. Der Vorgang schaukelt sich auf. Man spricht von **eskalierender Rückkopplung**.

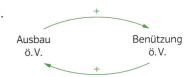

b) Wir betrachten den nebenstehenden Ausschnitt aus Abb. 8.1. Erhöhung der Fahrtkosten öffentlicher Verkehrsmittel bewirkt einen Rückgang ihrer Benützung. Dies wiederum bewirkt eine Erhöhung der Fahrtkosten, dies wiederum einen Rückgang der Benützung usw. Jede Veränderung der beiden Komponenten wird auf dem Umweg über die andere Komponente verstärkt. Es liegt also ebenfalls eine eskalierende Rückkopplung vor.

c) Wir betrachten den nebenstehenden Ausschnitt aus Abb. 8.2. Eine Erhöhung der Produktion bewirkt eine Erhöhung des Lagerbestandes. Diese wiederum bewirkt (aus Platzgründen) eine Verminderung der Produktion, diese wiederum eine Verminderung des Lagerbestandes usw. Jede Veränderung der beiden Komponenten wird auf dem Umweg über die andere Komponente eingebremst. Der Vorgang pendelt sich ein. Man spricht von **stabilisierender Rückkopplung**.

d) Wir betrachten den nebenstehenden Ausschnitt aus Abb. 8.1. Überlege selbst, dass jede Verstärkung bzw. Schwächung der drei Komponenten auf dem Umweg über die anderen beiden eingebremst wird. Es liegt eine stabilisierende Rückkoppelung vor, die über mehrere Komponenten verläuft.

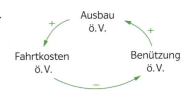

8.01 Betrachte verschiedene gerichtete Wege in den Abbildungen 8.1 und 8.2 und ermittle deren indirekte Wirkungen!

8.02 Gib weitere Beispiele von eskalierenden bzw. stabilisierenden Rückkopplungen in den Abbildungen 8.1 und 8.2 an!

8.03 Erweitere das System in Abb. 8.1 durch die Einbeziehung weiterer, selbst gewählter Komponenten, zB Durchschnittsgeschwindigkeit des Autoverkehrs!

8.04 Erweitere das System in Abb. 8.2 durch die Einbeziehung weiterer, selbst gewählter Komponenten, zB Versandkosten!

8.05 Entwirf ein Ursache-Wirkung-Diagramm zum Thema Schule und Lernen mit selbst gewählten Komponenten!

8.06 Das nebenstehende Ursache-Wirkung-Diagramm beschreibt Zusammenhänge zwischen verschiedenen Komponenten im Zusammenhang mit den Verkehrsproblemen einer Stadt.

1) Wähle drei Beziehungen aus und beschreibe sie verbal!

2) Erweitere das Ursache-Wirkung-Diagramm durch Einbeziehung der Komponente „Durchschnittsgeschwindigkeit des Autoverkehrs"!
Welche Komponenten könnten auf diese Komponente wirken, auf welche Komponenten könnten von ihr Wirkungen ausgehen?
Bewerte diese Wirkungen auch mit „ + " oder „ − "!

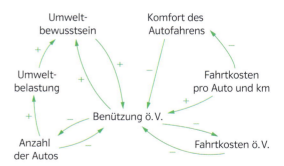

8.07 Wähle aus dem nebenstehenden Ursache-Wirkung-Diagramm einige Komponenten aus und beschreibe deren Zusammenhänge!

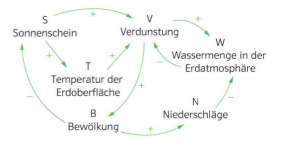

8.08 Das nebenstehende Ursache-Wirkung-Diagramm beschreibt den Wasserkreislauf in der Erdatmosphäre.

1) Ermittle drei verschiedene gerichtete Wege von S nach W. Gib jeweils die Gesamtwirkung an!

2) Ermittle möglichst viele eskalierende bzw. stabilisierende Rückkopplungen!

Flussdiagramme

Der amerikanische Mathematiker Jay W. Forrester entwickelte zur Beschreibung von vernetzten Systemen so genannte **Flussdiagramme**. Die Struktur dieser Diagramme erläutern wir anhand der Entwicklung eines Kapitals K auf einem Konto.

Das Kapital K kann durch Geldzufluss (Einzahlungen, Verzinsung) vergrößert und durch Geldabfluss (Abhebungen, Kontogebühren) verkleinert werden. In der nebenstehenden

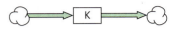

Abbildung stellt der grün unterlegte Pfeil zu K hin den Zufluss und der grün unterlegte Pfeil von K weg den Abfluss dar. Diese Pfeile werden **Flusspfeile** genannt. Die Wolkensymbole am Anfang und am Ende bedeuten, dass im Modell keine Aussagen darüber gemacht werden, woher der Zufluss kommt bzw. wohin der Abfluss führt. Mit Hilfe der Wolkensymbole können somit die Grenzen des Modells angegeben werden.

Um Aussagen über die Stärke des Zu- bzw. Abflusses machen zu können, werden die **Zuflussrate** KZ und die **Abflussrate** KA des Kapitals angegeben. Diese Raten sind je nach Modell momenta-

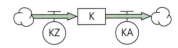

ne Änderungsraten zu bestimmten Zeitpunkten oder mittlere Änderungsraten in vorgegebenen Zeitintervallen. Sie werden als „Ventile" dargestellt und geben die Stärke des Zu- bzw. Abflusses pro Zeiteinheit an.

Meist hängen die Zufluss- und Abflussrate des Kapitals K von K selbst ab, zum Beispiel wenn das Kapital verzinst wird oder Abhebungen getätigt werden. Der Einfluss von K auf KZ bzw. KA wird durch **Wirkungspfeile** sichtbar gemacht.

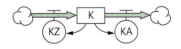

Falls KZ oder KA zu K direkt proportional ist, dh. falls $KZ = z \cdot K$ oder $KA = a \cdot K$ gilt, werden die Proportionalitätsfaktoren z und a als **Hilfsgrößen** an die Ventile wie in nebenstehender Abbildung angehängt.

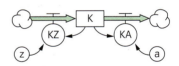

Zusammenfassung der Symbole in einem Flussdiagramm:

Bestandsgrößen:	K	Eine Bestandsgröße gibt zu jedem Zeitpunkt einen bestimmten Bestand (zB Höhe eines Kapitals) an.
Flussraten:	KZ KA	Flussraten geben den Zu- bzw. Abfluss pro Zeiteinheit an.
Hilfsgrößen:	z a	Eine Hilfsgröße gibt meist einen Proportionalitätsfaktor an. Falls etwas anderes gemeint ist, muss dies extra angegeben werden.
Flusspfeile:	→	Flusspfeile stellen Zuflüsse zu Bestandsgrößen bzw. Abflüsse von Bestandsgrößen dar.
Wirkungspfeile:	→	Wirkungspfeile geben an, dass eine Wirkung von einer Bestandsgröße auf eine andere Bestandsgröße besteht.
Wolkensymbole:	☁	Wolkensymbole stellen Ursprünge oder Enden von Zu- bzw. Abflüssen dar, die nicht näher betrachtet werden.

8.2 MODELLE DER POPULATIONSENTWICKLUNG

Räuber-Beute-Modelle

In der folgenden Abbildung sind die Anzahlen der Schneeschuhhasen bzw. Luchse, in einer nordamerikanischen Region während eines Zeitraums dargestellt. (Die Anzahlen wurden aus entsprechenden Fangzahlen erschlossen.) Dabei fallen periodische Schwankungen sowie eine gewisse „Parallelität" der Entwicklungen auf.

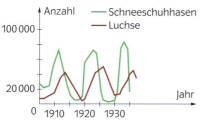

Dies kann man so erklären: Schneeschuhasen sind die bevorzugte Beute von Luchsen. Anfänglich wächst die Hasenpopulation. Durch das vermehrte Nahrungsangebot wächst daraufhin auch die Luchspopulation. Mehr Luchse erlegen aber mehr Hasen, wodurch die Hasenpopulation wieder abnimmt. Durch das verminderte Nahrungsangebot sinkt daraufhin wiederum die Luchspopulation. Usw.

Der amerikanischen Chemiker **Alfred Lotka** und der italienischen Mathematiker und Physiker **Vito Volterra** haben unabhängig voneinander ein **kontinuierliches Modell** für eine Räuber-Beute-Beziehung dieser Art erstellt, das wir im Folgenden besprechen.

Wir bezeichnen die **Größe der Beutepopulation zum Zeitpunkt t** mit **B(t)** und die **Größe der Räuberpopulation zum Zeitpunkt t** mit **R(t)** (mit $t \in \mathbb{R}_0^+$). Darüber hinaus treffen wir folgende Annahmen:

Annahmen über die Beutepopulation:

(1) Die Änderungsrate $B'(t)$ setzt sich aus drei Komponenten zusammen, der Zunahmerate $B_1'(t)$ durch Geburten, der Abnahmerate $B_2'(t)$ durch natürliche Todesfälle und der Abnahmerate $B_3'(t)$ durch Getötetwerden durch Räuber:
$$B'(t) = B_1'(t) - B_2'(t) - B_3'(t)$$

(2) Die Zunahmerate $B_1'(t)$ ist direkt proportional zu $B(t)$:
$$B_1'(t) = a \cdot B(t)$$

(3) Die Abnahmerate $B_2'(t)$ ist direkt proportional zu $B(t)$:
$$B_2'(t) = b \cdot B(t)$$

(4) Die Abnahmerate $B_3'(t)$ ist direkt proportional zur Anzahl der Kontaktmöglichkeiten von Beutetieren und Räubern. Da jedes Beutetier mit jedem Räuber in Kontakt kommen kann, gibt es $B(t) \cdot R(t)$ Kontaktmöglichkeiten:
$$B_3'(t) = c \cdot B(t) \cdot R(t)$$

Annahmen über die Räuberpopulation:

(1') Die Änderungsrate $R'(t)$ setzt sich aus drei Komponenten zusammen, der Zunahmerate $R_1'(t)$ durch Geburten, der Abnahmerate $R_2'(t)$ durch natürliche Todesfälle und der Zunahmerate $R_3'(t)$ durch Fressen von Beutetieren:
$$R'(t) = R_1'(t) - R_2'(t) + R_3'(t)$$

(2') Die Zunahmerate $R_1'(t)$ ist direkt proportional zu $R(t)$:
$$R_1'(t) = d \cdot R(t)$$

(3') Die Abnahmerate $R_2'(t)$ ist direkt proportional zu $R(t)$:
$$R_2'(t) = e \cdot R(t)$$

(4') Die Zunahmerate $R_3'(t)$ ist direkt proportional zur Anzahl der Kontaktmöglichkeiten von Beutetieren und Räubern. Da jedes Beutetier mit jedem Räuber in Kontakt kommen kann, gibt es $B(t) \cdot R(t)$ Kontaktmöglichkeiten:
$$R_3'(t) = f \cdot B(t) \cdot R(t)$$

125

Setzt man die Ausdrücke der Gleichungen (2), (3) und (4) in (1) ein, erhält man:

$B'(t) = a \cdot B(t) - b \cdot B(t) - c \cdot B(t) \cdot R(t)$
$B'(t) = (a - b) \cdot B(t) - c \cdot B(t) \cdot R(t)$

Setzt man die Ausdrücke der Gleichungen (2'), (3') und (4') in (1') ein, erhält man:

$R'(t) = d \cdot R(t) - e \cdot R(t) + f \cdot B(t) \cdot R(t)$
$R'(t) = (d - e) \cdot R(t) + f \cdot B(t) \cdot R(t)$

Wir erhalten also das folgende System aus zwei Differentialgleichungen:

$$\begin{cases} B'(t) = (a - b) \cdot B(t) - c \cdot B(t) \cdot R(t) \\ R'(t) = (d - e) \cdot R(t) + f \cdot B(t) \cdot R(t) \end{cases}$$

Dabei gilt $a > b$ und $d < e$. Man nimmt also an, dass die Beutepopulation in Abwesenheit der Räuber exponentiell wachsen würde, und dass die Räuberpopulation in Abwesenheit der Beute exponentiell aussterben würde.

Leider kennen wir keine Methode, dieses System von Differentialgleichungen exakt zu lösen. Mittels Technologieeinsatz kann allerdings eine numerische Lösung gefunden werden. Damit kann man ausgehend von Anfangsbedingungen für B(0) und R(0) den zeitlichen Verlauf der Funktionen B(t) und R(t) wenigstens näherungsweise berechnen.

 8.09 Führe für dieses Räuber-Beute-Modell mit Technologieeinsatz eine Simulation für folgende Werte durch: $B(0) = 100$, $R(0) = 30$, $a = 1{,}9$, $b = 1{,}85$, $c = 0{,}002$, $d = 1{,}3$, $e = 1{,}36$, $f = 0{,}001$.

LÖSUNG:

kompakt
Seite 129

Wir gehen wie auf Seite 125 vor und stellen die Funktionen $t \mapsto B(t)$ und $t \mapsto R(t)$ in einem gemeinsamen Koordinatensystem dar! Man erhält die Graphen in der nachfolgenden linken Abbildung. Stellt man die Punkte $(B(t) \mid R(t))$ für $t \geq 0$ in einem Koordinatensystem mit den Achsen B(t) und R(t) dar, erhält man ein **Phasendiagramm** wie in der rechten Abbildung. Anhand beider Diagramme kann man erkennen, dass dieses einfache Modell ein periodisches Verhalten aufweist.

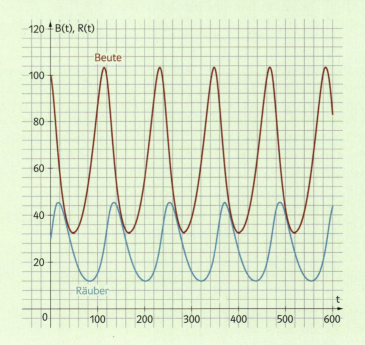

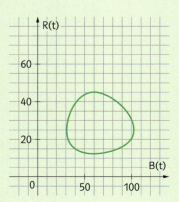

Wie realistisch sind solche Räuber-Beute-Modelle?

Bei einer konkreten Anwendung auf eine Räuber-Beute-Situation ergeben sich zumindest zwei Schwierigkeiten. Erstens müssen die Proportionalitätsfaktoren a, b, c, d, e, f und die Anfangsbedingungen B(0) und R(0) anhand von empirischen Daten möglichst genau festgelegt werden. Zweitens erhebt sich die Frage, ob die im Modell verwendeten Größen und Annahmen ausreichen. Zum Beispiel haben Biologen im Fall der nordamerikanischen Schneeschuhhasen und Luchse herausgefunden, dass die von uns getroffenen Annahmen nicht ausreichen, sondern dass hier noch weitere Sachverhalte mitspielen. Grundsätzlich kann man ein Modell durch Einführen weiterer Größen und Annahmen jedoch stets verbessern. Man könnte etwa für die Beutepopulation ein (realistischeres) logistisches Wachstum annehmen.

Gleichgewicht

Falls es schwierig ist, geeignete Proportionalitätsfaktoren a, b, c, d, e, f sowie geeignete Anfangsbedingungen zu finden, die ein bestimmtes Systemverhalten erzeugen sollen, ist es oft günstig, eine Simulation von einem **Gleichgewichtszustand** aus zu beginnen. Ein solcher liegt vor, wenn sowohl für die Beutetiere als auch für die Räuber die Zunahmerate gleich der Abnahmerate ist, dh. wenn gilt:

$$B'_1(t) = B'_2(t) + B'_3(t) \quad \text{und} \quad R'_1(t) + R'_3(t) = R'_2(t).$$

AUFGABEN

8.10 (Fortsetzung von 8.09): Zeige, dass im Modell in Aufgabe 8.09 genau dann Gleichgewicht herrscht, wenn gilt: $R(0) = \frac{a-b}{c}$ und $B(0) = \frac{e-d}{f}$! Gib R(0) und B(0) an!

8.11 (Fortsetzung von 8.09): Für ein Räuber-Beute-Modell gelten die Werte für B(0), R(0), a, b, d, e wie in Aufgabe 8.09. Berechne die fehlenden Werte c und f unter der Annahme, dass sich die beiden Populationen im Gleichgewicht befinden! Führe eine Simulation mit Technologieeinsatz durch und stelle das Ergebnis grafisch dar!

Populationsentwicklung bei Selbstvergiftung

Das Wachstum einer Population kann durch „Gifte" beeinträchtigt werden, die durch das Wirken früherer Generationen entstanden sind (zB. atomare Katastrophen) oder von den Individuen laufend erzeugt werden (zB. Umweltverschmutzung). Die Folgen solcher Ereignisse können im Allgemeinen nicht sofort beseitigt werden, sondern wirken über viele Generationen. Wir untersuchen die Entwicklung einer solchen Population.

Wir bezeichnen die **Größe der Population zum Zeitpunkt t** mit **P(t)**, die **vorhandene Giftmenge zum Zeitpunkt t** mit **G(t)** und treffen folgende **Annahmen**:

(1) Die Änderungsrate P'(t) setzt sich aus drei Komponenten zusammen, der Zunahmerate $P'_1(t)$ durch Geburten, der Abnahmerate $P'_2(t)$ durch natürliche Sterbefälle und der Abnahmerate $P'_3(t)$ durch die Giftwirkung: $\qquad P'(t) = P'_1(t) - P'_2(t) - P'_3(t)$

(2) $P'_1(t)$ ist direkt proportional zu P(t): $\qquad P'_1(t) = a \cdot P(t)$

(3) $P'_2(t)$ ist direkt proportional zu P(t): $\qquad P'_2(t) = b \cdot P(t)$

(4) $P'_3(t)$ ist direkt proportional zu P(t) · G(t), denn dieses Produkt drückt den Grad der Kontaktmöglichkeiten zwischen den P(t) Individuen und der Giftmenge G(t) aus: $\qquad P'_3(t) = c \cdot P(t) \cdot G(t)$

(5) Die Giftzunahmerate G'(t) ist direkt proportional zu P(t): $\qquad G'(t) = d \cdot P(t)$

Setzt man die Ausdrücke der Gleichungen (2), (3) und (4) in (1) ein und nimmt (5) hinzu, erhält man das folgende System aus zwei Differentialgleichungen:

$$\begin{cases} P'(t) = a \cdot P(t) - b \cdot P(t) - c \cdot P(t) \cdot G(t) \\ G'(t) = d \cdot P(t) \end{cases}$$

Ersetzen wir im obigen Gleichungssystem $t \in \mathbb{R}_0^+$ durch $n \in \mathbb{N}$, erhalten wir ein diskretes Modell. Für eine genügend kleine Zeiteinheit können wir $P'(t)$ näherungsweise durch $P(n+1) - P(n)$ und $G'(t)$ näherungsweise durch $G(n+1) - G(n)$ ersetzen und erhalten:

$$\begin{cases} P(n+1) \approx P(n) + (a-b) \cdot P(n) - c \cdot P(n) \cdot G(n) \\ G(n+1) \approx G(n) + d \cdot P(n) \end{cases}$$

Nebenstehend ist dieses diskrete Modell mit den Forrester-Symbolen dargestellt. Dabei ist PZ die Populationszunahme im Intervall [n, n + 1], PA$_1$ die Populationsabnahme durch natürliche Sterbefälle im Intervall [n, n + 1], PA$_2$ die Populationsabnahme durch die Giftwirkung im Intervall [n, n + 1] und GZ die Giftzunahme im Intervall [n, n + 1].

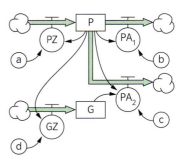

AUFGABEN

8.12
a) Führe für das soeben besprochene diskrete Modell für eine Populationsentwicklung bei Selbstvergiftung eine Simulation mit Technologieeinsatz durch! Verwende dabei folgende Werte: $P(0) = 1000$, $G(0) = 0$, $a = 0{,}4$, $b = 0{,}2$, $c = 0{,}002$, $d = 0{,}02$.
Stelle die Entwicklung von P und G grafisch dar!

b) Erkläre, warum P anfangs zunimmt und dann auf null absinkt!

c) Erkläre, warum G zunimmt und sich schließlich einem konstanten Wert nähert!

Vor- und Nachteile verschiedener Darstellungen von Prozessen

Differenzengleichungen versus Differentialgleichungen: Viele Prozesse können durch Differentialgleichungen oder Differenzengleichungen beschrieben werden. Jede dieser Beschreibungen hat Vor-, aber auch Nachteile. Ein Vorteil der Differentialgleichungen gegenüber den Differenzengleichungen besteht darin, dass sie oft übersichtlicher sind, weil Differentialquotienten anstelle von Differenzenquotienten verwendet werden. Leider haben Differentialgleichungen den Nachteil, dass man nur selten Lösungsfunktionen exakt angeben kann. In einem solchen Fall ersetzt man in der Praxis Differentialgleichungen durch Differenzengleichungen, um die Lösungsfunktionen wenigstens näherungsweise berechnen und tabellieren zu können.

Einzelne Rekursionsgleichung versus rekursives Gleichungssystem: Ein rekursives Gleichungssystem hat gegenüber einer einzelnen Rekursionsgleichung häufig den Vorteil größerer Übersichtlichkeit. Zwar kann man oft durch fortlaufendes Einsetzen die Anzahl der Rekursionsgleichungen des Systems verringern. Manchmal gelingt es sogar, das ganze System auf eine einzige Rekursionsgleichung zu reduzieren Diese kann aber unter Umständen recht lang und unübersichtlich werden. In einem solchen Fall zieht man ein rekursives Gleichungssystem einer einzelnen Rekursionsgleichung vor. In einem rekursiven Gleichungssystem sind auch Änderungen leicht durchführbar, weil im Allgemeinen nur einzelne Gleichungen des Systems geändert werden müssen und nicht gleich das ganze System neu geschrieben werden muss. Dies erleichtert das Variieren der Modelle und das Experimentieren.

TECHNOLOGIE KOMPAKT

GEOGEBRA

CASIO CLASS PAD II

Räuber-Beute-Modell untersuchen

Als Beispiel für ein Räuber-Beute-Modell wird die auf Seite 125 und 126 beschriebene Entwicklung der Populationszahlen R(t) der Luchse (Räuber) und B(t) der Schneeschuhhasen (Beute) in einem bestimmten Gebiet untersucht. Dabei gelten die folgenden Differentialgleichungen:

$B'(t) = (a - b) \cdot B(t) - c \cdot B(t) \cdot R(t)$ und $R'(t) = (d - e) \cdot R(t) + f \cdot B(t) \cdot R(t)$

Die Parameter a, b, c, d, e, f und die Anfangsbedingungen $B(0) = B_0$ und $R(0) = R_0$ sind dabei gegeben. Die Graphen der Lösungsfunktionen sollen dabei für $0 \leq t \leq T$ gezeichnet werden. (In Aufgabe 8.09 wurde $T = 600$ gesetzt.)

Algebra-Ansicht:

Eingabe: $B'(t, B, R) = (a - b)*B - c*B*R$

Eingabe: $R'(t, B, R) = (d - e)*R + f*B*R$

Eingabe: NLöseDgl($\{B', R'\}, 0, \{B_0, R_0\}, T$)

Ausgabe → *Graphen der Funktionen* $t \mapsto B(t)$ *und* $t \mapsto R(t)$

BEMERKUNG: Zur besseren Übersichtlichkeit benennen wir die Graphen (Ortslinien) in Räuber bzw. Beute um.

Für das Phasendiagramm:

Werkzeug $\boxed{\overset{a=2}{\cdot\!\!-\!\!\bullet}}$ — Schieberegler erstellen mit Name t1, Intervall min = 0, max = 1, Schrittweite = 1 / Länge(Beute)

Eingabe: P = (y(Punkt(Beute, t1)), y(Punkt(Räuber, t1)))

Eingabe: Phasendiagramm = Ortslinie(P, t1)

Grafik-Ansicht:

Ausgabe → *Phasendiagramm*

BEMERKUNG: Erstellt man für die Parameter a, b, c, d, e, f Schieberegler, so kann man untersuchen, wie sich Veränderungen der einzelnen Parameter auf die Populationsentwicklung auswirken.

BEMERKUNG: Das CPII kann **lineare** Differentialgleichungssysteme 1. Ordnung lösen. Die Lotka-Volterra Gleichungen sind aber **nichtlinear**. Daher ist die grafische Darstellung der Entwicklung der Räuber- und Beutepopulation mit dem CPII mittels direkter Eingabe nicht möglich. Allerdings lässt sich mit Hilfe eines numerischen Verfahrens eine gute Lösung erzielen:

Iconleiste – Menu – Tabellenkalkulat. –

Zelle A1: 0

Zelle A2: Menüleiste – Edit – Füllen – Mit Wert Füllen –

Formel: = A1 + 1 – Bereich: A2:AT + 1 – $\boxed{OK}$

Zelle B1: B_0

Zelle C1: R_0

Zelle B2: Menüleiste – Edit – Füllen – Mit Wert Füllen –

Formel: = B1 + $(a - b)$ × B1 – c × B1 × C1 –

Bereich: B2:BT + 1 – $\boxed{OK}$

Zelle C2: Menüleiste – Edit – Füllen – Mit Wert Füllen –

Formel: = C1 + $(d - e)$ × C1 + f × B2 × C1 –

Bereich: C2:CT + 1 – $\boxed{OK}$

Ausgabe → *Liste der Werte für B(0), B(1), …, B(T + 1) in Spalte B*

Ausgabe → *Liste der Werte für R(0), R(1), …, R(T + 1) in Spalte C*

Für die graphische Darstellung:

Menüleiste – Edit – Wählen – Bereich wählen –

Bereich: A1:CT + 1 – $\boxed{OK}$

Menüleiste – Grafik – Scatter – Iconleiste – Resize

Ausgabe → *Graphen der Funktionen* $t \mapsto B(t)$ *und* $t \mapsto R(t)$

Für das Phasendiagramm:

Menüleiste – Edit – Wählen – Bereich wählen –

Bereich: B1:CT + 1 – $\boxed{OK}$

Menüleiste – Grafik – Scatter – Iconleiste – Resize

Ausgabe → *Phasendiagramm*

KOMPENDIUM FÜR DIE REIFEPRÜFUNG

9.1 ALGEBRA UND GEOMETRIE

Übersicht über die wichtigsten Zahlbereiche

$\mathbb{N} = \{0, 1, 2, 3 \ldots\}$ Menge der natürlichen Zahlen

$\mathbb{N}^* = \{1, 2, 3, \ldots\}$ Menge der natürlichen Zahlen ohne Null

$\mathbb{Q} = \left\{\frac{z}{n} \mid z \in \mathbb{Z} \text{ und } n \in \mathbb{N}^*\right\}$ Menge der rationalen Zahlen

$\mathbb{R}$ Menge der reellen Zahlen

$\mathbb{C} = \{a + b \cdot i \mid a \in \mathbb{R} \wedge b \in \mathbb{R}\}$ Menge der komplexen Zahlen

Es gilt (siehe nebenstehende Abbildung): $\mathbb{N} \subset \mathbb{Z} \subset \mathbb{Q} \subset \mathbb{R} \subset \mathbb{C}$

Weitere Mengenbezeichnungen sind:

$\mathbb{Z}^+ = \mathbb{N}^* = \{z \in \mathbb{Z} \mid z > 0\}$ Menge der positiven ganzen Zahlen

$\mathbb{Z}^- = \{z \in \mathbb{Z} \mid z < 0\}$ Menge der negativen ganzen Zahlen

$\mathbb{Z}_0^+ = \{z \in \mathbb{Z} \mid z \geqslant 0\} = \mathbb{N}$ Menge der nichtnegativen ganzen Zahlen

$\mathbb{Z}_0^- = \{z \in \mathbb{Z} \mid z \leqslant 0\}$ Menge der nichtpositiven ganzen Zahlen

$\mathbb{Z}^* = \mathbb{Z} \setminus \{0\}$ Menge der ganzen Zahlen ohne Null

$\mathbb{I} = \mathbb{R} \setminus \mathbb{Q}$ Menge der irrationalen Zahlen

Analog sind die Mengen $\mathbb{Q}^+$, $\mathbb{Q}^-$, $\mathbb{Q}_0^+$, $\mathbb{Q}_0^-$, $\mathbb{Q}^*$ und $\mathbb{R}^+$, $\mathbb{R}^-$, $\mathbb{R}_0^+$, $\mathbb{R}_0^-$, $\mathbb{R}^*$, $\mathbb{C}^*$ definiert.

Darstellung reeller Zahlen im Stellenwertsystem

- In einem **Stellenwertsystem mit der Basis n** braucht man n Ziffern, die den Zahlen 0, 1, 2, 3, …, n − 1 entsprechen.
- **Zehnersystem (dekadisches System):**   Basis 10, Ziffern 0, 1, 2, … 9
  Zweiersystem (Dualsystem):   Basis 2, Ziffern 0 und 1

BEISPIELE: $1011_2 = 1 \cdot 2^3 + 0 \cdot 2^2 + 1 \cdot 2^1 + 1 \cdot 2^0 = 11_{10}$

$11_{10} = 1 \cdot 2^3 + 3 = 1 \cdot 2^3 + 0 \cdot 2^2 + 3 = 1 \cdot 2^3 + 0 \cdot 2^2 + 1 \cdot 2^1 + 1 = 1 \cdot 2^3 + 0 \cdot 2^2 + 1 \cdot 2^1 + 1 \cdot 2^0 = 1011_2$

Darstellung reeller Zahlen

	reelle Zahlen	
	rationale Zahlen	**irrationale Zahlen**
Bruchdarstellung	möglich	nicht möglich
Dezimaldarstellung	endlich oder periodisch	unendlich, aber nicht periodisch

Gleitkommadarstellung (Gleitpunktdarstellung): $m \cdot 10^k$ mit $m \in \mathbb{Q}$, $1 \leqslant m < 10$ und $k \in \mathbb{Z}$

(seltener: $m \cdot 10^k$ mit $0,1 \leqslant m < 1$ und $k \in \mathbb{Z}$)

Große und kleine Größen

Zehner-potenz	Bezeichnung	Vorsilbe	Symbol
10^{18}	Trillion	Exa	E
10^{15}	Billiarde	Peta	P
10^{12}	Billion	Tera	T
10^9	Milliarde	Giga	G
10^6	Million	Mega	M
10^3	Tausend	Kilo	k
10^2	Hundert	Hekto	h
10^1	Zehn	Deka	da

Zehner-potenz	Bezeichnung	Vorsilbe	Symbol
10^{-1}	Zehntel	Dezi	d
10^{-2}	Hundertstel	Centi	c
10^{-3}	Tausendstel	Milli	m
10^{-6}	Millionstel	Mikro	µ
10^{-9}	Milliardstel	Nano	n
10^{-12}	Billionstel	Piko	p
10^{-15}	Billiardstel	Femto	f
10^{-18}	Trillionstel	Atto	a

- Ein **Prozent (1%)** $= \dfrac{1}{100} = 10^{-2}$

- Ein **Promille (1‰)** $= \dfrac{1}{1000} = 10^{-3}$

- **parts per million (ppm)** $= 10^{-6}$ (millionster Teil eines Ganzen)

Darstellung reeller Zahlen auf einer Zahlengeraden

Eine Gerade wird zu einer **Zahlengeraden**, wenn man auf ihr zwei verschiedene Punkte wählt, denen die Zahlen 0 und 1 zugeordnet werden. Jeder reellen Zahl entspricht genau ein Punkt auf der Zahlengeraden und umgekehrt. Dabei füllen die den rationalen Zahlen entsprechenden Punkte die Zahlengerade nicht lückenlos aus. Die Lücken entsprechen den irrationalen Zahlen.

Intervalle

- $[a; b] = \{x \in \mathbb{R} \mid a \leq x \leq b\}$ … **abgeschlossenes Intervall**

- $(a; b) = \{x \in \mathbb{R} \mid a < x < b\}$ … **offenes Intervall**

- $[a; b) = \{x \in \mathbb{R} \mid a \leq x < b\}$ … **links abgeschlossenes und rechts offenes Intervall**

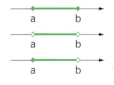

a und b … **Randstellen** des **Intervalls**
Zahlen zwischen a und b … **innere Stellen des Intervalls** (bilden das Innere des Intervalls)

Betrag einer reellen Zahl

Definition
Unter dem Betrag einer reellen Zahl a versteht man die Zahl:

$$|a| = \begin{cases} a, & \text{falls } a \geq 0 \\ -a, & \text{falls } a < 0 \end{cases}$$

Potenzen und Wurzeln

Potenz: a^n — n … Exponent (Hochzahl) — a … Basis

Definition

Potenzen mit natürlichen Exponenten: $a^n = \underbrace{a \cdot a \cdot \ldots \cdot a}_{n \text{ Faktoren}}$ $(a \in \mathbb{R}, n \in \mathbb{N}^*)$

Potenzen mit ganzen Exponenten: $a^0 = 1$ und $a^{-n} = \dfrac{1}{a^n}$ $(a \in \mathbb{R}^*, n \in \mathbb{N}^*)$

Potenzen mit rationalen Exponenten: $a^{\frac{m}{n}} = \sqrt[n]{a^m}$ $(a \in \mathbb{R}^+, m \in \mathbb{Z}, n \in \mathbb{N}^*)$

Rechenregeln für Potenzen

(1) $a^x \cdot a^y = a^{x+y}$ (2) $\dfrac{a^x}{a^y} = a^{x-y}$ (3) $(a^x)^y = a^{x \cdot y}$ (4) $(a \cdot b)^x = a^x \cdot b^x$ (5) $\left(\dfrac{a}{b}\right)^x = \dfrac{a^x}{b^x}$

Die zur Definition der Potenzen mit rationalen Exponenten nötigen Wurzeln sind so definiert:

Definition

Die **n-te Wurzel aus $a \in \mathbb{R}_0^+$** ist jene nichtnegative reelle Zahl, deren n-te Potenz gleich a ist.
Symbolisch: $\sqrt[n]{a} = x \iff x^n = a \ \wedge \ x \geq 0$

Rechenregeln für Wurzeln

(1) $(\sqrt[n]{a})^n = a$, $(\sqrt[n]{a^n}) = a$, $(\sqrt[n]{a})^k = \sqrt[n]{a^k}$ (3) $\sqrt[m]{\sqrt[n]{a}} = \sqrt[m \cdot n]{a}$

(2) $\sqrt[n]{a \cdot b} = \sqrt[n]{a} \cdot \sqrt[n]{b}$ und $\sqrt[n]{\dfrac{a}{b}} = \dfrac{\sqrt[n]{a}}{\sqrt[n]{b}}$ $(b \neq 0)$ (4) $\sqrt[kn]{a^{km}} = \sqrt[n]{a^m}$

R Logarithmen

Definition: Der **Logarithmus von b zur Basis a** ist jene Hochzahl, mit der man a potenzieren muss, um b zu erhalten ($a, b \in \mathbb{R}$, $a \neq 1$).
Symbolisch: $\log_a b = x \iff a^x = b$ oder kurz: $a^{\log_a b} = b$ (**Merkregel: Basis^{Logarithmus} = Numerus**)

Logarithmen zur **Basis 10** heißen **Zehnerlogarithmen** (oder **dekadische Logarithmen**), Logarithmen zur **Basis e** (Euler'sche Zahl) heißen **natürliche Logarithmen**. Statt $\log_e x$ schreibt man **ln x** (logarithmus naturalis von x).

Rechenregeln für Logarithmen

Für alle $a \in \mathbb{R}^+$ mit $a \neq 1$ und alle $x, y \in \mathbb{R}^+$ gilt:
(1) $\log_a(x \cdot y) = \log_a x + \log_a y$ (2) $\log_a \dfrac{x}{y} = \log_a x - \log_a y$ (3) $\log_a(x^y) = y \cdot \log_a x$

R Komplexe Zahlen

Wählt man $a, b \in \mathbb{R}$, dann sind folgende Bezeichnungen gebräuchlich:

- i mit $i^2 = -1$ . . . . **imaginäre Einheit**
- bi . . . . **imaginäre Zahlen**
- $a + bi$ . . . . **komplexe Zahlen**
  (**a** heißt **Realteil** und **b Imaginärteil** der komplexen Zahl $a + bi$)
- $a + bi$ und $a - bi$ . . . . . **konjugiert komplexe Zahlen**

$\mathbb{C}$ = **Menge der komplexen Zahlen.** Es gilt: $\mathbb{R} \subset \mathbb{C}$
Summe, Differenz, Produkt und Quotient zweier komplexer Zahlen sind wieder komplex:

$(a + bi) + (c + di) = (a + c) + (b + d)i$ $(a + bi) \cdot (c + di) = (ac - bd) + (ad + bc)i$

$(a + bi) - (c + di) = (a - c) + (b - d)i$ $(a + bi) : (c + di) = \dfrac{a + bi}{c + di} = \dfrac{ac + bd}{c^2 + d^2} + \dfrac{bc - ad}{c^2 + d^2} \cdot i$ (falls $c + di \neq 0$)

Darstellung von $a + bi \neq 0$ in der **Gauß'schen Zahlenebene**:

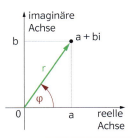

- $r = |a + bi|$ ....**Betrag** von $a + b$
- $\varphi = \arg(a + bi)$ ....**Argument** von $a + bi$
- $a + bi = r \cdot (\cos \varphi + i \cdot \sin \varphi)$ ......**Polardarstellung** von $a + bi$
- $r = \sqrt{a^2 + b^2}$, $\tan \varphi = \frac{b}{a}$ (falls $a \neq 0$)
- $a = r \cdot \cos \varphi$, $b = r \cdot \sin \varphi$

Satz (Potenzen einer komplexen Zahl)

$A = r \cdot (\cos \varphi + i \cdot \sin \varphi) \;\Rightarrow\; A^n = r^n \cdot (\cos(n\varphi) + i \cdot \sin(n\varphi))$ (mit $n \in \mathbb{N}^*$)

Lineare Gleichungen

Eine lineare Gleichung hat die Form $a \cdot x + b = 0$ (mit $a, b \in \mathbb{R}$ und $a \neq 0$).

Satz

Eine **lineare Gleichung** $a \cdot x + b = 0$ mit $a, b \in \mathbb{R}$ und $a \neq 0$ **hat genau eine Lösung**: $x = -\frac{b}{a}$.

Quadratische Gleichungen

Eine quadratische Gleichung hat die Form:

$$ax^2 + bx + c = 0 \qquad \text{(mit } a, b, c \in \mathbb{R} \text{ und } a \neq 0\text{)}$$

Dividiert man eine solche Gleichung durch a, erhält man ihre **normierte Form**:

$$x^2 + px + q = 0 \qquad \text{(mit } p, q \in \mathbb{R}\text{)}$$

Die Zahl $D = b^2 - 4ac$ bzw. $D = \left(\frac{p}{2}\right)^2 - q$ bezeichnet man als **Diskriminante** der quadratischen Gleichung.

Satz

$x^2 + px + q = 0$ mit $D = \left(\frac{p}{2}\right)^2 - q$ hat

- **zwei reelle Lösungen**, wenn $D > 0$
- **genau eine reelle Lösung**, wenn $D = 0$
- **keine reelle Lösung**, wenn $D < 0$
  (zwei konjugiert komplexe Lösungen)

  „Kleine Lösungsformel":

  $x^2 + px + q \;\Longleftrightarrow\; x = -\frac{p}{2} \pm \sqrt{\left(\frac{p}{2}\right)^2 - q}$

$ax^2 + bx + c = 0$ mit $D = b^2 - 4ac$ hat

- **zwei reelle Lösungen**, wenn $D > 0$
- **genau eine reelle Lösung**, wenn $D = 0$
- **keine reelle Lösung**, wenn $D < 0$
  (zwei konjugiert komplexe Lösungen)

  „Große Lösungsformel":

  $ax^2 + bx + c = 0 \;\Longleftrightarrow\; x = \frac{-b \pm \sqrt{b^2 - 4ac}}{2a}$

Satz (Satz von Vieta)

Besitzt eine quadratische Gleichung $x^2 + px + q = 0$ die Lösungen x_1 und x_2 (die auch zusammenfallen können), so gilt:

(1) $x^2 + px + q = (x - x_1) \cdot (x - x_2)$ 　　　　(2) $p = -(x_1 + x_2)$ und $q = x_1 \cdot x_2$

Die Beziehung (1) drückt man auch so aus:
Der Term $x^2 + px + q$ wird in die **Linearfaktoren** $(x - x_1)$ und $(x - x_2)$ zerlegt.

R ## Gleichungen höheren Grades

Seien a_n, a_{n-1}, ..., a_0 reelle Zahlen.

- **Polynom vom Grad n:** $\qquad$ $a_n x^n + a_{n-1} x^{n-1} + ... + a_1 x + a_0$ $\qquad$ (mit $a_n \neq 0$)
- **Polynomfunktion f vom Grad n:** $\qquad$ $f(x) = a_n x^n + a_{n-1} x^{n-1} + ... + a_1 x + a_0$ (mit $a_n \neq 0$)
- **(Algebraische) Gleichung vom Grad n:** $\quad$ $a_n x^n + a_{n-1} x^{n-1} + ... + a_1 x + a_0 = 0$ (mit $a_n \neq 0$)

Das Ermitteln der **Lösungen einer Gleichung** vom Grad n ist gleichwertig mit dem Ermitteln der **Nullstellen** der zugehörigen Polynomfunktion.

Satz

Ist $f(x)$ ein Polynom vom Grad n und x_0 eine Lösung der Gleichung $f(x) = 0$, dann gilt

$$f(x) = (x - x_0) \cdot g(x)$$

für alle $x \in \mathbb{R}$, wobei $g(x)$ ein Polynom vom Grad $n - 1$ ist.

Man sagt dazu: Der Linearfaktor $(x - x_0)$ wird von $f(x)$ abgespalten. Um neben der Lösung x_0 allfällige weitere Lösungen der Gleichung $f(x) = 0$ zu ermitteln, ist nur mehr die Gleichung $g(x) = 0$ zu lösen. Durch fortlaufendes Abspalten von Linearfaktoren erkennt man:

Satz

(1) Eine **Gleichung** vom **Grad n** hat **höchstens n Lösungen**.
(2) Eine **Polynomfunktion** vom **Grad n** hat **höchstens n Nullstellen**.

Eine Gleichung vom Grad n kann aber weniger als n Lösungen haben. ZB hat die Gleichung $x^2 - 2x + 1 = 0$ nur die Lösung 1, was man sofort erkennt, wenn man die Gleichung in der Form $(x - 1)^2 = 0$ schreibt. Carl Friedrich Gauß (1777–1855) hat darüber hinaus bewiesen:

Satz (Fundamentalsatz der Algebra)

Jede Gleichung vom Grad n mit komplexen Koeffizienten hat mindestens eine komplexe Lösung.

Nach diesem Satz ist jede algebraische Gleichung mit komplexen (insbesondere also auch mit reellen) Koeffizienten in $\mathbb{C}$ lösbar. Es besteht somit – zumindest vom Standpunkt des Gleichungslösens aus – keine Notwendigkeit, die Menge $\mathbb{C}$ der komplexen Zahlen zu erweitern.

R ## Lineare Gleichungssysteme in zwei bzw. drei Variablen (Unbekannten)

Gleichungssystem mit zwei linearen Gleichungen in den Unbekannten x und y:

$$\begin{cases} a_1 x + a_2 y = a_0, & (a_1 \,|\, a_2) \neq (0 \,|\, 0) \\ b_1 x + b_2 y = b_0, & (b_1 \,|\, b_2) \neq (0 \,|\, 0) \end{cases}$$

Ein Zahlenpaar $(x \,|\, y)$ heißt **Lösung des Gleichungssystems**, wenn die reellen Zahlen x und y beide Gleichungen erfüllen.

Gleichungssystem mit drei linearen Gleichungen in den Unbekannten x, y, z:

$$\begin{cases} a_1 x + a_2 y + a_3 z = a_0, & (a_1 \,|\, a_2 \,|\, a_3) \neq (0 \,|\, 0 \,|\, 0) \\ b_1 x + b_2 y + b_3 z = b_0, & (b_1 \,|\, b_2 \,|\, b_3) \neq (0 \,|\, 0 \,|\, 0) \\ c_1 x + c_2 y + c_3 z = c_0, & (c_1 \,|\, c_2 \,|\, c_3) \neq (0 \,|\, 0 \,|\, 0) \end{cases}$$

Ein Zahlentripel $(x \,|\, y \,|\, z)$ heißt **Lösung des Gleichungssystems**, wenn die reellen Zahlen x, y, z alle drei Gleichungen erfüllen.

Derartige Gleichungssysteme können ua. mit der **Substitutionsmethode** oder der **Eliminationsmethode** gelöst werden (siehe Mathematik verstehen 5, Seite 190 und Mathematik verstehen 6, Seite 194).

R Lösungsfälle linearer Gleichungssysteme in zwei Variablen

$$\begin{cases} a_1x + a_2y = a_0, & (a_1\,|\,a_2) \neq (0\,|\,0) \\ b_1x + b_2y = b_0, & (b_1\,|\,b_2) \neq (0\,|\,0) \end{cases}$$

Die beiden Gleichungen entsprechen geometrisch zwei Geraden g und h in der Ebene mit den Normalvektoren $\vec{a} = (a_1\,|\,a_2)$ und $\vec{b} = (b_1\,|\,b_2)$. Jede Lösung $(x\,|\,y)$ des Gleichungssystems entspricht einem Punkt, der auf beiden Geraden liegt. Folgende Lösungsfälle sind möglich:

genau eine Lösung	**keine Lösung**	**unendlich viele Lösungen**
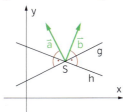	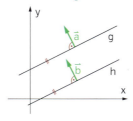	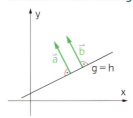
$g \cap h = \{S\}$	$g \cap h = \{\,\}$	$g \cap h = g = h$
$(b_1\,|\,b_2) \neq r \cdot (a_1\,|\,a_2)$	$(b_1\,|\,b_2) = r \cdot (a_1\,|\,a_2)$	$(b_1\,|\,b_2) = r \cdot (a_1\,|\,a_2)$
	und $b_0 \neq r \cdot a_0$	und $b_0 = r \cdot a_0$

Satz

Die **Menge der Lösungen** eines **Gleichungssystems mit zwei linearen Gleichungen in zwei Variablen** ist **leer**, enthält einen **Punkt in $\mathbb{R}^2$** oder ist eine **Gerade in $\mathbb{R}^2$**.

R Sinus, Cosinus und Tangens

Definition

In einem rechtwinkeligen Dreieck mit dem Winkelmaß φ, der Hypotenusenlänge H, der Gegenkathetenlänge G und der Ankathetenlänge A setzt man:

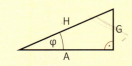

$$\sin \varphi = \frac{G}{H}, \quad \cos \varphi = \frac{A}{H}, \quad \tan \varphi = \frac{G}{A}$$

R Polarkoordinaten

- $(x\,|\,y)$ … **kartesische Koordinaten** von P
- $[r\,|\,\varphi]$ … **Polarkoordinaten** von P ($\neq$ O)
- $r = \overline{OP}$ … **Polarabstand** von P
- φ … **Polarwinkelmaß** von P

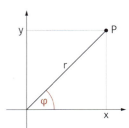

Der Polarwinkel wird von der positiven 1. Achse aus im Gegenuhrzeigersinn gemessen. Es gilt: $\mathbf{0° \leq \varphi < 360°}$. Dem Nullpunkt O wird kein Polarwinkelmaß zugeordnet.

Jedem Punkt $P = (x\,|\,y) \neq O$ der Ebene entspricht genau ein Paar $[r\,|\,\varphi]$ mit $r \in \mathbb{R}^+$ und $\varphi \in [0°;\,360°)$ und umgekehrt. Wir schreiben:

$$P = (x\,|\,y) = [r\,|\,\varphi]$$

Umrechnungsformeln für kartesische Koordinaten und Polarkoordinaten

$$x = r \cdot \cos \varphi, \ y = r \cdot \sin \varphi \quad \text{bzw.} \quad r = \sqrt{x^2 + y^2}, \ \tan \varphi = \frac{y}{x}$$

R ## Erweiterung von Sinus, Cosinus und Tangens auf alle Quadranten

Allgemein setzt man für $r > 0$ und $0° \leq \varphi < 360°$:

- $\sin \varphi = \dfrac{y}{r}$, $\cos \varphi = \dfrac{x}{r}$

- $\tan \varphi = \dfrac{y}{x}$ (sofern $\varphi \neq 90°$ und $\varphi \neq 270°$)

Sinus- und Cosinuswerte besonderer Winkel kann man sich mit der nebenstehenden „Einhalb-mal-Wurzel-Regel" merken.

α	$\sin \alpha$	
0°	$\frac{1}{2}\sqrt{0}$	90°
30°	$\frac{1}{2}\sqrt{1}$	60°
45°	$\frac{1}{2}\sqrt{2}$	45°
60°	$\frac{1}{2}\sqrt{3}$	30°
90°	$\frac{1}{2}\sqrt{4}$	0°
	$\cos \alpha$	α

R ## Sinus und Cosinus im Einheitskreis

Für $r = 1$ gilt: $\cos \varphi = \dfrac{x}{r} = \dfrac{x}{1} = x$ und $\sin \varphi = \dfrac{y}{r} = \dfrac{y}{1} = y$

Darstellung von Sinus und Cosinus als Stellen auf den Koordinatenachsen:

(1) 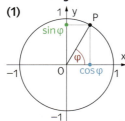   (2) 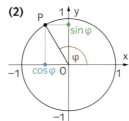   (3) 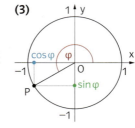   (4)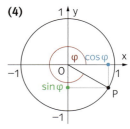

Darstellung von Sinus und Cosinus als vorzeichenbehaftete Strecken:

(1) 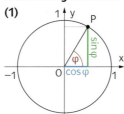   (2) 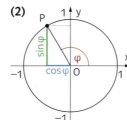   (3) 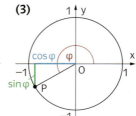   (4)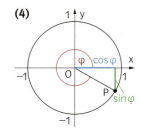

- Strecken von O aus nach rechts oder nach oben erhalten ein positives Vorzeichen.
- Strecken von O aus nach links oder nach unten erhalten ein negatives Vorzeichen.

Wichtige Beziehungen, die man am Einheitskreis ablesen kann:

Satz

Für alle Winkelmaße φ mit $0° \leq \varphi < 360°$ gilt:

(1) $-1 \leq \sin \varphi \leq 1$ (3) $\sin^2 \varphi + \cos^2 \varphi = 1$ (4) $\sin(180° - \varphi) = \sin \varphi$

(2) $-1 \leq \cos \varphi \leq 1$ (5) $\cos(180° - \varphi) = -\cos \varphi$

Gleichungen $\sin \varphi = c$ und $\cos \varphi = c$ mit $0° \leq \varphi < 360°$ besitzen für $-1 < c < 1$ stets genau zwei Lösungen φ_1 und φ_2.

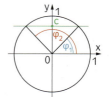 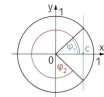

Flächeninhalt eines Dreiecks

Satz (Trigonometrische Flächeninhaltsformel für Dreiecke)

$$A = \frac{a \cdot b}{2} \cdot \sin\gamma = \frac{a \cdot c}{2} \cdot \sin\beta = \frac{b \cdot c}{2} \cdot \sin\alpha$$

(**Merkregel:** Seite mal Seite durch 2 mal Sinus des eingeschlossenen Winkels)

Vektoren in $\mathbb{R}^n$

Definition

$\mathbb{R}^n = \{(a_1 \mid a_2 \mid \ldots \mid a_n) \mid a_1, a_2, \ldots, a_n \in \mathbb{R}\}$ = **Menge aller n-Tupel reeller Zahlen**

Insbesondere: $\mathbb{R}^2$ = **Menge aller Paare reeller Zahlen**, $\mathbb{R}^3$ = **Menge aller Tripel reeller Zahlen**

Die Elemente der Menge $\mathbb{R}^n$, also die n-Tupel $(a_1 \mid a_2 \mid \ldots \mid a_n)$, heißen auch **Vektoren in $\mathbb{R}^n$** mit den **Koordinaten $a_1, a_2, \ldots, a_n$**. Man kann diese in Zeilen- oder in Spaltenform anschreiben. Zwei Vektoren heißen gleich, wenn sie dieselben Zahlen in derselben Reihenfolge enthalten.

Definition (Rechenoperationen für Vektoren)

- $(a_1 \mid a_2 \mid \ldots \mid a_n) + (b_1 \mid b_2 \mid \ldots \mid b_n) = (a_1 + b_1 \mid a_2 + b_2 \mid \ldots \mid a_n + b_n)$
- $(a_1 \mid a_2 \mid \ldots \mid a_n) - (b_1 \mid b_2 \mid \ldots \mid b_n) = (a_1 - b_1 \mid a_2 - b_2 \mid \ldots \mid a_n - b_n)$
- $r \cdot (a_1 \mid a_2 \mid \ldots \mid a_n) = (r \cdot a_1 \mid r \cdot a_2 \mid \ldots \mid r \cdot a_n)$

BEACHTE: Die Addition und Subtraktion von Vektoren sowie die Multiplikation eines Vektors mit einer reellen Zahl erfolgen koordinatenweise.

- Der Vektor $\mathbf{O} = (0 \mid 0 \mid \ldots \mid 0)$ heißt **Nullvektor in $\mathbb{R}^n$**.
- Der Vektor $-\mathbf{A} = (-a_1 \mid -a_2 \mid \ldots \mid -a_n)$ heißt **Gegenvektor (inverser Vektor) zum Vektor** $\mathbf{A} = (a_1 \mid a_2 \mid \ldots \mid a_n)$.

Für das Rechnen mit Vektoren in $\mathbb{R}^n$ gelten ähnliche Gesetze wie für reelle Zahlen, es gibt aber auch Unterschiede (zB kann man Vektoren nicht durcheinander dividieren).

Geometrische Darstellung von Vektoren in $\mathbb{R}^2$ bzw. $\mathbb{R}^3$

Vektoren in $\mathbb{R}^2$ kann man als Punkte oder Pfeile in einem zweidimensionalen Koordinatensystem darstellen:

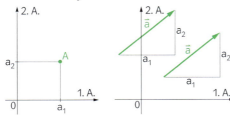

Vektoren in $\mathbb{R}^3$ kann man als Punkte oder Pfeile in einem dreidimensionalen Koordinatensystem darstellen:

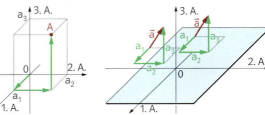

- Jedem Vektor in $\mathbb{R}^2$ ($\mathbb{R}^3$) entspricht genau ein Punkt der Ebene (des Raumes). Umgekehrt entspricht jedem Punkt der Ebene (des Raumes) genau ein Vektor in $\mathbb{R}^2$ ($\mathbb{R}^3$).
- Jedem Vektor in $\mathbb{R}^2$ ($\mathbb{R}^3$) entsprechen unendlich viele Pfeile der Ebene (des Raumes), die alle gleich lang und (vom Nullvektor abgesehen) parallel und gleich gerichtet sind. Umgekehrt entspricht jedem Pfeil der Ebene (des Raumes) genau ein Vektor in $\mathbb{R}^2$ ($\mathbb{R}^3$).

Bezeichnungen von Vektoren erfolgen entsprechend ihrer geometrischen Deutung:
- Vektor als Punkt: A, B, C, …
- Vektor als Pfeil: $\vec{a}, \vec{b}, \vec{c}$, …
- Nullvektor als Punkt: O (Ursprung des Koordinatensystems)
- Nullvektor als Pfeil: $\vec{o}$ (Nullpfeil = entarteter Pfeil der Länge 0)
- Vektor als Pfeil vom Punkt A zum Punkt B: $\overrightarrow{AB}$

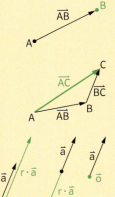

Geometrische Deutungen der Rechenoperationen in $\mathbb{R}^2$ bzw. $\mathbb{R}^3$:

Punkt-Pfeil-Darstellung der Vektoraddition: $A + \overrightarrow{AB} = B$
(Daraus folgt: $\overrightarrow{AB} = B - A$)

Pfeildarstellung der Vektoraddition: $\overrightarrow{AB} + \overrightarrow{BC} = \overrightarrow{AC}$

Streckungsdarstellung der Multiplikation eines Vektors mit einer reellen Zahl:
$r \cdot \vec{a}$ entspricht einer **Streckung von $\vec{a}$** mit dem Faktor r.

Parallele Vektoren in $\mathbb{R}^2$ ($\mathbb{R}^3$):
$\vec{a} \parallel \vec{b} \Leftrightarrow \vec{b} = r \cdot \vec{a}$ mit $r \in \mathbb{R}^*$ ($\vec{a}, \vec{b} \neq \vec{o}$)

Normale Vektoren in $\mathbb{R}^2$:
$(-a_2 \mid a_1)$ und $(a_2 \mid -a_1)$ sind Normalvektoren des Vektors $(a_1 \mid a_2)$ ($\neq \vec{o}$).

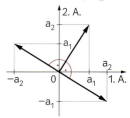

Skalarprodukt von Vektoren

Definition
Skalares Produkt der Vektoren $A = (a_1 \mid a_2 \mid \ldots \mid a_n)$ und $B = (b_1 \mid b_2 \mid \ldots \mid b_n) \in \mathbb{R}^n$:
$$A \cdot B = a_1 \cdot b_1 + a_2 \cdot b_2 + \ldots + a_n \cdot b_n$$

BEACHTE: Das skalare Produkt zweier Vektoren ist kein Vektor, sondern eine reelle Zahl.

Betrag eines Vektors

Definition
Betrag des Vektors $\vec{a} = (a_1 \mid a_2 \mid \ldots \mid a_n) \in \mathbb{R}^n$: $|\vec{a}| = \sqrt{a_1^2 + a_2^2 + \ldots + a_n^2}$

Der Betrag eines Vektors kann als Länge eines Pfeils gedeutet werden, der dem Vektor zugeordnet ist.

Abstand zweier Punkte A und B: $\overline{AB} = |\overrightarrow{AB}| = |B - A|$

Satz:
Für alle $\vec{a} \in \mathbb{R}^n$ und alle $r \in \mathbb{R}$ gilt:
(1) $|r \cdot \vec{a}| = |r| \cdot |\vec{a}|$ **(2)** $|\vec{a}| = \sqrt{\vec{a}^2} = \sqrt{\vec{a} \cdot \vec{a}}$ **(3)** $|\vec{a}|^2 = \vec{a}^2 = \vec{a} \cdot \vec{a}$

Definition
Ist $\vec{a} \neq \vec{o}$, so heißt der Vektor $\vec{a}_0 = \dfrac{1}{|\vec{a}|} \cdot \vec{a}$ der **zu $\vec{a}$ gehörige Einheitsvektor**.

Der Vektor $\vec{a}_0$ ist zu $\vec{a}$ **parallel**, **gleich gerichtet** und hat die **Länge 1**.

Abtragen von Strecken: Wird von P aus eine Strecke der Länge d
in Richtung des Vektors $\vec{a}$ abgetragen, so ergibt sich für den Endpunkt:
$Q = P + d \cdot \vec{a}_0$

Winkelmaß zweier Vektoren

Zwei von $\vec{o}$ verschiedene Vektoren $\vec{a}$, $\vec{b}$ aus $\mathbb{R}^2$ bzw. $\mathbb{R}^3$ seien durch Pfeile von einem gemeinsamen Anfangspunkt S aus dargestellt. Das Maß φ des Winkels, den diese Pfeile miteinander einschließen, nennt man das **Winkelmaß der Vektoren $\vec{a}$ und $\vec{b}$**. Für gleich gerichtete Pfeile ist $\varphi = 0°$, für entgegengesetzt gerichtete Pfeile ist $\varphi = 180°$. In allen anderen Fällen nimmt man von den beiden möglichen Winkelmaßen φ und $360° - \varphi$ stets das kleinere. Es gilt somit stets: **$0° \leq \varphi \leq 180°$**.

 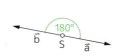

Satz
Für das Winkelmaß φ der vom Nullvektor verschiedenen Vektoren $\vec{a}$, $\vec{b}$ aus $\mathbb{R}^2$ ($\mathbb{R}^3$) gilt:

$$\cos \varphi = \frac{\vec{a} \cdot \vec{b}}{|\vec{a}| \cdot |\vec{b}|}$$

$\vec{a} \cdot \vec{b} > 0 \Longleftrightarrow$ **spitzer Winkel** $\vec{a} \cdot \vec{b} = 0 \Longleftrightarrow$ **rechter Winkel** $\vec{a} \cdot \vec{b} < 0 \Longleftrightarrow$ **stumpfer Winkel**

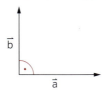 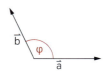

Besonders wichtig ist der Fall des rechten Winkels:

Satz (Orthogonalitätskriterium)
Für alle $\vec{a}, \vec{b} \neq \vec{o}$ gilt: $\vec{a} \perp \vec{b} \Longleftrightarrow \vec{a} \cdot \vec{b} = 0$

Flächeninhalt eines von zwei Vektoren aufgespannten Dreiecks

Satz: Für den Flächeninhalt des von den Vektoren $\vec{a}$ und $\vec{b}$ in $\mathbb{R}^2$ bzw. $\mathbb{R}^3$ aufgespannten Dreiecks gilt:

$$A = \frac{1}{2} \cdot \sqrt{\vec{a}^2 \cdot \vec{b}^2 - (\vec{a} \cdot \vec{b})^2}$$

Richtungsvektoren und Normalvektoren einer Geraden

- Ein **Richtungsvektor von g** ist ein Vektor $\vec{g} = \overrightarrow{PQ}$ mit $P, Q \in g$ und $P \neq Q$. Eine Gerade ist durch einen Punkt und einen Richtungsvektor festgelegt.

- Ein **Normalvektor von g** ist ein Vektor $\vec{n}$, der zu jedem Richtungsvektor von g normal ist. Eine Gerade in $\mathbb{R}^2$ ist durch einen Punkt und einen Normalvektor festgelegt.

Parameterdarstellung und Normalvektordarstellung einer Geraden

Parameterdarstellung in $\mathbb{R}^2$ (bzw. $\mathbb{R}^3$)

Normalvektordarstellung (Gleichung) in $\mathbb{R}^2$

$X = P + t \cdot \vec{g}$
X ... laufender Punkt
P ... fester Punkt
$\vec{g}$ ... Richtungsvektor von g
t ... Parameter

$\vec{n} \cdot X = \vec{n} \cdot P$ bzw. $n_1 x + n_2 y = c$
(mit $c = n_1 p_1 + n_2 p_2$)
$X = (x \mid y)$ ... laufender Punkt
$P = (p_1 \mid p_2)$ ... fester Punkt
$\vec{n} = (n_1 \mid n_2)$ ... Normalvektor von g

BEACHTE:

- Eine Parameterdarstellung $X = P + t \cdot \vec{g}$ ordnet jedem **Parameter $t \in \mathbb{R}$** einen Punkt auf der Geraden g zu und umgekehrt.
- Eine Punktmenge $\{X \in \mathbb{R}^2 \text{ (bzw. } \mathbb{R}^3) \mid X = P + t \cdot \vec{g} \wedge t \in \mathbb{R}\}$ heißt **Gerade in $\mathbb{R}^2$** (bzw. $\mathbb{R}^3$).
- Eine Gerade kann verschiedene Parameterdarstellungen haben, weil P und $\vec{g}$ verschieden gewählt werden können. Der Parameterwert eines Punktes auf der Geraden hängt dabei von der gewählten Parameterdarstellung ab.
- Eine Parameterdarstellung wird unter Umständen einfacher, wenn man den Richtungsvektor durch ein geeignetes Vielfaches ersetzt.
- Eine Gerade in $\mathbb{R}^3$ kann nicht (!) durch eine Normalvektordarstellung (Gleichung) beschrieben werden. Jede Gleichung $n_1 x + n_2 y + n_3 z = c$ mit $(n_1 \mid n_2 \mid n_3) \neq (0 \mid 0 \mid 0)$ stellt nämlich eine **Ebene im Raum** dar.

Gegenseitige Lage und Schnitt von Geraden in $\mathbb{R}^2$

Zwei Geraden in $\mathbb{R}^2$ können folgende gegenseitige Lagen einnehmen:

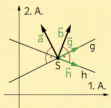

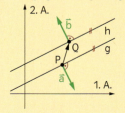

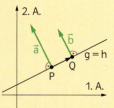

| g und h schneiden einander $g \cap h = \{S\}$ | g und h sind parallel und verschieden $g \cap h = \{\}$ | g und h sind parallel und zusammenfallend $g \cap h = g = h$ |

Ermitteln der gegenseitigen Lage der Geraden g: X = P + s · $\vec{g}$ und h: X = Q + t · $\vec{h}$:

- Ist $\vec{g} \parallel \vec{h}$, dann ist auch g ∥ h. Zur Überprüfung, ob g und h zusammenfallen oder verschieden sind, betrachtet man einen Punkt P = $(p_1 | p_2) \in$ g und einen Punkt Q = $(q_1 | q_2) \in$ h.
  - Ist $\overrightarrow{PQ} \nparallel \vec{g}$, sind g und h verschieden.
  - Ist $\overrightarrow{PQ} \parallel \vec{g}$, ist g = h.
- Ist $\vec{g} \nparallel \vec{h}$, dann schneiden die beiden Geraden einander.

Berechnen des Schnittpunktes: P + s · $\vec{g}$ = Q + t · $\vec{h}$ $\Rightarrow$ $\begin{cases} p_1 + s \cdot g_1 = q_1 + t \cdot h_1 \\ p_2 + s \cdot g_2 = q_2 + t \cdot h_2 \end{cases}$

Aus diesem Gleichungssystem kann man s und t ermitteln. Der Schnittpunkt S lässt sich durch S = P + s · $\vec{g}$ oder S = Q + t · $\vec{h}$ berechnen. Beachte, dass die Parameter der beiden Geraden verschieden bezeichnet werden müssen!

Gegenseitige Lage und Schnitt von Geraden in $\mathbb{R}^3$

Zwei Geraden in $\mathbb{R}^3$ können folgende gegenseitige Lagen einnehmen:

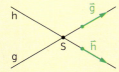  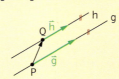 

g und h schneiden einander $g \cap h = \{S\}$	g und h sind zueinander windschief $g \cap h = \{\}$	g und h sind parallel und verschieden $g \cap h = \{\}$	g und h sind parallel und zusammenfallend $g \cap h = g = h$

Ermitteln der gegenseitigen Lage der Geraden g: X = P + s · $\vec{g}$ und h: X = Q + t · $\vec{h}$:

- Ist $\vec{g} \parallel \vec{h}$, dann ist auch g ∥ h. Ob g und h zusammenfallen oder verschieden sind, kann man wie in $\mathbb{R}^2$ entscheiden.
- Ist $\vec{g} \nparallel \vec{h}$, dann schneiden g und h einander oder sind zueinander windschief. Welcher Fall eintritt, stellt sich bei dem Versuch, den Schnittpunkt zu berechnen, heraus.

Berechnen des Schnittpunktes: P + s · $\vec{g}$ = Q + t · $\vec{h}$ $\Rightarrow$ $\begin{cases} p_1 + s \cdot g_1 = q_1 + t \cdot h_1 \\ p_2 + s \cdot g_2 = q_2 + t \cdot h_2 \\ p_3 + s \cdot g_3 = q_3 + t \cdot h_3 \end{cases}$

Aus zwei dieser Gleichungen kann man s und t ermitteln. Erfüllen die erhaltenen Parameterwerte auch die dritte Gleichung, existiert der Schnittpunkt S und dieser lässt sich durch S = P + s · $\vec{g}$ oder S = Q + t · $\vec{h}$ berechnen. Andernfalls existiert kein Schnittpunkt.

Abstand eines Punktes von einer Geraden in $\mathbb{R}^2$

Satz (Hesse'sche Abstandsformel in $\mathbb{R}^2$)

Sei P ein Punkt in $\mathbb{R}^2$, g eine Gerade in $\mathbb{R}^2$ mit einem Normalvektor $\vec{n}$ und A ein beliebiger Punkt von g. Dann gilt für den Abstand d des Punktes P von der Geraden g:

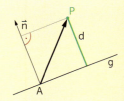

$$d = \frac{|\overrightarrow{AP} \cdot \vec{n}|}{|\vec{n}|}$$

9.2 FUNKTIONALE ABHÄNGIGKEITEN

(R) Grundlegendes über Funktionen

Definition

Wird jedem Element einer Menge A genau ein Element einer Menge B zugeordnet, so nennt man diese Zuordnung eine **Funktion** oder eine **Abbildung** von A nach B. Wir schreiben: **f: A → B | x ↦ f(x)**. Eine Funktion **f: A → ℝ** mit **A ⊆ ℝ** heißt **reelle Funktion**.

Bezeichnungen

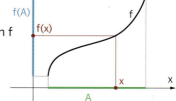

- A . . . . **Definitionsmenge** von f
  B . . . . **Zielmenge** von f
- x ∈ A . . . . **Argument**, **Stelle** oder **Urelement** von f
- f(x) ∈ B . . . . **Funktionswert an der Stelle x** oder
  Bildelement von x
- f(A) = {f(x) | x ∈ A} . . . . . . **Wertemenge** von f
- G = {(x | f(x)) | x ∈ A} . . . . . **Graph der Funktion f**
  Das Schaubild dieser Menge wird ebenfalls als Graph bezeichnet.

BEACHTE: Die Wertemenge ist stets eine Teilmenge der Zielmenge (häufig sogar eine echte Teilmenge).

Ist f durch einen Term gegeben, so spricht man von einer **Termdarstellung von f**, zum Beispiel: $f(x) = 2x - x^2$. Diese Funktion kann auch durch die Gleichung $y = 2x - x^2$ festgelegt werden. Allgemein bezeichnet man jede Gleichung in zwei Variablen, welche die Funktion f festlegt, als **Funktionsgleichung von f** oder kurz **Gleichung von f**.

Veränderung von Graphen reeller Funktionen

Für alle reellen Funktionen f und g und alle a, b, c ∈ ℝ⁺ gilt:

	Der Graph von g entsteht aus dem Graphen von f durch
g(x) = −f(x)	Spiegelung an der 1. Achse
g(x) = f(x) + c	Verschiebung um c parallel zur 2. Achse nach oben
g(x) = f(x) − c	Verschiebung um c parallel zur 2. Achse nach unten
g(x) = a · f(x)	Streckung mit dem Faktor a normal zur 1. Achse
g(x) = −a · f(x)	Streckung mit dem Faktor a normal zur 1. Achse und anschließende Spiegelung an der 1. Achse
g(x) = f(x + b)	Verschiebung um b parallel zur 1. Achse nach links
g(x) = f(x − b)	Verschiebung um b parallel zur 1. Achse nach rechts

Eine **Streckung** mit einem **Faktor a** mit **0 < a < 1** bezeichnet man auch als **Stauchung**.

(R) ## Rechnen mit reellen Funktionen

Zwei Funktionen f: A → ℝ und g: A → ℝ kann man addieren, subtrahieren, multiplizieren und dividieren.

- **Summe von f und g:** (f + g): A → ℝ mit (f + g)(x) = f(x) + g(x)
- **Differenz von f und g:** (f − g): A → ℝ mit (f − g)(x) = f(x) − g(x)
- **Produkt von f und g:** (f · g): A → ℝ mit (f · g)(x) = f(x) · g(x)
- **Quotient von f und g:** $\frac{f}{g}$: A → ℝ mit $\frac{f}{g}(x) = \frac{f(x)}{g(x)}$ (sofern g(x) ≠ 0 für alle x ∈ A)

R ## Änderungsmaße von reellen Funktionen

Definition

Sei f eine auf einem Intervall [a; b] definierte reelle Funktion.
Die reelle Zahl

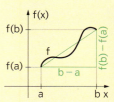

- $f(b) - f(a)$ heißt **absolute Änderung** (oder kurz Änderung) **von f in [a; b]**,

- $\dfrac{f(b) - f(a)}{f(a)}$ heißt **relative Änderung von f in [a; b]**,

- $\dfrac{f(b) - f(a)}{b - a}$ heißt **mittlere Änderungsrate** (oder **Differenzenquotient**) **von f in [a; b]**,

- $\dfrac{f(b)}{f(a)}$ heißt **Änderungsfaktor von f in [a; b]**.

R ## Monotonie von reellen Funktionen

Definition

Es sei $f: A \to \mathbb{R}$ eine reelle Funktion und $M \subseteq A$. Die Funktion f heißt

- **monoton steigend in M**, wenn für alle $x_1, x_2 \in M$ gilt: $\quad x_1 < x_2 \implies f(x_1) \leq f(x_2)$
- **monoton fallend in M**, wenn für alle $x_1, x_2 \in M$ gilt: $\quad x_1 < x_2 \implies f(x_1) \geq f(x_2)$
- **streng monoton steigend in M**, wenn für alle $x_1, x_2 \in M$ gilt: $x_1 < x_2 \implies f(x_1) < f(x_2)$
- **streng monoton fallend in M**, wenn für alle $x_1, x_2 \in M$ gilt: $\quad x_1 < x_2 \implies f(x_1) > f(x_2)$

Die Funktion f heißt **(streng) monoton in M**, wenn sie (streng) monoton steigend in M oder (streng) monoton fallend in M ist.

R ## Extremstellen von reellen Funktionen

Man unterscheidet globale und lokale Extremstellen einer reellen Funktion.
- **Globale Extremstellen** beziehen sich auf die gesamte Definitionsmenge der Funktion.
- **Lokale Extremstellen** beziehen sich nur auf bestimmte Umgebungen. Unter einer **Umgebung U(p)** der Stelle p verstehen wir ein beliebiges Intervall, das p als innere Stelle enthält.

Definition

Sei $f: A \to \mathbb{R}$ eine reelle Funktion und $M \subseteq A$. Eine Stelle $p \in M$ heißt
- **Maximumstelle von f in M**, wenn $f(x) \leq f(p)$ für alle $x \in M$,
- **Minimumstelle von f in M**, wenn $f(x) \geq f(p)$ für alle $x \in M$.

Eine Stelle $p \in M$ heißt **Extremstelle von f in M**, wenn sie eine Maximumstelle oder Minimumstelle von f in M ist.

Definition

Sei $f: A \to \mathbb{R}$ eine reelle Funktion. Eine Stelle $p \in A$ heißt
- **lokale Maximumstelle von f**, wenn es eine Umgebung $U(p) \subseteq A$ gibt, sodass p Maximumstelle von f in U(p) ist,
- **lokale Minimumstelle von f**, wenn es eine Umgebung $U(p) \subseteq A$ gibt, sodass p Minimumstelle von f in U(p) ist.

Eine Stelle p heißt **lokale Extremstelle von f**, wenn sie eine lokale Maximumstelle oder lokale Minimumstelle von f ist.

Satz
Sei f: A → ℝ eine reelle Funktion und seien a, p, b ∈ A mit a < p < b.
(1) Ist f in [a; p] monoton steigend und in [p; b] monoton fallend, dann ist p eine lokale Maximumstelle von f.
(2) Ist f in [a; p] monoton fallend und in [p; b] monoton steigend, dann ist p eine lokale Minimumstelle von f.
(3) Ist f in [a; p] und [p; b] monoton steigend, dann ist p keine lokale Extremstelle von f.
(4) Ist f in [a; p] und [p; b] monoton fallend, dann ist p keine lokale Extremstelle von f.

Grenzwerte von Funktionen

Gegeben sei eine reelle Funktion f: A → ℝ | x ↦ f(x) und eine Stelle p ∈ A. Wenn sich bei unbegrenzter Annäherung von x an die Stelle p die Funktionswerte f(x) unbegrenzt der Zahl q nähern, so schreibt man:

$$\lim_{x \to p} f(x) = q$$

Die Zahl q heißt **Grenzwert von f für x gegen p**.

Stetigkeit von Funktionen

Definition
(1) Eine reelle Funktion f: A → ℝ heißt **an der Stelle p ∈ A stetig**, wenn $\lim_{z \to p} f(z) = f(p)$.
(2) Die Funktion f heißt (schlechthin) **stetig**, wenn sie an jeder Stelle p ∈ A stetig ist.

Folgende Funktionen sind im gesamten Definitionsbereich stetig: Potenzfunktionen, Polynomfunktionen, rationale Funktionen, Winkelfunktionen, Exponential- und Logarithmusfunktionen.

Ist eine Funktion f an einer Stelle p nicht stetig (unstetig), so kann dies zweierlei bedeuten:
- $\lim_{z \to p} f(z)$ existiert, ist aber von f(p) verschieden (Abb. 9.1).
- $\lim_{z \to p} f(z)$ existiert nicht (Abb. 9.2).

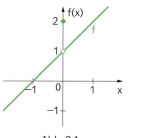

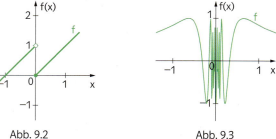

| Abb. 9.1 | Abb. 9.2 | Abb. 9.3 |

Unstetigkeitsstellen sind oft Sprungstellen (wie in Abb. 9.2). Es gibt aber auch andere Unstetigkeitsstellen, zB Oszillationsstellen (wie in Abb. 9.3)

Verallgemeinerung des Funktionsbegriffs

- Eine Funktion f: A → ℝ mit A ⊆ ℝⁿ heißt **reelle Funktion in n Variablen**. Solche Funktionen kann man in Formeln sehen. ZB kann man in der Formel A = a · b für den Flächeninhalt eines Rechtecks die Funktion A: (ℝ⁺)² → ℝ | (a, b) ↦ a · b sehen.
- Noch allgemeiner kann man Funktionen f: A → B betrachten, bei denen A und B beliebige Mengen sind.

R ## Lineare Funktionen

Definition
Eine reelle Funktion **f**: A → ℝ mit **f(x) = k · x + d** (mit k, d ∈ ℝ) heißt **lineare Funktion**.

Spezialfälle: ▪ k = 0 … **konstante Funktion** ▪ d = 0 … **direkte Proportionalitätsfunktion**

Satz: Der **Graph einer linearen** Funktion f mit f(x) = k · x + d (mit k, d ∈ ℝ) ist eine **Gerade**.

▪ **k = Steigung** von f
  k > 0 … f streng monoton steigend
  k < 0 … f streng monoton fallend
▪ **d = Funktionswert** von f **an der Stelle 0**

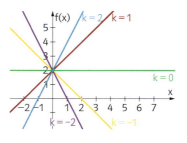 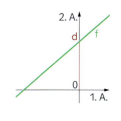

Satz (Eigenschaften einer linearen Funktion)

(1) f(x + 1) = f(x) + k
   Wird x um 1 erhöht, dann ändert sich f(x) um k.

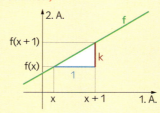 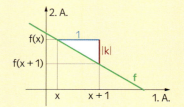

(2) f(x + h) = f(x) + k · h
   Wird x um h erhöht, dann ändert sich f(x) um k · h.

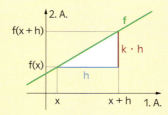 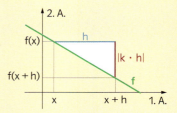

(3) $\dfrac{f(x_2) - f(x_1)}{x_2 - x_1} = k$ (für $x_1 \neq x_2$)
   Der Differenzenquotient von f in einem beliebigen Intervall [x_1; x_2] ist gleich der Steigung k.

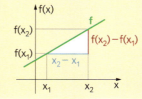 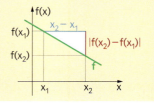

Lineares Wachsen (bzw. Abnehmen)
bedeutet:

Gleiche Zunahme der Argumente bewirkt stets gleiche Zunahme (bzw. Abnahme) der Funktionswerte.

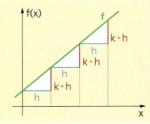 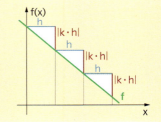

145

Direkte und indirekte Proportionalitätsfunktionen

Direkte Proportionalitätsfunktion
$f(x) = k \cdot x$ (mit $k \neq 0$),
Man sagt: $f(x)$ ist zu x **direkt proportional**
(mit dem **Proportionalitätsfaktor k**).
Graph … **Gerade** durch den Ursprung

Indirekte Proportionalitätsfunktion
$f(x) = \frac{k}{x}$ (mit $k \neq 0$, $x \neq 0$),
Man sagt: $f(x)$ ist zu x **indirekt proportional**.
Graph … **Hyperbel**

Man sagt: Die Funktionswerte $f(x)$ sind zu den Argumenten x direkt bzw. indirekt proportional.

Potenzfunktionen

Definition: Eine reelle Funktion f mit $f(x) = c \cdot x^r$ ($r \in \mathbb{R}$, $c \neq 0$) heißt **Potenzfunktion.**

Der größtmögliche Definitionsbereich A einer solchen Funktion hängt vom Exponenten r ab.

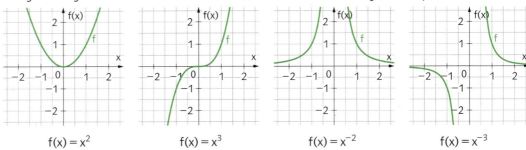

$f(x) = x^2$ $f(x) = x^3$ $f(x) = x^{-2}$ $f(x) = x^{-3}$

Satz: Für eine Potenzfunktion f mit $f(x) = x^n$ ($n \in \mathbb{N}^*$) gilt:
(1) f ist in $\mathbb{R}_0^+$ streng monoton steigend.
(2) f ist in $\mathbb{R}_0^-$
  - streng monoton fallend, falls n gerade ist,
  - streng monoton steigend, falls n ungerade ist.

Polynomfunktionen

Definition
Eine reelle Funktion f der Form $f(x) = a_n x^n + a_{n-1} x^{n-1} + \ldots + a_1 x + a_0$ (mit $a_n, a_{n-1}, \ldots, a_0 \in \mathbb{R}$ und $a_0 \neq 0$) heißt **Polynomfunktion vom Grad n**.

Typische Formen der Graphen von Polynomfunktionen:

Grad 2: Parabel   **Grad 3:** „S-Kurve" (mit „Entartungen")

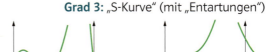

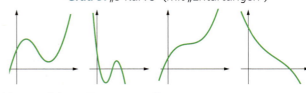

Grad 4: „Doppel-S-Kurve" (mit „Entartungen")

Exponentialfunktionen

Definition

Eine reelle Funktion f: A → ℝ mit $f(x) = c \cdot a^x$ ($c \in \mathbb{R}^*$, $a \in \mathbb{R}^+$) heißt **Exponentialfunktion**.

- Die **Basis a** bestimmt die **Stärke des Steigens bzw. Fallens**.
  $a > 1$ ... f streng monoton steigend
  $0 < a < 1$ ... f streng monoton fallend
  $a = 1$ ... f konstant
- **c = f(0)** = Funktionswert von f an der Stelle 0

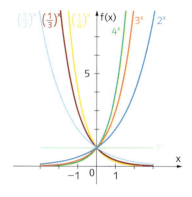

Eine nicht konstante Exponentialfunktion f kann auch in der Form $f(x) = e^{\pm \lambda x}$ mit $\lambda > 0$ geschrieben werden (+ bedeutet Wachsen, − bedeutet Abnehmen). Die Konstante λ heißt **Wachstums- bzw. Abnahmekonstante** (beim radioaktiven Zerfall **Zerfallskonstante**).

Satz (Eigenschaften einer Exponentialfunktion)

(1) $f(x + 1) = f(x) \cdot a$
Wird x um 1 erhöht, dann ändert sich f(x) mit dem Faktor a.

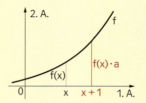
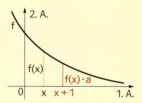

(2) **Wird x um h erhöht, dann ändert sich f(x) mit dem Faktor a^h.**

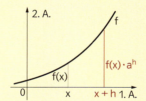
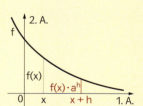

(3) **Wird x um 1 erhöht, dann wächst bzw. fällt f(x) um einen konstanten Prozentsatz p% vom Ausgangswert.**

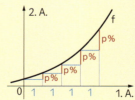
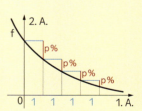

(4) **Wird x um h erhöht, dann wächst bzw. fällt f(x) um einen konstanten, von h abhängigen Prozentsatz p_h% vom Ausgangswert.**

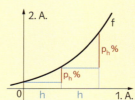
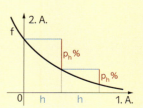

Exponentielles Wachsen (bzw. Abnehmen) bedeutet:

Gleiche Zunahme der Argumente bewirkt stets Zunahme (bzw. Abnahme) mit dem gleichen Faktor bzw. um den gleichen Prozentsatz vom Ausgangswert.

R

Winkelfunktionen

Definition

Das **Bogenmaß** eines Winkels ist der Quotient $a = \frac{b}{r}$, wobei b die Länge des zum Winkel gehörigen Bogens mit dem Radius r ist. (Man kann zeigen, dass das Verhältnis $\frac{b}{r}$ vom gewählten Radius r unabhängig ist.)

Zusammenhang zwischen Gradmaß g und Bogenmaß a: $\quad \frac{a}{\pi} = \frac{g}{180}$

Polarwinkelmaße liegen stets in $[0; 2\pi)$, **Drehwinkelmaße** können jedoch auch außerhalb dieses Intervalls liegen. Deshalb erweitert man die Definition von Sinus, Cosinus und Tangens:

Definition

Ist $a \in \mathbb{R}$ ein Drehwinkelmaß und $\bar{a} \in [0; 2\pi)$ das dazugehörige Polarwinkelmaß, so setzt man:

(1) $\sin(a) = \sin(\bar{a})$ **(2)** $\cos(a) = \cos(\bar{a})$ **(3)** $\tan(a) = \frac{\sin(a)}{\cos(a)}$ $\left(\text{für } a \neq \pm\frac{\pi}{2}, \pm\frac{3\pi}{2}, \pm\frac{5\pi}{2}, \dots\right)$

Winkelfunktionen (Kreisfunktionen, trigonometrische Funktionen):

Sinusfunktion $\quad \sin: \mathbb{R} \to \mathbb{R} \mid x \mapsto \sin(x)$

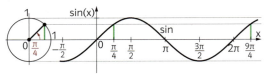

Cosinusfunktion $\quad \cos: \mathbb{R} \to \mathbb{R} \mid x \mapsto \cos(x)$

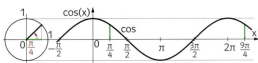

Tangensfunktion $\quad \tan: A \to \mathbb{R} \mid x \mapsto \tan(x)$, wobei $A = \mathbb{R} \setminus \left\{\pm\frac{\pi}{2}, \pm\frac{3\pi}{2}, \pm\frac{5\pi}{2}, \dots\right\}$

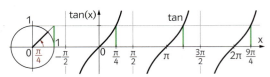

Definition

Eine reelle Funktion $f: A \to \mathbb{R}$ heißt **periodisch**, wenn es eine positive Zahl p gibt, sodass für alle $x \in A$ auch $x + p \in A$ und $f(x + p) = f(x)$ ist. Die Zahl p heißt eine **Periode** der Funktion f.

Die Sinus- und Cosinusfunktion sind periodische Funktionen mit der kleinsten Periode 2π.
Die Tangensfunktion ist eine periodische Funktion mit der kleinsten Periode π.

- Für alle $x \in \mathbb{R}$: $\sin(x) = \cos\left(x - \frac{\pi}{2}\right)$
- Für alle $x \in \mathbb{R}$: $\cos(x) = \sin\left(x + \frac{\pi}{2}\right)$

R

Funktionen der Form $x \mapsto a \cdot \sin(b \cdot x)$

Wir betrachten die Funktionen f und g mit $f(x) = \sin(x)$ und $g(x) = a \cdot \sin(b \cdot x)$ mit $a, b \in \mathbb{R}^+$.
Der Graph von g geht aus dem Graphen von f durch zwei Veränderungen hervor:

- Streckung bzw. Stauchung mit dem Faktor b normal zur 2. Achse
  (Streckung für $0 < b < 1$, Stauchung für $b > 1$)
- Streckung bzw. Stauchung mit dem Faktor a normal zur 1. Achse
  (Streckung für $a > 1$, Stauchung für $0 < a < 1$)

Es gilt hier: $g(x) = 3 \cdot \sin(2x)$

148

9.3 ANALYSIS

(R) ### Differenzenquotient

Definition
Es sei f: A → ℝ eine reelle Funktion und [a; b] ⊆ A. Dann heißt die reelle Zahl $\frac{f(b) - f(a)}{b - a}$
der **Differenzenquotient** oder die **mittlere Änderungsrate von f in [a; b]**.

Wichtiger Spezialfall des Differenzenquotienten:
Ist s: t ↦ s(t) eine Zeit-Ort-Funktion, dann gilt:

mittlere Geschwindigkeit im Zeitintervall $[t_1; t_2] = \bar{v}(t_1, t_2) = \frac{s(t_2) - s(t_1)}{t_2 - t_1}$

(R) ### Deutungen des Differenzenquotienten

Der Differenzenquotient (die mittlere Änderungsrate) kann gedeutet werden als:
- Verhältnis der Änderung der Funktionswerte zur Änderung der Argumente in [a; b]
- mittlere Änderung der Funktionswerte pro Argumenteinheit in [a; b]

Vorzeichen des Differenzenquotienten:

$\frac{f(b) - f(a)}{b - a} > 0 \Leftrightarrow f(a) < f(b)$ (f steigt insgesamt bzw. im Mittel in [a; b], siehe Abb. 9.4 a)

$\frac{f(b) - f(a)}{b - a} < 0 \Leftrightarrow f(a) > f(b)$ (f fällt insgesamt bzw. im Mittel in [a; b], siehe Abb. 9.4 b)

$\frac{f(b) - f(a)}{b - a} = 0 \Leftrightarrow f(a) = f(b)$ (siehe Abb. 9.4 c)

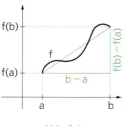

Abb. 9.4 a

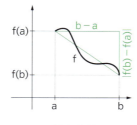

Abb. 9.4 b

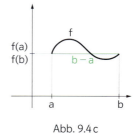

Abb. 9.4 c

(R) ### Differenzenquotient als Steigung

Lineare Funktion

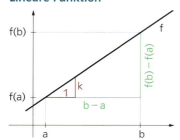

Differenzenquotient von f in [a; b] =
= Steigung k der Funktion f in [a; b] =
= Änderung der Funktionswerte pro
  Argumenteinheit in [a; b]

Beliebige reelle Funktion

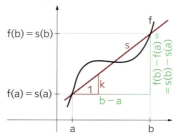

Differenzenquotient von f in [a; b] =
= Steigung k der Sekantenfunktion s in [a; b] =
= mittlere (!) Änderung der Funktionswerte
  pro Argumenteinheit in [a; b] =
= mittlere (!) Steigung von f in [a; b]

Differentialquotient

Definition

Es sei f eine reelle Funktion. Der Grenzwert

$$f'(x) = \lim_{z \to x} \frac{f(z) - f(x)}{z - x}$$

heißt **Differentialquotient von f an der Stelle x** oder **Änderungsrate von f an der Stelle x**.

Wichtiger Spezialfall des Differentialquotienten:

Ist s: t ↦ s(t) eine Zeit-Ort-Funktion, dann gilt:

(Momentan-)Geschwindigkeit zum Zeitpunkt t $= v(t) = \lim_{z \to t} \bar{v}(t, z) = \lim_{z \to t} \frac{s(z) - s(t)}{z - t}$

Differentialquotient als Steigung

In der nebenstehenden Abbildung hat die Sekante durch die Punkte X und Z die Steigung $\frac{f(z) - f(x)}{z - x}$. Nähert sich Z längs des Graphen von f unbegrenzt dem Punkt X, dann nähert sich die Sekante unbegrenzt einer Grenzgeraden mit der Steigung

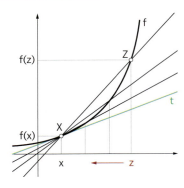

$\lim_{z \to x} \frac{f(z) - f(x)}{z - x} = f'(x)$. Diese Grenzgerade bezeichnet man als

Tangente an den Graphen von f im Punkt X. Die **Steigung f'(x) der Tangente an der Stelle x** heißt auch **Steigung der Funktion f** an der Stelle x.

Das **Vorzeichen von f'(x)** kann als Steigen bzw. Fallen der entsprechenden Tangente gedeutet werden:

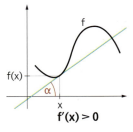
f'(x) > 0

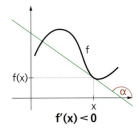
f'(x) < 0

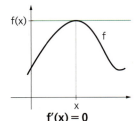
f'(x) = 0

In diesen Abbildungen ist auch das Neigungswinkelmaß α der Tangente eingezeichnet. Allgemein versteht man unter dem **Neigungswinkel (Steigungswinkel)** einer Geraden den Winkel, den die Gerade mit der positiven 1. Achse einschließt.
Es gilt stets $0° \leqslant \alpha < 180°$.

Satz

Ist k die Steigung und α das Maß des Neigungswinkels der Tangente an den Graphen einer Funktion f an der Stelle x, so gilt:

$$f'(x) = k = \tan \alpha$$

Andere Schreibweisen für den Differenzen- und Differentialquotienten

Setzt man $z - x = h$, dh. $z = x + h$, so ergibt sich:

$$\frac{f(z) - f(x)}{z - x} = \frac{f(x+h) - f(x)}{h} \quad \text{bzw.} \quad \lim_{z \to x} \frac{f(z) - f(x)}{z - x} = \lim_{h \to 0} \frac{f(x+h) - f(x)}{h}$$

Vorwiegend in den Anwendungen der Differentialrechnung ist auch eine Schreibweise gebräuchlich, die auf Gottfried Wilhelm LEIBNIZ (1646−1716) zurückgeht:

$$\frac{f(z) - f(x)}{z - x} = \frac{\Delta y}{\Delta x} \quad \text{bzw.} \quad \frac{dy}{dx} = \lim_{\Delta x \to 0} \frac{\Delta y}{\Delta x}$$

Ableitungsregeln

- Die Funktion $f' : x \mapsto f'(x)$ nennt man **Ableitungsfunktion von f** oder kurz **Ableitung von f**.
- Das Berechnen der Ableitungsfunktion nennt man **Ableiten** oder **Differenzieren**.
- Den Funktionswert $f'(x)$ bezeichnet man als **Ableitung von f an der Stelle x**.

Ableitungen können als Grenzwerte von Differenzenquotienten berechnet werden, zB:

$$f(x) = x^2 \Rightarrow f'(x) = \lim_{z \to x} \frac{f(z) - f(x)}{z - x} = \lim_{z \to x} \frac{z^2 - x^2}{z - x} = \lim_{z \to x} \frac{(z+x)(z-x)}{z - x} = \lim_{z \to x} (z + x) = x + x = 2x$$

Um aber nicht jedes Mal einen Grenzwert ermitteln zu müssen, leitet man Regeln her, die das Auffinden der Ableitungsfunktion f' einer Funktion f erleichtern.

Ableitungen spezieller Funktionen

(1) Ableitung einer konstanten Funktion: $\quad f(x) = c \quad\quad \Rightarrow f'(x) = 0$

(2) Ableitung einer Potenzfunktion: $\quad f(x) = x^n \quad\quad \Rightarrow f'(x) = n \cdot x^{n-1} \quad (x \in \mathbb{R}, n \in \mathbb{N}^*)$

$\quad\quad f(x) = x^r \quad\quad \Rightarrow f'(x) = r \cdot x^{r-1} \quad (x \in \mathbb{R}^+, r \in \mathbb{R})$

(3) Ableitung einer Quadratwurzelfunktion: $\quad f(x) = \sqrt{x} \quad\quad \Rightarrow f'(x) = \dfrac{1}{2\sqrt{x}}$

(4) Ableitung von Winkelfunktionen: $\quad f(x) = \sin(x) \quad \Rightarrow f'(x) = \cos(x)$

$\quad\quad f(x) = \cos(x) \quad \Rightarrow f'(x) = -\sin(x)$

$\quad\quad f(x) = \tan(x) \quad \Rightarrow f'(x) = \dfrac{1}{\cos^2(x)} = 1 + \tan^2(x)$

(5) Ableitung von Exponentialfunktionen: $\quad f(x) = e^x \quad\quad \Rightarrow f'(x) = e^x$

$\quad\quad f(x) = a^x \quad\quad \Rightarrow f'(x) = a^x \cdot \ln(a) \quad (a \in \mathbb{R}^+, a \neq 1)$

(6) Ableitung von Logarithmusfunktionen: $\quad f(x) = \ln(x) \quad \Rightarrow f'(x) = \dfrac{1}{x}$

$\quad\quad f(x) = \log_a(x) \Rightarrow f'(x) = \dfrac{1}{x \cdot \ln(a)} \quad (a \in \mathbb{R}^+, a \neq 1)$

Ableitungen von Verknüpfungen von Funktionen

(1) Ableitung einer Summe (Differenz) von Funktionen:

$f = g \pm h \Rightarrow f' = g' \pm h'$

$f = f_1 \pm f_2 \pm \ldots \pm f_n \Rightarrow f' = f_1' \pm f_2' \pm \ldots \pm f_n'$

(2) Ableitung eines Produktes von Funktionen:

$f = u \cdot v \Rightarrow f' = u'v + uv'$

$f = c \cdot g \Rightarrow f' = c \cdot g' \quad (c \text{ konstant})$

(3) Ableitung eines Quotienten von Funktionen: $\quad f = \dfrac{u}{v} \Rightarrow f' = \dfrac{u'v - uv'}{v^2}$

(4) Ableitung einer Verkettung von Funktionen:

$f(x) = (u \circ v)(x) = u(v(x)) \Rightarrow$

$\Rightarrow f'(x) = u'(v(x)) \cdot v'(x)$

(5) Ableitung der Umkehrfunktion g von f: $\quad g'(x) = \dfrac{1}{f'(g(x))} \quad$ (falls f streng monoton in einem Intervall)

Wenn fortlaufendes Differenzieren möglich ist, kann man ausgehend von f **die höheren Ableitungen** von f bilden: f' (erste Ableitung von f), f'' (zweite Ableitung von f), f''' (dritte Ableitung von f) usw.

Differenzierbarkeit

Die Ableitung $f'(x) = \lim\limits_{z \to x} \frac{f(z) - f(x)}{z - x}$ muss nicht immer existieren.

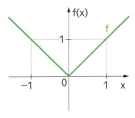

BEISPIEL: Man kann zeigen, dass die Ableitung der nebenstehend dargestellten Funktion f mit $f(x) = |x|$ an der Stelle 0 nicht existiert (siehe Mathematik verstehen 7, Seite 161–167). Der Graph von f besitzt daher an der Stelle 0 auch keine Tangente.

Definition

(1) Eine reelle Funktion $f: A \to \mathbb{R}$ heißt **an der Stelle $p \in A$ differenzierbar**, wenn

$$f'(p) = \lim\limits_{z \to p} \frac{f(z) - f(p)}{z - p} \text{ existiert.}$$

(2) Die Funktion f heißt (schlechthin) **differenzierbar**, wenn sie an jeder Stelle $p \in A$ differenzierbar ist.

Folgende Funktionen sind in ihrem größtmöglichen Definitionsbereich differenzierbar: Potenzfunktionen, Polynomfunktionen, rationale Funktionen, Winkelfunktionen, Exponentialfunktionen, Logarithmusfunktionen.

Satz

Ist eine reelle Funktion $f: A \to \mathbb{R}$ an einer Stelle $p \in A$ differenzierbar, dann ist f an der Stelle p stetig.

Die Umkehrung dieses Satzes gilt nicht. Gegenbeispiel: Die Funktion f mit $f(x) = |x|$ ist an der Stelle 0 stetig, aber nicht differenzierbar.

Monotonie und Ableitung

Satz (Monotoniesatz)

Die reelle Funktion f sei differenzierbar im Intervall I.
(1) Ist $f'(x) > 0$ für alle inneren Stellen $x \in I$, dann ist **f streng monoton steigend in I**.
(2) Ist $f'(x) < 0$ für alle inneren Stellen $x \in I$, dann ist **f streng monoton fallend in I**.

Durch die Nullstellen von f' wird der Definitionsbereich von f in die **Monotonieintervalle (Monotoniebereiche)** zerlegt (sofern f' stetig ist). In diesen Intervallen ist f jeweils streng monoton. Um die Art der Monotonie in einem Monotonieintervall I festzustellen, genügt es, das Vorzeichen von f' an einer beliebigen inneren Stelle $p \in I$ zu ermitteln.

Lokale Extremstellen und Ableitung

Satz (Notwendige Bedingung für lokale Extremstellen)

Sei $f: A \to \mathbb{R}$ differenzierbar. Ist p eine lokale Extremstelle von f, dann ist $f'(p) = 0$.

Satz (Hinreichende Bedingung für lokale Extremstellen)

Sei $f: A \to \mathbb{R}$ eine zweimal differenzierbare reelle Funktion mit stetiger zweiter Ableitung, A ein Intervall und p eine innere Stelle von A. Dann gilt:
(1) Ist $f'(p) = 0$ und $f''(p) < 0$, dann ist **p eine lokale Maximumstelle** von f.
(2) Ist $f'(p) = 0$ und $f''(p) > 0$, dann ist **p eine lokale Minimumstelle** von f.

Krümmung

Definition

Es sei f: A → ℝ eine differenzierbare reelle Funktion, und I ⊆ A ein Intervall. Die Funktion f heißt

- **linksgekrümmt in I**, wenn f' streng monoton steigend in I ist,
- **rechtsgekrümmt in I**, wenn f' streng monoton fallend in I ist,
- **einheitlich gekrümmt in I**, wenn f in I entweder **linksgekrümmt** oder **rechtsgekrümmt** ist.

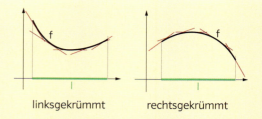

linksgekrümmt   rechtsgekrümmt

Satz (Krümmungssatz)

Die reelle Funktion f sei zweimal differenzierbar im Intervall I.

(1) Ist **f''(x) > 0** für alle inneren Stellen x ∈ I, dann ist f **linksgekrümmt** in I.

(2) Ist **f''(x) < 0** für alle inneren Stellen x ∈ I, dann ist f **rechtsgekrümmt** in I.

Durch die Nullstellen von f'' wird der Definitionsbereich von f in die **Krümmungsintervalle** (**Krümmungsbereiche**) zerlegt (sofern f'' stetig ist). In diesen Intervallen ist f jeweils einheitlich gekrümmt. Um die Art der Krümmung in einem Krümmungsintervall I festzustellen, genügt es, das Vorzeichen von f'' an einer beliebigen inneren Stelle p ∈ I zu ermitteln.

Wendestellen

Definition

Sei f: A → ℝ eine reelle Funktion. Eine Stelle p ∈ A heißt **Wendestelle** von f, wenn sich an der Stelle p das Krümmungsverhalten von f ändert. Der Punkt (p|f(p)) heißt **Wendepunkt** des Graphen von f, die Tangente an den Graphen in diesem Punkt heißt **Wendetangente**.

Satz (Notwendige Bedingung für Wendestellen)

Sei f: A → ℝ zweimal differenzierbar. Ist **p** eine **Wendestelle** von f, dann ist **f''(p) = 0**.

Satz (Hinreichende Bedingung für Wendestellen)

Sei f: A → ℝ eine dreimal differenzierbare reelle Funktion mit stetiger dritter Ableitung, A ein Intervall und p eine innere Stelle von A.

Dann gilt: Ist **f''(p) = 0** und **f'''(p) ≠ 0**, dann ist **p** eine **Wendestelle** von f.

Für eine Polynomfunktion f vom Grad ≥ 2 folgt aus der Definition:
p ist eine Wendestelle von f ⟺ p ist eine lokale Extremstelle von f'.

Extremwertaufgaben

Bei einer Extremwertaufgabe geht es meist um die Ermittlung größter bzw. kleinster Werte einer Funktion in zwei Variablen. Durch eine Nebenbedingung kann diese Funktion auf eine Funktion in einer Variablen reduziert werden, die in einem abgeschlossenen (seltener in einem offenen) Intervall definiert ist. Als Maximum- oder Minimumstellen dieser Funktion in diesem Intervall kommen nur die lokalen Extremstellen im Inneren sowie die Randstellen des Intervalls in Frage.

Stammfunktionen

Definition: Sind f und F Funktionen mit derselben Definitionsmenge A und gilt $F'(x) = f(x)$ für alle $x \in A$, dann nennt man **F eine Stammfunktion von f.**

Ist F_0 eine Stammfunktion von f, dann ist auch $F_0 + c$ (mit $c \in \mathbb{R}$) eine Stammfunktion von f.
Ist die Definitionsmenge von f ein Intervall, dann hat man mit den Funktionen $F_0 + c$ (mit $c \in \mathbb{R}$) bereits alle Stammfunktionen von f gefunden.

Funktion	eine Stammfunktion
$f(x) = k$ (mit $k \in \mathbb{R}$)	$F(x) = k \cdot x$
$f(x) = x^q$ (mit $q \in \mathbb{Q}$, $q \neq -1$)	$F(x) = \dfrac{x^{q+1}}{q+1}$
$f(x) = \sin(x)$	$F(x) = -\cos(x)$
$f(x) = \cos(x)$	$F(x) = \sin(x)$
$f(x) = e^x$	$F(x) = e^x$
$f(x) = a^x$ (mit $a \in \mathbb{R}^+$, $a \neq 1$)	$F(x) = \dfrac{a^x}{\ln(a)}$
$f(x) = \frac{1}{x}$ (mit $x \in \mathbb{R}^+$)	$F(x) = \ln(x)$

Satz: Sind F und G Stammfunktionen von f bzw. g, dann gilt:
(1) $F + G$ ist eine Stammfunktion von $f + g$.
(2) $k \cdot F$ ist eine Stammfunktion von $k \cdot f$ (wobei $k \in \mathbb{R}$).

Satz: Ist die reelle Funktion f auf einem Intervall I definiert und ist $f'(x) = 0$ für alle $x \in I$, dann ist f eine konstante Funktion.

Unter-, Ober- und Zwischensummen

Eine **Zerlegung Z des Intervalls [a; b]** ist ein $(n + 1)$-Tupel $Z = (x_0 \,|\, x_1 \,|\, x_2 \,|\, \ldots \,|\, x_n)$ mit $a = x_0 < x_1 < x_2 < \ldots < x_n = b$.

Definition
Es sei f eine im Intervall [a; b] stetige Funktion und $Z = (x_0, x_1, x_2, \ldots, x_n)$ eine Zerlegung von [a; b]. Die Längen der Teilintervalle $[x_0; x_1]$, $[x_1; x_2]$, …, $[x_{n-1}; x_n]$ seien $\Delta x_1, \Delta x_2, \ldots, \Delta x_n$.
Ferner seien $m_1, m_2, \ldots, m_n$ Minimumstellen von f, $M_1, M_2, \ldots, M_n$ Maximumstellen von f und $\overline{x}_1, \overline{x}_2, \ldots, \overline{x}_n$ beliebige Stellen in den jeweiligen Teilintervallen.
Dann nennt man

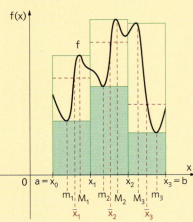

- $U_f(Z) = f(m_1) \cdot \Delta x_1 + f(m_2) \cdot \Delta x_2 + \ldots + f(m_n) \cdot \Delta x_n$
  die **Untersumme** von f in [a; b] bei der Zerlegung Z,

- $O_f(Z) = f(M_1) \cdot \Delta x_1 + f(M_2) \cdot \Delta x_2 + \ldots + f(M_n) \cdot \Delta x_n$
  die **Obersumme** von f in [a; b] bei der Zerlegung Z,

- $S_f(Z) = f(\overline{x}_1) \cdot \Delta x_1 + f(\overline{x}_2) \cdot \Delta x_2 + \ldots + f(\overline{x}_n) \cdot \Delta x_n$
  eine **Zwischensumme** von f in [a; b] bei der Zerlegung Z.

Es gilt stets: $U_f(Z) \leqslant S_f(Z) \leqslant O_f(Z)$

Man kann die einzelnen Summen auch mit Hilfe des Summenzeichens anschreiben:

$$U_f(Z) = \sum_{i=1}^{n} f(m_i) \cdot \Delta x_i \qquad\qquad O_f(Z) = \sum_{i=1}^{n} f(M_i) \cdot \Delta x_i \qquad\qquad S_f(Z) = \sum_{i=1}^{n} f(\overline{x}_i) \cdot \Delta x_i$$

Integral

Man kann beweisen: Ist f stetig in [a; b], dann gibt es genau eine reelle Zahl I, sodass $U \leqslant I \leqslant O$ für jede Untersumme U und jede Obersumme O von f in [a; b] gilt (auch dann, wenn diese zu verschiedenen Zerlegungen von [a; b] gehören). Wir sagen kurz: Diese reelle Zahl I liegt zwischen allen Untersummen und allen Obersummen von f in [a; b].

Definition

Es sei f eine im Intervall [a; b] stetige Funktion. Die eindeutig bestimmte reelle Zahl I, die „zwischen" allen Untersummen U und allen Obersummen O von f in [a; b] liegt (genauer: $U \leqslant I \leqslant O$), nennt man das **Integral von f in [a; b]** und schreibt:

$$I = \int_a^b f \quad \text{oder} \quad I = \int_a^b f(x)\,dx$$

Setzt man $\int_a^a f = 0$ und $\int_a^b f = -\int_b^a f$ für b < a, dann ist das Integral auch für $b \leqslant a$ definiert.

Sind die reellen Funktion f, g in den jeweiligen Intervallen stetig und ist $c \in \mathbb{R}$, dann gilt:

$$\textbf{(1)} \int_a^b c \cdot f = c \cdot \int_a^b f \qquad\qquad \textbf{(2)} \int_a^b (f+g) = \int_a^b f + \int_a^b g \qquad\qquad \textbf{(3)} \int_a^b f + \int_b^c f = \int_a^c f$$

Approximation eines Integrals durch Summen

Bei einer genügend feinen Zerlegung Z von [a; b] ist $\int_a^b f(x)\,dx \approx S_f(Z)$. Man kann daher sagen:

Ein Integral ist näherungsweise gleich einer Summe von sehr vielen sehr kleinen Produkten der Form $f(x) \cdot \Delta x$:

$$\int_a^b f(x)\,dx \approx \sum f(x) \cdot \Delta x$$

Diese Näherung gilt im Allgemeinen umso genauer, je kleiner Δx ist.

Der Hauptsatz der Differential- und Integralrechnung

Satz (Hauptsatz der Differential- und Integralrechnung)

(1) Ist die reelle Funktion f im Intervall [a; b] stetig und ist F eine beliebige Stammfunktion von f, dann gilt:

$$\int_a^b f(x)\,dx = F(x)\Big|_a^b = F(b) - F(a)$$

(2) Ist die reelle Funktion f im Intervall [a; b] bzw. [a; ∞) stetig, dann ist die **Integralfunktion**

$$I: A \to \mathbb{R} \,|\, x \mapsto \int_a^x f \text{ eine } \textbf{Stammfunktion von f.}$$

Zusammenhang zwischen Differenzieren und Integrieren

Definition (Unbestimmtes Integral)

Ist F eine beliebige Stammfunktion von f, so setzt man

$$\int f = \int f(x)\,dx = F(x) + c \quad \text{(mit } c \in \mathbb{R})$$

und nennt dies das **unbestimmte Integral von f**, weil keine Grenzen angegeben sind.

Wegen $F'(x) = f(x)$ und $\int f(x)\,dx = F(x) + c$ kann man sagen:

Differenzieren und Integrieren sind Umkehroperationen voneinander (bis auf eine additive Konstante).

Anwendungen des Integrals

Flächeninhalt der von f in [a; b] festgelegten Fläche:

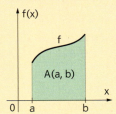

$$A(a, b) = \int_a^b f,$$
falls $f(x) \geq 0$

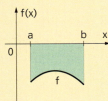

$$A(a, b) = -\int_a^b f,$$
falls $f(x) \leq 0$

Inhalt der Fläche zwischen den Graphen von f und g in [a; b] mit $f(x) \geq g(x)$

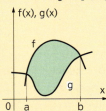

$$A = \int_a^b (f - g)$$

Volumen eines Körpers K mit der Querschnittsflächenfunktion A:

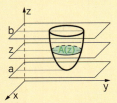

$$V(K) = \int_a^b A(z)\,dz$$

Volumen eines Rotationskörpers bei Rotation um die x-Achse:

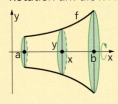

$$V(K) = \pi \cdot \int_a^b y^2\,dx$$

Volumen eines Rotationskörpers bei Rotation um die y-Achse:

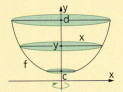

$$V(K) = \pi \cdot \int_c^d x^2\,dy$$

Weglänge bei der Geschwindigkeit v im Zeitintervall [a; b] :

$$w(a; b) = \int_a^b v(t)\,dt$$

Arbeit, die die Kraft F längs des Weges von a nach b verrichtet:

$$W(a; b) = \int_a^b F(x)\,dx$$

Arbeit, die der Leistung P im Zeitintervall [a; b] entspricht:

$$W(a; b) = \int_a^b P(t)\,dt$$

Differenzengleichungen

Viele Folgen (zB im Zusammenhang mit Wachstumsprozessen) lassen sich durch eine **Termdarstellung** oder eine **rekursive Darstellung** beschreiben.

Ist beispielsweise P_n die Größe einer Population nach n Jahren ($n \in \mathbb{N}^*$), dann gilt für

- **lineares Wachsen bzw. Abnehmen:**
  Termdarstellung: $P_n = k \cdot n + d$ für $n \in \mathbb{N}$
  Rekursive Darstellung: $P_0 = d$ und $P_{n+1} = P_n + k$ für $n = 0, 1, 2, \dots$
  (Für $k > 0$ liegt lineares Wachsen, für $k < 0$ liegt lineares Abnehmen vor.)

- **exponentielles Wachsen:**
  Termdarstellung: $P_n = c \cdot a^n$ für $n \in \mathbb{N}$
  Rekursive Darstellung: $P_0 = c$ und $P_{n+1} = P_n \cdot a$ für $n = 0, 1, 2, \dots$
  (Für $a > 1$ liegt exponentielles Wachsen, für $0 < a < 1$ liegt exponentielles Abnehmen vor.)

Eine **rekursive Darstellung** einer **Folge ($x_0, x_1, x_2, \dots$)** besteht aus einer **Anfangsbedingung** $x_0 = m$ und einer **Rekursionsgleichung** $x_{n+1} = f(x_n)$. Die Anfangsbedingung legt das erste Glied der Folge fest, mit Hilfe der **Rekursionsgleichung** kann zu jedem Glied x_n das nächste Glied x_{n+1} berechnet werden.

Es kann sein, dass bei einer rekursiven Darstellung ein Folgenglied aus mehreren vorangehenden Gliedern berechnet wird, wobei mehrere Anfangsbedingungen nötig sind. Ein Beispiel dafür ist die „Fibonacci-Folge": $f_0 = 0$, $f_1 = 1$ und $f_{n+1} = f_{n-1} + f_n$ für $n = 1, 2, 3, 4, \dots$.
Die Glieder dieser Folge heißen „Fibonacci-Zahlen".

Differentialgleichungen

Eine Gleichung bezeichnet man als **Differentialgleichung** für eine Funktion f, wenn in ihr (erste oder höhere) Ableitungen von f auftreten. Jede Funktion f, für welche die vorgegebene Differentialgleichung gilt, nennt man eine **Lösungsfunktion** oder kurz **Lösung der Differentialgleichung**. Durch Angabe einer **Anfangsbedingung** (zum Beispiel $f(0) = m$) lässt sich aus der Menge aller Lösungen eine bestimmte Funktion auswählen.
Wichtige Differentialgleichungen sind $f'(x) = k$ und $f'(x) = k \cdot f(x)$. Für diese gilt:

Satz
Für eine in einem Intervall definierte, differenzierbare Funktion f gilt:
(1) $f'(x) = k \iff f(x) = k \cdot x + d$ ($k, d \in \mathbb{R}$)
(2) $f'(x) = k \cdot f(x) \iff f(x) = c \cdot e^{k \cdot x}$ ($k, c \in \mathbb{R}$)

Für eine zeitabhängige Größe N(t), deren Wachstum (bzw. Abnahme) durch eine obere (bzw. untere) Schranke K beschränkt ist, gilt die Differentialgleichung:

$$N'(t) = a \cdot N(t) \cdot [K - N(t)]$$

Die Lösungsfunktion mit der Anfangsbedingung $N(0) = N_0$ lautet:

$$N(t) = \frac{K \cdot N_0}{N_0 + (K - N_0) \cdot e^{-aKt}}$$

9.4 WAHRSCHEINLICHKEITSRECHNUNG UND STATISTIK

Darstellung von Daten

In einer statistischen Erhebung wird aus einer **Grundgesamtheit** eine Stichprobe von Individuen hinsichtlich bestimmter **Variablen (Merkmale)** untersucht. Diese können mehrere **Variablenwerte (Merkmalsausprägungen)** annehmen.

Grundtypen von Variablen:

- **Nominale oder qualitative Variablen:** Diese dienen lediglich zur Unterscheidung von Variablenwerten und können verbal oder zahlenmäßig verschlüsselt angegeben werden (zB Augenfarbe, Geschlecht, Familienstand, …).
- **Ordinale Variablen:** Diese legen eine Rangordnung der Variablenwerte fest und können ebenfalls verbal oder zahlenmäßig verschlüsselt angegeben werden (zB Mathematiknote).
- **Metrische Variablen:** Diese werden grundsätzlich durch Zahlen dargestellt, wobei Abstände zwischen Variablenwerten vergleichbar sein müssen (zB Körpergröße, Kinderzahl).

Die erhobenen Daten werden in Form einer **Urliste** bzw. **geordneten Liste** angeschrieben.
- Die **absolute Häufigkeit** eines Variablenwerts gibt an, wie oft dieser Variablenwert in der Liste vorkommt.
- Die **relative Häufigkeit** eines Variablenwerts erhält man, indem man die zugehörige absolute Häufigkeit durch die Gesamtzahl aller Daten dividiert.

Die Verteilung der absoluten bzw. relativen Häufigkeiten kann durch ein Diagramm dargestellt werden (**Säulendiagramm**, **Balkendiagramm**, **Histogramm**, **Kreisdiagramm**, **Liniendiagramm**, **Stängel-Blatt-Diagramm** usw.).

Zentralmaße

Definition
Der **Modus** einer Datenliste ist der am häufigsten vorkommende Wert in der Liste.
Der **Median (Zentralwert)** einer der Größe nach geordneten Zahlenliste ist
- bei ungeradem n die in der Mitte stehende Zahl,
- bei geradem n das arithmetische Mittel der beiden in der Mitte stehenden Zahlen.

Das **arithmetische Mittel** (der **Mittelwert** bzw. **Durchschnitt**) einer Zahlenliste $x_1, x_2, …, x_n$ ist die Zahl $\bar{x} = \dfrac{x_1 + x_2 + … + x_n}{n}$.

Kommen die möglichen Werte $a_1, a_2, …, a_k$ einer Variablen mit den absoluten Häufigkeiten $H_1, H_2, …, H_k$ bzw. relativen Häufigkeiten $h_1, h_2, …, h_k$ vor, dann gilt:

$$\bar{x} = \frac{H_1 \cdot a_1 + H_2 \cdot a_2 + … + H_k \cdot a_k}{n} = h_1 \cdot a_1 + h_2 \cdot a_2 + … + h_k \cdot a_k$$

(wobei $H_1 + H_2 + … + H_k = n$ bzw. $h_1 + h_2 + … + h_k = 1$)

Je nach Variablentyp sind folgende Zentralmaße angebracht:
- **Nominaldaten:**   Modus
- **Ordinaldaten:**   Modus und Median,
- **Metrische Daten:**   Modus, Median, arithmetisches Mittel

Kennzahlen einer aufsteigend geordneten Liste von Zahlen

Quartile: Man bildet für die Zahlen vor dem Median q_2 wiederum den Median q_1 und für die Zahlen nach q_2 den Median q_3. Die erhaltenen Zahlen **q_1, q_2, q_3** heißen **erstes, zweites bzw. drittes Quartil** der Liste.

Quartilabstand = $q_3 - q_1$
Minimum (min) = **kleinstes Element** der Liste, **Maximum (max)** = **größtes Element** der Liste
Spannweite der Liste = **max − min**
Kastenschaubild (Boxplot):

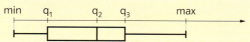

BEISPIEL:
2	2	3	4	4	6	7	7	9	9
min		$q_1 = 3$		$q_2 = 5$		$q_3 = 7$			max

Hinsichtlich der **Positionen der Quartile** in einer geordneten Liste lässt sich sagen:
- Die Positionen der drei Quartile zerlegen die Liste in vier annähernd gleich lange Teillisten.
- Ca. 25 % (50 %, 75 %) der Daten liegen vor der Position von q_1 (q_2, q_3).
- Ca. 75 % (50 %, 25 %) der Daten liegen nach der Position von q_1 (q_2, q_3).
- Zwischen den Positionen von q_1 und q_3 liegen ca. 50 % aller Daten.

Hinsichtlich der **Zahlenwerte der Quartile** in einer geordneten Liste lässt sich sagen:
- Höchstens 25 % (50 %, 75 %) der Daten sind $< q_1$ (q_2, q_3).
- Mindestens 25 % (50 %, 75 %) der Daten sind $\leq q_1$ (q_2, q_3).
- Höchstens 75 % (50 %, 25 %) der Daten sind $> q_1$ (q_2, q_3).
- Mindestens 75 % (50 %, 25 %) der Daten sind $\geq q_1$ (q_2, q_3).

Perzentile einer aufsteigend geordneten Liste von Zahlen

Definition: Das **p%-Perzentil P_p** (mit $p = 1, 2, 3, \ldots, 99$) einer aufsteigend geordneten Liste $x_1, x_2, \ldots, x_n$ ist so definiert:
- Wenn p% von n gleich dem Index i der Liste ist, dann setzt man $P_p = x_i$.
- Wenn p% von n zwischen den Indizes i und $i + 1$ der Liste liegen, setzt man $P_p = \frac{x_i + x_{i+1}}{2}$.
- Höchstens p% der Zahlen der Liste sind $< P_p$ und höchstens $(100 - p)$% sind $> P_p$.
- Das Quartil q_1 (q_2, q_3) ist das 25%-Perzentil (50%-Perzentil, 75%-Perzentil).

Streuungsmaße

Definition

Es sei $x_1, x_2, \ldots, x_n$ eine Liste von reellen Zahlen mit dem Mittelwert $\bar{x}$.

- **empirische Varianz** der Liste:
$$s^2 = \frac{(x_1 - \bar{x})^2 + (x_2 - \bar{x})^2 + \ldots + (x_n - \bar{x})^2}{n}$$

- **empirische Standardabweichung** der Liste:
$$s = \sqrt{\frac{(x_1 - \bar{x})^2 + (x_2 - \bar{x})^2 + \ldots + (x_n - \bar{x})^2}{n}}$$

Satz (Verschiebungssatz für die empirische Varianz)
$$s^2 = \frac{x_1^2 + x_2^2 + \ldots + x_n^2}{n} - \bar{x}^2$$

159

Kommen die möglichen Werte a_1, a_2, ..., a_k einer Variablen mit den absoluten Häufigkeiten H_1, H_2, ..., H_k bzw. relativen Häufigkeiten h_1, h_2, ..., h_k vor, gilt für die Varianz:

$$s^2 = \frac{H_1 \cdot (a_1 - \bar{x})^2 + H_2 \cdot (a_2 - \bar{x})^2 + \ldots + H_k \cdot (a_k - \bar{x})^2}{n} =$$
$$= h_1 \cdot (a_1 - \bar{x})^2 + h_2 \cdot (a_2 - \bar{x})^2 + \ldots + h_k \cdot (a_k - \bar{x})^2$$

Der Verschiebungssatz kann so geschrieben werden:

$$s^2 = \frac{H_1 \cdot a_1^2 + H_2 \cdot a_2^2 + \ldots + H_k \cdot a_k^2}{n} - \bar{x}^2 = h_1 \cdot a_1^2 + h_2 \cdot a_2^2 + \ldots + h_k \cdot a_k^2 - \bar{x}^2$$

Wahrscheinlichkeit eines Ereignisses

- Ein **Zufallsversuch** ist ein Vorgang, bei dem mehrere **Versuchsausgänge** möglich sind, jedoch ungewiss ist, welcher Ausgang eintritt.
- Jeder Zufallsversuch kann als **zufällige Auswahl** eines Elements aus einem **Grundraum Ω** (Menge aller Versuchsausgänge) aufgefasst werden, wobei kein Element bevorzugt oder benachteiligt wird. Man nimmt zufällige Auswahl an, solange kein Grund vorliegt, etwas anderes anzunehmen.
- Ein Zufallsversuch, bei dem jeder Ausgang die gleiche Chance des Eintretens hat, heißt **Laplace-Versuch**.

Bei der Durchführung eines Zufallsversuchs interessiert man sich dafür, ob ein bestimmtes **Ereignis** eintritt oder nicht (zB beim Würfeln: „Es kommt eine gerade Zahl."). Ein Ereignis entspricht einer bestimmten Menge von Versuchsausgängen (zB beim Würfeln {2, 4, 6}).

Die **Wahrscheinlichkeit P(E)** ist ein Maß für die Erwartung, dass das Ereignis E eintritt. In der Wahrscheinlichkeitsrechnung werden **Methoden** angegeben, mit denen man diese Erwartung zahlenmäßig ausdrücken kann, wenn auch mit einer gewissen Unsicherheit:

Methode 1: Wahrscheinlichkeit mittels relativen Anteils festlegen
Bei einem Zufallsversuch habe jeder der endlich vielen Versuchsausgänge die gleiche Chance des Eintretens. Es sei Ω die Menge aller Versuchsausgänge (also der Grundraum) und M(E) die Menge der Versuchsausgänge, bei denen das Ereignis E eintritt.

$$P(E) = \text{relativer Anteil von M(E) in } \Omega = \frac{|M(E)|}{|\Omega|} = \frac{\text{Anzahl der für E günstigen Ausgänge}}{\text{Anzahl aller möglichen Ausgänge}}$$

Methode 2: Wahrscheinlichkeit mittels relativer Häufigkeit festlegen
Ein Zufallsversuch werde n-mal unter gleichen Bedingungen durchgeführt (n groß). Als Wahrscheinlichkeit für das Eintreten eines Ereignisses E kann man (mit einer gewissen Unsicherheit) die relative Häufigkeit von E unter diesen n Versuchen verwenden.

$$P(E) \approx h_n(E)$$

Methode 3: Wahrscheinlichkeit mittels subjektiven Vertrauens festlegen
$$P(E) = \text{Grad des subjektiven Vertrauens in das Eintreten von E}$$

Bei allen Methoden wird P(E) so festgelegt, dass $0 \leq P(E) \leq 1$ gilt. Grenzfälle sind **unmögliche Ereignisse** mit **P(E) = 0** und **sichere Ereignisse** mit **P(E) = 1**. Unmögliche Ereignisse treten bei keinem Versuchsausgang ein, sichere Ereignisse bei jedem Versuchsausgang.

Baumdiagramme

Ein aus mehreren Teilversuchen bestehender Zufallsversuch kann durch ein Baumdiagramm übersichtlich dargestellt werden. Zur Vereinfachung kann man Versuchsausgänge zusammenfassen (zB beim Würfeln 6 und ¬6).

Verknüpfung von Ereignissen

Das **Gegenereignis ¬E** eines Ereignisses E tritt genau bei jenen Versuchsausgängen ein, bei denen E **nicht** eintritt. Es gilt: $P(\neg E) = 1 - P(E)$. Das Ereignis „E_1 und E_2", symbolisch $\mathbf{E_1 \wedge E_2}$, tritt genau dann ein, wenn **sowohl** das Ereignis E_1 **als auch** das Ereignis E_2 eintritt. Das Ereignis „E_1 oder E_2", symbolisch $\mathbf{E_1 \vee E_2}$, tritt genau dann ein, wenn **mindestens eines** der Ereignisse E_1 bzw. E_2 eintritt.

Bedingte Wahrscheinlichkeiten

Wahrscheinlichkeitswerte hängen stets vom zugrundeliegenden Informationsstand ab. Manchmal will man ausdrücklich angeben, dass die Wahrscheinlichkeit eines Ereignisses E unter der Voraussetzung berechnet wird, dass ein Ereignis E_1 eintritt. Man schreibt in diesem Fall $P(E \,|\, E_1)$ anstelle von $P(E)$ und nennt $P(E \,|\, E_1)$ eine **bedingte Wahrscheinlichkeit**. Sind E_1 und E_2 zwei Ereignisse eines Zufallsversuchs, so sagt man:

- E_2 **begünstigt** E_1, wenn $P(E_1 \,|\, E_2) > P(E_1)$
- E_2 **benachteiligt** E_1, wenn $P(E_1 \,|\, E_2) < P(E_1)$
- E_1 ist von E_2 **unabhängig**, wenn $P(E_1 \,|\, E_2) = P(E_1)$

Regeln für Versuchsausgänge und beliebige Ereignisse

Multiplikationsregel für Versuchsausgänge
Die Wahrscheinlichkeit eines einem **Weg** (in einem Baumdiagramm) entsprechenden Versuchsausganges ist gleich dem **Produkt der Wahrscheinlichkeiten** entlang des Weges.

Additionsregel für Versuchsausgänge: Für Ausgänge A und B eines Zufallsversuchs gilt:
$$P(A \vee B) = P(A) + P(B)$$

Multiplikationsregel für Ereignisse: Sind E_1 und E_2 Ereignisse eines Zufallsversuchs, dann gilt:
$$P(E_1 \wedge E_2) = P(E_1) \cdot P(E_2 \,|\, E_1)$$

Additionsregel für Ereignisse: Sind E_1 und E_2 **einander ausschließende** Ereignisse eines Zufallsversuchs (dh. Ereignisse, die nicht gleichzeitig eintreten können), dann gilt:
$$P(E_1 \vee E_2) = P(E_1) + P(E_2)$$

Multiplikationsregel für unabhängige Ereignisse: Zwei Ereignisse E_1 und E_2 eines Zufallsversuchs sind genau dann **unabhängig**, wenn gilt:
$$P(E_1 \wedge E_2) = P(E_1) \cdot P(E_2)$$

Diskrete Zufallsvariablen und deren Verteilungen

Eine **diskrete Zufallsvariable X** kann endlich viele Werte $a_1, a_2, \ldots, a_k$ oder abzählbar viele Werte $a_1, a_2, a_3 \ldots$ annehmen. Bei n-maliger Versuchsdurchführung bezeichnen wir die absolute bzw. relative Häufigkeit des Werts a_i mit $H_n(a_i)$ bzw. $h_n(a_i)$.

- Die Funktion $H_n: a_i \mapsto H_n(a_i)$ heißt **absolute Häufigkeitsverteilung von X bei n Versuchen**.
- Die Funktion $h_n: a_i \mapsto h_n(a_i)$ heißt **relative Häufigkeitsverteilung von X bei n Versuchen**.
- Die Funktion $P: a_i \mapsto P(X = a_i) = p_i$ heißt **Wahrscheinlichkeitsfunktion von X** oder **Wahrscheinlichkeitsverteilung von X**.
- Die Funktion $F: a_i \mapsto P(X \leq a_i)$ heißt **Verteilungsfunktion von X**.

Mit wachsendem n nähern sich die relativen Häufigkeiten $h_n(a_i)$ den Wahrscheinlichkeiten p_i und somit nähern sich die relativen Häufigkeitsverteilungen von X der Wahrscheinlichkeitsverteilung von X. Dabei zeigt die Erfahrung:

Empirisches Gesetz der großen Zahlen: Wird eine Versuchsserie zu je n Teilversuchen mehrfach durchgeführt und ist n groß, so weichen die einzelnen relativen Häufigkeitsverteilungen nur wenig voneinander ab und schwanken um die entsprechende Wahrscheinlichkeitsverteilung.

Erwartungswert und Varianz einer diskreten Zufallsvariablen

Sei X eine Zufallsvariable mit den möglichen Werten a_1, a_2, ..., a_k. Mit zunehmender Anzahl der Versuchsdurchführungen nähern sich die relativen Häufigkeiten $h(a_1)$, $h(a_2)$, ..., $h(a_k)$ den Wahrscheinlichkeiten p_1, p_2, ..., p_k der möglichen Werte von X. Damit nähern sich der Mittelwert $\bar{x}$ und die empirische Varianz s^2 den folgenden Werten μ und σ^2:

$$\bar{x} = a_1 \cdot h_n(a_1) + \ldots + a_k \cdot h_n(a_k) \qquad s^2 = (a_1 - \bar{x})^2 \cdot h_n(a_1) + \ldots + (a_k - \bar{x})^2 \cdot h_n(a_k)$$
$$\downarrow \qquad\qquad \downarrow \qquad\qquad\qquad\qquad \downarrow \qquad \downarrow \qquad\qquad \downarrow \qquad \downarrow$$
$$\mu = a_1 \cdot p_1 \quad + \ldots + a_k \cdot p_k \qquad \sigma^2 = (a_1 - \mu)^2 \cdot p_1 \quad + \ldots + (a_k - \mu)^2 \cdot p_k$$

Definition
Es sei X eine Zufallsvariable mit den Werten a_1, a_2, ..., a_k, die jeweils mit den Wahrscheinlichkeiten p_1, p_2, ..., p_k angenommen werden. Dann nennt man

- $\mu = E(X) = a_1 \cdot p_1 + a_2 \cdot p_2 + \ldots + a_k \cdot p_k$ den **Erwartungswert von X**,
- $\sigma^2 = V(X) = (a_1 - \mu)^2 \cdot p_1 + (a_2 - \mu)^2 \cdot p_2 + \ldots + (a_k - \mu)^2 \cdot p_k$ die **Varianz von X**,
- $\sigma = \sqrt{V(X)}$ die **Standardabweichung von X**.
- Der Erwartungswert einer Zufallsvariablen X ist näherungsweise gleich dem Mittelwert der erhaltenen Werte von X bei häufiger Versuchsdurchführung.
- Die Varianz (Standardabweichung) einer Zufallsvariablen X ist näherungsweise gleich der empirischen Varianz (empirischen Standardabweichung) der erhaltenen Werte von X bei häufiger Versuchsdurchführung.

Satz (Verschiebungssatz für die Varianz): $\sigma^2 = a_1^2 \cdot p_1 + a_2^2 \cdot p_2 + \ldots + a_k^2 \cdot p_k - \mu^2$

Datenveränderungen

Satz
Für zwei Zahlenlisten x_1, x_2, ..., x_n (Mittelwert $\bar{x}$, empirische Standardabweichung s_x) und y_1, y_2, ..., y_n (Mittelwert $\bar{y}$, empirische Standardabweichung s_y) gilt:
- Ist $y_i = x_i + c$ für $i = 1, 2, \ldots, n$, dann ist $\bar{y} = \bar{x} + c$ und $s_y = s_x$.
- Ist $y_i = c \cdot x_i$ für $i = 1, 2, \ldots, n$, dann ist $\bar{y} = c \cdot \bar{x}$ und $s_y = c \cdot s_x$.

Entsprechungen: Beschreibende Statistik und Wahrscheinlichkeitsrechnung

Begriff der beschreibenden Statistik	Begriff der Wahrscheinlichkeitsrechnung
relative Häufigkeit	Wahrscheinlichkeit
Variable (Merkmal)	Zufallsvariable
Häufigkeitsverteilung	Wahrscheinlichkeitsverteilung
Mittelwert	Erwartungswert
empirische Varianz	Varianz
empirische Standardabweichung	Standardabweichung

Die Binomialverteilung

Satz

Ein Zufallsversuch werde n-mal unter den gleichen Bedingungen durchgeführt. Tritt dabei ein Ereignis E jedes Mal mit der Wahrscheinlichkeit p ein, dann gilt für die absolute Häufigkeit H des Eintretens von E:

$$P(H = k) = \binom{n}{k} \cdot p^k \cdot (1 - p)^{n - k} \quad \text{(für } 0 \leq k \leq n)$$

- Durch die Wahrscheinlichkeitsfunktion $k \mapsto P(H = k)$ wird eine Wahrscheinlichkeitsverteilung festgelegt, die man als **Binomialverteilung mit den Parametern n und p** bezeichnet. Die **Zufallsvariable H** heißt **binomialverteilt mit den Parametern n und p**.

- $P(H = k)$, $P(H \leq k)$ bzw. $P(H \geq k)$ kann auf verschiedene Arten berechnet werden:
  - mit Hilfe der oben angegebenen Formel für $P(H = k)$,
  - mit Technologieeinsatz
  - mit den Tabellen auf den Seiten 248–250.

Satz

Ist H eine binomialverteilte Zufallsvariable mit den Parametern n und p, dann gilt für den Erwartungswert und die Varianz von H:

$$\mu = E(H) = n \cdot p, \quad \sigma^2 = V(H) = n \cdot p \cdot (1 - p)$$

Stetige Zufallsvariablen und ihre Verteilungen

Eine **stetige Zufallsvariable X** kann alle Werte in einem Intervall annehmen (das auch ganz $\mathbb{R}$ sein kann). Wahrscheinlichkeiten von X können durch eine Funktion **f** beschrieben werden, die man **Wahrscheinlichkeitsdichtefunktion** oder kurz **Dichtefunktion von X** nennt. Diese hat folgende Eigenschaften:

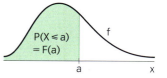

(1) $f(x) \geq 0$ für alle $x \in \mathbb{R}$ **(2)** $P(X \leq x) = \int_{-\infty}^{x} f(t)\,dt$ für alle $x \in \mathbb{R}$ **(3)** $\int_{-\infty}^{\infty} f(x)\,dx = 1$

Die Funktion **F: $x \mapsto P(X \leq x)$** heißt **Verteilungsfunktion** der Zufallsvariablen X.

- **Erwartungswert von X:** $\mu = E(X) = \int_{-\infty}^{\infty} x \cdot f(x)\,dx$

- **Varianz von X:** $\sigma^2 = V(X) = \int_{-\infty}^{\infty} (x - \mu) \cdot f(x)\,dx$

- **Standardabweichung von X:** $\sigma = \sqrt{V(X)}$

Die Normalverteilung

Eine **Normalverteilung mit den Parametern μ und σ** wird durch folgende **Dichtefunktion f** beschrieben:

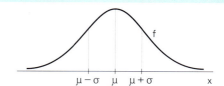

Dichtefunktion einer Normalverteilung:

$$f(x) = \frac{1}{\sqrt{2\pi}\,\sigma} \cdot e^{-\frac{1}{2} \cdot \left(\frac{x - \mu}{\sigma}\right)^2} \quad \text{(für } x \in \mathbb{R})$$

- Die zugrundeliegende Zufallsvariable **X** heißt **normalverteilt mit den Parametern μ und σ**.
- Der Graph von f wird als **Gauß'sche Glockenkurve** bezeichnet.
- Die Zahl μ heißt **Erwartungswert von X**, die Zahl σ heißt **Standardabweichung von X**.

Satz (σ-Regeln)
Ist eine Zufallsvariable X normalverteilt mit den Parametern μ und σ, dann gilt:
(1) $P(\mu - \sigma \leq X \leq \mu + \sigma)$ $\approx 0{,}683 =$ **68,3 %**
(2) $P(\mu - 2 \cdot \sigma \leq X \leq \mu + 2 \cdot \sigma)$ $\approx 0{,}954 =$ **95,4 %**
(3) $P(\mu - 3 \cdot \sigma \leq X \leq \mu + 3 \cdot \sigma)$ $\approx 0{,}997 =$ **99,7 %**

Die Standardnormalverteilung

- Die **Normalverteilung mit $\mu = 0$ und $\sigma = 1$** heißt **Standardnormalverteilung**. Die **Dichtefunktion** der Standardnormalverteilung wird mit φ, die **Verteilungsfunktion** mit Φ bezeichnet.
  $\Phi(z)$ gibt den Inhalt der von φ in $(-\infty; z]$ festgelegten Fläche an. Die Werte $\Phi(z)$ kann man der Tabelle auf Seite 251 entnehmen.

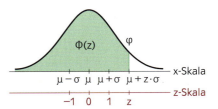

- Der Übergang von einer Normalverteilung zur Standardnormalverteilung heißt **Standardisieren** und entspricht einem Skalenübergang (von der x-Skala zur z-Skala, siehe Abbildung).
  Dabei besteht folgender Zusammenhang zwischen x und z:
  $$x = \mu + z \cdot \sigma \quad \text{bzw.} \quad z = \frac{x - \mu}{\sigma}$$

Satz: Ist die Zufallsvariable X normalverteilt mit den Parametern μ und σ, dann gilt:
$$P(\mu - z \cdot \sigma \leq X \leq \mu + z \cdot \sigma) = 2 \cdot \Phi(z) - 1$$

Satz: Ist die Zufallsvariable X normalverteilt mit den Parametern μ und σ, dann gilt:

(1) $P(X \leq x) = \Phi\left(\frac{x - \mu}{\sigma}\right)$ **(2)** $P(X \geq x) = \Phi\left(-\frac{x - \mu}{\sigma}\right)$

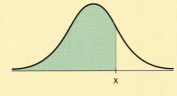
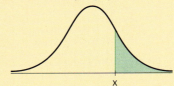

(3) $P(x_1 \leq X \leq x_2) = \Phi\left(\frac{x_2 - \mu}{\sigma}\right) - \Phi\left(\frac{x_1 - \mu}{\sigma}\right)$ **(4)** $P(\mu - c \leq X \leq \mu + c) = 2 \cdot \Phi\left(\frac{c}{\sigma}\right) - 1$

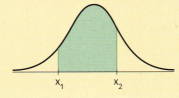
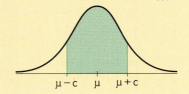

Approximation der Binomialverteilung durch die Normalverteilung

Satz (Grenzwertsatz von DeMoivre und Laplace in „lockerer" Formulierung)
Ist n genügend groß, dann kann eine Binomialverteilung mit den Parametern n und p näherungsweise durch eine Normalverteilung mit den Parametern $\mu = n \cdot p$ und $\sigma = \sqrt{n \cdot p \cdot (1 - p)}$ ersetzt werden.

Faustregel: Eine Binomialverteilung darf näherungsweise durch eine Normalverteilung ersetzt werden, wenn **$n \cdot p \cdot (1 - p) > 9$** ist.

Streubereiche

Definition

Der bekannte relative Anteil eines Merkmals in einer Grundgesamtheit beträgt p. Es wird eine Stichprobe vom vorgegebenen Umfang n erhoben. Das symmetrisch um p liegende Intervall, welches die unbekannte relative Häufigkeit h des Merkmals in der Stichprobe mit der Wahrscheinlichkeit γ enthält, heißt **γ-Streubereich für h** (bzw. γ-Schätzbereich für h).

Meist wählt man **γ = 0,95** oder **γ = 0,99**.

Satz

Ist p der relative Anteil eines Merkmals in einer Grundgesamtheit, dann gilt für die relative Häufigkeit h des Merkmals in einer Stichprobe von großem Umfang n:

$$\gamma\text{-Streubereich für h} \approx \left[p - z \cdot \sqrt{\frac{p \cdot (1-p)}{n}} \, ; \, p + z \cdot \sqrt{\frac{p \cdot (1-p)}{n}} \right] \text{ mit } \Phi(z) = \frac{1+\gamma}{2}$$

- Zu **γ = 0,95** gehört **z ≈ 1,96**
- Zu **γ = 0,99** gehört **z ≈ 2,575**.

Konfidenzintervalle

Definition

Zur Schätzung des unbekannten relativen Anteils p eines Merkmals in einer Grundgesamtheit wird eine Stichprobe von großem Umfang n erhoben. Ist h die relative Häufigkeit des Merkmals in der Stichprobe, dann bezeichnet man die Menge aller Schätzwerte für p, deren zugehörige γ-Streubereiche den Wert h überdecken, als **Konfidenzintervall mit der Sicherheit γ** oder kurz als **γ-Konfidenzintervall** für p. (Ein Konfidenzintervall bezeichnet man auch als **Vertrauensintervall**, die Sicherheit bezeichnet man auch als **Konfidenzniveau**.)

Frequentistische Deutung eines Konfidenzintervalls:

Würde man sehr oft Stichproben vom Umfang n erheben, so würden in ca. 100 · γ % aller Stichproben die dabei ermittelten γ-Konfidenzintervalle das unbekannte p enthalten.

Satz

Ist h die relative Häufigkeit eines Merkmals in einer Stichprobe von großem Umfang n, dann gilt für den relativen Anteil p des Merkmals in der Grundgesamtheit:

$$\gamma\text{-Konfidenzintervall für p} \approx \left[h - z \cdot \sqrt{\frac{h \cdot (1-h)}{n}} \, ; \, h + z \cdot \sqrt{\frac{h \cdot (1-h)}{n}} \right] \text{ mit } \Phi(z) = \frac{1+\gamma}{2}$$

- Zu **γ = 0,95** gehört **z ≈ 1,96**
- Zu **γ = 0,99** gehört **z ≈ 2,575**.

Bei konstantem h hängen die **Sicherheit γ**, der **Stichprobenumfang n** und die **Länge d des Konfidenzintervalls** so zusammen:

γ wird größer	$\xleftrightarrow{\text{falls n konstant}}$	d wird größer
n wird größer	$\xleftrightarrow{\text{falls γ konstant}}$	d wird kleiner
γ wird größer	$\xleftrightarrow{\text{falls d konstant}}$	n wird größer

REIFEPRÜFUNG:
ALGEBRA UND GEOMETRIE

GRUNDKOMPETENZEN

AG 1   Grundbegriffe der Algebra

AG-R 1.1   Wissen über die Zahlenmengen $\mathbb{N}$, $\mathbb{Z}$, $\mathbb{Q}$, $\mathbb{R}$, $\mathbb{C}$ verständig einsetzen können.

Bei den Zahlenmengen soll man die Mengenbeziehungen und die Teilmengenbeziehungen kennen, Elemente angeben sowie zuordnen können und die reellen Zahlen als Grundlage kontinuierlicher Modelle kennen. Zum Wissen über die reellen Zahlen gehört auch, dass es Zahlenbereiche gibt, die über $\mathbb{R}$ hinausgehen.

AG-R 1.2   Wissen über algebraische Begriffe angemessen einsetzen können: Variable, Terme, Formeln, (Un-)Gleichungen, Gleichungssysteme, Äquivalenz, Umformungen, Lösbarkeit

Die algebraischen Begriffe soll man anhand von einfachen Beispielen beschreiben/erklären und verständig verwenden können.

AG 2   (Un-)Gleichungen und Gleichungssysteme

AG-R 2.1   Einfache Terme und Formeln aufstellen, interpretieren, umformen/lösen und im Kontext deuten können

Einfache Terme können auch Potenzen, Wurzeln, Logarithmen, Sinus etc. beinhalten. Mit dem Einsatz elektronischer Hilfsmittel können auch komplexere Umformungen von Termen, Formeln und Gleichungen, Ungleichungen und Gleichungssystemen durchgeführt werden.

AG-R 2.2   Lineare Gleichungen aufstellen, interpretieren, umformen/lösen und die Lösung im Kontext deuten können

AG-R 2.3   Quadratische Gleichungen in einer Variablen umformen/lösen können, über Lösungsfälle Bescheid wissen; Lösungen und Lösungsfälle (auch geometrisch) deuten können

AG-R 2.4   Lineare Ungleichungen aufstellen, interpretieren, umformen/lösen, Lösungen (auch geometrisch) deuten können

AG-R 2.5   Lineare Gleichungssysteme in zwei Variablen aufstellen, interpretieren, umformen/lösen können, über Lösungsfälle Bescheid wissen, Lösungen und Lösungsfälle (auch geometrisch) deuten können

AG 3   Vektoren und analytische Geometrie

AG-R 3.1   Vektoren als Zahlentupel verständig einsetzen und im Kontext deuten können

Vektoren sind als Zahlentupel, also als algebraische Objekte, zu verstehen und in entsprechenden Kontexten verständig einzusetzen.

AG-R 3.2   Vektoren geometrisch (als Punkte bzw. Pfeile) deuten und verständig einsetzen können

Punkte und Pfeile in der Ebene und im Raum müssen als geometrische Veranschaulichung dieser algebraischen Objekte interpretiert werden können.

AG-R 3.3   Definition der Rechenoperationen mit Vektoren (Addition, Multiplikation mit einem Skalar, Skalarmultiplikation) kennen; Rechenoperationen verständig einsetzen und (auch geometrisch) deuten können

Die geometrische Deutung der Skalarmultiplikation (in $\mathbb{R}^2$ und $\mathbb{R}^3$) meint hier nur den Spezialfall $a \cdot b = 0$.

AG-R 3.4   Geraden durch (Parameter-)Gleichungen in $\mathbb{R}^2$ und $\mathbb{R}^3$ angeben können; Geradengleichungen interpretieren können; Lagebeziehungen (zwischen Geraden und zwischen Punkt und Gerade) analysieren, Schnittpunkte ermitteln können

Geraden sollen in Parameterform, in $\mathbb{R}^2$ auch in parameterfreier Form, angegeben und interpretiert werden können.

AG-R 3.5   Normalvektoren in $\mathbb{R}^2$ aufstellen, verständig einsetzen und interpretieren können

AG 4   Trigonometrie

AG-R 4.1   Definitionen von Sinus, Cosinus und Tangens im rechtwinkeligen Dreieck kennen und zur Auflösung rechtwinkeliger Dreiecke einsetzen können

Die Kontexte beschränken sich auf einfache Fälle in der Ebene und im Raum, komplexe (Vermessungs-) Aufgabenstellungen sind hier nicht gemeint; Sinus- und Cosinussatz werden dabei nicht benötigt.

AG-R 4.2   Definitionen von Sinus und Cosinus für Winkel größer als 90° kennen und einsetzen können

AUFGABEN VOM TYP 1

AG-R 1.1   **10.01**   **Zahlbereiche**

Man unterscheidet natürliche, ganze, rationale, reelle und komplexe Zahlen.

AUFGABENSTELLUNG:

Kreuzen Sie die beiden zutreffenden Aussagen an!

Die Zahl $\sqrt{9}$ ist eine natürliche Zahl.	☐
Die Zahl 2π ist keine komplexe Zahl.	☐
Die Zahl $-3 \cdot 10^{-7}$ ist eine ganze Zahl.	☐
Die Zahl $0{,}\dot{9}$ ist keine natürliche Zahl.	☐
Die Zahl $\frac{14}{5}$ ist eine rationale Zahl.	☐

AG-R 1.2   **10.02**   **Variablen, Terme und Gleichungen**

In der Mathematik unterscheidet man die Begriffe Variable, Term und Gleichung.

AUFGABENSTELLUNG:

Kreuzen Sie die zutreffende Aussage an!

$2r\pi$ ist eine Variable.	☐
0 ist eine Variable.	☐
π ist ein Term.	☐
$\sin(\pi) = 0$ ist ein Term.	☐
$\pi \approx 3{,}14$ ist eine Gleichung.	☐
$\pi > 3{,}14$ ist eine Gleichung.	☐

AG-R 2.1   **10.03**   **Parallelschaltung von elektrischen Widerständen**

Bei einer Parallelschaltung der elektrischen Widerstände R_1 und R_2 gilt für den Gesamtwiderstand R der Schaltung die Formel:

$$\frac{1}{R} = \frac{1}{R_1} + \frac{1}{R_2}$$

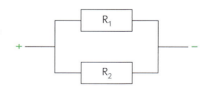

AUFGABENSTELLUNG:

Drücken Sie jede der Variablen R, R_1 und R_2 durch die übrigen Variablen der Formel aus!

AG-R 2.1 **10.04** **Prozentaussagen**

Prozentaussagen müssen kritisch beurteilt werden.

AUFGABENSTELLUNG:

Kreuzen Sie die beiden zutreffenden Aussagen an!

Eine Ware wird zuerst um p % verteuert und anschließend um p % verbilligt. Sie kostet dann gleich viel wie zu Beginn.	☐
Eine Firma möchte dem Käufer einer Ware 10 % Rabatt gewähren, jedoch dabei keinen Verlust erleiden. Sie muss daher vorher den Preis um ca. 11,1 % anheben.	☐
Eine Ware wird zuerst um p % verteuert und anschließend um p % verbilligt. Sie kostet dann 150 €. Der ursprüngliche Preis war höher als 150 €.	☐
Eine Ware wird zuerst um p % und anschließend um 2p % verteuert. Sie ist dann insgesamt um 3p % verteuert worden.	☐
Eine Ware wird um p % teurer und kostet dann 100 €. Sie war vorher um p % billiger als 100 €.	☐

AG-R 2.2 **10.05** **Knaben und Mädchen**

Es sei k die Anzahl der Knaben und m die Anzahl der Mädchen in einem Festsaal.
Die folgenden Behauptungen werden getroffen:
(1) Es befinden sich um 22 Knaben mehr in dem Festsaal als Mädchen.
(2) $m = 2k$

AUFGABENSTELLUNG:

Geben Sie an, ob beide Behauptungen zugleich wahr sein können! Begründen Sie die Antwort!

AG-R 2.3 **10.06** **Quadratische Gleichung 1**

Wenn das Quadrat einer bestimmten Zahl um das Achtfache der Zahl vermehrt wird, erhält man −16.

AUFGABENSTELLUNG:

Schreiben Sie den Sachverhalt als Gleichung an und ermitteln Sie die angeführte Zahl!

AG-R 2.3 **10.07** **Quadratische Gleichung 2**

Gegeben ist die quadratische Gleichung $ax^2 + bx + c = 0$ mit $a, b, c \in \mathbb{R}$ und $a \neq 0$.

AUFGABENSTELLUNG:

Geben Sie an, welche Beziehung zwischen a, b und c gelten muss, damit die Gleichung genau eine reelle Lösung hat!

AG-R 2.3 **10.08** **Quadratische Gleichung 3**

Gegeben ist die Gleichung $(k + 1) \cdot x^2 - 2 \cdot (k + 3) \cdot x + (k + 4) = 0$.

AUFGABENSTELLUNG:

Geben Sie an, für welche $k \in \mathbb{R}$ die Gleichung genau eine reelle Lösung, zwei reelle Lösungen bzw. keine reelle Lösung hat!

AG-R 2.3 **10.09** **Quadratische Gleichung 4**

Gegeben ist die Gleichung $2x^2 + 4x - 3k = 0$.

AUFGABENSTELLUNG:

Geben Sie an, für welche $k \in \mathbb{R}$ die Gleichung genau eine reelle Lösung, zwei reelle Lösungen bzw. keine reelle Lösung hat!

AG-R 2.3 **10.10** **Quadratische Funktion 1**

Gegeben ist die Funktion f mit $f(x) = x^2 - 3ax + 18$.

AUFGABENSTELLUNG:

Geben Sie an, für welche $a \in \mathbb{R}$ die Funktion f genau zwei Nullstellen, genau eine Nullstelle bzw. keine Nullstelle hat!

AG-R 2.3 **10.11** **Quadratische Funktion 2**

Gegeben ist die Funktion f mit $f(x) = x^2 + ax + b$.

AUFGABENSTELLUNG:

Geben Sie an, für welche $a \in \mathbb{R}$ die Funktion f genau zwei Nullstellen, genau eine Nullstelle bzw. keine Nullstelle hat!

AG-R 2.4 **10.12** **Interpretation einer Ungleichung**

Ein Internetprovider bietet zwei Datentarife an:

Tarif 1: 8 € Grundgebühr pro Monat, 1 € pro GB Datenvolumen

Tarif 2: keine Grundgebühr, 3 € pro GB Datenvolumen

Jemand bezeichnet das verbrauchte Datenvolumen (in Gigabyte) mit x und schreibt auf einem Zettel die nebenstehende Rechnung auf.

$$x + 8 < 3x$$
$$8 < 2x$$
$$4 < x$$

AUFGABENSTELLUNG:

Geben Sie an, welche Frage sich die betreffende Person vermutlich gestellt hat und wie die Antwort lautet!

AG-R 2.5 **10.13** **Herstellung einer Vitamintablette**

Eine Vitamintablette soll 14 Einheiten des Vitamins B und 28 Einheiten des Vitamins C enthalten. Die Tabletten werden durch Mischung zweier Halbfertigprodukte erzeugt. Die folgende Tabelle gibt an, wie viele Einheiten der Vitamine B und C in jeweils einer Mengeneinheit der beiden Halbfertigprodukte enthalten sind.

	Vitamin B	Vitamin C
Halbfertigprodukt 1	3	4
Halbfertigprodukt 2	2	5

AUFGABENSTELLUNG:

Ermitteln Sie, wie viele Mengeneinheiten von jedem Halbfertigprodukt für die Erzeugung einer Vitamintablette genommen werden müssen!

AG-R 2.5 **10.14** **Herstellung einer Legierung**

Messing ist eine Legierung aus Kupfer und Zink. Zur Erzeugung einer Messingmembran werden 60 kg einer Legierung gebraucht, die 90 % Kupfer und 10 % Zink enthält. Diese Legierung soll durch Zusammenschmelzen zweier Legierungen A und B hergestellt werden, deren Gehalt an Kupfer und Zink in der Tabelle angegeben ist.

	Legierung A	Legierung B
Kupferanteil (in %)	80	95
Zinkanteil (in %)	20	5

AUFGABENSTELLUNG:

Ermitteln Sie, wie viel kg von jeder Legierung für die Erzeugung der Messingmembran genommen werden müssen!

169

AG-R 3.1 **10.15** **Gesamteinnahmen für Sonnenbrillen**

Ein Handelsunternehmen für Sportwaren hat fünf verschiedene Sonnenbrillenmodelle vorrätig.
Die Angaben in der nachfolgenden Tabelle beziehen sich auf einen bestimmten Zeitpunkt.
Die Spalten entsprechen Vektoren in $\mathbb{R}^5$.

	Stückzahl Lager 1 (Vektor L_1)	Stückzahl Lager 2 (Vektor L_2)	Stückpreis in Euro (Vektor P)	Anzahl der bestellten Brillen (Vektor B)
UV-100 Shield +	458	254	59	375
UV-100 Blocker	572	356	69	662
Crystal Dark 3L	1635	974	39	1922
SportGlass V5	83	214	99	74
SportGlass V6	174	346	109	90

Nachdem alle bestellten Sonnenbrillen verkauft worden sind, werden die verbleibenden Brillen
mit einem Rabatt von 20% angeboten. Nun sind beide Lager leer.

AUFGABENSTELLUNG:

Stellen Sie eine Formel mit den Vektoren L_1, L_2, P und B für die Berechnung der Gesamteinnahmen auf, die sowohl die bestellten Brillen zum regulären Preis als auch die preislich reduzier-
ten Brillen beinhalten! Geben Sie das Ergebnis in Euro an!

AG-R 3.2 **10.16** **Summe von Vektoren**

In der Abbildung sind zwei Vektoren $\vec{a}$ und $\vec{c}$ aus $\mathbb{R}^2$
als Pfeile dargestellt.

AUFGABENSTELLUNG:

Zeichnen Sie einen Vektor $\vec{b}$ als Pfeil so ein,
dass $\vec{a} + \vec{b} = \vec{c}$ gilt!

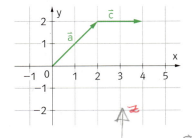

AG-R 3.2 **10.17** **Achsenparalleler Würfel**

Ein achsenparalleler Würfel mit der Kantenlänge 6 hat seinen
Mittelpunkt im Ursprung des Koordinatensystems.

AUFGABENSTELLUNG:

Geben Sie die Koordinaten der Eckpunkte des Würfels an!

$A(3|-3|-3) \quad C(-3|3|-3)$
$B(3|3|-3) \quad D(-3|-3|+3)$

AG-R 3.3 **10.18** **Punkte auf einer Geraden** $E(3|-3|3) \quad F(3|3|3)$

Gegeben sind die Punkte $A = (3|8)$, $B = (-5|4)$ und $C = (11|12)$. $G(-3|3|3)$

$H(3|-3|3)$

AUFGABENSTELLUNG:

Prüfen Sie durch Rechnung, ob die Punkte auf einer Geraden liegen!

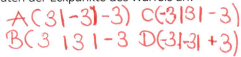

AG-R 3.4 **10.19** **Gegenseitige Lage von Geraden**

Gegeben sind die beiden Geraden g: $X = (-4|7) + s \cdot (-5|3)$ und h: $X = (4|-7) + t \cdot (10|h_2)$.

AUFGABENSTELLUNG:

Untersuchen Sie, ob es eine Zahl $h_2 \in \mathbb{R}$ gibt, sodass g und h **a)** parallel, **b)** identisch sind!

AG-R 3.4 **10.20** **Einander schneidende Geraden**
Gegeben sind zwei Geraden:
$$g: X = (0\,|\,1\,|\,0) + s \cdot (1\,|\,0\,|\,{-1}) \quad \text{und} \quad h: X = (a\,|\,0\,|\,1) + t \cdot (2\,|\,1\,|\,1).$$

AUFGABENSTELLUNG:
Geben Sie an, wie $a \in \mathbb{R}$ gewählt werden muss, damit g und h einander schneiden!

AG-R 3.4 **10.21** **Identische Geraden**
Gegeben ist die Gerade $g: X = (1\,|\,5) + s \cdot (2\,|\,{-8})$.

AUFGABENSTELLUNG:
Kreuzen Sie in der Tabelle die beiden Geraden an, die mit der Geraden g zusammenfallen!

$h_1: X = (1\,|\,{-5}) + t \cdot (8\,|\,2)$	☐
$h_2: X = (0\,|\,9) + t \cdot (-1\,|\,4)$	☐
$h_3: X = (2\,|\,10) + t \cdot (1\,|\,{-4})$	☐
$h_4: X = (-2\,|\,17) + t \cdot (-1\,|\,4)$	☐
$h_5: X = (1\,|\,5) + t \cdot (1\,|\,4)$	☐

AG-R 3.5 **10.22** **Zueinander normale Vektoren**
Gegeben ist der Vektor $(2\,|\,3)$.

AUFGABENSTELLUNG:
Beschreiben Sie alle Vektoren in $\mathbb{R}^2$, die mit diesem Vektor einen Winkel von 90° einschließen!

AG-R 4.1 **10.23** **Steigung einer Straße**
Die steilste Straße der Welt befindet sich im Küstenort Harlech in Wales. Sie steigt unter 20,53° gegenüber der Horizontalen an.

AUFGABENSTELLUNG:
Geben Sie die Steigung dieser Straße in Prozent an!

AG-R 4.1 **10.24** **Neigung eines Hanges**
Waldarbeiten müssen oft auf steilen Hängen durchgeführt werden. Spezialfahrzeuge für Waldarbeiten schaffen Hänge mit einer Steigung von 120 %.

AUFGABENSTELLUNG:
Berechnen Sie, unter welchem Winkel solche Hänge gegenüber der Horizontalen geneigt sind!

AG-R 4.1 **10.25** **Dachfläche**
In nebenstehender Abbildung ist eine Dachfläche dargestellt.

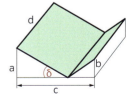

AUFGABENSTELLUNG:
Drücken Sie den Flächeninhalt A der Dachfläche durch a, b, c, d und δ aus!

AG-R 4.1 **10.26** **Volumen einer Pyramide**
Von der abgebildeten geraden quadratischen Pyramide kennt man die Grundkantenlänge a und das Winkelmaß ϑ.

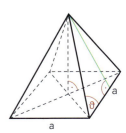

AUFGABENSTELLUNG:
Geben Sie eine Formel für das Volumen V der Pyramide in Abhängigkeit von a und ϑ an!

AG-R 4.2   **10.27**   **Darstellung im Einheitskreis 1**

In der Abbildung ist eine grüne vorzeichenbehaftete Strecke der Länge sin(α) bzw. cos(α) im Einheitskreis eingezeichnet.

a)

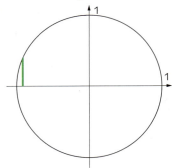

b)

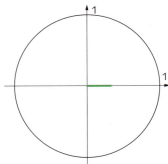

AUFGABENSTELLUNG:

Zeichnen Sie alle zugehörigen Winkel aus [0°; 360°) einschließlich der entsprechenden Winkelbögen ein und beschriften Sie die Strecke korrekt!

AG-R 4.2   **10.28**   **Darstellung im Einheitskreis 2**

Gegeben sind eine Abbildung des Einheitskreises und darunter eine Gleichung.

a)

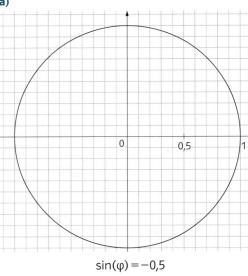

$$\sin(\varphi) = -0{,}5$$

b)

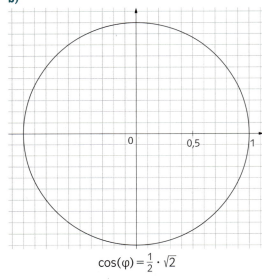

$$\cos(\varphi) = \frac{1}{2} \cdot \sqrt{2}$$

AUFGABENSTELLUNG:

Zeichnen Sie in die Abbildung alle Winkel aus [0°; 360°) einschließlich der zugehörigen Winkelbögen ein, für welche die darunterstehende Gleichung gilt!

AG-R 4.2   **10.29**   **Drehwinkel und Polarwinkel**

Ein Drehwinkel kann größer als 360° sein, der zugehörige Polarwinkel muss aber in [0°; 360°) liegen.

AUFGABENSTELLUNG:

Ordnen Sie jedem Drehwinkelmaß in der linken Tabelle das passende Polarwinkelmaß (aus A bis D) zu!

375°	
400°	
820°	
1080°	

A	40°
B	15°
C	0°
D	100°

AUFGABEN VOM TYP 2

AG-R 1.1
AG-R 2.1

10.30 **Rationale und irrationale Zahlen**

Eine reelle Zahl, die in der Form $\frac{z}{n}$ mit $z \in \mathbb{Z}$ und $n \in \mathbb{N}^*$ dargestellt werden kann, heißt rational. Die übrigen reellen Zahlen heißen irrational.

AUFGABENSTELLUNG:

a) 1) Begründen Sie, dass zwischen zwei rationalen Zahlen mindestens eine weitere rationale Zahl liegt!

2) Geben Sie mindestens einen Grund an, warum irrationale Zahlen in der Mathematik notwendig sind!

b) 1) Zeigen Sie: Die Summe zweier rationaler Zahlen ist stets rational.

2) Zeigen Sie: Die Summe einer rationalen und einer irrationalen Zahl ist stets irrational.

c) 1) Jemand behauptet: Wenn a und b irrational sind, dann ist auch a · b irrational. Begründen Sie diese Behauptung oder widerlegen Sie diese durch ein Gegenbeispiel!

2) Jemand behauptet: Wenn a und b irrational sind, dann ist auch a + b irrational. Begründen Sie diese Behauptung oder widerlegen Sie diese durch ein Gegenbeispiel!

d) Zeigen Sie anhand von Beispielen:

1) Das Quadrat einer irrationalen Zahl kann rational sein.

2) Die Wurzel aus einer rationalen Zahl kann irrational sein.

AG-R 1.1
AG-R 2.5

10.31 **Lineare Gleichungssysteme**

Gegeben ist das Gleichungssystem: $\begin{cases} 2x - 3y = 2 \\ 4x - y = 9 \end{cases}$

AUFGABENSTELLUNG:

a) 1) Geben Sie die Lösungsmenge dieses Gleichungssystems in $\mathbb{N}^2$ an!

2) Geben Sie die Lösungsmenge dieses Gleichungssystems in $\mathbb{R}^2$ an!

b) 1) Ändern Sie den Koeffizienten von y in der zweiten Gleichung so ab, dass das neue Gleichungssystem keine Lösung in $\mathbb{R}^2$ hat!

2) Ändern Sie in der zweiten Gleichung den Koeffizienten von x und die rechte Seite der Gleichung so ab, dass das neue Gleichungssystem unendlich viele Lösungen in $\mathbb{R}^2$ hat!

AG-R 1.1
AG-R 2.2
AG-R 2.3

10.32 **Zwei quadratische Gleichungen**

Die Gleichung $ax^2 - 24x + 9 = 0$ (mit $a \neq 0$) besitzt genau eine reelle Lösung. Diese Lösung ist auch Lösung der Gleichung $12x^2 + bx + 12 = 0$.

AUFGABENSTELLUNG:

a) 1) Ermitteln Sie a und b!

2) Geben Sie alle Lösungen der beiden Gleichungen an!

b) 1) Kreuzen Sie die beiden auf die Gleichung $ax^2 - 24x + 9 = 0$ zutreffenden Aussagen an!

Die Gleichung hat für $0 < a < 16$ genau zwei Lösungen in $\mathbb{R}$.	☐
Die Gleichung hat für $a = 16$ genau eine Lösung in $\mathbb{R}$.	☐
Die Gleichung hat für alle $a \in \mathbb{R}^*$ die Lösung $x = 0$.	☐
Die Gleichung hat für $a < 0$ keine Lösung in $\mathbb{R}$.	☐
Die Gleichung hat für alle $a \in \mathbb{R}^*$ mindestens eine Lösung in $\mathbb{R}$.	☐

2) Wählen Sie für die beiden gegebenen quadratischen Gleichungen $a = 7$ und $b = -40$ und stellen Sie eine Gleichung vom Grad 3 auf, die als Lösungen genau die Lösungen der beiden quadratischen Gleichungen hat!

AG-R 1.1
AG-R 2.5
FA-R 1.6

10.33 Zwei Gleichungssysteme

Gegeben sind zwei Gleichungssysteme:

$$A: \begin{cases} 4x + ay = b \\ -2x + 3y = 7 \end{cases} \qquad B: \begin{cases} 4x + cy = d \\ -2x + 3y^2 = 7 \end{cases}$$

AUFGABENSTELLUNG:

a) **1)** Geben Sie im Gleichungssystem A die Zahlen $a, b \in \mathbb{R}^*$ so an, dass das Gleichungssystem genau ein reelles Zahlenpaar als Lösung hat!

2) Geben Sie im Gleichungssystem A die Zahlen $a, b \in \mathbb{R}^*$ so an, dass das Gleichungssystem kein reelles Zahlenpaar als Lösung hat!

b) **1)** Geben Sie im Gleichungssystem B die Zahlen $c, d \in \mathbb{R}^*$ so an, dass das Gleichungssystem genau ein reelles Zahlenpaar als Lösung hat!

2) Geben Sie im Gleichungssystem B die Zahlen $c, d \in \mathbb{R}^*$ so an, dass das Gleichungssystem kein reelles Zahlenpaar als Lösung hat!

c) **1)** Untersuchen Sie, ob das Gleichungssystem A unendlich viele reelle Zahlenpaare als Lösungen haben kann! Nennen Sie gegebenenfalls geeignete Werte für a und b aus $\mathbb{R}^*$!

2) Untersuchen Sie, ob das Gleichungssystem B unendlich viele reelle Zahlenpaare als Lösungen haben kann!

AG-R 1.2
AG-R 2.4
AG-R 3.2

10.34 Lineare Ungleichung

Gegeben ist die Ungleichung $6x + 2y \leq -3$ mit $x, y \in \mathbb{R}$.

AUFGABENSTELLUNG:

a) **1)** Geben Sie die Lösungsmenge dieser Ungleichung an!

2) Geben Sie zwei Zahlenpaare an, die nicht Lösungen der Ungleichung sind!

b) **1)** Stellen Sie die Lösungsmenge der Ungleichung im nebenstehenden Koordinatensystem dar!

2) Stellen Sie ein Zahlenpaar als Punkt in diesem Koordinatensystem dar, das keine Lösung der Ungleichung ist!

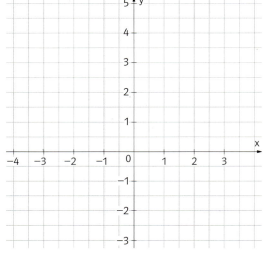

c) **1)** Ermitteln Sie, für welche $a \in \mathbb{R}$ das Zahlenpaar $(a \mid 2)$ Lösung der Ungleichung ist! Zeichnen Sie die Menge der entsprechenden Punkte in das Koordinatensystem ein!

2) Ermitteln Sie, für welche $b \in \mathbb{R}$ das Zahlenpaar $(-2 \mid b)$ Lösung der Ungleichung ist! Zeichnen Sie die Menge der entsprechenden Punkte in das Koordinatensystem ein!

AG-R 1.1
AG-R 2.3

10.35 Anzahl der Lösungen einer Gleichung vom Grad 3

Gegeben ist die Gleichung $x^3 + a \cdot x^2 + x = 0$ mit $a \in \mathbb{R}$.

AUFGABENSTELLUNG:

a) **1)** Zeigen Sie, dass diese Gleichung für $a = 2$ genau zwei reelle Lösungen hat!

2) Geben Sie einen Wert für a an, für den diese Gleichung genau drei nichtnegative reelle Lösungen hat!

b) **1)** Geben Sie an, in welcher der Mengen $\mathbb{N}, \mathbb{Z}, \mathbb{Q}, \mathbb{R}, \mathbb{C}$ die Gleichung für $a = 1$ genau eine reelle Lösung hat!

2) Geben Sie an, in welcher der Mengen $\mathbb{N}, \mathbb{Z}, \mathbb{Q}, \mathbb{R}, \mathbb{C}$ die Gleichung für $a = 1$ genau drei reelle Lösungen hat!

AG-R 2.1
AG-R 4.1
FA-R 2.5

10.36 Spieljochbahn

Die Talstation der Spieljochbahn in Fügen im Zillertal befindet sich auf $h_1 = 634\,m$ Seehöhe, die Bergstation auf $h_2 = 1189\,m$ Seehöhe. Die Länge der Seilbahn misst $l = 2190\,m$.

AUFGABENSTELLUNG:

a) 1) Geben Sie die mittlere Steigung der Bahn zwischen Tal- und Bergstation in Prozent an!

2) Begründen Sie, dass man auf der gesamten Strecke nicht mit konstanter Steigung rechnen kann!

b) 1) Berechnen Sie das Maß des Winkels, unter dem die Seilbahn im Mittel ansteigt!

2) Berechnen Sie die Horizontalentfernung der Bergstation von der Talstation!

AG-R 2.1
AG-R 4.1
FA-R 1.2

10.37 Regelmäßiges n-Eck

Einem Kreis wird ein regelmäßiges n-Eck eingeschrieben.

AUFGABENSTELLUNG:

a) 1) Der Kreis hat den Radius r. Stellen Sie Formeln für den Umfang u und den Flächeninhalt A des n-Ecks auf!

2) Der Radius r wird verdoppelt. Ermitteln Sie, auf das Wievielfache dadurch der Umfang bzw. der Flächeninhalt des Kreises wächst!

b) 1) Das n-Eck hat die Seitenlänge a. Stellen Sie Formeln für den Umfang u und den Flächeninhalt A des n-Ecks auf!

2) Die Seitenlänge wird verdreifacht. Ermitteln Sie, auf das Wievielfache dadurch der Umfang bzw. der Flächeninhalt des Kreises wächst!

AG-R 2.1
AG-R 2.2
AG-R 4.1

10.38 Bauaushub auf einem Hang

Nebenstehend ist ein Hang mit dem Neigungswinkel 5° abgebildet (oben im Querschnitt und darunter im Grundriss). Auf diesem Hang wurde eine 28 m lange und 22 m breite Baugrube mit waagrechter Grundfläche wie im angegebenen Plan ausgehoben.
Zum Abtransport der ausgehobenen Erde setzt ein Bauunternehmen LKW ein, die ein Fassungsvermögen von 37 m³ haben.

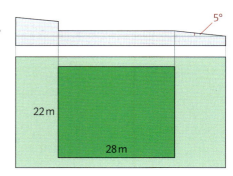

AUFGABENSTELLUNG:

a) 1) Berechnen Sie das Volumen der ausgehobenen Erde!

2) Prüfen Sie, ob für den Aushub 25 Fuhren nötig sind!

b) 1) Berechnen Sie das Volumen der ausgehobenen Erde bei 6° Hangneigung!

2) Geben Sie die Anzahl der nun nötigen LKW-Fuhren an!

AG-R 2.1
AG-R 2.2
AG-R 3.2
AG-R 3.3

10.39 Punkt auf einer Geraden

Der Punkt T liegt auf der Geraden AB.

AUFGABENSTELLUNG:

a) 1) T ist der Mittelpunkt der Strecke AB. Geben Sie eine Formel für T an!

2) T teilt die Strecke AB im Verhältnis a : b. Geben Sie eine Formel für T an!

b) 1) T liegt auf der Strecke AB und ist von A m-mal so weit entfernt wie von B. Geben Sie eine Formel für T an!

2) Geben Sie an, welche Werte für m in Frage kommen, wenn T auf der Strecke AB liegt!

c) 1) T liegt auf der Geraden von A nach B über B hinaus. Dabei ist T von A m-mal so weit entfernt wie von B. Geben Sie eine Formel für T an!

2) Geben Sie an, welche Werte für m in Frage kommen, wenn T die angegebene Lage hat!

AG-R 3.1
AG-R 3.3

10.40 Einkauf und Verkauf von Produkten

Ein Händler kauft fünf Produkte ein und verkauft sie etwas teurer weiter. Die Eintragungen in der folgenden Tabelle beziehen sich auf ein bestimmtes Jahr.

Die Vektoren E, V, P und Q entsprechen der Reihe nach jeweils den Spalten der Tabelle.

$E = (e_1 | e_2 | e_3 | e_4 | e_5)$ fasst die eingekauften Stückzahlen, $V = (v_1 | v_2 | v_3 | v_4 | v_5)$ die verkauften Stückzahlen, $P = (p_1 | p_2 | p_3 | p_4 | p_5)$ die Einkaufspreise und $Q = (q_1 | q_2 | q_3 | q_4 | q_5)$ die Verkaufspreise der einzelnen Produkte zusammen.

	Eingekaufte Stückzahl	Verkaufte Stückzahl	Einkaufspreis pro Stück (in €)	Verkaufspreis pro Stück (in €)
Produkt 1	e_1	v_1	p_1	q_1
Produkt 2	e_2	v_2	p_2	q_2
Produkt 3	e_3	v_3	p_3	q_3
Produkt 4	e_4	v_4	p_4	q_4
Produkt 5	e_5	v_5	p_5	q_5

AUFGABENSTELLUNG:

a) **1)** Beschreiben Sie, was der Vektor $E - V$ angibt!

   2) Beschreiben Sie, was der Vektor $Q - P$ angibt!

b) **1)** Beschreiben Sie, was das Produkt $E \cdot P$ angibt!

   2) Beschreiben Sie, was das Produkt $V \cdot Q$ angibt!

c) **1)** Drücken Sie den Gesamtgewinn G für das betreffende Jahr durch die gegebenen Vektoren aus!

   2) Angenommen, der Händler gewährt auf jeden Verkaufspreis 2% Rabatt. Geben Sie für diesen Fall eine passende Formel für G an!

AG-R 3.1
AG-R 3.2
AG-R 3.3
AG-R 3.5

10.41 Spezielle Vierecke

Gegeben sind die Punkte $A = (0 | 1)$, $B = (8 | -1)$, $C = (6 | 4)$ und $D = (2 | 5)$.

AUFGABENSTELLUNG:

a) **1)** Zeichnen Sie das Viereck ABCD und stellen Sie eine Vermutung auf, welches spezielle Viereck vorliegt! Beweisen Sie ihre Vermutung durch Rechnung!

   2) Berechnen Sie die Seitenlängen des Vierecks!

b) **1)** Ändern Sie die Koordinaten von C so ab, dass ABCD ein Parallelogramm ist!

   2) Ändern Sie die Koordinaten von C und D so ab, dass ABCD ein Quadrat ist!

AG-R 2.1
AG-R 3.2
AG-R 3.3

10.42 Tetraeder

Gegeben ist ein Tetraeder ABCD mit ABCD mit $\overrightarrow{DA} = \vec{a}$, $\overrightarrow{DB} = \vec{b}$, $\overrightarrow{DC} = \vec{c}$.

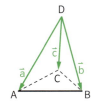

AUFGABENSTELLUNG:

a) **1)** Drücken Sie die Vektoren $\overrightarrow{AB}$, $\overrightarrow{BC}$ und $\overrightarrow{CA}$ durch $\vec{a}$, $\vec{b}$, $\vec{c}$ aus!

   2) S ist der Schwerpunkt des Dreiecks DAB. Drücken Sie den Vektor $\overrightarrow{CS}$ durch $\vec{a}$, $\vec{b}$, $\vec{c}$ aus!

b) **1)** Es ist S_1 der Schwerpunkt des Dreiecks ABC und S_2 der Schwerpunkt des Dreiecks BCD.
   Zeigen Sie, dass der Vektor $\overrightarrow{S_1 S_2}$ parallel zum Vektor $\overrightarrow{AD}$ ist!

   2) Ermitteln Sie, in welchem Verhältnis die Länge der Strecke $S_1 S_2$ zur Länge der Kante AD steht!

AG-R 2.1
AG-R 3.3

10.43 Dreieck

Gegeben ist ein Dreieck ABC mit dem Schwerpunkt S.

AUFGABENSTELLUNG:

a) 1) Berechnen Sie $\overrightarrow{SA} + \overrightarrow{SB} + \overrightarrow{SC}$!

  2) Drücken Sie den Eckpunkt A des Dreiecks durch die beiden anderen Eckpunkte und den Schwerpunkt S aus!

b) 1) Die Punkte P, Q, R sind die Mittelpunkte der Seiten AB, BC, CA. Zeigen Sie, dass das Dreieck PQR und das Dreieck ABC den gleichen Schwerpunkt haben!

  2) Die Punkte P, Q, R teilen die Seiten AB, BC, CA im Verhältnis k : 1 (mit $k \in \mathbb{N}^*$). Zeigen Sie, dass das Dreieck PQR und das Dreieck ABC den gleichen Schwerpunkt haben!

AG-R 3.2
AG-R 3.3

10.44 Viereck

Gegeben ist ein beliebiges Viereck ABCD.

AUFGABENSTELLUNG:

a) 1) Zeigen Sie: Wenn das Viereck ABCD ein Parallelogramm ist, dann halbieren einander die Diagonalen des Vierecks.

  2) Zeigen Sie auch die Umkehrung: Wenn die Diagonalen des Vierecks ABCD einander halbieren, dann ist das Viereck ABCD ein Parallelogramm.

b) Es seien P, Q, R, S die Mittelpunkte der Seiten AB, BC, CD, DA.

  1) Zeigen Sie: Das Viereck PQRS ist ein Parallelogramm.

  2) Zeigen Sie, dass gilt: A + B + C + D = P + Q + R + S.

AG-R 3.2
AG-R 3.3
AG-R 3.4

10.45 Vierecke

Gegeben sind die Punkte A = (−4 | 11 | −5), B = (1 | 13 | 9), C = (−7 | 5 | 19), D = (−12 | 3 | 5), E = (12 | 3 | 11), F = (2 | −1 | −17), G = (16 | 1 | 15) und H = (7 | 1 | −3).

AUFGABENSTELLUNG:

a) 1) Zeigen Sie durch Rechnung, dass das Viereck ABCD ein Parallelogramm, aber kein Rechteck und auch kein Rhombus ist!

  2) Ändern Sie die dritte Koordinate von C so ab, dass der neue Punkt C′ = (−7 | 5 | c_3) ein Rechteck ABC′D′ festlegt und bestimmen Sie auch die Koordinaten von D′!

b) 1) Zeigen Sie rechnerisch, dass das Viereck ABEF ein Trapez ist!

  2) Untersuchen Sie, ob das Trapez ABEF gleichschenkelig ist!

c) 1) Ermitteln Sie die Koordinaten des Schnittpunkts der Diagonalen des Vierecks ABGH!

  2) Zeigen Sie rechnerisch, dass das Viereck ABGH ein Deltoid ist und bestimmen Sie den Flächeninhalt dieses Deltoids!

AG-R 3.2
AG-R 3.3

10.46 Quader

Von einem Quader ABCDEFGH kennt man mit A = (2 | −4 | 1), B = (−4 | 14 | −8), C = (−7 | 16 | −2) und $\overline{AE} = 14$.

AUFGABENSTELLUNG:

a) 1) Zeigen Sie durch Rechnung, dass die Kanten AB und BC miteinander einen rechten Winkel bilden!

  2) Geben Sie die Koordinaten aller Eckpunkte des Quaders an!

b) 1) Berechnen Sie das Volumen des Quaders!

  2) Alle Kantenlängen des Quaders werden verdoppelt, wobei der Eckpunkt A und die Richtungen der Kanten unverändert bleiben! Geben Sie die Koordinaten der Eckpunkte des neuen Quaders an!

REIFEPRÜFUNG: FUNKTIONALE ABHÄNGIGKEITEN

GRUNDKOMPETENZEN

FA 1 Funktionsbegriff, reelle Funktionen, Darstellungsformen und Eigenschaften

FA-R 1.1 Für gegebene Zusammenhänge entscheiden können, ob man sie als Funktionen betrachten kann

Auf eine sichere Unterscheidung zwischen funktionalen und nichtfunktionalen Zusammenhängen wird Wert gelegt, auf theoretisch bedeutsame Eigenschaften (zB. Injektivität, Surjektivität, Umkehrbarkeit) wird aber nicht fokussiert.

FA-R 1.2 Formeln als Darstellung von Funktionen interpretieren und dem Funktionstyp zuordnen können

FA-R 1.3 Zwischen tabellarischen und graphischen Darstellungen funktionaler Zusammenhänge wechseln können

FA-R 1.4 Aus Tabellen, Graphen und Gleichungen von Funktionen Werte(paare) ermitteln und im Kontext deuten können

Der Graph einer Funktion ist als Menge geordneter Paare definiert. Einer verbreitenden Sprechweise folgend nennen wir die graphische Darstellung des Graphen im kartesischen Koordinatensystem jedoch ebenfalls kurz „Graph".

FA-R 1.5 Eigenschaften von Funktionen erkennen, benennen, im Kontext deuten und zum Erstellen von Funktionsgraphen einsetzen können: Monotonie, Monotoniewechsel (lokale Extrema), Wendepunkte, Periodizität, Achsensymmetrie, asymptotisches Verhalten, Schnittpunkte mit den Achsen

Der Verlauf von Funktionen soll nicht nur mathematisch beschrieben, sondern auch im jeweiligen Kontext gedeutet werden können.

FA-R 1.6 Schnittpunkte zweier Funktionsgraphen graphisch und rechnerisch ermitteln und im Kontext interpretieren können

FA-R 1.7 Funktionen als mathematische Modelle verstehen und damit verständig arbeiten können

Im Vordergrund steht die Rolle von Funktionen als Modelle und die verständige Nutzung grundlegender Funktionstypen und deren Eigenschaften sowie der verschiedenen Darstellungsformen von Funktionen (auch f: A → B | x ↦ f(x)).

FA-R 1.8 Durch Gleichungen (Formeln) gegebene Funktionen mit mehreren Veränderlichen im Kontext deuten können, Funktionswerte ermitteln können

Die Bearbeitung von Funktionen mit mehreren Veränderlichen beschränkt sich auf die Interpretation der Funktionsgleichung im jeweiligen Kontext sowie auf die Ermittlung von Funktionswerten.

FA-R 1.9 Einen Überblick über die wichtigsten (unten angeführten) Typen mathematischer Funktionen geben und ihre Eigenschaften vergleichen können

FA 2   Lineare Funktion $f(x) = k \cdot x + d$

FA-R 2.1   Verbal, tabellarisch, graphisch oder durch eine Gleichung (Formel) gegebene lineare Zusammenhänge als lineare Funktionen erkennen bzw. betrachten können; zwischen diesen Darstellungsformen wechseln können

FA-R 2.2   Aus Tabellen, Graphen und Gleichungen linearer Funktionen Werte(paare) sowie die Parameter k und d ermitteln und im Kontext deuten können

Die Parameter k und d sollen sowohl für konkrete Werte als auch allgemein im jeweiligen Kontext interpretiert werden können. Entsprechendes gilt für die Wirkung der Parameter und deren Änderung.

FA-R 2.3   Die Wirkung der Parameter k und d kennen und die Parameter in unterschiedlichen Kontexten deuten können

FA-R 2.4   Charakteristische Eigenschaften kennen und im Kontext deuten können:

$$f(x + 1) = f(x) + k; \quad \frac{f(x_2) - f(x_1)}{x_2 - x_1} = k = [f'(x)]$$

FA-R 2.5   Die Angemessenheit einer Beschreibung mittels linearer Funktion bewerten können

FA-R 2.6   Direkte Proportionalität als lineare Funktion vom Typ $f(x) = k \cdot x$ beschreiben können

FA 3   Potenzfunktion $f(x) = a \cdot x^z + b, \, z \in \mathbb{Z}$ oder $f(x) = a \cdot x^{\frac{1}{2}} + b$

FA-R 3.1   Verbal, tabellarisch, graphisch oder durch eine Gleichung (Formel) gegebene Zusammenhänge dieser Art als entsprechende Potenzfunktionen erkennen bzw. betrachten können; zwischen diesen Darstellungsformen wechseln können

Wurzelfunktionen bleiben auf den quadratischen Fall $f(x) = a \cdot x^{\frac{1}{2}} + b$ beschränkt.

FA-R 3.2   Aus Tabellen, Graphen und Gleichungen von Potenzfunktionen Werte(paare) sowie die Parameter a und b ermitteln und im Kontext deuten können

FA-R 3.3   Die Wirkung der Parameter a und b kennen und die Parameter im Kontext deuten können

FA-R 3.4   Indirekte Proportionalität als Potenzfunktion vom Typ $f(x) = \frac{a}{x}$ (bzw. $f(x) = a \cdot x^{-1}$) beschreiben können

FA 4   Polynomfunktion $f(x) = \sum_{i=0}^{n} a_i \cdot x^i$ mit $n \in \mathbb{N}$

FA-R 4.1   Typische Verläufe von Graphen in Abhängigkeit vom Grad der Polynomfunktion (er)kennen

FA-R 4.2   Zwischen tabellarischen und graphischen Darstellungen von Zusammenhängen dieser Art wechseln können

FA-R 4.3   Aus Tabellen, Graphen und Gleichungen von Polynomfunktionen Funktionswerte, aus Tabellen und Graphen sowie aus einer quadratischen Funktionsgleichung Argumentwerte ermitteln können

Mithilfe elektronischer Hilfsmittel können Argumentwerte auch für Polynomfunktionen höheren Grades ermittelt werden.

FA-R 4.4   Den Zusammenhang zwischen dem Grad der Polynomfunktion und der Anzahl der Null-, Extrem- und Wendestellen wissen

Der Zusammenhang zwischen dem Grad der Polynomfunktion und der Anzahl der Null-, Extrem- und Wendestellen sollte für beliebige n bekannt sein, konkrete Aufgabenstellungen beschränken sich auf Polynomfunktionen mit $n \leq 4$.

| FA 5 | Exponentialfunktion $f(x) = a \cdot b^x$ bzw. $f(x) = a \cdot e^{\lambda x}$ mit $a, b \in \mathbb{R}^+$, $\lambda \in \mathbb{R}$ |

| FA-R 5.1 | Verbal, tabellarisch, graphisch oder durch eine Gleichung (Formel) gegebene exponentielle Zusammenhänge als Exponentialfunktion erkennen bzw. betrachten können; zwischen diesen Darstellungsformen wechseln können |

| FA-R 5.2 | Aus Tabellen, Graphen und Gleichungen von Exponentialfunktionen Werte(paare) ermitteln und im Kontext deuten können |

| FA-R 5.3 | Die Wirkung der Parameter a und b (bzw. e^λ) kennen und die Parameter in unterschiedlichen Kontexten deuten können |

Die Parameter a und b (bzw. e^λ) sollen sowohl für konkrete Werte als auch allgemein im jeweiligen Kontext interpretiert werden können. Entsprechendes gilt für die Wirkung der Parameter und deren Änderung.

| FA-R 5.4 | Charakteristische Eigenschaften ($f(x + 1) = b \cdot f(x)$; $[e^x]' = e^x$) kennen und im Kontext deuten können |

| FA-R 5.5 | Die Begriffe Halbwertszeit und Verdopplungszeit kennen, die entsprechenden Werte berechnen und im Kontext deuten können |

| FA-R 5.6 | Die Angemessenheit einer Beschreibung mittels Exponentialfunktion bewerten können |

| FA 6 | Sinusfunktion, Cosinusfunktion |

| FA-R 6.1 | Graphisch oder durch eine Gleichung (Formel) gegebene Zusammenhänge der Art $f(x) = a \cdot \sin(b \cdot x)$ als allgemeine Sinusfunktion erkennen bzw. betrachten können; zwischen diesen Darstellungsformen wechseln können |

Während zur Auflösung von rechtwinkeligen Dreiecken Sinus, Cosinus und Tangens verwendet werden, beschränkt sich die funktionale Betrachtung (weitgehend) auf die allgemeine Sinusfunktion. Wesentlich dabei sind die Interpretation der Parameter (im Graphen wie auch in entsprechenden Kontexten) sowie der Verlauf des Funktionsgraphen und die Periodizität.

| FA-R 6.2 | Aus Graphen und Gleichungen von allgemeinen Sinusfunktionen Werte(paare) ermitteln und im Kontext deuten können |

| FA-R 6.3 | Die Wirkung der Parameter a und b kennen und die Parameter im Kontext deuten können |

| FA-R 6.4 | Periodizität als charakteristische Eigenschaft kennen und im Kontext deuten können |

| FA-R 6.5 | Wissen, dass $\cos(x) = \sin\left(x + \frac{\pi}{2}\right)$ |

| FA-R 6.6 | Wissen, dass gilt: $[\sin(x)]' = \cos(x)$, $[\cos(x)]' = -\sin(x)$ |

AUFGABEN VOM TYP 1

FA-R 1.1   11.01   **Wertetabellen von Funktionen**
Gegeben sind fünf Zuordnungen durch ihre Wertetabellen.

AUFGABENSTELLUNG:
Kreuzen Sie die beiden Tabellen an, in denen die Zuordnung eine reelle Funktion ist!

Zahl	zugeordneter Wert
1	4
4	7
−1	2
0	3
☐	

Zahl	zugeordneter Wert
0	9,5
−1	1,3
0	−2,1
4	7,8
☐	

Zahl	zugeordneter Wert
2	−1
1	−3
6	3
1	−2
☐	

Zahl	zugeordneter Wert
−5	2
−3	2
−1	2
1	2
☐	

Zahl	zugeordneter Wert
4	−2
3	−1
4	0
−4	1
☐	

FA-R 1.1 **11.02** **Graphen reeller Funktionen**

Gegeben sind die folgenden fünf Darstellungen.

AUFGABENSTELLUNG:

Kreuzen Sie die beiden Abbildungen an, die den Graphen einer reellen Funktion f: x ↦ y darstellen!

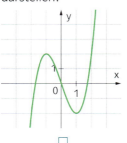   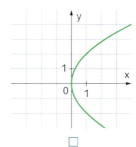   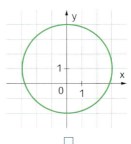

☐   ☐   ☐

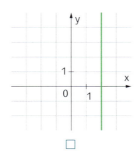   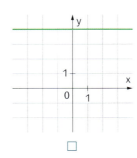

☐   ☐

FA-R 1.2 **11.03** **Induktivität einer Zylinderspule**

Für die Induktivität L einer Zylinderspule gilt: $L = \frac{\mu_0 \cdot \mu_r \cdot A \cdot N^2}{l}$.

Dabei ist μ_0 die magnetische Feldkonstante, μ_r die Permeabilitätszahl der Füllung der Spule, A die Querschnittsfläche der Spule, N die Windungszahl der Spule und l die Länge der Spule.

AUFGABENSTELLUNG:

Kreuzen Sie die beiden richtigen Aussagen an!

Die Funktion L ↦ l (μ_0, μ_r, A, N konstant) ist eine lineare Funktion.	☐
Die Funktion L ↦ N (μ_0, μ_r, A, l konstant) ist eine quadratische Funktion.	☐
Die Funktion l ↦ L (μ_0, μ_r, A, N konstant) ist eine indirekte Proportionalitätsfunktion.	☐
Die Funktion A ↦ l (μ_0, μ_r, L, N konstant) ist eine direkte Proportionalitätsfunktion.	☐
Die Funktion N ↦ l (μ_0, μ_r, A, L konstant) ist eine Exponentialfunktionunktion.	☐

FA-R 1.2 **11.04** **Body-Mass-Index**

Der Body-Mass-Index (BMI) ist definiert durch: $BMI = \frac{m}{l^2}$.
Dabei ist m die Körpermasse in Kilogramm und l die Körpergröße in m. Hält man l konstant, ergibt sich eine Funktion f: m ↦ BMI. Hält man m konstant, ergibt sich eine Funktion g: l ↦ BMI. Diese Funktionen sind nebenstehend dargestellt.

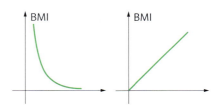

AUFGABENSTELLUNG:

Beschriften Sie die 1. Achsen und die beiden Graphen korrekt!

FA-R 1.3 **11.05** **Wertetabellen und Funktionen**

Gegeben sind Wertetabellen von vier Funktionen f_1, f_2, f_3, f_4 sowie sechs Graphen.

x	$f_1(x)$
−1	4
0	3
1	2
2	1

x	$f_2(x)$
−1	3
0	0
1	−1
2	0

x	$f_3(x)$
−1	2
0	3
1	2
2	1

x	$f_4(x)$
−1	2
0	3
1	2
2	−1

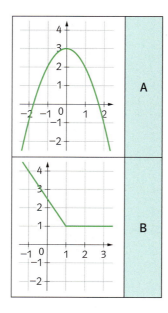

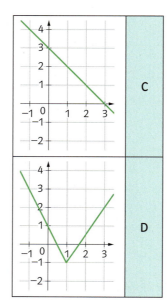

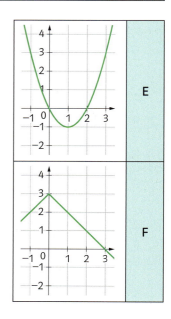

AUFGABENSTELLUNG:

Ordnen Sie jeder Wertetabelle den entsprechenden Graphen (aus A bis F) zu! Beschriften Sie dazu jeweils den Graphen und die Achsen!

FA-R 1.4 **11.06** **Seitenlänge und Flächeninhalt eines Quadrats**

Die Funktion A ordnet jeder Seitenlänge s eines Quadrats den zugehörigen Flächeninhalt $A(s)$ des Quadrats zu.

AUFGABENSTELLUNG:

Vervollständigen Sie die folgende Wertetabelle und zeichnen Sie die erhaltenen Wertepaare $(s \mid A(s))$ in das Koordinatensystem ein!

s	$A(s)$
1	
2	
3	
4	
5	

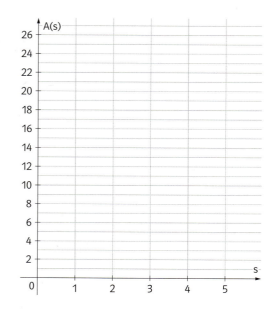

FA-R 1.5 **11.07** **Eigenschaften von Funktionen**

Gegeben sind die Graphen dreier Funktionen f, g und h.

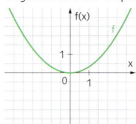 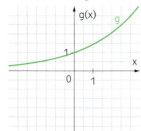 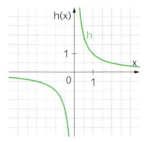

AUFGABENSTELLUNG:

Kreuzen Sie die beiden zutreffenden Aussagen an!

Die Funktion h ist im Intervall $[-3; 0) \cup (0; 3]$ streng monoton fallend.	☐
Die Funktion g besitzt im Intervall $[-3; 3]$ ein lokales Extremum.	☐
Die Funktion f besitzt im Intervall $[-3; 3]$ einen Wendepunkt.	☐
Der Graph von f ist im im Intervall $[-3; 3]$ symmetrisch bezüglich der 1. Achse.	☐
Der Graph von h ist im Intervall $[-3; 0) \cup (0; 3]$ symmetrisch bezüglich des Ursprungs.	☐

FA-R 1.5 **11.08** **Potenzfunktion 1**

Gegeben ist die Potenzfunktion $f: \mathbb{R} \to \mathbb{R} \mid x \mapsto c \cdot x^q$ (mit $c \in \mathbb{R}$, $q \in \mathbb{N}^*$).

AUFGABENSTELLUNG:

Geben Sie an, welche Bedingungen für c und q gelten müssen, damit f streng monoton steigend ist!

FA-R 1.5 **11.09** **Potenzfunktion 2**

Gegeben ist die Potenzfunktion $f: \mathbb{R}^* \to \mathbb{R} \mid x \mapsto c \cdot x^q$ (mit $c \in \mathbb{R}$, $q \in \mathbb{Z}^-$).

AUFGABENSTELLUNG:

Geben Sie an, welche Bedingungen für c und q gelten müssen, damit f sowohl in $\mathbb{R}^-$ als auch in $\mathbb{R}^+$ streng monoton fallend ist!

FA-R 1.6 **11.10** **Schnittpunkt zweier Graphen**

In der Abbildung sind die Graphen der Funktionen f mit $f(x) = k \cdot x^{-1}$ ($k > 0$) und g mit $g(x) = k \cdot x^{-2}$ ($k > 0$) dargestellt. Die beiden Graphen haben genau einen Schnittpunkt S.

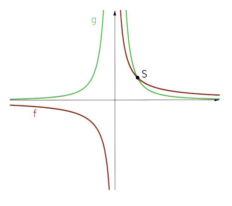

AUFGABENSTELLUNG:

Kreuzen Sie den Schnittpunkt mit den korrekten Koordinaten an!

$S = (k \mid k)$	☐
$S = (k \mid 1)$	☐
$S = (1 \mid 1)$	☐
$S = (1 \mid k)$	☐
$S = (1 \mid 2k)$	☐
$S = (1 \mid k^2)$	☐

FA-R 1.7 **11.11** **Abnahme des Luftdrucks mit der Höhe**

Setzt man in verschiedenen Höhen gleiche Temperatur voraus, so nimmt der Luftdruck p(h) mit zunehmender Höhe h exponentiell ab (h in m, p in hPa).

AUFGABENSTELLUNG:

Kreuzen Sie den Graphen an, der diesen Zusammenhang korrekt darstellt!

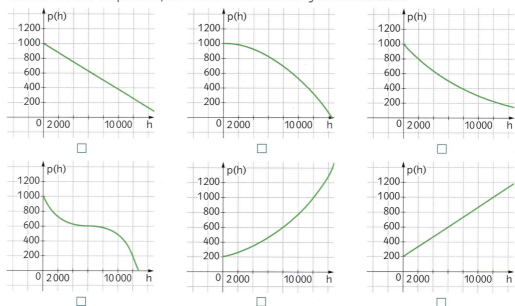

FA-R 1.8 **11.12** **Volumen eines Drehkegels**

Für das Volumen V eines Drehkegels mit dem Radius r und der Höhe h gilt: $V = \frac{r^2 \pi h}{3}$.

AUFGABENSTELLUNG:

Kreuzen Sie die beiden zutreffenden Aussagen an!

Wird r verdoppelt und bleibt h gleich, dann wird V vervierfacht.	☐
Wird r halbiert und h vervierfacht, dann wird V verdoppelt.	☐
Wird r vervierfacht und h halbiert, dann wird V verachtfacht.	☐
Wird r verdoppelt und h halbiert, dann bleibt V gleich.	☐
Wird r halbiert und h halbiert, dann wird V halbiert.	☐

FA-R 1.9 **11.13** **Eigenschaften von Funktionstypen**

Im Folgenden werden Eigenschaften verschiedenen Funktionstypen betrachtet.

AUFGABENSTELLUNG:

Kreuzen Sie die beiden Funktionstypen an, bei denen die Funktion f im größtmöglichen Definitionsbereich genau zwei der folgenden Eigenschaften aufweist:

- f nimmt nur positive Werte an.
- f ist streng monoton steigend.
- Der Graph von f ist symmetrisch bezüglich der 2. Achse.

f ist eine konstante Funktion vom Typ $f(x) = c$ (mit $c > 0$).	☐
f ist eine lineare Funktion vom Typ $f(x) = k \cdot x + d$ (mit $k > 0$ und $d > 0$).	☐
f ist eine Polynomfunktion vom Typ $f(x) = ax^2 + bx + c$ (mit $a > 0$, $b > 0$, $c > 0$).	☐
f ist eine Potenzfunktion vom Typ $f(x) = cx^{-2}$ (mit $c > 0$).	☐
f ist eine Exponentialfunktion vom Typ $f(x) = c \cdot a^x$ (mit $c > 0$ und $0 < a < 1$).	☐

FA-R 2.1 **11.14** **Auspumpen eines Schwimmbeckens**

Ein Schwimmbecken mit einem Volumen von 200 000 Liter wird ausgepumpt. Dabei fließen pro Minute 150 Liter ab.

AUFGABENSTELLUNG:

Geben Sie für diesen Vorgang eine Termdarstellung einer Funktion an, die das Wasservolumen V im Becken in Abhängigkeit von der Zeit t beschreibt, und skizzieren Sie den Graphen dieser Funktion!

FA-R 2.1 **11.15** **Wertetabellen von nichtlinearen Funktionen**

Von fünf Funktionen f_1, f_2, f_3, f_4 und f_5 ist jeweils ein Ausschnitt der Wertetabelle gegeben.

AUFGABENSTELLUNG:

Kreuzen Sie die beiden linearen Funktionen an!

x	$f_1(x)$
−2	3
−1	7
0	11
1	15
2	18

x	$f_2(x)$
−2	328
−1	319
0	310
1	301
2	292

x	$f_3(x)$
−2	9
−1	6,5
0	4
1	6,5
2	9

x	$f_4(x)$
−2	7
−1	7
0	7
1	7
2	7

x	$f_5(x)$
−2	1
−1	10
0	20
1	30
2	40

☐ ☐ ☐ ☐ ☐

FA-R 2.2 **11.16** **Celsius- und Fahrenheittemperatur**

Die Funktion $c \mapsto f(c)$ ordnet jeder Temperatur c in °C (Grad Celsius) die Temperatur f(c) in °F (Grad Fahrenheit) zu. Folgendes ist bekannt:

- 20°C entsprechen 68°F.
- Eine Temperaturzunahme um 1°C entspricht stets einer Temperaturzunahme um 1,8°F.

AUFGABENSTELLUNG:

Ermitteln Sie eine Funktionsgleichung von f!

FA-R 2.3 **11.17** **Lineare Funktion f mit f(x) = k · x + d, Veränderung von k**

Gegeben ist eine lineare Funktion f mit f(x) = k · x + 1.

AUFGABENSTELLUNG:

Zeichnen Sie in das nebenstehende Koordinatensystem drei Graphen von Funktionen ein, die eine Termdarstellung dieser Form besitzen, und beschreiben Sie, wie sich der Graph ändert, wenn k wächst!

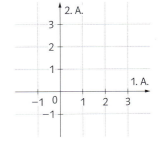

FA-R 2.3 **11.18** **Lineare Funktion f mit f(x) = k · x + d, Veränderung von d**

Gegeben ist eine lineare Funktion f mit f(x) = 2 · x + d.

AUFGABENSTELLUNG:

Zeichnen Sie in das nebenstehende Koordinatensystem drei Graphen von Funktionen ein, die eine Termdarstellung dieser Form besitzen, und beschreiben Sie, wie sich der Graph ändert, wenn d wächst!

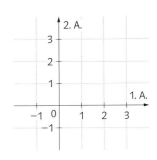

185

FA-R 2.4 **11.19** **Dachstein-Welterbe-Seilbahn**

Auf dem ersten Teilabschnitt legt die Dachstein-Welterbe-Seilbahn in Obertraun eine 1734 m lange Strecke mit konstanter Geschwindigkeit zurück. Die Funktion s stellt den Zusammenhang zwischen der Fahrtzeit t (in Sekunden) und der zurückgelegten Weglänge s(t) (in Meter) dar. Dabei ist s(20) = 144 und s(21) = 151,2.

AUFGABENSTELLUNG:

Berechnen Sie die Geschwindigkeit der Seilbahn (in m/s) auf diesem Teilabschnitt!

FA-R 2.5 **11.20** **Preis einer Ware**

Für 5 kg beträgt der Preis einer Ware 18 €, 15 kg erhält man um 54 € und für 27 kg zahlt man 95 €.

AUFGABENSTELLUNG:

Prüfen Sie, ob bei dieser Zuordnung ein linearer Zusammenhang zwischen Preis und Warenmenge vorliegt! Begründen Sie die Antwort!

FA-R 2.6 **11.21** **Seitenlänge und Umfang eines Quadrats**

Die Seitenlänge a und der Umfang u eines Quadrats stehen in direkt proportionalem Verhältnis zueinander.

AUFGABENSTELLUNG:

Geben Sie eine Termdarstellung für die Funktion u: a ↦ u(a) an!

FA-R 3.1 **11.22** **Achsenskalierung**

In der Abbildung ist die Funktion f mit $f(x) = 3x^2 + 2$ dargestellt.

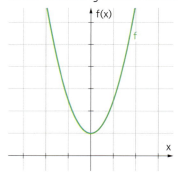

AUFGABENSTELLUNG:

Ergänzen Sie auf beiden Achsen die dazu passende Skalierung!

FA-R 3.1 **11.23** **Wertetabellen nichtquadratischer Funktionen**

Von fünf Funktionen f_1, f_2, f_3, f_4 und f_5 ist jeweils ein Ausschnitt der Wertetabelle gegeben.

AUFGABENSTELLUNG:

Kreuzen Sie die beiden Funktionen vom Typ $f(x) = a \cdot x^2 + b$ mit a, b ∈ ℝ* an!

x	$f_1(x)$		x	$f_2(x)$		x	$f_3(x)$		x	$f_4(x)$		x	$f_5(x)$
−2	5		−2	−25		−2	−4		−2	40		−2	−4
−1	2		−1	−4		−1	−3		−1	10		−1	−1
0	1		0	−1		0	−2		0	−10		0	0
1	2		1	2		1	−1		1	10		1	−1
2	5		2	23		2	0		2	40		2	−4

☐ ☐ ☐ ☐ ☐

FA-R 3.2 **11.24** **Ermitteln von Parametern**

Gegeben ist die Funktion f mit $f(x) = a \cdot x^4 + b$. Die Punkte $A = (0 \mid 4)$ und $B = (2 \mid 52)$ liegen auf dem Graphen von f.

AUFGABENSTELLUNG:
Ermitteln Sie die Parameter a und b!

FA-R 3.3 **11.25** **Quadratische Funktion**

Gegeben ist eine quadratische Funktion f vom Typ $f(x) = a \cdot x^2 + b$ mit $a, b \in \mathbb{R}$ und $a \neq 0$.

AUFGABENSTELLUNG:
Kreuzen Sie die beiden sicher zutreffenden Aussagen an!

Der Graph von f ist symmetrisch bezüglich des Ursprungs.	☐
Der Graph von f ist symmetrisch bezüglich der 2. Achse	☐
Auf dem Graphen von f liegt der Punkt (0 | 0).	☐
Der Graph von f besitzt höchstens zwei Nullstellen.	☐
Der Graph von f liegt zur Gänze oberhalb der 1. Achse.	☐

FA-R 3.3 **11.26** **Quadratische Funktionen**

Abgebildet sind zwei Funktionen f und g mit $f(x) = a \cdot x^2 + b$ und $g(x) = c \cdot x^2 + d$ mit $a, b, c, d \in \mathbb{R}$.

AUFGABENSTELLUNG:
Kreuzen Sie die beiden zutreffenden Aussagen an!

$a > 0 \wedge b > 0$	☐
$c < 0 \wedge d < 0$	☐
$a < 0 \wedge b > 0$	☐
$c > 0 \wedge d > 0$	☐
$a > c \wedge d > b$	☐

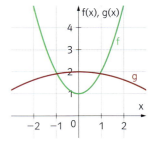

FA-R 3.4 **11.27** **Saalmiete**

An einem Seminar nehmen x Personen teil. Die Saalmiete von 2 000 € wird auf alle Teilnehmer gleichmäßig aufgeteilt.

AUFGABENSTELLUNG:
Entscheiden Sie, ob die Kosten K(x) pro Teilnehmer zur Teilnehmeranzahl x direkt oder indirekt proportional sind, und geben Sie einen Term für K(x) an!

FA-R 4.1 **11.28** **Grad einer Polynomfunktion**

In den Abbildungen sind vier Graphen von Polynomfunktionen ausschnittsweise dargestellt.

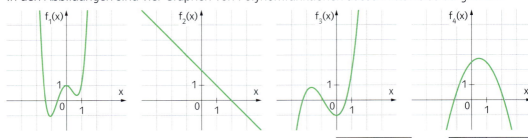

AUFGABENSTELLUNG:
Ordnen Sie jeder Polynomfunktion f_1, f_2, f_3, f_4 den kleinstmöglichen Grad (aus A bis F) zu!

f_1	
f_2	
f_3	
f_4	

A	Grad 1
B	Grad 2
C	Grad 3
D	Grad 4
E	Grad 5
F	Grad 6

FA-R 4.1 **11.29** **Kleinstmöglicher Grad einer Polynomfunktion**

In jeder Abbildung sind einige Punkte des Graphen einer Polynomfunktion eingezeichnet.

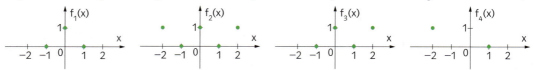

AUFGABENSTELLUNG:

Ordnen Sie jeder Polynomfunktion f_1, f_2, f_3, f_4 den kleinstmöglichen Grad (aus A bis F) zu!

f_1	
f_2	
f_3	
f_4	

A	Grad 1
B	Grad 2
C	Grad 3
D	Grad 4
E	Grad 5
F	Grad 6

FA-R 4.2 **11.30** **Flughöhe eines Flugzeugs**

Der folgende Graph stellt die Flughöhe h(t) (in Meter) eines Flugzeugs während zehn turbulenter Minuten dar.

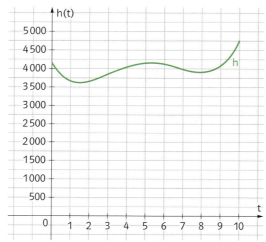

t	h(t)
0	
2	
5	
7	
10	

AUFGABENSTELLUNG:

Tragen Sie in die Tabelle zu den angegebenen Zeitpunkten t (in Minuten) die ungefähre Flughöhe ein!

FA-R 4.3 **11.31** **Stellen einer quadratischen Funktion**

Gegeben ist der Graph einer quadratischen Funktion der Form $f(x) = a \cdot x^2 + b \cdot x + c$ (mit $a \neq 0$).

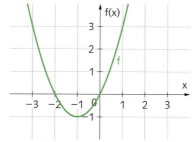

AUFGABENSTELLUNG:

Ermitteln Sie durch Rechnung die Stellen x, für die $f(x) = 1{,}5$ ist! Runden Sie die Ergebnisse auf zwei Nachkommastellen!

FA-R 4.4 | **11.32** | **Polynomfunktion mit vorgegebenen Eigenschaften**

Wir betrachten Polynomfunktionen vom Grad $n = 3$ oder $n = 4$.

AUFGABENSTELLUNG:

Geben Sie an, ob eine solche Funktion mehr Wendestellen als Nullstellen und mehr lokale Extremstellen als Wendestellen haben kann! Falls dies möglich ist, skizzieren Sie den Graphen einer solchen Funktion!

FA-R 5.1 | **11.33** | **Seerosen**

Seerosen nehmen auf einem See zum Zeitpunkt $t = 0$ einen Flächeninhalt von $150\,m^2$ ein. Täglich nimmt der Inhalt der Fläche um ca. 5 % des Wertes zu Tagesanfang zu.

AUFGABENSTELLUNG:

Geben Sie eine Termdarstellung der Funktion A an, die jedem Zeitpunkt t (in Tagen) den Flächeninhalt A(t) (in m^2) zuordnet!

FA-R 5.2 | **11.34** | **Exponentialfunktionen**

In der Abbildung sind die Graphen von fünf Funktionen dargestellt. Zwei dieser Funktionen sind Exponentialfunktionen.

AUFGABENSTELLUNG:

Kreuzen Sie in der Tabelle die beiden Funktionen an, die Exponentialfunktionen sind!

f_1	☐
f_2	☐
f_3	☐
f_4	☐
f_5	☐

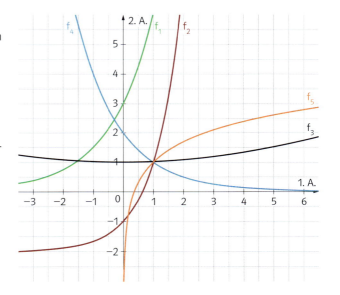

FA-R 5.3 | **11.35** | **Darstellungen von Exponentialfunktionen**

Gegeben ist eine Exponentialfunktion f mit $f(x) = c \cdot a^x$ mit $c > 0$. Diese kann auch in der Form $f(x) = c \cdot e^{\pm \lambda \cdot x}$ mit $\lambda > 0$ dargestellt werden.

AUFGABENSTELLUNG:

Ordnen Sie jeder Darstellung in der linken Tabelle die dazugehörige Darstellung (aus A bis F) zu!

$f(x) = c \cdot a^x$ mit $a > 1$	
$f(x) = c \cdot a^x$ mit $0 < a < 1$	
$f(x) = c \cdot a^x$ mit $a = 1$	
$f(x) = c \cdot a^x$ mit $a = \dfrac{1}{e^2}$	

A	$f(x) = c \cdot e^{-\lambda \cdot x}$
B	$f(x) = c \cdot e^{\lambda \cdot x}$
C	$f(x) = -c \cdot e^{-\lambda \cdot x}$
D	$f(x) = c \cdot e^{2x}$
E	$f(x) = c \cdot e^{-2x}$
F	$f(x) = c$

FA-R 5.4 | **11.36** | **Parameter einer Exponentialfunktion**

Von einer Exponentialfunktion f der Form $f(x) = c \cdot a^x$ ist bekannt, dass $f(0) = 5$ gilt und der Funktionswert f(x) immer um 20 % zunimmt, wenn das Argument um 1 erhöht wird.

AUFGABENSTELLUNG:

Ermitteln Sie c und a!

FA-R 5.5 **11.37** **Reaktorunfall in Tschernobyl**

Nach dem Reaktorunfall in Tschernobyl im April 1986 wurde in Mitteleuropa eine erhöhte Strahlung gemessen, zu der das radioaktive Element Cäsium 137 allein 19 000 Becquerel (Bq) betrug (1 Bq entspricht einem Zerfallsvorgang pro Sekunde). Die Halbwertszeit für Cäsium 137 beträgt ca. 30 Jahre. Das bedeutet, dass im Jahr 2016 immer noch 9 500 Bq gemessen wurden.

AUFGABENSTELLUNG:

Berechnen Sie, wie viel Becquerel man im Jahr 2076 noch messen wird!

FA-R 5.6 **11.38** **Taschengeld**

Laura plant, ihr monatliches Taschengeld in den nächsten vier Wochen so auszugeben, dass sie in der ersten Woche die Hälfte des Taschengeldes ausgibt, in der zweiten Woche die Hälfte des verbleibenden Betrags, in der dritten Woche wieder die Hälfte des verbleibenden Betrags usw.

AUFGABENSTELLUNG:

Ermitteln Sie, ob Laura nach vier Wochen noch Geld verbleibt! Geben Sie an, welches Funktionsmodell Lauras Plan zugrunde liegt!

FA-R 6.1 **11.39** **Winkelfunktionen**

Gegeben sind Aussagen über Winkelfunktionen.

AUFGABENSTELLUNG:

Kreuzen Sie die beiden zutreffenden Aussagen an!

Die Funktion f mit $f(x) = \sin(x)$ besitzt die Nullstelle $\frac{\pi}{2}$.	☐
Die Funktion f mit $f(x) = \cos(x)$ besitzt die lokale Minimumstelle $\frac{\pi}{2}$.	☐
Die Funktion f mit $f(x) = \sin(x)$ besitzt die lokale Maximumstelle $\frac{\pi}{2}$.	☐
Die Funktion f mit $f(x) = \cos(x)$ ist für $0 < x < \pi$ streng monoton fallend.	☐
Die Funktion f mit $f(x) = \sin(x)$ ist für $0 < x < \pi$ streng monoton steigend.	☐

FA-R 6.1 **11.40** **Allgemeine Sinusfunktion 1**

Gegeben ist der Graph einer Funktion s mit $s(t) = a \cdot \sin(b \cdot t)$.

AUFGABENSTELLUNG:

Ermitteln Sie a und b und geben Sie eine Termdarstellung der Funktion s an!

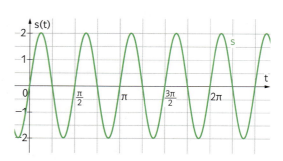

FA-R 6.2 **11.41** **Allgemeine Sinusfunktion 2**

Gegeben ist die Funktion $f: t \mapsto 3 \cdot \sin(b \cdot t)$.

AUFGABENSTELLUNG:

Geben Sie an, wie der Parameter b mit $0 \leqslant b \leqslant 2$ gewählt werden muss, damit der Punkt $P = (\pi \mid 3)$ auf dem Graphen von f liegt!

FA-R 6.3 **11.42** ### Schwingungen 1

Die Graphen dreier Schwingungen lassen sich durch die nebenstehend abgebildeten Funktionen f, g und h beschreiben.

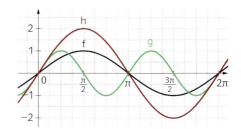

AUFGABENSTELLUNG:

Kreuzen Sie die beiden zutreffenden Aussagen an!

Die Amplitude von g ist doppelt so groß wie die von f.	☐
Die Amplitude von h ist gleich der Amplitude von f.	☐
Die Schwingungsdauer von h ist doppelt so groß wie die von f.	☐
Die Schwingungsdauer von g beträgt π.	☐
Die Frequenz von h beträgt $\frac{1}{2\pi}$.	☐

FA-R 6.3 **11.43** ### Schwingungen 2

Fünf Schwingungsvorgänge S_1, S_2, S_3, S_4, S_5 lassen sich durch die Elongationen $s_1(t) = \sin(t)$, $s_2(t) = -\sin(t)$, $s_3(t) = \sin(2t)$, $s_4(t) = 2 \cdot \sin(2t)$ und $s_5(t) = 2 \cdot \sin(2t + \pi)$ beschreiben.

AUFGABENSTELLUNG:

Kreuzen Sie die beiden zutreffenden Aussagen an!

S_1 und S_2 haben die gleiche Amplitude.	☐
S_2 hat eine kleinere Amplitude als S_3.	☐
S_2 und S_3 verrichten im Zeitintervall $[0; 2\pi]$ gleich viele volle Schwingungen.	☐
S_3 und S_4 verrichten im Zeitintervall $[0; 2\pi]$ gleich viele volle Schwingungen.	☐
S_5 verrichtet im Zeitintervall $[0; 2\pi]$ mehr volle Schwingungen als S_4.	☐

FA-R 6.4 **11.44** ### Periodische Funktionen

Gegeben sind die Funktionen f_1, f_2, f_3, f_4, f_5 mit $f_1(x) = \sin(2 \cdot x)$, $f_2(x) = \sin\left(\frac{x}{2}\right)$, $f_3(x) = 2 \cdot \sin(x)$, $f_4(x) = \cos(4 \cdot x)$ und $f_5(x) = 4 \cdot \cos(x)$.

AUFGABENSTELLUNG:

Kreuzen Sie die beiden zutreffenden Aussagen an!

Die kleinste Periode der Funktion f_1 beträgt 8π.	☐
Die kleinste Periode der Funktion f_2 beträgt 4π.	☐
Die kleinste Periode der Funktion f_3 beträgt 2π.	☐
Die kleinste Periode der Funktion f_4 beträgt π.	☐
Die kleinste Periode der Funktion f_5 beträgt $\frac{\pi}{2}$.	☐

FA-R 6.5 **11.45** ### Cosinusfunktion als Sinusfunktion

Gegeben ist die Funktion f mit $f(x) = 3 \cdot \cos(x)$.

AUFGABENSTELLUNG:

Geben Sie eine Termdarstellung von f an, indem Sie ausschließlich die Sinusfunktion verwenden!

AUFGABEN VOM TYP 2

AG-R 1.1
FA-R 1.3
FA-R 1.4
FA-R 1.7

11.46 **Energieverbrauch in der Steiermark**

In der Grafik ist der Energieverbrauch in der Steiermark in den Jahren 2002–2014 in Petajoule angegeben (1 Petajoule = 1 PJ = 10^{15} Joule).

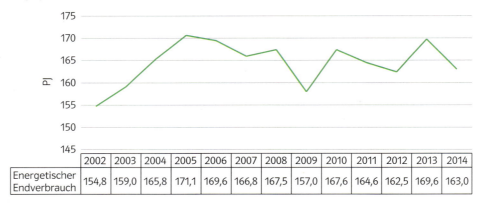

	2002	2003	2004	2005	2006	2007	2008	2009	2010	2011	2012	2013	2014
Energetischer Endverbrauch	154,8	159,0	165,8	171,1	169,6	166,8	167,5	157,0	167,6	164,6	162,5	169,6	163,0

AUFGABENSTELLUNG:

a) 1) Ermitteln Sie den Zuwachs des Verbrauchs von 2002 bis 2014!

   2) Geben Sie diesen Zuwachs in Prozent an!

b) 1) Geben Sie an, in welchem Jahr von 2002 bis 2014 der Energieverbrauch am größten bzw. am kleinsten war!

   2) Geben Sie an, in welchen aufeinanderfolgenden Jahren der Zuwachs bzw. die Abnahme betragsmäßig am größten war!

FA-R 1.7
FA-R 2.1
FA-R 2.3
FA-R 2.4
FA-R 5.1
FA-R 5.3

11.47 **Wachstum der Erdbevölkerung**

Die Tabelle gibt die Bevölkerungszahl der Erde von 1960 bis 2010 in Milliarden an.

Jahr	1960	1970	1980	1990	2000	2010
Bevölkerungszahl in Mrd.	3,018	3,682	4,440	5,310	6,127	6,930

AUFGABENSTELLUNG:

a) Wir messen die Zeit t in ganzen Jahren so, dass das Jahr 1960 dem Zeitpunkt t = 0 und das Jahr 2010 dem Zeitpunkt t = 50 entspricht. N(t) gibt die Bevölkerungszahl der Erde zum Zeitpunkt t an.

   1) Ermitteln Sie eine Näherungsformel für N(t) unter der Annahme eines linearen Wachstums (ausgehend von den Daten in den Jahren 1960 und 2010)! Berechnen Sie mit dieser Formel die Bevölkerungszahl für die angegebenen Jahre!

   2) Ermitteln Sie eine Näherungsformel für N(t) unter der Annahme eines exponentiellen Wachstums (ausgehend von den Daten in den Jahren 1960 und 2010)! Berechnen Sie auch mit dieser Formel die Bevölkerungszahl für die angegebenen Jahre!

b) 1) Erläutern Sie allgemein den Unterschied zwischen linearem und exponentiellem Wachsen! Geben Sie für beide Wachstumsarten entsprechende Wachstumsgesetze an und interpretieren Sie die jeweils enthaltenen Parameter im Sachzusammenhang!

   2) In einer Studie liest man den Satz: „Die Erdbevölkerung nimmt zwar zu, aber die jährliche Wachstumsrate (jährliche relative Zunahme) sinkt." Begründen Sie, dass dieser Satz mit einem exponentiellen Wachstumsmodell nicht vereinbar ist!

AG-R 2.1
AG-R 2.4
FA-R 2.1

11.48 **Kosten, Erlös und Gewinn**

Bei der Herstellung eines bestimmten Produkts muss eine Firma mit Fixkosten von 12 000 € rechnen. Die Fertigung eines Stücks des Produkts kostet die Firma 400 €, verkauft werden soll ein Stück des Produkts dann um 600 €.

AUFGABENSTELLUNG:

a) 1) Geben Sie eine Formel für die gesamten Kosten K(n) bei der Herstellung von n Stück des Produkts an!

2) Geben Sie eine Formel für den Erlös E(n) beim Verkauf von n Stück des Produkts an!

b) 1) Ermitteln Sie, wie viel Stück mindestens produziert und auch verkauft werden müssen, damit die Firma einen positiven Gewinn erzielt!

2) Stellen Sie die Kostenfunktion K, die Erlösfunktion E und die Gewinnfunktion G in einem Koordinatensystem dar!

FA-R 2.1
FA-R 2.2
FA-R 2.3
FA-R 2.4
FA-R 2.6

11.49 **Gleichschenkelige Dreiecke**

Gegeben sind gleichschenkelige Dreiecke mit der festen Basislänge c und verschiedenen Schenkellängen a. Der abgebildete Funktionsgraph stellt den Zusammenhang zwischen der Schenkellänge a und dem Umfang u(a) eines solchen Dreiecks dar.

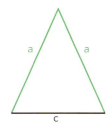 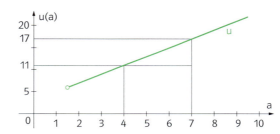

AUFGABENSTELLUNG:

a) 1) Stellen Sie eine Formel für den Umfang u(a) eines solchen Dreiecks auf!

2) Kreuzen Sie die beiden Aussagen an, die auf die Funktion u: a ↦ u(a) zutreffen!

Die Funktion u ist eine lineare Funktion.	☐
Die Funktion u ist eine direkte Proportionalitätsfunktion.	☐
Die Steigung k der Funktion u beträgt 2.	☐
Vergrößert man a um 1, dann nimmt u(a) um 1 zu.	☐
Verdoppelt man a, dann verdoppelt sich u(a).	☐

b) 1) Berechnen Sie anhand des abgebildeten Graphen der Funktion u die Länge der Basis c!

2) Begründen Sie, dass a > 1,5 sein muss!

FA-R 1.1
FA-R 1.3
FA-R 1.4
FA-R 1.7

11.50 **Parkgebühr im Parkhaus**

In einem Parkhaus sind die Parkgebühren wie nebenstehend angegeben.

- weniger als 1 Stunde: gratis
- ab Beginn jeder weiteren halben Stunde: 2 €
- ab Beginn der 4. Stunde: 12 €
- Höchstparkdauer: 6 Stunden

AUFGABENSTELLUNG:

a) 1) Erstellen Sie eine Tabelle, welche die gesamte Parkgebühr zu Beginn jeder vollen Stunde angibt!

2) Zeichnen Sie einen dazugehörigen Graphen!

b) 1) Geben Sie an, zu Beginn welcher Stunde der größte Gebührensprung erfolgt!

2) Geben Sie jene Zeitpunkte an, zu denen man eher nicht ausfahren sollte!

FA-R 1.1
FA-R 1.4
FA-R 1.5

11.51 **Bewegung eines Punktes**

Das abgebildete Quadrat hat eine Seitenlänge von 5 cm. Der Punkt P bewegt sich auf dem Rand des Quadrats mit der Geschwindigkeit 5 cm/s im Uhrzeigersinn einmal bis zu seiner Ausgangslage.

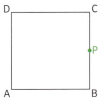

AUFGABENSTELLUNG:

a) 1) Geben Sie den Graphen an, der dieser Bewegung entspricht!

2) Der Punkt P soll die angegebene Bewegung unendlich oft ausführen. Die Funktion, die dabei die kürzeste Entfernung des Punktes P von einer Ecke beschreibt, ist periodisch. Geben Sie die kleinste Periode dieser Funktion an!

b) 1) Nennen Sie den Graphen, der die Bewegung von P im Gegenuhrzeigersinn beschreibt!

2) Der Punkt P bewegt sich im Uhrzeigersinn um das Quadrat, startet aber nicht in einer Seitenmitte, sondern im Eckpunkt A! Nennen Sie den dazugehörigen Graphen!

FA-R 1.7
FA-R 2.1
FA-R 2.2
FA-R 2.5
FA-R 5.6

11.52 **Sonnenenergie**

Die linke Abbildung zeigt die Entwicklung des gesamten Flächeninhalts der Sonnenkollektoren in Barcelona (einer auf Sonnenenergie setzenden Stadt) während der Jahre 2001 bis 2005. Die rechte Abbildung zeigt die Entwicklung der Arbeitsplätze in der deutschen Solarbranche.

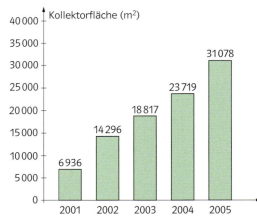

AUFGABENSTELLUNG:

a) 1) Die linke Abbildung erweckt den Eindruck eines linearen Wachstums. Erstellen Sie (ausgehend von den Daten aus 2001 und 2005) ein entsprechendes Modell!

2) Ermitteln Sie den mittleren jährlichen Zuwachs nach diesem Modell!

b) 1) Die rechte Abbildung erweckt den Eindruck eines exponentiellen Wachstums. Erstellen Sie (ausgehend von den Daten aus 2000 und 2009) ein entsprechendes Modell!

2) Experten haben geschätzt, dass erstmals im Jahr 2020 mehr als 150 000 Beschäftigte in der deutschen Solarbranche tätig sein würden. Zeigen Sie, dass diese Prognose eine exponentielle Entwicklung widerlegt!

11.53 Hängebrücke

Eine Hängebrücke führt über eine Schlucht. Der stählerne Brückenbogen trägt zwei über einander liegende, an Stahlseilen hängende Fahrbahnen, eine für Züge und eine für Autos. Der Brückenbogen kann durch eine Polynomfunktion vom Grad 2 beschrieben werden, wobei gilt:

- Der Abstand der beiden Aufhängepunkte A und B beträgt 50 m.
- Der höchste Punkt des Brückenbogens liegt 30 m über der horizontalen Verbindungsstrecke der Punkte A und B.
- Das längste Halteseil, das die Zugfahrbahn trägt, hat eine Länge von 19,2 m.
- Die Länge der Autofahrbahn innerhalb des Brückenbogens (von E bis F) beträgt 30 m.

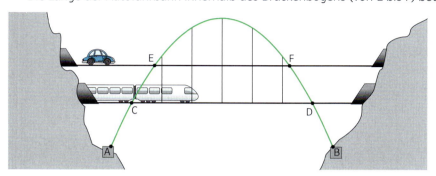

AUFGABENSTELLUNG:

a) 1) Wählen Sie ein geeignetes Koordinatensystem und geben Sie eine Termdarstellung der Funktion f an, die den Brückenbogen beschreibt!

2) Geben Sie die Koordinaten des höchsten Punktes des Brückenbogens in diesem Koordinatensystem an!

b) 1) Berechnen Sie die Länge der Zugfahrbahn innerhalb des Brückenbogens (von C bis D)!

2) Ermitteln Sie den vertikalen Abstand der Autofahrbahn von der Zugfahrbahn!

11.54 Polynomfunktionen vom Grad 2

Wir betrachten Polynomfunktionen vom Grad 2.

AUFGABENSTELLUNG:

a) 1) Geben Sie an, wie man die Graphen solcher Funktionen nennt!

2) Geben Sie an, wie viele Nullstellen eine solche Funktion höchstens haben kann!

b) 1) Ermitteln Sie, für welche Werte $a \in \mathbb{R}$ die Funktion f mit $f(x) = x^2 - 3ax + 18$ genau zwei Nullstellen, genau eine Nullstelle bzw. keine Nullstelle besitzt!

2) Geben Sie jeweils eine Bedingung so an, dass die Funktion g mit $g(x) = x^2 + ax + b$ genau zwei Nullstellen, genau eine Nullstelle bzw. keine Nullstelle besitzt!

11.55 Exponentialfunktionen

Gegeben ist eine Exponentialfunktion f der Form $f(x) = a^x$ (mit $a > 0$).

AUFGABENSTELLUNG:

a) 1) Zeigen Sie durch Rechnung, dass für alle $x \in \mathbb{R}$ gilt: $f(x + 1) = a \cdot f(x)$.

2) Prüfen Sie, welche der folgenden Beziehungen für alle $x, y \in \mathbb{R}$ gelten! Beweisen Sie die geltenden Beziehungen und widerlegen Sie die übrigen durch Gegenbeispiele!

(1) $f(x + y) = f(x) + f(y)$ (3) $f(x + y) = f(x) \cdot f(y)$

(2) $f(x \cdot y) = f(x) \cdot f(y)$ (4) $f(x \cdot y) = f(x) + f(y)$

b) 1) Geben Sie an, welcher Zusammenhang zwischen dem Graphen von g: $x \mapsto \left(\frac{1}{a}\right)^x$ und dem Graphen von f besteht! Begründen Sie Ihre Aussage durch Rechnung!

2) Berechnen Sie den Schnittpunkt der Graphen von g und f!

AG-R 3.1
AG-R 3.2
FA-R 1.1
FA-R 1.4
FA-R 1.5
FA-R 1.6

11.56   Spiegelung von Punkten und Graphen

In der Abbildung ist der Graph einer Polynomfunktion f: $\mathbb{R} \to \mathbb{R}$ vom Grad 2 dargestellt.

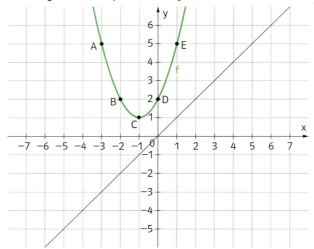

AUFGABENSTELLUNG:

a) **1)** Spiegeln Sie den Graphen von f an der 1. Mediane (Gerade mit der Gleichung y = x) und zeichnen Sie sein Spiegelbild in die Abbildung ein! Begründen Sie, dass das Spiegelbild nicht Graph einer Funktion ist!

   2) Beschreiben Sie, wie man die Koordinaten des Spiegelbilds eines Punktes (x | y) erhält, und ermitteln Sie die Koordinaten der Spiegelbilder A', B', C', D'. E' der Punkte A, B, C, D, E!

b) **1)** Schränken Sie den Definitionsbereich der Funktion f so ein, dass das Spiegelbild des eingeschränkten Graphen ebenfalls Graph einer Funktion ist! Heben Sie den eingeschränkten Graphen von f und sein Spiegelbild in der Abbildung färbig hervor!

   2) Der Graph einer Funktion g hat mit der 1. Mediane mindestens einen Punkt gemeinsam. Durch Spiegeln an der 1. Mediane geht der Graph von g in den Graphen einer Funktion $\overline{g}$ über. Kreuzen Sie die beiden zutreffenden Aussagen an!

Ist g streng monoton steigend, dann ist $\overline{g}$ streng monoton fallend.	☐
Die Graphen von g und $\overline{g}$ schneiden die 1. Mediane in den gleichen Punkten.	☐
Ist g(x) > 0 für alle x ∈ $\mathbb{R}$, dann ist $\overline{g}(x) < 0$ für alle x ∈ $\mathbb{R}$.	☐
g kann eine konstante Funktion sein.	☐
Es kann g = $\overline{g}$ sein.	☐

FA-R 6.1
FA-R 6.3
FA-R 6.4

11.57   Schwingung

Die nebenstehend dargestellte Funktion s mit s(t) = 2 · cos(3 · t) beschreibt die Elongation einer Schwingung in Abhängigkeit von der Zeit t (t in s, s(t) in cm).

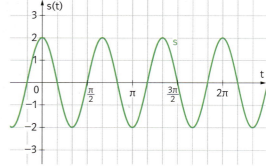

AUFGABENSTELLUNG:

a) **1)** Beschreiben Sie, wie der Graph der Funktion s aus dem Graphen der Cosinusfunktion hervorgeht!

   2) Beschreiben Sie, wie sich dabei die Amplitude bzw. die Frequenz der Schwingung ändert!

b) **1)** Geben Sie die Anzahl der vollen Schwingungen im Zeitintervall [0; 2π] an!

   2) Geben Sie die kleinste Periode der Funktion s an!

AG-R 2.1
AG-R 2.4
FA-R 1.4
FA-R 1.5
FA-R 1.7

11.58 **Schallgeschwindigkeit**

Die Schallgeschwindigkeit hängt in guter Näherung nur von den Eigenschaften des Mediums, nicht aber von der Frequenz des Schalls ab. So unterscheidet man die Schallgeschwindigkeit in festen Stoffen von der in Flüssigkeiten oder Gasen. Für die Schallgeschwindigkeit in Luft bei 0°C erhält man den Wert $c_0 \approx 331{,}5\,\text{m/s}$. Damit lässt sich auch die Schallgeschwindigkeit in Luft bei anderen Temperaturen berechnen. Ist T die Lufttemperatur in °C und c(T) die Schallgeschwindigkeit in Luft bei der Temperatur T, so gilt:

$$c(T) = 331{,}5 \cdot \sqrt{1 + \frac{T}{273{,}15}} \quad \text{(in m/s)}$$

Ebenso ist eine lineare Näherungsformel gebräuchlich:

$$\overline{c}(T) = 331{,}5 + 0{,}6 \cdot T \quad \text{(in m/s)}$$

Die Graphen der Funktionen c und $\overline{c}$ sind im folgenden Diagramm dargestellt:

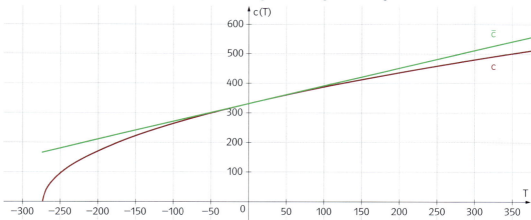

AUFGABENSTELLUNG:

a) 1) Geben Sie anhand der Termdarstellung den Definitionsbereich der Funktion c an! Erläutern Sie, welcher physikalischen Konstanten der linke Rand des Definitionsbereichs entspricht!

2) Beschreiben Sie, wie sich der Unterschied zwischen $\overline{c}(T)$ und c(T) mit steigender Temperatur ändert! Berechnen Sie diesen Unterschied für T = 75°C!

b) 1) Prüfen Sie, ob im Temperaturintervall [−100°C, 100°C] der Wert $\overline{c}$ als Näherung für c verwendet werden kann, wenn der Fehler höchstens 10 m/s betragen darf!

2) Kreuzen Sie die beiden Aussagen an, die sowohl für die Funktion c als auch für die Funktion $\overline{c}$ gelten:

Alle Funktionswerte im gesamten Definitionsbereich sind positiv.	☐
Der Funktionswert an der Stelle 0 beträgt 331,5.	☐
Der Graph ist im gesamten Definitionsbereich rechtsgekrümmt.	☐
Der Graph ist im gesamten Definitionsbereich streng monoton steigend.	☐
Gleiche Zunahme der Argumente bewirkt gleiche Zunahme der Funktionswerte.	☐

AG-R 2.1
AG-R 2.2
FA-R 1.4
FA-R 1.5
FA-R 1.7

11.59

Niederschlagsmenge

In einer Wetterstation wird die Niederschlagsmenge gemessen, wobei das Regenwasser in einem oben offenen zylindrischen Messgefäß aufgefangen wird, dessen Grundfläche $1m^2$ misst. Die Niederschlagsmenge in einem bestimmten Zeitintervall wird auf zwei verschiedene Arten angegeben:

- als Höhe des Wasserspiegels im Messgefäß (in Millimeter) am Ende des Zeitintervalls,
- als Volumen des aufgefangenen Wassers im Messgefäß (in Liter) am Ende des Zeitintervalls.

Die Höhe des Wasserspiegels wird automatisch aufgezeichnet. An einem Tag hat sich im Zeitraum von 0 Uhr bis 24 Uhr folgende Aufzeichnung ergeben:

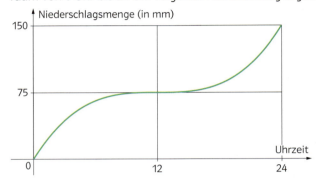

a) 1) Beschreiben Sie den Verlauf der Regenintensität in Worten! Geben Sie an, wann der Regen am stärksten und wann am schwächsten war!

2) Begründen Sie, dass eine aufgefangene Niederschlagsmenge von 1 l Wasser einer Erhöhung des Wasserspiegels im Messgefäß um 1 mm entspricht!

b) 1) Geben Sie die Niederschlagsmenge in Millimeter zu Mittag und am Ende des Tages an!

2) Ermitteln Sie, wie viel Liter Wasser von 0 bis 12 Uhr, von 12 Uhr bis 24 Uhr bzw. am gesamten Tag pro Quadratmeter gefallen sind!

c) 1) Zeigen Sie, dass der Verlauf der Niederschlagsmenge (in Millimeter) annähernd durch folgende Funktion f beschrieben werden kann:

$$f(x) = \frac{25}{576} \cdot (x^3 - 36x^2 + 432x)$$

Berechnen Sie damit, wie viel Liter zwischen 10 Uhr und 18 Uhr pro Quadratmeter gefallen sind!

2) Am darauffolgenden Tag war der Wetterverlauf folgendermaßen: Um 0 Uhr begann es zu regnen. Bis 10 Uhr regnete es immer stärker, dann wurde der Regen schwächer und um 12 Uhr hörte er überhaupt auf. Zeichnen Sie in das folgende Koordinatensystem einen möglichen Verlauf der Niederschlagsmenge von 0 Uhr bis 24 Uhr ein!

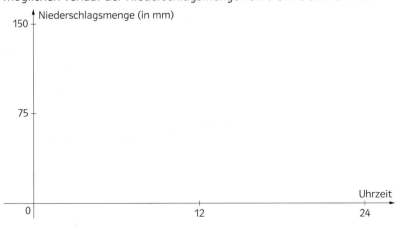

11.60 **Wasserstände**

In zwei Häfen werden die Wasserstände über den Zeitraum von einem Tag gemessen. Die erste Abbildung informiert näherungsweise über den Verlauf der Wasserstände. Die zweite Abbildung klärt wichtige Begriffe zum Thema Gezeiten (Tiden).

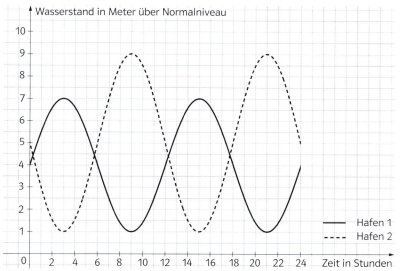

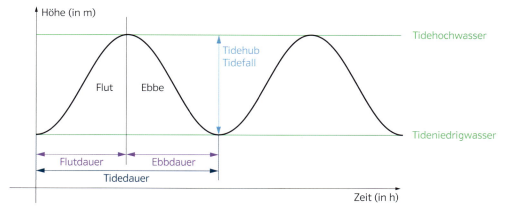

AUFGABENSTELLUNG:

a) 1) Lesen Sie aus der grafischen Darstellung über die Wasserstände von Hafen 1 und Hafen 2 die Flutdauer, die Ebbdauer, die Tidedauer sowie den Tidehub bzw. Tidefall ab!

2) Geben Sie den höchsten Wasserstand im Hafen 1 bzw. Hafen 2 an!

b) 1) Die Funktion h_1 beschreibt den Wasserstand im Hafen 1, die Funktion h_2 den Wasserstand im Hafen 2 in Abhängigkeit von der Zeit t. Vervollständigen Sie die Termdarstellungen der beiden Funktionen!

$$h_1(t) \approx \underline{\hspace{2cm}} \cdot \sin(0{,}52 \cdot t) + 4 \qquad h_2(t) \approx \underline{\hspace{2cm}} \cdot \sin(0{,}52 \cdot t) + 5$$

Deuten Sie bei der Funktion h_1 die additive Konstante 4 und bei h_2 die additive Konstante 5!

2) Beide Termdarstellungen sind von der Form $h(t) = a \cdot \sin(b \cdot t) + c$.
Begründen Sie im Sachzusammenhang, dass h_1 und h_2 den gleichen Wert b aufweisen!

REIFEPRÜFUNG: ANALYSIS

GRUNDKOMPETENZEN

AN 1 — Änderungsmaße

AN-R 1.1 Absolute und relative (prozentuelle) Änderungsmaße unterscheiden und angemessen verwenden können

Der Fokus liegt auf dem Darstellen von Änderungen durch Differenzen von Funktionswerten, durch prozentuelle Veränderungen, durch Differenzenquotienten und durch Differentialquotienten, ganz besonders aber auch auf der Interpretation dieser Veränderungsmaße im jeweiligen Kontext.

AN-R 1.2 Der Zusammenhang *Differenzenquotient (mittlere Änderungsrate) – Differentialquotient („momentane" Änderungsrate)* auf der Grundlage eines intuitiven Grenzwertbegriffes kennen und damit (verbal sowie in formaler Schreibweise) auch kontextbezogen anwenden können

AN-R 1.3 Den Differenzen- und Differentialquotienten in verschiedenen Kontexten deuten und entsprechende Sachverhalte durch den Differenzen- bzw. Differentialquotienten beschreiben können

Durch den Einsatz elektronischer Hilfsmittel ist auch die Berechnung von Differenzen- und Differentialquotienten beliebiger (differenzierbarer) Funktionen möglich.

AN-R 1.4 Das systemdynamische Verhalten von Größen durch Differenzengleichungen beschreiben bzw. diese im Kontext deuten können

AN 2 — Regeln für das Differenzieren

AN-R 2.1 Einfache Regeln des Differenzierens kennen und anwenden können: Potenzregel, Summenregel, Regeln $[k \cdot f(x)]'$ und $[f(k \cdot x)]'$ (vgl. Inhaltsbereich Funktionale Abhängigkeiten)

Durch den Einsatz elektronischer Hilfsmittel ist das Ableiten von Funktionen nicht durch die in den Grundkompetenzen angeführten Differentiationsregeln eingeschränkt.

AN 3 — Ableitungsfunktion/Stammfunktion

AN-R 3.1 Den Begriff Ableitungsfunktion/Stammfunktion kennen und zur Beschreibung von Funktionen einsetzen können

Der Begriff der Ableitung(sfunktion) soll verständig und zweckmäßig zur Beschreibung von Funktionen eingesetzt werden.

AN-R 3.2 Den Zusammenhang zwischen Funktion und Ableitungsfunktion (bzw. Funktion und Stammfunktion) in deren graphischer Darstellung (er)kennen und beschreiben können

AN-R 3.3 Eigenschaften von Funktionen mit Hilfe der Ableitung(sfunktion) beschreiben können: Monotonie, lokale Extrema, Links- und Rechtskrümmung, Wendestellen

AN 4   Summation und Integral

AN-R 4.1   Den Begriff des bestimmten Integrals als Grenzwert einer Summe von Produkten deuten und beschreiben können

AN-R 4.2   Einfache Regeln des Differenzierens kennen und anwenden können: Potenzregel, Summenregel, Regeln für $\int k \cdot f(x)\,dx$ und $\int f(k \cdot x)\,dx$ (vgl. Inhaltsbereich Funktionale Abhängigkeiten), bestimmte Integrale von Polynomfunktionen ermitteln können

Durch den Einsatz elektronischer Hilfsmittel ist auch die Berechnung von bestimmten Integralen nicht durch die in den Grundkompetenzen angeführten Integrationsregeln eingeschränkt.

AN-R 4.3   Das bestimmte Integral in verschiedenen Kontexten deuten und entsprechende Sachverhalte durch Integrale beschreiben können

Analog zum Differentialquotienten liegt der Fokus beim bestimmten Integral auf der Beschreibung entsprechender Sachverhalte durch bestimmte Integrale sowie vor allem auf der angemessenen Interpretation des bestimmten Integrals im jeweiligen Kontext.

AUFGABEN VOM TYP 1

AN-R 1.1   **12.01**   **Einwohnerzahl einer Stadt**

In einer Stadt lebten im Jahr 2009 ca. 10 000 Personen. Im Jahr 2019 waren es bereits 12 000.

AUFGABENSTELLUNG:

Ermitteln Sie die absolute und die relative Änderung der Einwohnerzahl dieser Stadt von 2009 bis 2019! Geben Sie die relative Änderung auch in Prozent an!

AN-R 1.1   **12.02**   **Stimmenzuwachs**

Die Kandidatin Berger hat bei einer Wahl 2 325 Stimmen erhalten und bei der darauffolgenden Stichwahl 2 418 Stimmen. In einer Zeitung steht: Frau Berger hat bei der Stichwahl 4 % dazugewonnen.

AUFGABENSTELLUNG:

Prüfen Sie, ob die Aussage der Zeitung richtig ist! Begründen Sie die Antwort!

AN-R 1.2   **12.03**   **Zusammenhang von Differenzenquotient und Differentialquotient**

Gegeben ist eine Polynomfunktion f: $\mathbb{R} \to \mathbb{R}$.

AUFGABENSTELLUNG:

Kreuzen Sie die beiden zutreffenden Zusammenhänge zwischen dem Differentialquotienten f'(x) und dem Differenzenquotienten $\frac{f(z) - f(x)}{z - x}$ an!

$f'(x) = \lim\limits_{x \to z} \dfrac{f(z) - f(x)}{z - x}$	☐
$f'(x) = \lim\limits_{z \to 0} \dfrac{f(z) - f(x)}{z - x}$	☐
$f'(x) = \lim\limits_{z \to x} \dfrac{f(z) - f(x)}{z - x}$	☐
$f'(x) = \dfrac{f(z) - f(x)}{z - x}$	☐
$f'(x) \approx \dfrac{f(z) - f(x)}{z - x}$ für ein sehr kleines Intervall [x; z]	☐

AN-R 1.3   **12.04**   **Fahrt eines Autos**

Ein Auto ist 5 Sekunden nach dem Start 20 m vom Startpunkt entfernt und nach weiteren 5 Sekunden beträgt die Entfernung 60 m.

AUFGABENSTELLUNG:

Kreuzen Sie die beiden Aussagen an, die mit Sicherheit zutreffen!

Die mittlere Geschwindigkeit des Autos im Zeitintervall [5; 10] beträgt 8 km/h.	☐
Die mittleren Geschwindigkeiten in den Zeitintervallen [0; 5] und [5; 10] sind gleich groß.	☐
Die mittlere Geschwindigkeit des Autos im Zeitintervall [0; 10] beträgt 6 m/s.	☐
Die Geschwindigkeit des Autos beträgt nach 10 Sekunden 6 m/s.	☐
Das Auto hat im Zeitintervall [5; 10] genau 40 m zurückgelegt.	☐

AN-R 1.3   **12.05**   **Differenzen- und Differentialquotient**

Gegeben sind der Graph der Funktion f, der Graph einer Sekantenfunktion s sowie eine Tangente t an den Graphen von f.

AUFGABENSTELLUNG:

Ermitteln Sie anhand der Abbildung den Differenzenquotienten von f in [1; 7] sowie den Differentialquotienten von f an der Stelle 7!

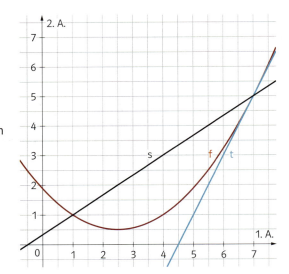

AN-R 1.3   **12.06**   **Mittlere Änderungsrate und Änderungsrate**

Gegeben ist der Graph der Funktion f.

AUFGABENSTELLUNG:

Zeichnen Sie den Graphen der Sekantenfunktion von f in [2; 8] sowie eine Tangente im Punkt P = (2 | f(2)) ein und geben Sie sowohl die mittlere Änderungsrate von f in [2; 8] als auch die ungefähre Änderungsrate von f an der Stelle 2 an!

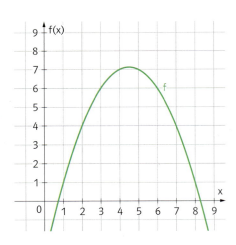

AN-R 1.3   **12.07**   **Mittlere Geschwindigkeit einer Radfahrerin**

Eine Radfahrerin fährt im Ort A zum Zeitpunkt t = 0 (h) weg und kommt eine halbe Stunde später im b km entfernten Ort B an.

AUFGABENSTELLUNG:

Geben Sie einen Term für die mittlere Geschwindigkeit der Radfahrerin (in km/h) während dieser Fahrt an!

AN-R 1.4 **12.08** **Einwohnerzahl eines Bundeslandes**

Es sei E(t) die Zahl der Einwohner eines Bundeslandes zu einem Zeitpunkt t.
Es wird angenommen, dass die mittlere Änderungsrate der Einwohnerzahl in einem Zeitintervall $[t; t + \Delta t]$ direkt proportional zu E(t) mit dem Proportionalitätsfaktor k ist.

AUFGABENSTELLUNG:
Stellen Sie eine Differenzengleichung auf, die den genannten Zusammenhang beschreibt!

AN-R 2.1 **12.09** **Ableitungen 1**

Zur Funktion f soll die Ableitung f′ ermittelt werden.

AUFGABENSTELLUNG:
Ordnen Sie jedem f(x) in der linken Tabelle das dazugehörige f′(x) (aus A bis F) zu!

$f(x) = c \cdot e^x$	
$f(x) = c \cdot e^{-x}$	
$f(x) = c \cdot \sin(x)$	
$f(x) = c \cdot \cos(x)$	

A	$f'(x) = c \cdot \cos(x)$
B	$f'(x) = -c \cdot \sin(x)$
C	$f'(x) = -c \cdot \cos(x)$
D	$f'(x) = -c \cdot e^{-x}$
E	$f'(x) = c \cdot e^x$
F	$f'(x) = c$

AN-R 2.1 **12.10** **Ableitungen 2**

In der Tabelle sind fünf Aussagen aufgelistet.

AUFGABENSTELLUNG:
Kreuzen Sie die beiden zutreffenden Aussagen an!

$f(x) = \sin(3x) \Rightarrow f'(x) = 3 \cdot \cos(3x)$	☐
$f(x) = 2x^3 \Rightarrow f'(x) = 2 \cdot 6x^2$	☐
$f(x) = 5 \cdot \cos(5x) \Rightarrow f'(x) = -5 \cdot \sin(5x)$	☐
$f(x) = x^{\frac{1}{2}} \Rightarrow f'(x) = \frac{1}{2}x$	☐
$f(x) = e^{4x} \Rightarrow f'(x) = 4 \cdot e^{4x}$	☐

AN-R 2.1 **12.11** **Dritte Ableitung einer Polynomfunktion**

Gegeben ist die reelle Funktion f mit $f(x) = 8x^4 + 2x^3 - 6x^2 + 9x - 4$.

AUFGABENSTELLUNG:
Ergänzen Sie: f‴(x) = _____

AN-R 3.1 **12.12** **Stammfunktion einer Polynomfunktion**

Gegeben ist der abgebildete Graph der Polynomfunktion f.
Die Funktion F ist eine Stammfunktion von f.

AUFGABENSTELLUNG:
Kreuzen Sie die beiden zutreffenden Aussagen an!

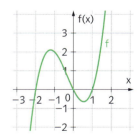

Der Graph von F hat die Form einer Parabel.	☐
F ist in $[-2; 0]$ streng monoton fallend.	☐
Die Stelle -2 ist eine lokale Minimumstelle von F.	☐
F besitzt eine Wendestelle im Intervall $[-2; 0]$.	☐
F hat an der Stelle 0 eine Terrassenstelle.	☐

AN-R 3.1 **12.13** **Test von Abstandssensoren**

Um neue Abstandssensoren bei Autos zu testen, lässt man Fahrzeuge auf ein Hindernis zufahren. In einer Entfernung von 80 m vom Hindernis startet ein Fahrzeug aus dem Stillstand mit einer gleichbleibenden Beschleunigung von 5 m/s².

AUFGABENSTELLUNG:
Ermitteln Sie eine Termdarstellung der Funktion f, welche den Abstand des Fahrzeugs vom Hindernis in Abhängigkeit von der Zeit t angibt!

AN-R 3.2 **12.14** **Graph der Ableitungsfunktion 1**
Rechts ist eine Polynomfunktion f: [−4; 2] → ℝ dargestellt.

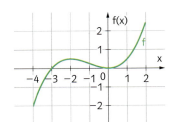

AUFGABENSTELLUNG:
Einer der folgenden Graphen stellt die Ableitung f′ der Funktion f
dar. Kreuzen Sie diesen Graphen an!

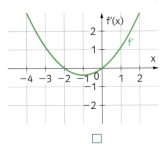

☐

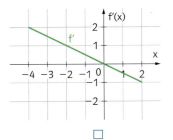

☐

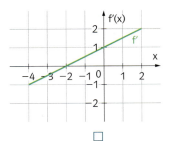

☐

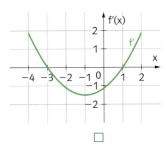

☐

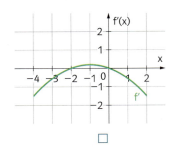

☐

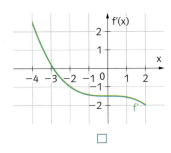

☐

AN-R 3.2 **12.15** **Graph der Ableitungsfunktion 2**
Rechts ist eine Polynomfunktion f: [−2; 4] → ℝ dargestellt.

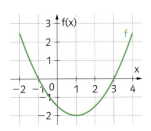

AUFGABENSTELLUNG:
Einer der folgenden Graphen stellt die Ableitung f′ der Funktion f dar.
Kreuzen Sie diesen Graphen an!

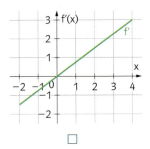

☐

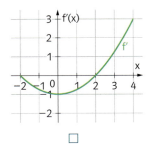

☐

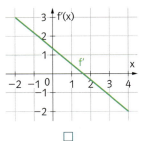

☐

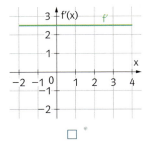

☐

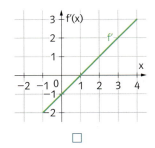

☐

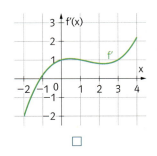

☐

AN-R 3.2 **12.16** **Graph der Ableitungsfunktion 3**

Gegeben ist der nebenstehende Ausschnitt der Wertetabelle einer
Polynomfunktion f: [−2; 2] → ℝ vom Grad 2.

x	f(x)
−2	2
−1	0,5
0	0
1	0,5
2	2

AUFGABENSTELLUNG:

Kreuzen Sie an, welcher der folgenden Graphen die
1. Ableitung von f darstellt!

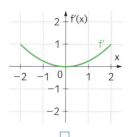
☐

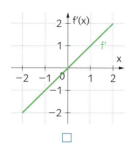
☐

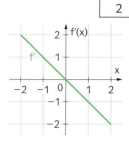
☐

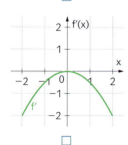
☐

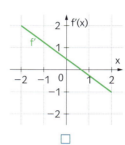
☐

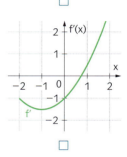
☐

AN-R 3.2 **12.17** **Stellen mit negativer Ableitung**

Gegeben ist der Graph der nebenstehenden
Polynomfunktion f: [−4; 2] → ℝ .

AUFGABENSTELLUNG:

Markieren Sie auf der x-Achse jene Stellen x ∈ [−4; 2],
für die gilt: f′(x) ≤ 0!

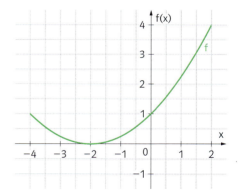

AN-R 3.2 **12.18** **Ableitungsfunktion und Stammfunktion**

Einer der folgenden Graphen stellt eine Funktion f, ein weiterer die Ableitungsfunktion f′,
der dritte eine Stammfunktion F von f dar.

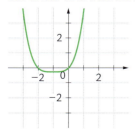

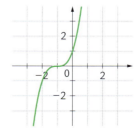

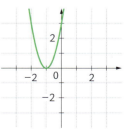

AUFGABENSTELLUNG:

Beschriften Sie die Graphen mit f, f′ und F!

AN-R 3.2 **12.19** **Stammfunktionen**

Nebenstehend ist eine Polynomfunktion f: [−4; 2] → ℝ
dargestellt.

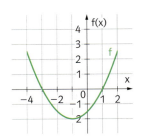

AUFGABENSTELLUNG:

Zwei der folgenden Graphen stellen eine Stammfunktion von f dar.
Kreuzen Sie diese beiden Graphen an!

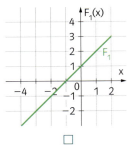

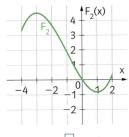

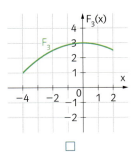

☐   ☐   ☐

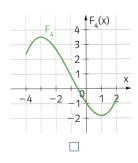

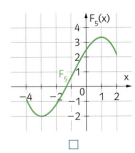

☐   ☐

AN-R 3.3 **12.20** **Eigenschaften einer Ableitungsfunktion**

Die Polynomfunktion f ist im Intervall [a; b] streng monoton fallend und rechtsgekrümmt.

AUFGABENSTELLUNG:

Kreuzen Sie die beiden auf die Ableitungsfunktion f′ zutreffenden Aussagen an!

f′ ist eine konstante Funktion.	☐
$f'(x) > 0$ für alle $x \in (a; b)$.	☐
$f'(x) < 0$ für alle $x \in (a; b)$.	☐
f′ ist streng monoton steigend in (a; b).	☐
f′ ist streng monoton fallend in (a; b).	☐

AN-R 3.3 **12.21** **Eigenschaften von Ableitungsfunktionen**

Gegeben ist eine Polynomfunktion f: ℝ → ℝ mit $f(x) = a \cdot x^3 + b \cdot x^2 + c \cdot x + d$ (mit a ≠ 0).

AUFGABENSTELLUNG:

Kreuzen Sie die beiden Aussagen an, die mit Sicherheit zutreffen!

f′ besitzt eine lokale Maximumstelle.	☐
f″ ist streng monoton steigend.	☐
f″ ist eine lineare Funktion.	☐
f‴ besitzt eine Nullstelle.	☐
f‴ ist eine konstante Funktion.	☐

AN-R 3.3 **12.22** **Wert eines Koeffizienten**

Gegeben ist eine Polynomfunktion f mit $f(x) = x^3 + ax^2 + 9x$.

AUFGABENSTELLUNG:

Ermitteln Sie $a \in \mathbb{R}$ so, dass f an der Stelle 1 eine lokale Extremstelle besitzt!

AN-R 3.3 **12.23** **Kostenfunktion einer chemischen Produktion**

In der Abbildung ist die Kostenfunktion K für die Produktion einer Chemikalie dargestellt.

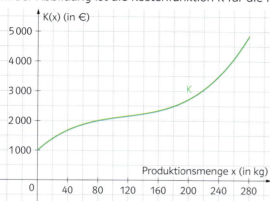

AUFGABENSTELLUNG:

Geben Sie das Produktionsmengenintervall an, in dem die Kosten degressiv ansteigen, sowie das Produktionsmengenintervall, in dem die Kosten progressiv ansteigen!

K steigt degressiv im Intervall [_____ ; _____] und progressiv im Intervall [_____ ; _____].

AN-R 4.1 **12.24** **Schranken für ein Integral**

Von einer stetigen streng monoton steigenden Funktion $f: [0; 5] \to \mathbb{R}$ kennt man folgende Werte:

x	0	1	2	3	4	5
f(x)	1,5	1,6	1,9	2,4	3,1	4,0

AUFGABENSTELLUNG:

Geben Sie aufgrund dieser Wertetabelle eine möglichst große untere Schranke und eine möglichst kleine obere Schranke für $\int_0^5 f(x)$ an!

AN-R 4.2 **12.25** **Berechnen eines Integrals**

Gegeben ist die reelle Funktion f mit $f(x) = 4x^2 + 2x$.

AUFGABENSTELLUNG:

Berechnen Sie die Zahl $\int_1^4 f(x)\, dx$!

AN-R 4.3 **12.26** **Flächeninhalt 1**

Gegeben ist die reelle Funktion $f: x \mapsto -ax^2 + 3$.

AUFGABENSTELLUNG:

Ermitteln Sie $a \in \mathbb{R}^+$ so, dass die vom Graphen der Funktion f und der 1. Achse eingeschlossene Fläche den Inhalt 4 hat!

AN-R 4.3 **12.27** **Flächeninhalt 2**

Gegeben ist die reelle Funktion f mit $f(x) = 2 \cdot \sin(x)$.

AUFGABENSTELLUNG:

Berechnen Sie den Inhalt der Fläche, den der Graph der Funktion f im Intervall $[-\pi; \pi]$ mit der 1. Achse einschließt!

AN-R 4.3 **12.28** **Ermitteln eines Integrals**

Gegeben ist der nebenstehende Graph der abschnittsweise definierten Funktion f.

AUFGABENSTELLUNG:

Ermitteln Sie anhand des Graphen von f die Zahl $\int_{-2}^{3} f(x)\,dx$!

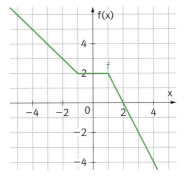

AN-R 4.3 **12.29** **Wasser in einem Kanalrohr**

Wasser wird durch ein Kanalrohr in ein Becken gepumpt bzw. bei Bedarf aus dem Becken gesaugt. Die Strömungsstärke s(t) (in l/min) in dem Kanalrohr ist durch den nebenstehenden Graphen der Funktion s gegeben.

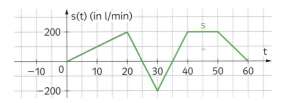

AUFGABENSTELLUNG:

Geben Sie an, wie viel Liter Wasser sich nach 60 Minuten in dem Becken befinden, wenn das Becken zu Beginn leer ist!

AN-R 4.3 **12.30** **Volumen einer Kugel**

Gegeben sind fünf Formeln.

AUFGABENSTELLUNG:

Kreuzen Sie die beiden Formeln an, die das Volumen V einer Kugel mit dem Radius 1 angeben!

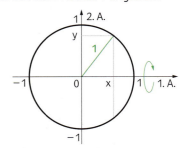

$V = \pi \cdot \int_{0}^{1} (1-x^2)\,dx$	☐
$V = 2\pi \cdot \int_{-1}^{0} \sqrt{1-x^2}\,dx$	☐
$V = \pi \cdot \int_{-1}^{1} (1-x^2)\,dx$	☐
$V = 2\pi \cdot \int_{0}^{1} \sqrt{1-x^2}\,dx$	☐
$V = 2\pi \cdot \int_{-1}^{0} (1-x^2)\,dx$	☐

AN-R 4.3 **12.31** **Geschwindigkeitsfunktion 1**

Nebenstehend ist eine Geschwindigkeitsfunktion dargestellt.

AUFGABENSTELLUNG:

Beschreiben Sie, was der Inhalt der grün unterlegten Fläche angibt!

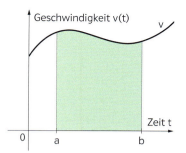

AN-R 4.3 **12.32** **Geschwindigkeitsfunktion 2**

Die Geschwindigkeit eines bremsenden Autos nimmt linear ab, wie in der nebenstehenden Abbildung dargestellt.

AUFGABENSTELLUNG:

Geben Sie anhand der Abbildung die Länge des Anhalteweges an!

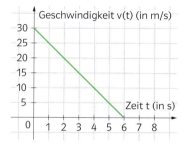

AN-R 4.3 **12.33** **Flächeninhalte durch Integrale darstellen**

In den folgenden drei Abbildungen ist jeweils die reelle Funktion f mit $f(x) = -0{,}5x^2 + 2$ dargestellt. Außerdem ist jeweils eine grün unterlegte Fläche eingezeichnet. (Falls diese Fläche aus zwei Teilen besteht, ist die Gesamtfläche gemeint.)

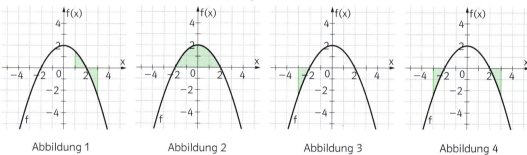

Abbildung 1	Abbildung 2	Abbildung 3	Abbildung 4

AUFGABENSTELLUNG:

Ordnen Sie jeder Abbildung in der linken Tabelle das dazugehörige Integral (aus A bis F) zu, mit dem man den Inhalt der grün unterlegten Fläche berechnen kann!

Abbildung 1			A	$\int\limits_{1}^{3}(-0{,}5x^2 + 2)\,dx$
Abbildung 2			B	$\int\limits_{1}^{2}(-0{,}5x^2 + 2)\,dx + \int\limits_{2}^{3}(-0{,}5x^2 + 2)\,dx$
Abbildung 3			C	$\int\limits_{1}^{2}(-0{,}5x^2 + 2)\,dx - \int\limits_{2}^{3}(-0{,}5x^2 + 2)\,dx$
Abbildung 4			D	$2 \cdot \int\limits_{-2}^{0}(-0{,}5x^2 + 2)\,dx$
			E	$\left| \int\limits_{-3}^{-2}(-0{,}5x^2 + 2)\,dx \right|$
			F	$2 \cdot \left| \int\limits_{2}^{3}(-0{,}5x^2 + 2)\,dx \right|$

AN-R 4.3 **12.34** **Interpretation eines Integrals**

Die Funktion a: t ↦ a(t) ordnet jedem Zeitpunkt t die momentane Beschleunigung eines Autos zu.

AUFGABENSTELLUNG:

Erläutern Sie in Worten, was das Integral $\int_{t_1}^{t_2} a(t)\,dt$ angibt!

AN-R 4.3 **12.35** **Aussagen über Integrale**

Die Nullstellen der abgebildeten Polynomfunktion f liegen bei 0, 1 und 4.

AUFGABENSTELLUNG:

Kreuzen Sie die beiden zutreffenden Aussagen an!

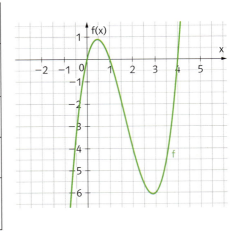

$\int_0^1 f(x)\,dx < \int_1^4 f(x)\,dx$	☐
$\int_1^4 f(x)\,dx$ ist der Inhalt der Fläche zwischen dem Graphen von f und der x-Achse im Intervall [1; 4].	☐
$\int_0^4 f(x)\,dx < 0$	☐
$\int_1^4 f(x)\,dx < 0$	☐
$\int_0^4 f(x)\,dx$ ist der Inhalt der Fläche zwischen dem Graphen von f und der x-Achse im Intervall [0; 4].	☐

AN-R 4.3 **12.36** **Fläche zwischen zwei Funktionsgraphen**

Gegeben sind die abgebildeten Graphen der Polynomfunktionen f und g. Die beiden Graphen schließen eine Fläche mit dem Inhalt A ein.

AUFGABENSTELLUNG:

Kreuzen Sie die beiden zutreffenden Aussagen an!

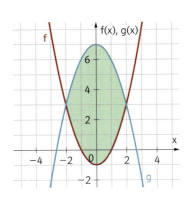

$A = \int_{-2}^2 [f(x) - g(x)]\,dx$	☐
$A = \int_{-2}^2 [g(x) - f(x)]\,dx$	☐
$A = \int_{-2}^2 g(x)\,dx - 2 \cdot \int_1^2 f(x)\,dx$	☐
$A = 2 \cdot \int_0^2 [f(x) - g(x)]\,dx$	☐
$A = \left\| \int_{-2}^2 f(x)\,dx \right\| + \left\| \int_{-2}^2 g(x)\,dx \right\|$	☐

AUFGABEN VOM TYP 2

12.37 **Polynomfunktion**

Die Abbildung zeigt den Graphen einer Polynomfunktion. Außerdem sind drei Parallelen p_1, p_2 und p_3 zur x-Achse gezeichnet.

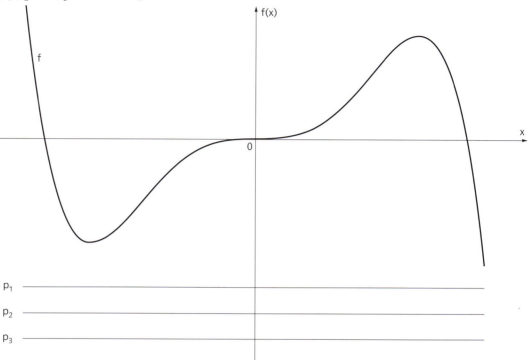

AUFGABENSTELLUNG:

a) **1)** Zeichnen Sie auf dem Graphen von f den Hochpunkt H, den Tiefpunkt T und die Wendepunkte W_1, W_2 und W_3 ein und beschriften Sie diese Punkte! Nennen Sie den Wendepunkt, der auch ein Sattelpunkt ist!

   2) Markieren Sie auf der Parallelen p_1 jene Intervalle färbig, in denen $f(x) \geqslant 0$ ist!

b) **1)** Markieren Sie auf der Parallelen p_2 jene Intervalle färbig, die alle Stellen x mit $f'(x) \geqslant 0$ enthalten!

   2) Markieren Sie auf der Parallelen p_3 jene Intervalle färbig, die alle Stellen x mit $f''(x) \geqslant 0$ enthalten!

c) **1)** Zeichnen Sie in die Abbildung den ungefähren Verlauf der Funktion f' ein!

   2) Zeichnen Sie in die Abbildung den ungefähren Verlauf der Funktion f'' ein!

d) **1)** Es sind n_1, n_2 und n_3 die Nullstellen von f mit $n_1 < n_2 < n_3$. Beschriften Sie diese Nullstellen in der Abbildung!

   2) Geben Sie für jedes der beiden folgenden Integrale an, ob es positiv oder negativ ist!

   ▪ $\int_{n_1}^{n_2} f(x)\, dx$ _____

   ▪ $-\int_{n_2}^{n_3} f(x)\, dx$ _____

12.38 Tangenten

AG-R 2.2
FA-R 1.4
AN-R 1.3
AN-R 2.1

Gegeben ist die Funktion f mit $f(x) = -x^2 + 8x - 3$.

AUFGABENSTELLUNG:

a) **1)** Erläutern Sie, was man unter der Tangente in einem Punkt $(x \mid f(x))$ des Graphen von f versteht!

2) Entscheiden Sie, ob eine Tangente an einen Funktionsgraphen mit diesem immer genau einen Punkt gemeinsam hat! Begründen Sie die Antwort!

b) **1)** Ermitteln Sie die Koordinaten des Schnittpunkts S des Graphen von f mit der 2. Achse!

2) Stellen Sie eine Gleichung der Tangente an den Graphen von f im Punkt S auf!

c) **1)** Ermitteln Sie die Koordinaten jenes Punktes A des Graphen von f, in welchem die Tangente parallel zur 1. Achse verläuft!

2) Ermitteln Sie die Koordinaten jenes Punktes B des Graphen von f, in welchem die Tangente parallel zur Geraden g: $6x - y = -5$ verläuft!

12.39 Beschleunigte Bewegung

FA-R 2.1
FA-R 2.2
AN-R 4.2
AN-R 4.3

Die Beschleunigung a einer Bewegung in Abhängigkeit von der Zeit t ist gegeben durch:
$a(t) = -0,4 \cdot t$ für $t \in [0; 10]$ (t in s, a(t) in m/s²).

AUFGABENSTELLUNG:

a) **1)** Zeichnen Sie den Graphen der Funktion a!

2) Interpretieren Sie die Zahl $-0,4$ im physikalischen Kontext!

b) **1)** Geben Sie eine Formel für die Geschwindigkeit v(t) dieser Bewegung an, wenn die Anfangsgeschwindigkeit $v(0) = 30$ m/s beträgt!

2) Zeichnen Sie den Graphen der Funktion v für $t \in [0; 10]$!

12.40 Druckänderung

FA-R 1.4
FA-R 1.7
AN-R 1.1
AN-R 1.3

Bei einer Versuchsanordnung wird der Druck p (in bar) in Abhängigkeit von der Zeit t (in Minuten) verändert. Die Funktion p beschreibt diese Abhängigkeit.

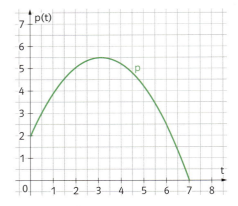

AUFGABENSTELLUNG:

a) **1)** Ermitteln Sie die absolute Änderung des Drucks im Zeitintervall [0; 2]!

2) Ermitteln Sie die mittlere Änderungsrate des Drucks im Zeitintervall [0; 2]!

b) **1)** Geben Sie an, in welchem der Zeitpunkte $t = 1$ bzw. $t = 2$ die momentane Änderungsrate des Drucks größer ist!

2) Angenommen, der Druck würde ab dem Zeitpunkt $t = 2$ mit der momentanen Änderungsrate zum Zeitpunkt $t = 2$ gleichmäßig weitersteigen. Entnehmen Sie dem Graphen, wie groß dann der Druck zum Zeitpunkt $t = 3$ ungefähr wäre! Ändern Sie für diesen Fall die grafische Darstellung!

AG-R 2.1
AG-R 2.3
FA-R 1.4
AN-R 1.3
AN-R 2.1

12.41 Freier Fall

Für einen frei fallenden Körper ist eine Zeit-Ort-Funktion s durch $s(t) = \frac{g}{2} \cdot t^2$ gegeben (t in Sekunden, s(t) in Meter). Dabei ist $g \approx 10 \, m/s^2$ die Erdbeschleunigung.

AUFGABENSTELLUNG:

a) 1) Ermitteln Sie die Länge des Wegs, den der Körper in den ersten fünf Sekunden zurücklegt!

  2) Ermitteln Sie, wie lang der Körper für die ersten 30 Meter braucht!

b) 1) Geben Sie an, was man unter der mittleren Geschwindigkeit im Zeitintervall $[t_1, t_2]$ versteht!

  2) Berechnen Sie die mittlere Geschwindigkeit des Körpers im Zeitintervall [3; 5]!

c) 1) Geben Sie an, was man unter der Geschwindigkeit zum Zeitpunkt t versteht!

  2) Berechnen Sie die Geschwindigkeit des Körpers zum Zeitpunkt t = 3!

AG-R 2.3
FA-R 1.4
AN-R 4.2
AN-R 4.3

12.42 Flächeninhalte 1

Gegeben ist die reelle Funktion f mit $f(x) = 2x^3 - 4x^2$.

AUFGABENSTELLUNG:

a) 1) Ermitteln Sie die Nullstellen von f!

  2) Zeichnen Sie den Graphen von f für $-1 \leq x \leq 2{,}5$!

b) 1) Berechnen Sie den Inhalt der Fläche, die der Graph von f mit der x-Achse zwischen den beiden Nullstellen einschließt!

  2) Prüfen Sie, ob dieser Flächeninhalt mit dem Integral von f zwischen den beiden Nullstellen gleichzusetzen ist! Begründen Sie die Entscheidung!

AG-R 2.1
AN-R 4.1
AN-R 4.3

12.43 Flächeninhalte 2

Das Rechteck und der gebogene Streifen mit der an jeder Stelle gleichen Breite z in den Abbildungen haben denselben Flächeninhalt $A_1 = A_2$.

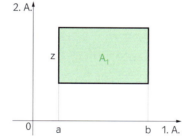
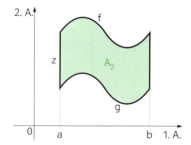

AUFGABENSTELLUNG:

a) 1) Geben Sie eine Formel für A_1 mit Hilfe von a, b und z an!

  2) Begründen Sie zeichnerisch, dass sich die Fläche des gebogenen Streifens in ein Rechteck überführen lässt!

b) 1) Zeigen Sie durch Approximation mittels Rechtecksflächen (wie Leibniz), dass $A_1 = A_2$!

  2) Beschreiben Sie A_2 als Integral mit Hilfe der Funktionen f und g!

AG-R 2.1
AN-R 4.2
AN-R 4.3

12.44 Heben eines Seils

Ein a Meter langes Seil liegt aufgerollt auf dem Boden. Seine Masse pro Längeneinheit sei λ (kg/m). Ein Seilstück der Länge x wird angehoben. Dabei muss die Kraft F(x) aufgewendet werden.

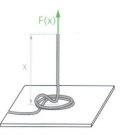

a) 1) Geben Sie eine Formel für das Gewicht des angehobenen Seilstücks an! (Hinweis: Gewicht = Masse mal Erdbeschleunigung = $m \cdot g$, wobei g die Erbeschleunigung in m/s^2 ist.)

  2) Geben Sie eine Formel für das Gewicht des gesamten Seils an!

b) 1) Begründen Sie: Um das Seil am einen Ende so hoch zu heben, dass das andere Ende gerade den Boden berührt, muss die Arbeit $W = \frac{\lambda \cdot g \cdot a^2}{2}$ verrichtet werden.

  2) Begründen Sie, dass die Masse des gesamten Seils $\lambda \cdot a$ ist!

FA-R 1.2
FA-R 4.3
AN-R 4.2

12.45 **Funktion mit gegebener Ableitung**

Die Ableitung der Funktion f: $[-3; 3] \to \mathbb{R}$ ist durch $f'(x) = (x + 1)(x - 2)^2$ gegeben. Der Graph von f enthält den Punkt $(-2 \mid 6)$.

AUFGABENSTELLUNG:

a) **1)** Ermitteln Sie eine Termdarstellung von f und zeichnen Sie den Graphen von f!

   2) Geben Sie den Typ der Funktion f an!

b) **1)** Geben Sie den größten und kleinsten Funktionswert von f in $[-3; 3]$ an!

   2) Geben Sie an, für welche $x \in [-3; 3]$ die Beziehung $f(x) \geqslant f(2)$ gilt!

AG-R 2.2
FA-R 1.4
AN-R 1.3
AN-R 2.1
AN-R 4.2
AN-R 4.3

12.46 **Bewegung eines Körpers 1**

Für die Bewegung eines Körpers lässt sich die Abhängigkeit der Geschwindigkeit v von der Zeit t annähernd durch die Funktion v mit $v(t) = \frac{t^2}{10} + \frac{t}{5}$ modellieren (t in s, v(t) in m/s).

AUFGABENSTELLUNG:

a) **1)** Geben Sie eine Termdarstellung der Zeit-Ort-Funktion s: $t \mapsto s(t)$ mit $s(0) = 0$ an!

   2) Geben Sie eine Termdarstellung der Beschleunigungsfunktion a: $t \mapsto a(t)$ an!

b) **1)** Berechnen Sie die mittlere Geschwindigkeit des Körpers in den ersten fünf Sekunden!

   2) Ermitteln Sie den Zeitpunkt, zu dem seine Momentangeschwindigkeit gleich dieser mittleren Geschwindigkeit ist!

c) **1)** Berechnen Sie die mittlere Beschleunigung des Körpers in den ersten fünf Sekunden!

   2) Geben Sie an, um wie viel seine Geschwindigkeit im Mittel pro Sekunde zunimmt!

d) Für eine langsamere Bewegung ist die Beschleunigungsfunktion a durch den nebenstehenden Graphen gegeben.

   1) Entnehmen Sie der Abbildung die Geschwindigkeitszunahme im Zeitintervall [0; 5], ohne eine Termdarstellung für a aufzustellen!

   2) Begründen Sie Ihr Vorgehen!

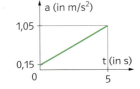

FA-R 2.2
FA-R 2.3
FA-R 2.4
AN-R 1.3
AN-R 4.3

12.47 **Bewegung eines Körpers 2**

In der nebenstehenden Abbildung ist die Geschwindigkeit v eines Körpers in Abhängigkeit von der Zeit t im Verlauf von fünf Sekunden dargestellt.

AUFGABENSTELLUNG:

a) **1)** Beschreiben Sie, was der Inhalt der grün unterlegten Fläche angibt!

   2) Prüfen Sie, ob die folgende Aussage wahr oder falsch ist! Begründen Sie die Entscheidung!

$$\int_0^1 v(t)\,dt = \int_4^5 v(t)\,dt$$

b) **1)** Begründen Sie, dass die Beschleunigung des Körpers während der fünf Sekunden konstant ist!

   2) Ermitteln Sie anhand der Abbildung die mittlere Geschwindigkeit des Körpers in diesen fünf Sekunden, ohne eine Termdarstellung von v aufzustellen!

c) **1)** Beschreiben Sie, wie sich der Graph von v ändert, wenn sich der Körper mit gleicher Anfangsgeschwindigkeit, aber mit höherer konstanter Beschleunigung bewegt!

   2) Beschreiben Sie, wie sich der Graph von v ändert, wenn sich der Körper mit größerer Anfangsgeschwindigkeit, aber mit der gleichen konstanten Beschleunigung bewegt!

12.48 **Bewegung eines Autos**

In der Abbildung ist die Geschwindigkeit v eines Autos in Abhängigkeit von der Zeit t dargestellt.

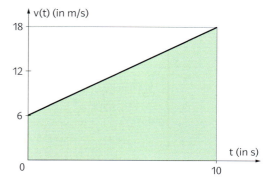

AUFGABENSTELLUNG:

a) **1)** Beschreiben Sie die Art der Bewegung!
  2) Beschreiben Sie den zeitlichen Verlauf der Beschleunigung!
b) **1)** Ermitteln Sie die Geschwindigkeitszunahme des Autos im Zeitintervall [0; 10]!
  2) Stellen Sie den Inhalt der grün unterlegten Fläche durch ein Integral dar!
c) **1)** Angenommen, das Auto fährt mit der gleichen Anfangsgeschwindigkeit, aber mit höherer konstanter Beschleunigung. Zeichnen Sie einen möglichen Geschwindigkeitsgraphen in die Abbildung ein!
  2) Angenommen, das Auto fährt mit gleicher konstanter Beschleunigung, aber zu Beginn mit 9 m/s. Ermitteln Sie den Zeitpunkt, zu dem das Auto die Geschwindigkeit 18 m/s erreicht!

12.49 **Temperaturverlauf**

Die Funktion $T: [0; 6] \rightarrow \mathbb{R} \mid t \mapsto \frac{1}{3}t^3 - 3t^2 + 8t + 4$ beschreibt näherungsweise den Temperaturverlauf eines chemischen Prozesses (in °C) während der ersten sechs Minuten.

AUFGABENSTELLUNG:

a) **1)** Zeichnen Sie den Graphen der Funktion T und beschreiben Sie den Temperaturverlauf!
  2) Beschreiben Sie in Worten, wie sich die momentane Temperaturänderungsrate mit zunehmender Zeit ändert!
b) **1)** Ermitteln Sie die absolute Temperaturänderung im Zeitintervall [0; 6]!
  2) Ermitteln Sie die relative Temperaturänderung im Zeitintervall [0; 6]!
c) **1)** Geben Sie an, auf das Wievielfache die Temperatur im Zeitintervall [0; 6] wächst!
  2) Geben Sie die mittlere Änderungsrate der Temperatur im Zeitintervall [0; 6] an!
d) **1)** Berechnen Sie die momentane Temperaturänderungsrate zum Zeitpunkt t = 0 und interpretieren Sie das Vorzeichen des Ergebnisses!
  2) Prüfen Sie, ob es einen weiteren Zeitpunkt mit gleicher Temperaturänderungsrate gibt! Nennen Sie diesen gegebenenfalls!

12.50 **Verlängerung eines Radwegs**

Der Radweg von A nach B soll bis C verlängert werden (Koordinaten in der Abbildung in km).

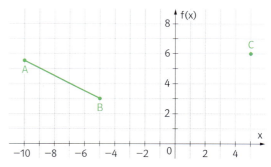

AUFGABENSTELLUNG:

a) Variante 1: B und C werden geradlinig verbunden.
  1) Berechnen Sie das Maß des Winkels, den in diesem Fall die Strecken AB und BC einschließen!
  2) Berechnen Sie die Länge der gesamten Radstrecke von A über B nach C!
b) Variante 2: An die Strecke AB wird ein Parabelstück von B nach C so angefügt, dass in B keine abrupte Richtungsänderung erfolgt.
  1) Ermitteln Sie eine Termdarstellung der Funktion f, deren Graph jenes Parabelstück ist!
  2) Geben Sie die Koordinaten des Scheitels dieser Parabel an!

FA-R 1.2
AN-R 1.3
AN-R 2.1
AN-R 4.2
AN-R 4.3

12.51   Verschiedene Funktionstypen

Die folgenden Graphen stellen drei Funktionen f, g und h dar, wobei f eine Polynomfunktion der Form $x \mapsto a \cdot x^2 + b$, g eine Exponentialfunktion der Form $x \mapsto c \cdot a^x$ und h eine Wurzelfunktion der Form $x \mapsto \sqrt[n]{x}$ darstellt.

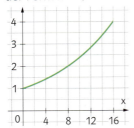 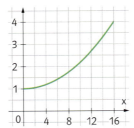 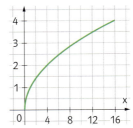

AUFGABENSTELLUNG:

a) 1)   Beschriften Sie jeweils den Graphen mit f, g bzw. h und die 2. Achse mit f(x), g(x) bzw. h(x)!

   2)   Beschreiben Sie für jede der drei Funktionen den Verlauf der momentanen Änderungsrate in Worten und begründen Sie, dass diese Änderungsrate in $\mathbb{R}^+$ niemals kleiner als 0 werden kann!

b) 1)   Geben Sie an, wie die Ausdrücke $\int_0^{16} f(x)\,dx$, $g'(16)$ und $\frac{h(16) - h(0)}{16}$ geometrisch interpretiert werden können!

   2)   Berechnen Sie für jede der Funktionen f, g und h den Inhalt der in [0; 16] festgelegten Fläche!

AG-R 2.1
AG-R 2.2
AG-R 2.3
FA-R 1.4
FA-R 2.6
AN-R 1.3
AN-R 2.1

12.52   Wasserstrahl in einem Brunnen

Über dem Rand eines b Meter breiten Brunnenbeckens ist in d Meter Höhe ein Rohr angebracht, aus dem ein Wasserstrahl horizontal mit der Geschwindigkeit v (in m/s) austritt.
Der Wasserstrahl trifft in der Horizontalentfernung w auf die Wasseroberfläche des Beckens auf. Für die Höhe h(x) des Wasserstrahls in der Horizontalentfernung x gilt ungefähr:

$$h(x) = -\frac{5}{v^2} \cdot x^2 + d \quad (0 \leqslant x \leqslant w)$$

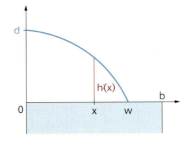

AUFGABENSTELLUNG:

a) 1)   Es ist b = 1,79 m und d = 1 m. Berechnen Sie, mit welcher Geschwindigkeit der Wasserstrahl höchstens aus dem Rohr austreten darf, damit er nicht über den Beckenrand hinauskommt!

   2)   Es ist b = 1,75 m und v = 3,5 m/s. Berechnen Sie, wie hoch das Rohr höchstens angebracht werden darf, damit der Wasserstrahl noch auf der Wasseroberfläche auftrifft!

b) 1)   Es sind w = 1,8 m und v = 3 m/s fest vorgegeben. Ermitteln Sie das Maß des Winkels, den der Wasserstrahl mit der horizontalen Wasseroberfläche bildet, wenn er gerade auf die Wasseroberfläche auftrifft!

   2)   Zeigen Sie, dass allgemein gilt: Der Wasserstrahl befindet sich in drei Viertel der Rohrhöhe d, wenn er die halbe Horizontalentfernung w zurückgelegt hat.

c) 1)   Prüfen Sie, ob w bei konstantem d zu v direkt proportional ist! Begründen Sie die Entscheidung!

   2)   Prüfen Sie, ob w bei konstantem v zu d direkt proportional ist! Begründen Sie die Entscheidung!

12.53   **Zwei Funktionen**

Gegeben sind die reellen Funktionen f mit $f(x) = 6x - x^2$ und g mit $g(x) = x^2 - 2x$.

AUFGABENSTELLUNG:

a) **1)** Ermitteln Sie die Nullstellen von f bzw. g!

2) Ermitteln Sie die lokalen Extremstellen von f bzw. g!

b) **1)** Berechnen Sie die Koordinaten der Schnittpunkte der Graphen von f und g!

2) Ermitteln Sie den Inhalt des zwischen den beiden Graphen liegenden Flächenstücks!

12.54   **Kosten, Erlös und Gewinn**

Ein Hersteller erzeugt und verkauft monatlich x Mengeneinheiten (ME) eines Produktes. Dabei ergeben sich die Kosten K(x), der Erlös E(x) und der Gewinn G(x). Die zugehörigen Funktionen sind in der Abbildung dargestellt.

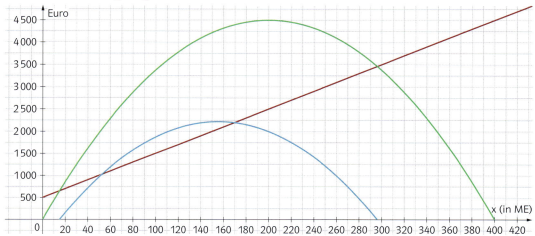

AUFGABENSTELLUNG:

a) **1)** Beschriften Sie die Graphen mit K, E bzw. G!

2) Ermitteln Sie die Fixkosten sowie die Produktionskosten für jedes zusätzlich produzierte Stück und geben Sie eine Termdarstellung der Kostenfunktion K an!

b) **1)** Die Erlösfunktion E ist eine Polynomfunktion vom Grad 2. Geben Sie eine Termdarstellung dieser Funktion an und deuten Sie die Stelle x, für die $E'(x) = 0$ gilt, im Kontext!

2) Geben Sie eine Termdarstellung der Gewinnfunktion G an und berechnen Sie, für welche monatlichen Produktionsmengen der Hersteller einen positiven Gewinn erzielt!

12.55   **Eigenschaften einer Funktion**

Gegeben ist die Funktion $f: \mathbb{R} \to \mathbb{R}$ mit $f(x) = k \cdot (e - e^{-x})$ (mit $k \in \mathbb{R}^+$).

AUFGABENSTELLUNG:

a) **1)** Begründen Sie, dass f streng monoton steigend in $\mathbb{R}$ ist!

2) Begründen Sie, dass f linksgekrümmt in $\mathbb{R}$ ist!

b) **1)** Der Graph von f schließt mit den beiden Koordinatenachsen ein Flächenstück ein. Berechnen Sie dessen Inhalt für $k = 1$!

2) Ermitteln Sie k so, dass $f(0) = 10^6$ ist!

c) **1)** Geben Sie jenen Wert an, dem sich f(x) unbegrenzt nähert, wenn x unbegrenzt wächst!

2) f(a) soll um 50 % größer als f(0) sein. Ermitteln Sie a und zeigen Sie, dass a von k unabhängig ist!

AG-R 2.1
FA-R 1.4
FA-R 1.7
FA-R 1.8
AN-R 4.2
AN-R 4.3

12.56 Anziehungskraft eines Planeten auf einen Satelliten

Die Anziehungskraft, mit der ein Satellit von einem Planeten angezogen wird, ist nach dem Newton'schen Gravitationsgesetz gegeben durch:

$$F(r) = G \cdot \frac{M \cdot m}{r^2}$$

Dabei ist F(r) die Anziehungskraft (in Newton), r der Abstand des Satelliten vom Mittelpunkt des Planeten (in Meter), M die Masse des Planeten (in Kilogramm) und m die Masse des Satelliten (in Kilogramm).

Die Konstante G ist die Gravitationskonstante $G \approx 6{,}673 \cdot 10^{-11} \left(\frac{m^3}{kg \cdot s^2} \right)$.

Für einen um einen Planeten kreisenden Satelliten mit der Masse m = 1200 kg ist der Graph der Funktion F: r ↦ F(r) nebenstehend dargestellt. Außerdem ist eine Tabelle mit Daten der Planeten Erde und Jupiter gegeben.

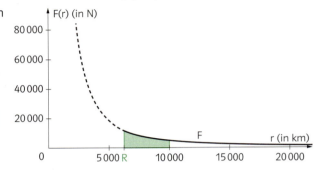

	Erde	Jupiter
Masse M (in Kilogramm)	$5{,}976 \cdot 10^{24}$	$1{,}899 \cdot 10^{27}$
Radius R (in Kilometer)	6378,1	71492

AUFGABENSTELLUNG:

a) 1) Entscheiden Sie, ob sich der Graph auf den Jupiter oder die Erde bezieht! Begründen Sie die Antwort!

   2) Geben Sie einen sachbezogenen Grund dafür an, dass der linke Teil des Graphen strichliert gezeichnet ist! Begründen Sie, dass die Berechnung des Werts F(5000) keinen Sinn ergibt!

b) 1) Begründen Sie durch Rechnung: Wenn die Entfernung des Satelliten vom Planetenmittelpunkt verdoppelt wird, sinkt die Anziehungskraft auf ein Viertel ihres ursprünglichen Wertes.

   2) Prüfen Sie, ob die Anziehungskraft auch auf ein Viertel sinkt, wenn die Entfernung von der Planetenoberfläche verdoppelt wird! Begründen Sie die Antwort!

c) 1) Interpretieren Sie den Inhalt der grün unterlegten Fläche unter dem Graphen von F!

   2) Berechnen Sie den Inhalt dieser Fläche!

AG-R 2.3
FA-R 1.4
AN-R 3.3
AN-R 4.2
AN-R 4.3

12.57 Polynomfunktion 1

Für eine Polynomfunktion f gilt $f'(x) = \frac{3}{8} \cdot (x^2 - 6x + 5)$ und $f(0) = \frac{25}{8}$.

AUFGABENSTELLUNG:

a) 1) Zeigen Sie, dass f die Nullstellen −1 und 5 besitzt und dass der Graph von f die x-Achse an der Stelle 5 berührt!

   2) Begründen Sie, dass es keine weitere Nullstelle gibt!

b) 1) Zeigen Sie rechnerisch, dass der Hochpunkt H, der Wendepunkt W und ein Schnittpunkt S des Graphen von f mit der x-Achse ein gleichschenkeliges Dreieck bilden!

   2) Ermitteln Sie, wieviel Prozent des Inhalts der vom Graphen von f und der x-Achse begrenzten Fläche auf dieses Dreieck entfallen!

AG-R 2.1
AG-R 2.3
FA-R 1.5
AN-R 2.1
AN-R 3.3

12.58   Polynomfunktion 2

Gegeben ist die Polynomfunktion f: $\mathbb{R} \to \mathbb{R} \mid x \mapsto x^3 - 3x$.

AUFGABENSTELLUNG:

a) 1) Zeichnen Sie den Graphen von f und ermitteln Sie dessen Hoch- und Tiefpunkte!

   2) Prüfen Sie, ob f globale Extremstellen besitzt! Begründen Sie die Entscheidung!

b) 1) Ermitteln Sie das Monotonie- und Krümmungsverhalten von f!

   2) Beweisen Sie: Der Graph von f ist symmetrisch bezüglich des Ursprungs, aber nicht symmetrisch bezüglich der 2. Achse.

c) 1) Geben Sie eine Termdarstellung einer Funktion g an, deren Graph symmetrisch bezüglich der 2. Achse, aber nicht symmetrisch bezüglich des Ursprungs ist! Beweisen Sie diese Eigenschaften von g!

   2) Geben Sie eine Termdarstellung einer Funktion h an, deren Graph sowohl symmetrisch bezüglich des Ursprungs als auch symmetrisch bezüglich der 2. Achse ist!

FA-R 1.5
FA-R 3.2
FA-R 4.4
AN-R 2.1
AN-R 3.3

12.59   Polynomfunktionen verschiedenen Grades

Jeder Polynomfunktion kann man einen Grad zuschreiben.

AUFGABENSTELLUNG:

a) 1) Geben Sie eine Termdarstellung einer Polynomfunktion vom Grad n an!

   2) Geben Sie die größtmögliche Anzahl der Nullstellen, lokalen Extremstellen bzw. Wendestellen einer solchen Funktion an!

b) 1) Geben Sie eine Termdarstellung einer Polynomfunktion f vom Grad 2 an, deren Scheitel im Ursprung liegt und für die f(1) = 1 gilt!

   2) Verschieben Sie den Graphen von f anschließend um 2 nach rechts und 3 nach oben und geben Sie eine Termdarstellung der entstehenden Funktion g an!

c) 1) Für eine Polynomfunktion f gilt: $f(x) = ax^2 + c$ mit $a \in \mathbb{R}^*$ und $c \in \mathbb{R}$.
   Geben Sie an, welche Art von Symmetrie der Graph von f aufweist!

   2) Der Graph einer Polynomfunktion f vom Grad 3 besitzt den Hochpunkt $(-3 \mid 54)$, verläuft außerdem durch den Ursprung und weist dort die Steigung -27 auf. Begründen Sie, dass der Graph symmetrisch bezüglich des Ursprungs ist!

AG-R 2.1
AN-R 4.2
AN-R 4.3

12.60   Cavalieri'sches Prinzip

Eine Halbkugel mit dem Volumen V_1 und ein kegelförmig ausgehöhlter Zylinder mit gleichem Radius und gleicher Höhe mit dem Volumen V_2 ruhen auf einer Ebene (in der Abbildung sind Querschnitte gezeichnet).

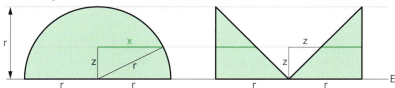

Der Mathematiker Bonaventura Cavalieri (1598−1647) stellte einen Satz auf, der nach ihm als Cavalieri'sches Prinzip bezeichnet wird: Werden zwei Körper, die auf einer Ebene E ruhen und die gleiche Höhe h haben, von Ebenen parallel zu E geschnitten und sind die Inhalte der beiden Schnittflächen in jeder Höhe z einander gleich, dann haben die beiden Körper gleiches Volumen.

AUFGABENSTELLUNG:

a) 1) Stellen Sie mit Hilfe von r eine Formel für V_2 auf!

   2) Zeigen Sie, dass $V_1 = V_2$!

b) 1) Zeigen Sie mit Hilfe des Cavalieri'schen Prinzips, dass $V_1 = V_2$!

   2) Zeigen Sie mit Hilfe der Integralrechnung, dass $V_1 = V_2$!

AG-R 2.3
AN-R 4.2
AN-R 4.3

12.61 **Beschleunigte Bewegung**

Ein Körper bewegt sich mit der Beschleunigung $a(t) = -0,5 \cdot t$ für $t \geq 0$ (t in s, $a(t)$ in m/s^2).
Seine Anfangsgeschwindigkeit beträgt $v(0) = 64$ m/s.

AUFGABENSTELLUNG:

a) 1) Ermitteln Sie, wie lang der Körper vom Zeitpunkt $t = 0$ bis zum Stillstand braucht!

   2) Berechnen Sie seine Geschwindigkeit nach vier Sekunden in m/s und km/h!

b) 1) Geben Sie eine Formel für den Ort $s(t)$ des Körpers zum Zeitpunkt t an!

   2) Berechnen Sie die Länge w des Weges, den der Körper vom Zeitpunkt $t = 0$ bis zum Stillstand zurücklegt!

AG-R 2.1
FA-R 1.7
FA-R 2.2
AN-R 4.2
AN-R 4.3

12.62 **Energieversorgung einer Stadt**

Die Versorgung einer Stadt mit elektrischer Energie erfolgt durch ein Ölkraftwerk und ein Solarkraftwerk. Die Leistung (Änderungsrate der erzeugten Energie bezüglich der Zeit t, gemessen in MJ/h) an einem typischen Sommertag kann für jedes der beiden Kraftwerke näherungsweise der folgenden Abbildung entnommen werden. Der Leistungsbedarf der Stadt entspricht ungefähr der Funktion B mit $B(t) = -\frac{1}{32} \cdot (5t^2 - 120t - 176)$.

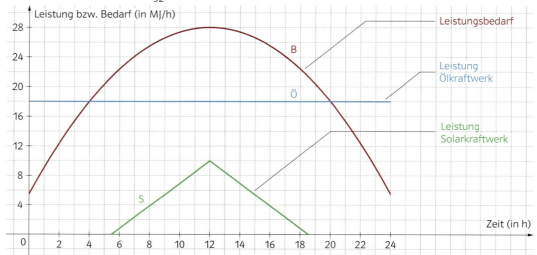

AUFGABENSTELLUNG:

a) 1) Die Leistung Ö(t) des Ölkraftwerks und die Leistung S(t) des Solarkraftwerks lassen sich durch Funktionen darstellen. Geben Sie jeweils eine Termdarstellung für die Funktion Ö und die Funktion S im Zeitintervall [5,5; 12] an!

   Ö(t) = _____   S(t) = _____

   2) Beschreiben Sie den Tagesverlauf der Leistung jedes der beiden Kraftwerke sowie des Leistungsbedarfs in Worten!

b) 1) Begründen Sie anhand der Abbildung, dass von 4 Uhr bis 20 Uhr weniger Energie als benötigt und von 20 Uhr bis 4 Uhr (am nächsten Tag) mehr Energie als benötigt produziert wird!

   2) Beschreiben Sie diese Beziehungen mit Integralen der Funktionen B, Ö, S!

c) 1) Die überschüssige Energie im Zeitintervall von 20 Uhr bis 4 Uhr (am nächsten Tag) wird dazu benutzt, Wasser in einen höher gelegenen Speichersee zu pumpen. Zeigen Sie, dass die dadurch gespeicherte Energie ausreicht, um das Energiedefizit im anschließenden Zeitintervall von 4 Uhr bis 20 Uhr auszugleichen!

   2) Untersuchen Sie, ob diese Energie auch ausreicht, wenn durch den Speichervorgang 15 % der Energie verlorengehen!

12.63 **Freier Fall**

Für die Geschwindigkeit eines Körpers beim freien Fall gilt: $v(t) \approx 9{,}81 \cdot t$ (t in s, v(t) in m/s).

AUFGABENSTELLUNG:

a) 1) Berechnen Sie die Länge des Weges, den der Körper in den ersten beiden Sekunden zurücklegt!

   2) Legt der Körper in vier Sekunden den doppelten Weg zurück? Begründen Sie!

b) 1) Berechnen Sie die Beschleunigung des Körpers nach zwei Sekunden!

   2) Erfährt der Körper nach vier Sekunden die doppelte Beschleunigung? Begründen Sie!

12.64 **Einkommensverteilung eines Landes**

Ist das Gesamteinkommen eines Landes gerecht verteilt? L(x) gebe an, wie viel Prozent des Gesamteinkommens eines Landes von den „einkommensschwächsten" x % der Einwohner des Landes erwirtschaftet werden.

In der folgenden Abbildung ist der Graph der Funktion $x \mapsto L(x)$ schwarz gezeichnet. Dieser Graph heißt **Lorenz-Kurve** (benannt nach dem amerikanischen Mathematiker Max Otto Lorenz, 1876–1959). Wenn das Einkommen gleichmäßig verteilt ist, ergibt sich die rot eingezeichnete Diagonale, denn in diesem Fall haben die einkommensschwächsten 20 % der Bevölkerung 20 % des Gesamteinkommens, die einkommensschwächsten 40 % der Bevölkerung 40 % des Gesamteinkommens, usw. Da aber das Gesamteinkommen ungleich verteilt ist, ergibt sich der schwarz gezeichnete Graph, der unterhalb dieser Diagonale verläuft.

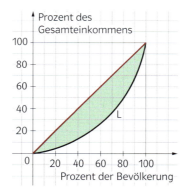

Der sogenannte **Gini-Koeffizient** ist folgendermaßen definiert:

$$\text{Gini-Koeffizient} = \frac{\text{Inhalt der Fläche zwischen Diagonale und Lorenzkurve}}{\text{Inhalt der Dreiecksfläche unter der Diagonale}}$$

AUFGABENSTELLUNG:

a) 1) Entnehmen Sie der Abbildung näherungsweise, wie viel Prozent des Gesamteinkommens die ärmsten 20 % bzw. die reichsten 20 % der Bevölkerung erhalten!

   2) Beschreiben Sie, wie sich die Lorenz-Kurve ändert, wenn die „Armen immer ärmer und die Reichen immer reicher" werden!

b) 1) Begründen Sie, dass der Gini-Koeffizient ein Maß für die Ungleichheit der Einkommensverteilung ist! Geben Sie das Intervall an, in dem der Gini-Koeffizient variieren kann und interpretieren Sie den kleinstmöglichen bzw. den größtmöglichen Wert des Gini-Koeffizienten im Sachzusammenhang!

   2) Berechnen Sie den Gini-Koeffizienten für den Fall, dass die Lorenzkurve näherungsweise durch $L(x) = 0{,}2 \cdot x^4 + 0{,}4 \cdot x^3 + 0{,}4 \cdot x^2$ für $0 \le x \le 1$ gegeben ist, wobei für x und L(x) nicht die Prozentzahlen, sondern die relativen Anteile in Dezimaldarstellung einzusetzen sind (zB 0,4 statt 40 %).

REIFEPRÜFUNG:
WAHRSCHEINLICHKEIT UND STATISTIK

GRUNDKOMPETENZEN

WS 1 Beschreibende Statistik

WS-R 1.1 Werte aus tabellarischen und elementaren graphischen Darstellungen ablesen (bzw. zusammengesetzte Werte ermitteln) und im jeweiligen Kontext angemessen interpretieren können

(un-)geordnete Liste, Piktogramm, Säulen-, Balken-, Linien-, Stängel-Blatt-, Punktwolkendiagramm, Histogramm (als Spezialfall eines Säulendiagramms), Prozentstreifen, Kastenschaubild (Boxplot)

WS-R 1.2 Tabellen und einfache statistische Grafiken erstellen und zwischen Darstellungsformen wechseln können

WS-R 1.3 Statistische Kennzahlen (absolute Häufigkeit, relative Häufigkeit, arithmetisches Mittel, Median, Modus, Quartile, Spannweite, empirische Varianz/Standardabweichung) im jeweiligen Kontext interpretieren können; die angeführten Kennzahlen für einfache Datensätze ermitteln können

WS-R 1.4 Definition und wichtige Eigenschaften des arithmetischen Mittels und des Medians angeben und nutzen, Quartile ermitteln und interpretieren können; die Entscheidung für die Verwendung einer bestimmten Kennzahl begründen können

Wenn auch statistische Kennzahlen (für einfache Datensätze) ermittelt und elementare statistische erstellt werden sollen, liegt das Hauptaugenmerk auf verständigen Interpretationen von Grafiken (unter Beachtung von Manipulationen) und Kennzahlen. Speziell für das arithmetische Mittel und den Median müssen die wichtigsten Eigenschaften (definitorische Eigenschaften, Datentyp-Verträglichkeit, Ausreißerempfindlichkeit) gekannt und verständig eingesetzt bzw. berücksichtigt werden. Beim arithmetischen Mittel sind allenfalls erforderliche Gewichtungen zu beachten („gewichtetes arithmetisches Mittel") und zu nutzen (Bildung des arithmetischen Mittels aus arithmetischen Mitteln von Teilmengen).

WS 2 Grundbegriffe der Wahrscheinlichkeitsrechnung

WS-R 2.1 Grundraum und Ereignisse in angemessenen Situationen verbal bzw. formal angeben können

WS-R 2.2 Relative Häufigkeit als Schätzwert von Wahrscheinlichkeit verwenden und anwenden können

WS-R 2.3 Wahrscheinlichkeit unter der Verwendung der Laplace-Annahme (Laplace-Wahrscheinlichkeit) berechnen und interpretieren können, Additionsregel und Multiplikationsregel anwenden und interpretieren können

Die Multiplikationsregel kann unter Verwendung der kombinatorischen Grundlagen und der Anwendung der Laplace-Regel (auch) umgangen werden.

WS-R 2.4 Binomialkoeffizient berechnen und interpretieren können

WS 3 Wahrscheinlichkeitsverteilung(en)

WS-R 3.1 Die Begriffe Zufallsvariable, (Wahrscheinlichkeits-)Verteilung, Erwartungswert und Standardabweichung verständig deuten und einsetzen können

WS-R 3.2 Binomialverteilung als Modell einer diskreten Verteilung kennen – Erwartungswert sowie Varianz/Standardabweichung binomialverteilter Zufallsgrößen ermitteln können, Wahrscheinlichkeitsverteilung binomialverteilter Zufallsgrößen angeben können, Arbeiten mit der Binomialverteilung in anwendungsorientierten Bereichen

WS-R 3.3 Situationen erkennen und beschreiben können, in denen mit Binomialverteilung modelliert werden kann

WS-R 3.4 Normalapproximation der Binomialverteilung interpretieren und anwenden können

Kennen und Anwenden der Faustregel, dass die Normalapproximation der Binomialverteilung mit den Parametern n und p dann anzuwenden ist und gute Näherungswerte liefert, wenn die Bedingung $n \cdot p \cdot (1 - p) \geq 9$ erfüllt ist. Die Anwendung der Stetigkeitskorrektur ist nicht notwendig und daher für Berechnungen im Zuge von Prüfungsaufgaben vernachlässigbar.

Kennen des Verlaufs der Dichtefunktion φ der Standardnormalverteilung mit Erwartungswert μ und Standardabweichung σ. Arbeiten mit der Verteilungsfunktion Φ der Standardnormalverteilung und korrektes Ablesen aus Tabellen.

WS 4 Schließende/Beurteilende Statistik

WS-R 4.1 Konfidenzintervalle als Schätzung für eine Wahrscheinlichkeit oder einen unbekannten Anteil p interpretieren (frequentistische Deutung) und verwenden können, Berechnungen auf Basis der Normalverteilung oder einer durch die Normalverteilung approximierten Binomialverteilung durchführen können.

AUFGABEN TYP 1

WS-R 1.1 **13.01** **Gasverbrauch eines Einfamilienhaushalts**

Die folgende Tabelle stellt den Gasverbrauch eines Einfamilienhaushalts in acht aufeinanderfolgenden (nicht im Jänner beginnenden) Quartalen dar.

Quartal	A	B	C	D	E	F	G	H
Verbrauch in m³	621	1509	538	417	587	1696	601	399

AUFGABENSTELLUNG:

Geben Sie jene beiden Quartale an, die auf die Monate Juli-August-September entfallen könnten, und begründen Sie die Entscheidung!

WS-R 1.1 **13.02** **Geldtaschen**

Eine Firma produziert Geldtaschen in den Farben braun und rot, jeweils in drei Größen. Das linke Kreisdiagramm gibt die Prozentverteilung der Farben der produzierten Geldtaschen, das rechte Kreisdiagramm die Prozentverteilung der Größen der produzierten Geldtaschen an.

AUFGABENSTELLUNG:

Geben Sie an, wie viele von insgesamt 2 000 produzierten Geldtaschen rote Geldtaschen der Größe 2 sind!

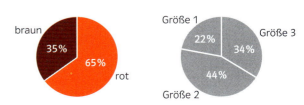

223

WS-R 1.1 **13.03** **Personenkraftwagen mit Benzin- und Dieselmotoren**

Gegeben ist die folgende Grafik.

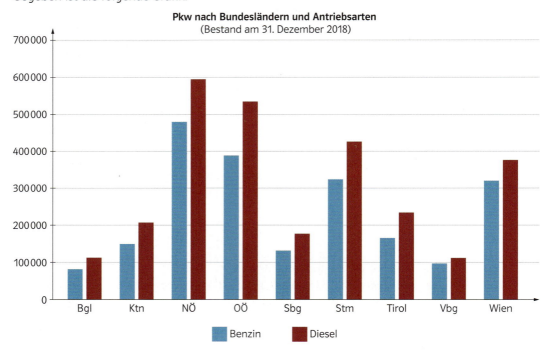

AUFGABENSTELLUNG:

Geben Sie an, in welchem Bundesland die wenigsten PKW mit Benzinmotor und in welchem die meisten PKW mit Dieselmotor zugelassen sind, und entnehmen Sie der Grafik die zugehörigen ungefähren Anzahlen der PKW!

WS-R 1.1 **13.04** **Box-Plot**

Der folgende Box-Plot gibt eine Übersicht betreffend die Anfahrtszeiten der Lehrpersonen einer Schule zu deren Arbeitsplatz.

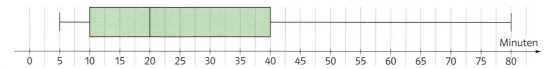

AUFGABENSTELLUNG:

Kreuzen Sie die beiden Aussagen an, die sicher zutreffen!

Genau die Hälfte der Lehrpersonen braucht 20 Minuten bis zur Schule.	☐
Der Median der Anfahrtszeiten beträgt 20 Minuten.	☐
Eine Anfahrtszeit von mehr als 40 Minuten haben mehr Lehrpersonen als eine Anfahrtszeit von weniger als zehn Minuten.	☐
Alle Lehrpersonen brauchen mindestens fünf Minuten bis zur Schule.	☐
Höchstens ein Viertel aller Lehrpersonen braucht 20 Minuten oder weniger bis zur Schule.	☐

WS-R 1.1 **13.05** **Handykosten**

Das folgende Stängel-Blatt-Diagramm stellt die Handykosten (in Euro) der in einer Firma beschäftigten Personen in einem bestimmten Monat dar.

Stamm (Zehnerziffer)	Blätter (Einerziffer)
0	8, 8, 9
1	0, 1, 2, 2, 4, 5, 5, 6, 6, 8, 9, 9
2	3, 5, 5, 7, 8, 8
3	0, 1, 1, 2, 3, 7, 7, 9
5	1, 3, 6
6	2, 4, 4
7	5

Genau ein Viertel der Personen hat eine höhere Handyrechnung als 40 €.	☐
Genau 15 Personen haben eine Handyrechnung von weniger als 20 €.	☐
Keine Person hat eine Handyrechnung von 18 €.	☐
Genau die Hälfte der Personen hat eine höhere Handyrechnung als 26 €.	☐
Der Median der Handyrechnungen beträgt 25 €.	☐

AUFGABENSTELLUNG:

Kreuzen Sie die beiden zutreffenden Aussagen in der Tabelle an!

WS-R 1.1 **13.06** **Verwendung von Social Media in Betrieben**

In der folgenden Grafik sind die relativen Häufigkeiten der Verwendung von Social Media in Betrieben für die Jahre 2013 (blaue Säulen) und 2016 (braune Säulen) dargestellt, gegliedert nach der Anzahl der Beschäftigten.

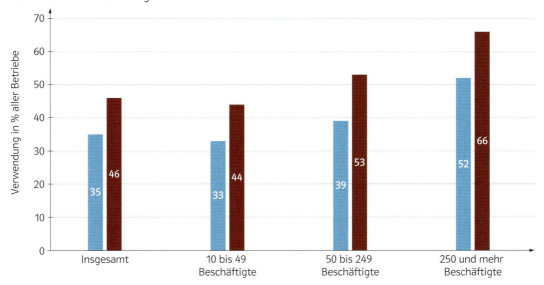

AUFGABENSTELLUNG:

Kreuzen Sie die beiden zutreffenden Aussagen an!

Im Vergleich zu 2013 ist 2016 die Nutzung von Social Media insgesamt um mehr als 35 % gestiegen.	☐
In Unternehmen mit 10 bis 49 Beschäftigten war die Nutzung von Social Media 2013 um 25 % geringer als 2016.	☐
Im Vergleich zu 2013 ist 2016 die Nutzung von Social Media in Unternehmen mit 50 bis 249 Beschäftigten am stärksten gestiegen.	☐
Im Vergleich zu 2013 ist 2016 die Nutzung von Social Media in Unternehmen mit 250 und mehr Beschäftigten stärker gestiegen als insgesamt in allen Unternehmen.	☐
Von 2013 auf 2016 ist die Nutzung von Social Media in Unternehmen mit 250 und mehr Beschäftigten um 14 % gestiegen.	☐

WS-R 1.2 13.07 Feuerwehreinsätze

Das nebenstehende Kreisdiagramm dokumentiert die Arten der 200 Einsätze einer Stadtfeuerwehr in einem Jahr.

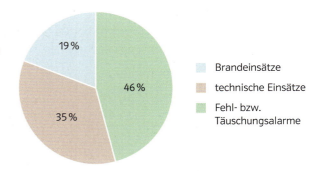

Brandeinsätze

technische Einsätze

Fehl- bzw. Täuschungsalarme

AUFGABENSTELLUNG:

Erstellen Sie ein Säulendiagramm anhand der vorliegenden Daten und beschriften Sie jede Säule mit der zugehörigen absoluten Häufigkeit!

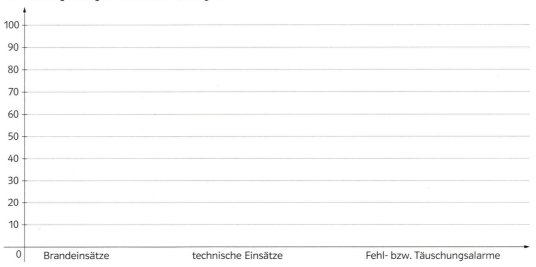

WS-R 1.3 13.08 Weitsprung

Bei einem Sportwettbewerb haben die teilnehmenden Schülerinnen und Schüler folgende Weitsprungwerte (in cm) erzielt:

393, 400, 401, 402, 402, 402, 403, 405, 405, 405, 405, 406, 408, 409

AUFGABENSTELLUNG:

Kreuzen Sie die beiden zutreffenden Aussagen an!

Mittelwert und Median der Weitsprungwerte stimmen überein.	☐
Genau die Hälfte der Weitsprungweiten liegt über dem Median.	☐
Die Spannweite der Weitsprungwerte beträgt 16 cm.	☐
Wäre jede teilnehmende Person um 1 cm weiter gesprungen, dann wäre der Mittelwert höher als der Median.	☐
Der Modus der Weitsprungweiten beträgt 403 cm.	☐

WS-R 1.4 **13.09** **Arithmetisches Mittel**

Gegeben ist das arithmetische Mittel $\bar{x}$ von n Messwerten, die in Form einer aufsteigend geordneten Liste vorliegen.

AUFGABENSTELLUNG:

Kreuzen Sie die beiden Aussagen an, die sicher zutreffen!

Es liegen gleich viele Messwerte unter $\bar{x}$ wie über $\bar{x}$.	☐
$\bar{x}$ kommt unter den Messwerten vor.	☐
$\bar{x}$ ist für Ordinaldaten stets berechenbar und ein sinnvolles Zentralmaß.	☐
Ausreißer können $\bar{x}$ stark beeinflussen.	☐
Das Produkt $n \cdot \bar{x}$ ist gleich der Summe aller Messwerte.	☐

WS-R 1.4 **13.10** **Veränderung einer Datenliste 1**

In einer Datenliste $x_1, x_2, ..., x_n$ ist jede Zahl mit zwei Nachkommaziffern angegeben. Um die Zahlen der Liste kommafrei zu machen, wird jede Zahl mit 100 multipliziert.

AUFGABENSTELLUNG:

Kreuzen Sie die beiden zutreffenden Aussagen an!

Der Mittelwert bleibt unverändert.	☐
Der Median bleibt unverändert.	☐
Der Modus bleibt unverändert.	☐
Die empirische Standardabweichung wird hundertmal so groß.	☐
Die Spannweite wird hundertmal so groß.	☐

WS-R 1.4 **13.11** **Veränderung einer Datenliste 2**

Gegeben ist eine Datenliste $x_1, x_2, ..., x_{500}$ mit dem Mittelwert 128, dem Median 130, dem Modus 129, dem Minimum 122 und dem Maximum 136. Jede Zahl der Liste wird um 10 erhöht.

AUFGABENSTELLUNG:

Geben Sie die folgenden Kennzahlen für die neue Datenliste an!

Mittelwert: _____ Modus: _____ Minimum: _____

Median: _____ Spannweite: _____ Maximum: _____

WS-R 1.4 **13.12** **Monatsbezüge in einem Büro**

Die vier Angestellten eines Büros verdienen monatlich je 1880 €, der Büroleiter verdient monatlich mehr als 1880 €. Der mittlere Monatsbezug aller fünf Personen beträgt 1964 €.

AUFGABENSTELLUNG:

Kreuzen Sie die beiden zutreffenden Aussagen an!

Der Modus der fünf Monatsbezüge hängt vom Monatsbezug des Büroleiters ab.	☐
Die Spannweite der fünf Monatsbezüge beträgt 450 €.	☐
Mittelwert und Median der fünf Monatsbezüge stimmen überein.	☐
Würden alle fünf Personen gleich viel verdienen, wäre der Monatsbezug bei gleicher Lohnsumme für alle 1964 €.	☐
Bei Erhöhung aller Monatsbezüge um 50 € erhöht sich der Median um 50 €.	☐

WS-R 2.1   **13.13**   **Ereignisse beim Wurf eines Würfels**

Ein nicht gefälschter Würfel wird einmal geworfen.

AUFGABENSTELLUNG:

Kreuzen Sie die beiden zutreffenden Aussagen an!

Das Ereignis „Es kommt eine gerade Zahl oder eine ungerade Zahl" ist ein sicheres Ereignis.	☐
Das Ereignis „Es kommt eine gerade Zahl oder eine Primzahl" ist ein unmögliches Ereignis.	☐
Das Gegenereignis zum Ereignis „Es kommt ein Sechser" ist das Ereignis „Es kommt ein Einser".	☐
Das Gegenereignis zum Ereignis „Es kommt ein Sechser" ist das Ereignis „Es kommt kein Sechser".	☐
Das Gegenereignis zum Ereignis „Es kommt eine Zahl < 3" ist das Ereignis „Es kommt eine Zahl > 3".	☐

WS-R 2.2   **13.14**   **Wiederholter Münzwurf**

In einer Schulklasse wurden drei Versuchsserien mit einer 2-Euro-Münze durchgeführt. In der ersten Serie wurde die Münze 10-mal geworfen, in der zweiten Serie 100-mal und in der dritten Serie 1000-mal. In der ersten Serie wurde nach jedem Wurf, in der zweiten Serie nach jedem zehnten Wurf und in der dritten Serie nach jedem hundertsten Wurf die relative Häufigkeit des Auftretens von „Kopf" bis dahin ermittelt. Zu den drei Serien wurden grafische Darstellungen entworfen, bei denen die Beschriftung der 1. Achse fehlt.

AUFGABENSTELLUNG:

Begründen Sie, dass man (wenigstens mit einer gewissen Sicherheit) sagen kann, welche Grafik zu welcher Serie gehört! Beschriften Sie die Darstellungen mit der entsprechenden Seriennummer!

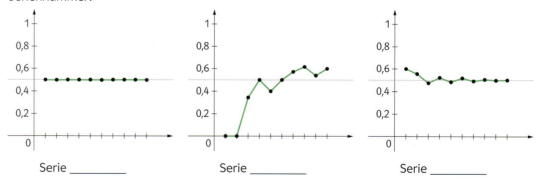

Serie _____   Serie _____   Serie _____

WS-R 2.3   **13.15**   **Baumdiagramm**

Bei einem zweistufigen Zufallsversuch fällt zuerst die Wahl auf A oder B, dann jeweils auf C oder D. Folgende Wahrscheinlichkeiten sind bekannt:
P(B) = 0,2, P(D | B) = 0,7, P(D) = 0,22.

AUFGABENSTELLUNG:

Beschriften Sie alle Strecken des Baumdiagramms mit den dazugehörigen Wahrscheinlichkeiten!

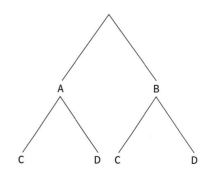

WS-R 2.3 **13.16** **Volksbefragung**

Bei einer Volksbefragung „Ortskern autofrei" gab es in Schöndorf in Abhängigkeit vom Geschlecht das in der Tabelle enthaltene Ergebnis.

	männlich	weiblich
stimmt für Ja	36	24
stimmt für Nein	14	26

AUFGABENSTELLUNG:

Eine befragte Person X wird zufällig ausgewählt. Kreuzen Sie die beiden zutreffenden Aussagen an!

Die Ereignisse „X ist weiblich" und „X stimmt für Ja" sind unabhängig.	☐
Die Ereignisse „X ist weiblich" und „X stimmt für Nein" sind unabhängig.	☐
Die Ereignisse „X ist männlich" und „X stimmt für Ja" sind unabhängig.	☐
Das Ereignis „X ist weiblich" begünstigt das Ereignis „X stimmt für Nein".	☐
Das Ereignis „X ist männlich" benachteiligt das Ereignis „X stimmt für Nein".	☐

WS-R 2.3 **13.17** **Wurf zweier Würfel**

Zwei nicht unterscheidbare Würfel werden geworfen.

AUFGABENSTELLUNG:

Gesucht ist die Wahrscheinlichkeit für einen Pasch (zwei gleiche Augenzahlen). Kreuzen Sie die korrekte Lösung an!

Alle möglichen Ergebnisse: (1|1) (1|2) (1|3) (1|4) (1|5) (1|6) (2|1) (2|2) (2|3) (2|4) (2|5) (2|6) (3|1) (3|2) (3|3) (3|4) (3|5) (3|6) (4|1) (4|2) (4|3) (4|4) (4|5) (4|6) (5|1) (5|2) (5|3) (5|4) (5|5) (5|6) (6|1) (6|2) (6|3) (6|4) (6|5) (6|6) Bei den 36 möglichen Ergebnissen kommt 6-mal ein Pasch vor. Also: $P(\text{Pasch}) = \frac{6}{36} = \frac{1}{6}$	☐
Alle möglichen Ergebnisse : (1|1) (1|2) (1|3) (1|4) (1|5) (1|6) (2|2) (2|3) (2|4) (2|5) (2|6) (3|3) (3|4) (3|5) (3|6) (4|4) (4|5) (4|6) (5|5) (5|6) (6|6) Bei den $6 + 5 + 4 + 3 + 2 + 1 = 21$ möglichen Ergebnissen kommt 6-mal ein Pasch vor. Also: $P(\text{Pasch}) = \frac{6}{21} = \frac{2}{7}$	☐
Beim Würfeln mit zwei Würfeln gibt es prinzipiell nur zwei mögliche Ergebnisse: Pasch oder keinen Pasch. Also: $P(\text{Pasch}) = \frac{1}{2}$	☐
Georg hat zu Hause zwei Würfel 20-mal geworfen und dabei 5-mal einen Pasch erzielt, also: $P(\text{Pasch}) = \frac{5}{20} = \frac{1}{4}$	☐
Rebecca und ihre Freundinnen haben zu Hause zwei Würfel sehr oft geworfen, nämlich 1000-mal. Dabei haben sie 150-mal einen Pasch erzielt. Also: $P(\text{Pasch}) = \frac{150}{1000} = \frac{3}{20}$	☐
Die Wahrscheinlichkeit für einen Pasch kann man vor der Durchführung einer Wurfserie nicht angeben.	☐

WS-R 2.4 **13.18** **Binomialkoeffizienten**

Gegeben sind zwei natürliche Zahlen n und k mit k ≤ n.

AUFGABENSTELLUNG:

Kreuzen Sie die beiden zutreffenden Aussagen an!

$\binom{n}{0} = n$	☐
$\binom{n}{1} = 1$	☐
$\binom{n}{n} = n$	☐
$\binom{n}{n} = \binom{n}{0}$	☐
$\binom{n}{k} = \binom{n}{n-k}$	☐

WS-R 3.1 **13.19** **Eignungstest**

Ein Eignungstest ist so gestaltet, dass vier Fragen mit je drei Antwortmöglichkeiten gestellt werden, von denen jeweils immer nur eine Antwort richtig ist. Eine Kandidatin kreuzt jeweils eine Antwort völlig zufällig an. Die Zufallsvariable H gibt die Anzahl der richtigen Antworten an.

AUFGABENSTELLUNG:

Ermitteln Sie den Erwartungswert und die Standardabweichung von H!

WS-R 3.1 **13.20** **Erwartungswert einer Zufallsvariablen**

Eine 500 000-malige Wiederholung eines Zufallsversuchs hat für eine Zufallsvariable X die Werte $x_1, x_2, …, x_{500\,000}$ mit dem Mittelwert $\bar{x}$, dem Median m und dem größten Wert max ergeben.

AUFGABENSTELLUNG:

Kreuzen Sie die beiden Aussagen an, die mit Sicherheit auf den Erwartungswert E(X) zutreffen!

$E(X) \approx \bar{x}$	☐
$E(X) \approx m$	☐
$E(X) \approx max$	☐
E(X) ist ein Element der Liste.	☐
$500\,000 \cdot E(X) \approx x_1 + x_2 + … + x_{500\,000}$	☐

WS-R 3.2 **13.21** **Spielautomat**

Bei einem Spielautomaten gewinnt man mit der Wahrscheinlichkeit 0,25.

AUFGABENSTELLUNG:

Berechnen Sie die Wahrscheinlichkeit, dass man bei fünf Spielen mindestens einmal gewinnt!

WS-R 3.2 **13.22** **Baumwollfasern**

75 % der Baumwollfasern einer bestimmten Sorte haben eine Länge unter 45 mm, die übrigen sind mindestens 45 mm lang.

AUFGABENSTELLUNG:

Berechnen Sie jeweils die Wahrscheinlichkeit, dass bei drei zufällig herausgegriffenen Fasern keine, eine, zwei oder alle drei kürzer als 45 mm sind!

WS-R 3.2 **13.23** **Normal und Premium**

Eine Maschine füllt Tee, der in der Qualität variiert, in Säckchen ab. Die abgefüllten Säckchen werden daher in die Güteklassen *Standard* und *Premium* einsortiert. Erfahrungsgemäß sind 8 % der abgefüllten Säckchen von der Güteklasse *Premium*.

AUFGABENSTELLUNG:

Kreuzen Sie das Ereignis an, das die größte Wahrscheinlichkeit besitzt!

Bei 8 zufällig ausgewählten Säckchen erhält man nur die Güteklasse *Standard*.	☐
Bei 8 zufällig ausgewählten Säckchen erhält man nur die Güteklasse *Premium*.	☐
Bei 10 zufällig ausgewählten Säckchen erhält man mindestens einmal die Güteklasse *Premium*.	☐
Bei 10 zufällig ausgewählten Säckchen erhält man genau einmal die Güteklasse *Standard*.	☐
Bei 16 zufällig ausgewählten Säckchen erhält man höchstens einmal die Güteklasse *Premium*.	☐
Bei 16 zufällig ausgewählten Säckchen erhält man nur die Güteklasse *Standard*.	☐

WS-R 3.2 **13.24** **Wurf eines Reißnagels**

Die Wahrscheinlichkeit, dass bei fünfmaligem Werfen eines bestimmten Reißnagels jedes Mal die Kopfseite auf dem Boden landet, beträgt ca. 20 %.

AUFGABENSTELLUNG:

Berechnen Sie die Wahrscheinlichkeit, dass der Reißnagel beim sechsten Wurf nicht auf der Kopfseite landet!

WS-R 3.2 **13.25** **Multiple-Choice-Prüfung**

Bei einer Prüfung mit 20 Fragen sind zu jeder Frage vier Antwortmöglichkeiten gegeben, von denen jeweils nur eine richtig ist.

AUFGABENSTELLUNG:

Berechnen Sie die Wahrscheinlichkeit, dass bei zufälligem Ankreuzen jede Frage richtig beantwortet wird!

WS-R 3.2 **13.26** **Massenproduktion**

Bei einer Massenproduktion ist erfahrungsgemäß mit 4 % mangelhaft verarbeiteten Artikeln zu rechnen. Die Wahrscheinlichkeit, dass auf einer Palette mit 100 Stück kein mangelhaft verarbeitetes Produkt zu finden ist, soll ermittelt werden.

AUFGABENSTELLUNG:

Kreuzen Sie die beiden Terme an, welche die gesuchte Wahrscheinlichkeit liefern!

$\binom{100}{4} \cdot 0{,}04^4 \cdot 0{,}96^{96}$	☐
$0{,}04^{100}$	☐
$\binom{100}{0} \cdot 0{,}04^0 \cdot 0{,}96^{100}$	☐
$0{,}96^{100}$	☐
$100 \cdot 0{,}04 \cdot 0{,}96$	☐

WS-R 3.3 **13.27** **Binomialverteilung**

Gegeben sind fünf Problemsituationen, in denen jeweils eine Wahrscheinlichkeit gesucht ist.

AUFGABENSTELLUNG:

Kreuzen Sie die beiden Problemsituationen an, in denen die gesuchte Wahrscheinlichkeit mit Hilfe einer Binomialverteilung berechnet werden kann!

Bei einer Lieferung von 10 Geräten sind vier Geräte defekt. Dieser Lieferung werden gleichzeitig drei Geräte entnommen. Gesucht ist die Wahrscheinlichkeit, dass mindestens zwei davon defekt sind.	☐
Eine Münze wird zehnmal geworfen. Gesucht ist die Wahrscheinlichkeit, dass genau viermal „Kopf" kommt.	☐
Jemand gibt beim Lotto „6 aus 45" einen Tipp ab. Gesucht ist die Wahrscheinlichkeit dafür, dass er genau fünf Richtige hat.	☐
Bei der Prüfung zieht ein Kandidat mit einem Griff zwei Themenbereiche aus 18 vorgegebenen Themenbereichen. Er hat sich nur für acht Themenbereiche vorbereitet. Gesucht ist die Wahrscheinlichkeit, dass sich der Kandidat auf die gezogenen Themenbereiche vorbereitet hat.	☐
18 % der 650 Schülerinnen und Schüler einer Schule haben ein Schuljahr mit ausgezeichnetem Erfolg absolviert. Zehn Jugendliche dieser Schule werden zufällig ausgelost. Gesucht ist die Wahrscheinlichkeit, dass mindestens zwei der zehn Jugendlichen einen ausgezeichneten Erfolg haben.	☐

WS-R 3.4 **13.28** **Normalverteilung 1**

Gegeben ist eine normalverteilte Zufallsvariable X. In den folgenden Abbildungen entsprechen die Inhalte der grün hervorgehobenen Flächen bestimmten Wahrscheinlichkeiten bezüglich der Zufallsvariablen X.

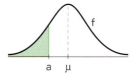 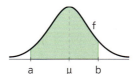 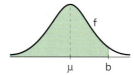 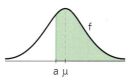

AUFGABENSTELLUNG:

Kreuzen Sie die beiden Wahrscheinlichkeiten an, die dem Inhalt einer der abgebildeten grünen Flächen entsprechen!

$P(X \geq b)$	☐
$P(X \geq a)$	☐
$1 - P(X \leq b)$	☐
$1 - P(X \geq a)$	☐
$1 - P(a \leq X \leq b)$	☐

WS-R 3.4 **13.29** **Normalverteilung 2**

Bei der Abfüllung eines Spülmittels in Flaschen ist die Abfüllmenge M annähernd normalverteilt mit den Parametern $\mu = 0{,}5$ und $\sigma = 0{,}05$ (Angaben in Liter).

AUFGABENSTELLUNG:

Geben Sie ein Intervall symmetrisch um μ an, in dem 96 % der Flüssigkeitsmengen aller abgefüllten Flaschen liegen!

WS-R 3.4 | **13.30** | **Normalverteilung 3**

Bei der Erzeugung eines bestimmten Medikaments ist die Menge des in einer Tablette enthaltenen Wirkstoffs annähernd normalverteilt mit den Parametern $\mu = 1\,mg$ und $\sigma = 0{,}05\,mg$. Da die Dosierung sehr genau eingehalten werden muss, wird eine Tablette aus der Produktion entfernt, wenn die enthaltene Wirkstoffmenge um mehr als $0{,}02\,mg$ nach oben oder unten von μ abweicht.

AUFGABENSTELLUNG:
Ermitteln Sie den Prozentsatz der aus der Produktion entfernten Tabletten!

WS-R 3.4 | **13.31** | **Approximation einer Binomialverteilung durch eine Normalverteilung**

Für die Approximation einer Binomialverteilung mit den Parametern n und p durch eine Normalverteilung gibt es eine Faustregel.

AUFGABENSTELLUNG:
Geben Sie diese an! Faustregel: _____

WS-R 3.4 | **13.32** | **Blutgruppe A**

In Österreich haben ungefähr 41% der Bewohner die Blutgruppe A. In einem Krankenhaus wird eine große Anzahl n von Personen zufällig ausgewählt und hinsichtlich ihrer Blutgruppe untersucht. Die Zufallsvariable X gibt die dabei festgestellte Anzahl von Personen mit Blutgruppe A an. Die Wahrscheinlichkeitsverteilung von X ist eine Binomialverteilung mit den Parametern n und $p = 0{,}41$. Diese kann durch eine Normalverteilung approximiert werden, deren Dichtefunktion so aussieht:

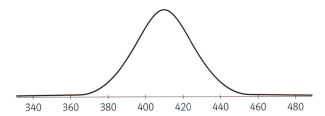

AUFGABENSTELLUNG:
Geben Sie eine Schätzung für die Anzahl n der untersuchten Personen an!

WS-R 4.1 | **13.33** | **Konfidenzintervall**

In einer Stichprobe vom Umfang 100 ergab sich die relative Häufigkeit h eines Merkmals.

AUFGABENSTELLUNG:
Für den relativen Anteil des Merkmals in der Grundgesamtheit wurden von drei Personen folgende Konfidenzintervalle angegeben: [0,35; 0,38], [0,36; 0,37], [0,34; 0,39]. Geben Sie an, welches dieser Konfidenzintervalle die größte Sicherheit aufweist!

WS-R 4.1 | **13.34** | **Ergebnis eines Bluttests**

Bei einem Bluttest wurden 2100 zufällig aus einer Gesamtbevölkerung ausgewählte Personen untersucht. Dabei ergab sich, dass 35% der Untersuchten die Blutgruppe 0 hatten.

AUFGABENSTELLUNG:
Ermitteln Sie aufgrund des Stichprobenergebnisses ein 95%-Konfidenzintervall für den relativen Anteil der Personen mit der Blutgruppe 0 in der Gesamtbevölkerung und geben Sie die Wahrscheinlichkeit dafür an, dass der tatsächliche relative Anteil der Personen mit der Blutgruppe 0 in der Gesamtbevölkerung nicht in diesem Konfidenzintervall liegt!

AUFGABEN TYP 2

WS-R 1.1
WS-R 1.2
WS-R 1.3
WS-R 1.4

13.35   **Gedächtnistest**

Bei einem Gedächtnistest werden zehn Gegenstände kurz hergezeigt. Nach einigen Minuten sollen die Versuchspersonen die Namen so vieler Gegenstände wie möglich aufschreiben, die sie sich gemerkt haben. Die folgende Grafik zeigt das Ergebnis dieses Gedächtnistests:

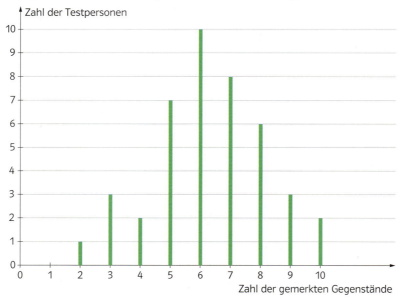

AUFGABENSTELLUNG:

a) **1)** Geben Sie an, wie viele Personen an dem Test teilgenommen haben!

   2) Ermitteln Sie die durchschnittliche Anzahl der gemerkten Gegenstände pro Person! Runden Sie diese Anzahl auf zwei Dezimalstellen!

b) **1)** Ermitteln Sie den Median und die Quartile der Anzahl der gemerkten Gegenstände!

   2) Einer der folgenden Box-Plots entspricht der obigen grafischen Darstellung. Kreuzen Sie diesen an!

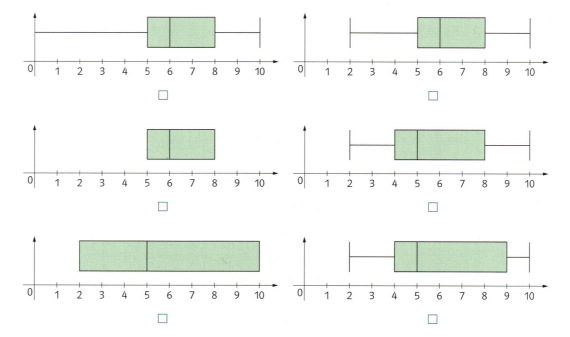

WS-R 1.1
WS-R 1.2
WS-R 1.3

13.36 **Spielgewinne eines Hobbyfußballvereins**

Der Hobbyfußballverein „Fit and Fun" hat über fünf Jahre aufgezeichnet, wie viel Prozent der Spiele jedes Jahr gewonnen wurden. Das Säulendiagramm zeigt die Prozentsätze der gewonnenen Spiele in den einzelnen Jahren, die danebenstehende Tabelle gibt die Anzahlen der in den einzelnen Jahren durchgeführten Spiele an.

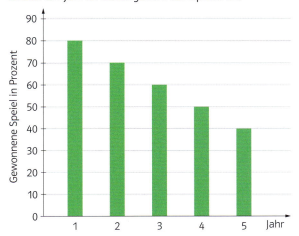

Jahr	Anzahl der durchgeführten Spiele
1	25
2	30
3	35
4	44
5	55

AUFGABENSTELLUNG:

a) **1)** Berechnen Sie die Anzahlen der in den einzelnen Jahren gewonnenen Spiele!

   2) Stellen Sie die Anzahlen der gewonnenen Spiele durch ein Säulendiagramm dar!

b) **1)** Berechnen Sie das arithmetische Mittel $\bar{x}$ und die empirische Standardabweichung s der Anzahlen der gewonnenen Spiele!

   2) Das abgebildete Säulendiagramm der Prozentsätze erzeugt den Eindruck, dass sich der Hobbyfußballverein im Laufe der fünf Jahre verschlechtert hat. Betrachtet man jedoch die Anzahlen der gewonnenen Spiele, so zeigt sich, dass diese von Jahr zu Jahr gleich geblieben oder sogar gestiegen sind. Erläutern Sie, wie dieser scheinbare Widerspruch erklärt werden kann!

WS-R 1.1
WS-R 1.2
WS-R 1.3

13.37 **Alter der Mitarbeiter eines Betriebs**

Das Alter (in Jahren) der Mitarbeiter eines Betriebes wird durch nebenstehendes Stängel-Blatt-Diagramm angegeben.

Zehnerstelle	Einerstelle
2	4, 6, 8
3	0, 3, 4, 5, 5, 9
4	0, 1, 2, 2, 2, 2, 2, 5, 9, 9
5	3, 3, 5, 6
6	1, 2

AUFGABENSTELLUNG:

a) **1)** Zeichnen Sie ein dazugehöriges Histogramm mit den Klassen [20; 30), [30; 40), [40; 50), [50; 60) und [60; 70)!

   2) Ermitteln Sie den Modus, den Median, den Mittelwert und die empirische Standardabweichung s der Daten!

b) **1)** Ermitteln Sie die Quartile und zeichnen Sie ein Kastenschaubild!

   2) Ein Grafiker des Betriebs stellt die Altersverteilung auf die nebenstehende Art dar. Begründen Sie, dass diese Darstellung nicht korrekt ist, und zeichnen Sie ein korrektes Histogramm mit der gleichen Klasseneinteilung!

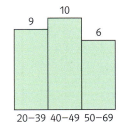

FA-R 1.4
FA-R 1.5
AN-R 3.3
WS-R 1.1

13.38 **Ehescheidungen**

Gegeben ist die folgende Grafik.

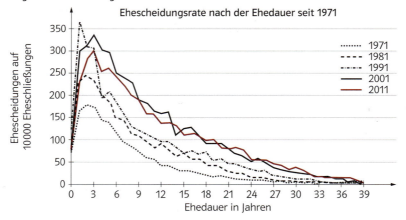

Ehescheidungsrate nach der Ehedauer seit 1971

Quelle:
Statistik Austria 2012

AUFGABENSTELLUNG:

a) **1)** In der folgenden Tabelle beziehen sich alle angegeben Scheidungszahlen auf 10 000 Ehe-schließungen. (Beispiel: „190 Ehescheidungen" bedeutet „190 Ehescheidungen von 10 000 Eheschließungen".)
Kreuzen Sie die beiden zutreffenden Aussagen an!

Nach neun Jahren Ehe wurden 2001 und 2011 jeweils ca. 190 Ehen geschieden.	☐
Im Jahr 2011 gab es doppelt so viele Ehescheidungen nach 15 Jahren Ehedauer wie im Jahr 1971.	☐
Die Anzahl der Ehescheidungen nach dreijähriger Ehedauer wurde für die angeführten Jahre stets kleiner.	☐
Nach 27 Ehejahren wurden 2001 weniger als 0,005 % der Ehen geschieden.	☐
Für alle angeführten Jahre wurde die Maximalzahl an Ehescheidungen nach spätestens drei Jahren Ehe erreicht.	☐

2) Die Erhebung von 1971 gibt an, dass nach drei Ehejahren ca. 175 Ehescheidungen auf 10 000 Eheschließungen kommen. Ermitteln Sie für die übrigen Jahre, wie viele Ehescheidungen nach drei Ehejahren auf 10 000 Eheschließungen kommen!

b) **1)** Immer wieder ist vom „verflixten 7. Ehejahr" die Rede. Geben Sie an, ob sich in der Grafik ein Anhaltspunkt erkennen lässt, der darauf hinweist, dass gerade nach sieben Jahren Ehe auffällig viele Ehescheidungen stattfinden! Begründen Sie die Antwort!

2) Im Prinzip sieht der Verlauf der Anzahl der Ehescheidungen pro 10 000 Eheschließungen in allen angeführten Jahren ähnlich aus.
Die nebenstehend dargestellte Funktion f mit

$$f(t) = \frac{2000t}{(0{,}75t + 1{,}6)^2} - 70$$

zeigt den prinzipiellen Verlauf. Interpretieren Sie die Aussagen $f'(t) = 0$, $f'(t) > 0$ und $f'(t) < 0$ im vorliegenden Kontext!

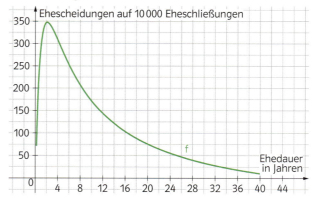

WS-R 1.1
WS-R 1.2

13.39   Mobile Einsätze eines Pannenstützpunkts

Ein kleiner Pannenhilfestützpunkt veröffentlicht eine Übersicht über die mobilen Einsätze der letzten zwei Wochen. Dabei werden die täglichen mobilen Pannendienstfahrten vom Anfang der ersten Woche bis zum letzten Tag der zweiten Woche aufsummiert. Folgende Grafik liegt vor:

AUFGABENSTELLUNG:

a) 1) Lesen Sie aus der Grafik ab, an welchen Tagen keine mobilen Einsätze erfolgten!

2) Lesen Sie ab, an welchem Tag die meisten mobilen Einsätze erfolgten!

b) 1) Ermitteln Sie für jeden Tag die Zahl der mobilen Einsätze und erstellen Sie dazu ein Säulendiagramm, das die Verteilung der Anzahl der Einsätze auf die einzelnen Tage angibt!

2) Vergleichen Sie die beiden Säulendiagramme und beschreiben Sie Vor- und Nachteile!

AN-R 1.1
AN-R 1.3
WS-R 1.1

13.40   Arbeitslose

Über die Zahl der Arbeitslosen in einer Region liegen zwei Grafiken vor. Die Regierungspartei und die Oppositionsparteien wollen das Thema in den nächsten Wahlkampf einbringen.

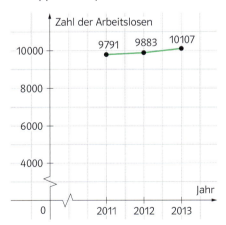
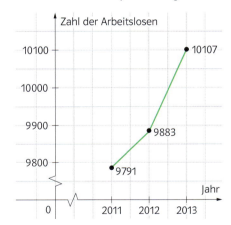

AUFGABENSTELLUNG:

a) 1) Beschreiben Sie die Unterschiede der beiden Grafiken!

2) Geben Sie an, für welche Grafik sich eher die Regierungspartei und für welche sich eher die Oppositionsparteien entscheiden werden!

b) 1) Berechnen Sie die Zunahme der Zahl der Arbeitslosen in den Zeitintervallen [2011; 2012], [2012; 2013] und [2011; 2013]!

2) Berechnen Sie die mittleren Änderungsraten der Zahl der Arbeitslosen in diesen drei Intervallen!

AG-R 2.1
WS-R 1.3
WS-R 2.1

13.41   Rechnungen in einem Installateurbetrieb

In einem Installateurbetrieb werden alte Rechnungen aus den Jahren 2018 und 2019 sortiert.
Dabei stellt man fest:
− Von den 1040 Rechnungen aus dem Jahr 2018 sind 52 noch unbezahlt.
− Von den 1200 Rechnungen aus dem Jahr 2019 sind 96 noch unbezahlt.

AUFGABENSTELLUNG:

a) 1) Ermitteln Sie den relativen Anteil der unbezahlten Rechnungen an allen ausgestellten Rechnungen für 2018, für 2019 und für beide Jahre zusammen!

   2) Prüfen Sie, ob der relative Anteil aus beiden Jahren zusammen dem arithmetischen Mittel der relativen Anteile aus 2018 und 2019 entspricht oder nicht! Begründen Sie die Entscheidung!

b) Ermitteln Sie die folgenden Wahrscheinlichkeiten:

   1) P(Rechnung stammt aus 2019 | Rechnung ist unbezahlt)

   2) P(Rechnung ist unbezahlt | Rechnung stammt aus 2019)

c) 1) Wir nehmen an, dass in einem Jahr von den a ausgestellten Rechnungen b unbezahlt sind und im Folgejahr von den c ausgestellten Rechnungen d unbezahlt sind. Geben Sie für jedes der beiden Jahre und für beide Jahre zusammen einen Term für den relativen Anteil der unbezahlten Rechnungen an allen ausgestellten Rechnungen an!

   2) Geben Sie eine Bedingung für a und c an, sodass der relative Anteil aus beiden Jahren zusammen gleich dem arithmetischen Mittel der relativen Anteile in den einzelnen Jahren ist!

WS-R 2.1
WS-R 2.3

13.42   Münzwurf

Eine Münze wird viermal geworfen. Wir betrachten folgende Ereignisse:
A: Die Anzahl von „Zahl" ist gerade (dh. 0, 2 oder 4)
B: „Zahl" tritt beim dritten Wurf auf. (Die Ergebnisse der anderen Würfe sind beliebig.)
C: Keines der beiden Ereignisse A und B tritt ein.
D: Mindestens eines der Ereignisse A und B tritt ein.

AUFGABENSTELLUNG:

a) 1) Ermitteln Sie die Wahrscheinlichkeiten P(A) und P(B) mittels eines Baumdiagramms!

   2) Geben Sie die Wahrscheinlichkeiten P(¬A) und P(¬B) an!

b) 1) Geben Sie an, wie C und D miteinander zusammenhängen! Berechnen Sie P(C) und P(D)!

   2) Ermitteln Sie die Wahrscheinlichkeiten P(C ∨ D) und P(C ∧ D)! Interpretieren Sie die Ergebnisse!

WS-R 2.1
WS-R 2.3

13.43   Sonntagskinder

Max ist an einem Sonntag geboren.

AUFGABENSTELLUNG:

a) 1) Berechnen Sie die Wahrscheinlichkeit dafür, dass eine Person, die Max zufällig trifft, auch ein „Sonntagskind" ist!

   2) Begründen Sie, dass zur Berechnung dieser Wahrscheinlichkeit angenommen werden muss, dass die Geburten gleichmäßig auf die Wochentage verteilt sind!

b) 1) Es sei ¬E das Ereignis „Von n Personen, die Max zufällig trifft, ist keine an einem Sonntag geboren". Formulieren Sie das Ereignis E in der Umgangssprache!

   2) Ermitteln Sie P(¬E) und P(E) in Abhängigkeit von n!

13.44 **Ziehen von Kugeln aus einer Urne 1**

Eine Urne enthält sechs Kugeln mit den aufgedruckten Zahlen 1, 1, 4, 5, 5, 5. Zwei Kugeln werden nacheinander mit Zurücklegen gezogen und die Summe S der beiden Zahlen wird notiert.

AUFGABENSTELLUNG:

a) **1)** Ermitteln Sie alle möglichen Werte von S und deren Wahrscheinlichkeiten!

2) Stellen Sie die Wahrscheinlichkeitsverteilung von S durch ein Stabdiagramm dar!

b) **1)** Geben Sie die Werte $k \in \{1, 2, 3, 4, 5\}$ an, für die $S = k$ ein unmögliches Ereignis ist!

2) Begründen Sie, dass $S = k$ für kein k aus dieser Menge ein sicheres Ereignis ist!

c) **1)** Berechnen Sie P(A), P(B) und $P(A \wedge B)$ für die Ereignisse:

A: Es werden zwei verschiedene Zahlen gezogen.　　　B: Die Summe S ist kleiner als 8.

2) Berechnen Sie die Wahrscheinlichkeiten der Gegenereignisse von $(\neg A \wedge \neg B)$ und $(\neg A \vee \neg B)$!

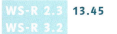

13.45 **Ziehen von Kugeln aus einer Urne 2**

Eine Urne enthält eine schwarze und vier weiße Kugeln. Es wird mit Zurücklegen gezogen.

AUFGABENSTELLUNG:

a) Es werden zehn Ziehungen durchgeführt.

1) Berechnen Sie P(Die erste Kugel ist schwarz) und P(Genau zwei Kugeln sind schwarz)!

2) Berechnen Sie P(Mindestens eine Kugel ist schwarz) und P(Höchstens eine Kugel ist schwarz)!

b) **1)** Ermitteln Sie P(Bei n-maligen Ziehen erhält man keine schwarze Kugel)!

2) Ermitteln Sie, wie viele Kugeln man mindestens ziehen müsste, damit sich darunter mit einer Wahrscheinlichkeit von mindestens 90 % wenigstens eine schwarze Kugel befindet!

13.46 **Ziehen von Kugeln aus einer Urne 3**

In der Urne A sind sieben grüne und drei rote Kugeln. In der Urne B sind vier grüne und sechs rote Kugeln.

AUFGABENSTELLUNG:

a) Aus Urne A werden nacheinander zwei Kugeln ohne Zurücklegen gezogen.

1) Ermitteln Sie die Wahrscheinlichkeit, dass beide Kugeln die gleiche Farbe haben!

2) Ermitteln Sie die Wahrscheinlichkeit, dass beide Kugeln verschiedene Farben haben!

b) Nun wird aus Urne B mit Zurücklegen gezogen.

1) Berechnen Sie die Wahrscheinlichkeit, dass beim vierten Zug zum ersten Mal eine grüne Kugel gezogen wird!

2) Berechnen Sie die Wahrscheinlichkeit, dass von fünf gezogenen Kugeln zwei rot und drei grün sind!

13.47 **Ziehen von Kugeln aus einer Urne 4**

In einer Urne befinden sich sechs Kugeln mit den aufgedruckten Zahlen 1, 1, 4, 5, 5, 5. Es wird mit Zurücklegen gezogen.

AUFGABENSTELLUNG:

a) **1)** Berechnen Sie die Wahrscheinlichkeit dafür, dass man bei drei Ziehungen mindestens einmal eine Kugel mit der Zahl 5 erhält!

2) Ermitteln Sie, wie viele Ziehungen mindestens durchgeführt werden müssen, damit die Wahrscheinlichkeit, dass mindestens eine Kugel mit der Zahl 5 gezogen wird, größer als 99 % ist!

b) Berechnen Sie die Wahrscheinlichkeiten folgender Ereignisse:

1) Bei drei Ziehungen wird mindestens einmal eine Kugel mit der Zahl 1 gezogen.

2) Bei sechs Ziehungen wird mindestens zweimal eine Kugel mit der Zahl 1 gezogen.

WS-R 2.1
WS-R 2.3

13.48

Ein Würfelspiel

Die sechs Seitenflächen eines Würfels tragen die Zahlen 1, 1, 1, 1, 2, 2. Zwei Spieler A und B verein-
baren mit diesem Würfel folgendes Spiel: Es wird dreimal gewürfelt. Erscheint dabei die Zahl 1
öfter als die Zahl 2, gewinnt A und erhält von B einen Euro. Erscheint die Zahl 2 öfter als die
Zahl 1, gewinnt B und erhält von A zwei Euro.

AUFGABENSTELLUNG:

a) 1) Zeichnen Sie ein passendes Baumdiagramm zu diesem Spiel!

2) Berechnen Sie die Wahrscheinlichkeit, dass bei den drei Würfen dreimal dieselbe Zahl
fällt!

b) 1) Berechnen Sie die Wahrscheinlichkeit, dass A gewinnt, und die Wahrscheinlichkeit, dass B
gewinnt!

2) Prüfen Sie, ob B mit der Vereinbarung zufrieden sein kann! Begründen Sie die
Entscheidung!

WS-R 2.1
WS-R 3.2

13.49

Klinische Studie

Ein Pharmaproduzent testet die Medikamente A, B, C an 2 000 Versuchspersonen, wobei jede
Versuchsperson mit genau einem Medikament behandelt wird.

- A wird bei 500 Versuchspersonen angewendet und ergibt 200 positive Reaktionen.
- B wird bei weiteren 500 Versuchspersonen angewendet und ergibt 250 positive Reaktionen.
- C wird bei den verbleibenden 1 000 Versuchspersonen angewendet und ergibt 300 positive
Reaktionen.

AUFGABENSTELLUNG:

a) 1) Eine der 2 000 Versuchspersonen wird zufällig ausgewählt. Berechnen Sie die Wahrscheinlichkeit, dass bei dieser Versuchsperson eine positive Reaktion eingetreten ist!

2) Vier der mit dem Medikament A behandelte Versuchspersonen werden zufällig ausgewählt. Berechnen Sie die Wahrscheinlichkeit, dass mindestens eine der ausgewählten Versuchspersonen eine positive Reaktion gezeigt hat!

b) 1) Sechs der mit dem Medikament C behandelten Versuchspersonen werden zufällig ausgewählt. Berechnen Sie die Wahrscheinlichkeit, dass mindestens zwei der ausgewählten
Versuchspersonen eine positive Reaktion gezeigt haben!

2) Zwölf der mit dem Medikament B behandelte Versuchspersonen werden zufällig ausgewählt. Berechnen Sie die Wahrscheinlichkeit, dass bei mindestens zehn der ausgewählten
Versuchspersonen keine positive Reaktion eingetreten ist!

WS-R 3.2
WS-R 3.3

13.50

Ein Straßennetz

Die Abbildung zeigt ein Straßennetz. Eva möchte auf
kürzestem Weg von A nach B. Sie wählt zufällig einen
der möglichen Wege aus.

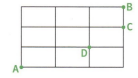

AUFGABENSTELLUNG:

a) 1) Adam wartet im Punkt C auf Eva, um sie nach B zu begleiten. Berechnen Sie die
Wahrscheinlichkeit, dass dieses Treffen zustandekommt!

2) Im Punkt D wartet Gustav auf Eva, den sie aber nicht treffen möchte. Berechnen Sie die
Wahrscheinlichkeit, mit der sie diesem Treffen entgeht!

b) 1) Zeichnen Sie im obigen Straßennetz einen Punkt E ein, den Eva mit der Wahrscheinlichkeit $\frac{3}{5}$ passiert!

2) Zeichnen Sie im obigen Straßennetz einen Punkt F ein, den Eva mit der Wahrscheinlichkeit $\frac{1}{20}$ passiert!

13.51   Qualitätskontrolle

Bei einer Qualitätskontrolle wurden fünf Produkte geprüft. Zwei dieser Produkte wurden als defekt erkannt. Leider wurde nicht protokolliert, welche zwei von den fünf Produkten defekt waren. Die fünf Produkte werden daher nochmals der Reihe nach untersucht und zwar so lange, bis die beiden defekten Produkte gefunden sind.

AUFGABENSTELLUNG:

a) 1) Berechnen Sie die Wahrscheinlichkeit, dass man die beiden defekten Produkte schon bei den ersten beiden vorgenommenen Untersuchungen findet!

   2) Berechnen Sie die Wahrscheinlichkeit, dass man diese beiden defekten Produkte spätestens bei der dritten vorgenommenen Untersuchung findet!

b) 1) Geben Sie an, wie viele Untersuchungen höchstens nötig sind, um die beiden defekten Produkte zu finden!

   2) Berechnen Sie die Wahrscheinlichkeit, dass man die maximale Anzahl von Untersuchungen braucht, um die beiden defekten Produkte zu finden!

c) 1) Die Zufallsvariable X gibt die Anzahl der Untersuchungen bis zum Auffinden der beiden Produkte an. Berechnen Sie die Werte der Wahrscheinlichkeitsfunktion von X und stellen Sie die Wahrscheinlichkeitsfunktion durch eine Tabelle dar!

   2) Ermitteln Sie den Erwartungswert μ und die Standardabweichung σ von X!

13.52   Autoreifen

Bei der Fertigung von Autoreifen durchläuft jeder Reifen der Reihe nach drei Kontrollen. Jede Kontrolle erkennt erfahrungsgemäß ein mangelhaftes Produkt mit der Wahrscheinlichkeit 0,9.

AUFGABENSTELLUNG:

a) 1) Berechnen Sie die Wahrscheinlichkeit p, dass ein mangelhafter Reifen bei einer der drei Kontrollen erkannt wird!

   2) Prüfen Sie, ob $1 - p$ die Wahrscheinlichkeit für einen nicht mangelhaften Reifen angibt, und begründen Sie die Entscheidung!

b) 1) Berechnen Sie jeweils die Wahrscheinlichkeit, dass ein mangelhafter Reifen schon bei der ersten, erst bei der zweiten bzw. erst bei der dritten Kontrolle erkannt wird!

   2) Ermitteln Sie, wie viele Kontrollen bis zum ersten Erkennen eines mangelhaften Reifens im Durchschnitt zu erwarten sind!

13.53   Stromkreisunterbrechungen

Zwei elektronische Bauteile der gleichen Art sind parallel bzw. in Serie geschaltet. Jeder Bauteil fällt bei einem Einschaltvorgang mit der Wahrscheinlichkeit p aus.

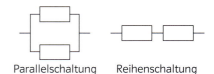

Parallelschaltung   Reihenschaltung

AUFGABENSTELLUNG:

a) 1) Geben Sie für jede Schaltung die Wahrscheinlichkeit an, dass beim Einschalten der Stromkreis unterbrochen wird!

   2) Die Wahrscheinlichkeit, dass der Strom bei einer Schaltung nicht unterbrochen wird, bezeichnet man als Zuverlässigkeit der Schaltung. Geben Sie die Zuverlässigkeit für jede der beiden Schaltungen an!

b) 1) Bei 500 Einschaltvorgängen wurde der Stromkreis 15-mal unterbrochen. Geben Sie ein 95%-Konfidenzintervall für die Wahrscheinlichkeit einer Unterbrechung des Stromkreises beim Einschalten an!

   2) Deuten Sie das Ergebnis frequentistisch!

WS-R 1.1
WS-R 1.3
WS-R 2.1
WS-R 2.2
WS-R 2.3
WS-R 3.1

13.54   Sterbetafel

In der folgenden „Sterbetafel" ist angegeben, wie viele von 100 000 Österreichern bzw. Österreicherinnen im Alter von k Jahren noch leben. Es sei L die „Lebensdauer" eines Österreichers bzw. einer Österreicherin und P(L = k) sei die Wahrscheinlichkeit, dass ein zufällig ausgewählter Österreicher bzw. eine zufällig ausgewählte Österreicherin das Alter k, aber nicht mehr das Alter k + 5 erreicht. In der Tabelle sind auch diese Wahrscheinlichkeiten angegeben.

Alter k	Anzahl der noch lebenden Österreicher	Anzahl der noch lebenden Österreicherinnen	P(L = k | männlich)	P(L = k | weiblich)
0	100 000	100 000	0,00628	0,00457
5	99 372	99 543	0,00063	0,00045
10	99 309	99 498	0,00067	0,00063
15	99 242	99 435	0,00387	0,00148
20	98 855	99 287	0,00484	0,00174
25	98 371	99 113	0,00482	0,00136
30	97 889	98 977	0,00469	0,00202
35	97 420	98 775	0,00650	0,00329
40	96 770	98 446	0,01095	0,00590
45	95 675	97 856	0,01712	0,00933
50	93 963	96 923	0,02849	0,01483
55	91 114	95 440	0,04109	0,02046
60	87 005	93 394	0,05540	0,02827
65	81 465	90 567	0,08422	0,04457
70	73 043	86 110	0,11809	0,07424
75	61 234	78 686	0,15431	0,12204
80	45 803	66 482	0,17017	0,18869
85	28 786	47 613	0,16379	0,22949
90	12 407	24 664	0,09453	0,17132
95	2 954	7 532	…	…

Quelle: Statistik Austria 2002

AUFGABENSTELLUNG:

a) 1) Interpretieren Sie P(L) im Kontext! Lesen Sie P(L = 0 | männlich) und P(L = 0 | weiblich) aus der Tabelle ab und erläutern Sie, warum diese Wahrscheinlichkeiten sehr klein sind!

   2) Ermitteln Sie die Wahrscheinlichkeit, dass eine männliche bzw. weibliche Person voraussichtlich 60 Jahre, aber nicht 65 Jahre alt wird!

b) 1) Geben Sie einen Altersabschnitt [k; k + 5) an, in dem mehr Frauen als Männer sterben!

   2) Ermitteln Sie, wie viele von 1000 Neugeborenen, unter denen gleich viele männlich wie weiblich sind, voraussichtlich im Alter von 55 bis 59 Jahren sterben!

c) 1) Erläutern Sie, warum die Wahrscheinlichkeit P(L = 60 | männlich) folgendermaßen berechnet wird: $P(L = 60 \mid \text{männlich}) = \frac{87\,005 - 81\,465}{100\,000} = 0,05540$

   2) Berechnen Sie P(L = 70 | weiblich) und geben Sie den Unterschied zur Tabelle an!

d) 1) Ermitteln Sie die Wahrscheinlichkeit, dass ein Mann bzw. eine Frau vor dem 70. Lebensjahr stirbt!

   2) Ermitteln Sie den relativen Anteil der 60-jährigen Männer bzw. Frauen, die voraussichtlich nicht das Alter von 70 Jahren erreichen!

e) 1) Den Erwartungswert von L bezeichnet man als Lebenserwartung. Berechnen Sie anhand der Tabelle untere Schranken für die Lebenserwartung von Männern und Frauen!

   2) Erläutern Sie, warum sich anhand der vorliegenden Tabelle die genauen Lebenserwartungen nicht ermitteln lassen!

13.55   **Buchungen eines Linienflugs**

Eine Airline bietet einen Linienflug in einem Flugzeug mit 300 Sitzplätzen an. Erfahrungsgemäß wird ein gebuchter Platz nur bei 90 % der Buchungen tatsächlich in Anspruch genommen.

AUFGABENSTELLUNG:

a) **1)** Geben Sie an, wie viele belegte Plätze im Durchschnitt zu erwarten sind!

   2) Berechnen Sie, mit welcher Wahrscheinlichkeit mindestens 95 % der Plätze belegt sind!

b) **1)** Die Zufallsvariable X gibt die Anzahl der tatsächlich belegten Plätze an. Ermitteln Sie ein symmetrisches Intervall um den Erwartungswert μ von X, in dem die Anzahl der tatsächlich belegten Plätze bei einem Linienflug mit 95 %iger Wahrscheinlichkeit liegt!

   2) Um die Auslastung zu verbessern, führt die Airline Überbuchungen durch, dh. sie nimmt mehr als 300 Buchungen entgegen und hofft, dass nicht alle gebuchten Fluggäste zum Flug erscheinen. Berechnen Sie die Wahrscheinlichkeit, dass bei einer 10 %igen Überbuchung nicht alle gebuchten Fluggäste transportiert werden können!

13.56   **Telefonumfrage**

In einer Gemeinde mit 5 500 Einwohnern wird über den Bau eines Schwimmbades diskutiert. Bei einer Telefonumfrage unter 500 Gemeindebürgern sprachen sich 28 % gegen den Schwimmbadbau aus. Daraufhin gab die Lokalzeitung A das Konfidenzintervall [0,26; 0,30] und die Lokalzeitung B das Konfidenzintervall [0,25; 0,31] für den unbekannten relativen Anteil der Schwimmbadgegner in der Gemeindebevölkerung an.

AUFGABENSTELLUNG:

a) **1)** Die Angabe eines Konfidenzintervalls, dessen Sicherheit kleiner als 90 % ist, kann man als „leichtsinnig" bezeichnen. Zeigen Sie, dass die Zeitung B leichtsinnig handelt!

   2) Kann man auf Grund dessen ohne weitere Rechnung sagen, dass auch die Zeitung A leichtsinnig handelt? Begründen Sie die Antwort!

b) **1)** Geben Sie ein 95 %-Konfidenzintervall für den unbekannten relativen Anteil der Schwimmbadgegner in der Gemeindebevölkerung an! Geben Sie eine frequentistische Interpretation dieses Konfidenzintervalls an!

   2) Der Bürgermeister der Gemeinde misstraut der durchgeführten Telefonumfrage. Er möchte eine Meinungsumfrage durchführen lassen und wünscht sich als Ergebnis ein 99 %-Konfidenzintervall der Länge 0,03. Begründen Sie, dass ein solches Konfidenzintervall in dieser Gemeinde nicht ermittelt werden kann!

13.57   **Konfidenzintervalle**

In einer Stichprobe von 1000 Personen eines Bezirks fanden sich 120 Linkshänder.

AUFGABENSTELLUNG:

a) **1)** Geben Sie ein 90 %-Konfidenzintervall für den unbekannten relativen Anteil p der Linkshänder in der Bevölkerung dieses Bezirks an!

   2) Ermitteln Sie ebenso ein 99 %-Konfidenzintervall!

b) **1)** Ein Statistiker gibt aufgrund der vorliegenden Stichprobe das Konfidenzintervall [0,095; 0,125] für p an. Ermitteln Sie die Sicherheit dieses Konfidenzintervalls!

   2) Beschreiben Sie, wie sich das Konfidenzintervall für p verändert, wenn bei gleichem Stichprobenumfang größere Sicherheit verlangt wird!

c) Einige Zeit später soll der relative Anteil p der Linkshänder in der Bevölkerung dieses Bezirks durch eine neue Stichprobe geschätzt werden. Ermitteln Sie, wie viele Personen zur Ermittlung eines 95 %-Konfidenzintervalls der Länge 0,025 mindestens untersucht werden müssen,

   1) wenn das Ergebnis der ersten Stichprobe mitbenutzt wird,

   2) wenn das Ergebnis der ersten Stichprobe nicht mitbenutzt wird!

ANHANG: BEWEISE

Zu 3.3 (Seite 55)

Satz (Substitutionsregel)

Sei f stetig, g differenzierbar mit stetiger Ableitung und x = g(t). Dann gilt:

$$\int_a^b f(x)\,dx = \int_c^d f(g(t)) \cdot g'(t)\,dt = \int_c^d f(g(t)) \cdot \frac{dx}{dt}\,dt,\ \text{wobei } a = g(c)\ \text{und}\ b = g(d)$$

BEWEIS: Wir führen die Substitution x = g(t) durch. Wir setzen f als stetig und g als differenzierbar voraus und approximieren das Integral durch Summen:

$$\int_a^b f(x)\,dx \approx \sum f(x) \cdot \Delta x = \sum f(x) \cdot \frac{\Delta x}{\Delta t} \cdot \Delta t = \sum f(x) \cdot \frac{\Delta g(t)}{\Delta t}$$

Diese Näherung gilt im Allgemeinen umso genauer, je kleiner Δt ist. Für $\Delta t \to 0$ geht (wegen der Stetigkeit von g) auch $\Delta g(t) \to 0$ und der Differenzenquotient $\frac{\Delta g(t)}{\Delta t}$ geht über in den Differential-quotient $\frac{dg(t)}{dt} = g'(t)$. Wir erhalten also für $\Delta t \to 0$:

$$\int_a^b f(x)\,dx = \int_c^d f(g(t)) \cdot g'(t)\,dt$$

Die neuen Integralgrenzen c und d erhält man aus den Gleichungen a = g(c) und b = g(d). □

Zu 3.3 (Seite 56)

Satz (Flächeninhalt eines Kreises)

Für den Flächeninhalt A eines Kreises mit dem Radius r gilt: $A = r^2 \cdot \pi$.

BEWEIS: Wir leiten zunächst eine Formel für den Flächeninhalt $\overline{A}$ des nebenstehend abgebildeten Viertelkreises her.

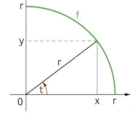

- Aus der Kreisgleichung $x^2 + y^2 = r^2$ ergibt sich $y = f(x) = \sqrt{r^2 - x^2}$.

  Somit ist: $\overline{A} = \int_0^r \sqrt{r^2 - x^2}\,dx$

- Um dieses Integral zu berechnen, substituieren wir:

  $x = r \cdot \cos(t)\ \left(0 \leqslant t \leqslant \frac{\pi}{2}\right)$

- Neue Grenzen: $x = 0 \Rightarrow t = \frac{\pi}{2},\ x = r \Rightarrow t = 0$

- Nach der Substitutionsregel ergibt sich:

- $\overline{A} = \int_0^r \sqrt{r^2 - x^2}\,dx = \int_{\frac{\pi}{2}}^0 \sqrt{r^2 - r^2 \cdot \cos^2(t)} \cdot \frac{dx}{dt}\,dt = -\int_0^{\frac{\pi}{2}} \sqrt{r^2 - r^2 \cdot \cos^2(t)} \cdot (-r \cdot \sin(t))\,dt =$

  $= r^2 \cdot \int_0^{\frac{\pi}{2}} \sqrt{1 - \cos^2(t)} \cdot \sin(t)\,dt = r^2 \cdot \int_0^{\frac{\pi}{2}} \sin^2(t)\,dt$

- Zur Berechnung dieses Integrals verwenden wir die Formel $\sin^2(t) = \frac{1 - \cos(2t)}{2}$:

  $\overline{A} = r^2 \cdot \int_0^{\frac{\pi}{2}} \frac{1 - \cos(2t)}{2}\,dt = \frac{r^2}{2} \cdot \int_0^{\frac{\pi}{2}} [1 - \cos(2t)]\,dt = \frac{r^2}{2} \cdot \left[t - \frac{1}{2} \cdot \sin(2t)\right]\Big|_0^{\frac{\pi}{2}} = \frac{r^2}{2} \cdot \left(\frac{\pi}{2} - 0\right) = \frac{r^2\pi}{4}$

- Daraus folgt: $A = 4 \cdot \overline{A} = r^2\pi$ □

Zu 3.3 (Seite 56)

Satz (Partielle Integration)

Sei f stetig, F eine Stammfunktion von f und g differenzierbar mit stetiger Ableitung. Dann gilt:

$$\int_a^b f(x) \cdot g(x)\, dx = F(x) \cdot g(x)\Big|_a^b - \int_a^b F(x) \cdot g'(x)\, dx$$

BEWEIS: Wir berechnen die Ableitung der Funktion F · g:

$$(F \cdot g)' = F' \cdot g + F \cdot g' = f \cdot g + F \cdot g'$$

Die Funktion F · g ist also eine Stammfunktion der Funktion f · g + F · g'. Damit erhalten wir

$$\int_a^b (f \cdot g + F \cdot g')(x)\, dx = (F \cdot g)(x)\Big|_a^b \Rightarrow \int_a^b f(x) \cdot g(x)\, dx + \int_a^b F(x) \cdot g'(x)\, dx = F(x) \cdot g(x)\Big|_a^b \Rightarrow$$

$$\Rightarrow \int_a^b f(x) \cdot g(x)\, dx = F(x) \cdot g(x)\Big|_a^b - \int_a^b F(x) \cdot g'(x)\, dx \qquad \square$$

MATHEMATISCHE ZEICHEN

(unter Berücksichtigung der ÖNORM A 6406 und A 6411)

Beachte

Das „Durchstreichen" eines Zeichens mittels „/" bedeutet dessen Negation.

Symbole aus der Logik

:	gilt	$\neg$	nicht … (Negation einer Aussage)
$\wedge$	… und …	$\vee$	… oder … (nicht-ausschließend)
$\Rightarrow$	wenn …, dann …	$\Leftrightarrow$	… genau dann, wenn …
$\exists$	Es gibt (mindestens) ein … (Existenzquantor)	$\forall$	Für alle … (Allquantor)

Symbole aus der Mengenlehre

$\in$	ist Element der Menge…	$\subset$	ist echte Teilmenge der Menge …
$\supseteq$	ist Obermenge der Menge…	$\subseteq$	ist Teilmenge der Menge …
$=$	hat die gleichen Elemente wie…	A'	Komplementärmenge der Menge A
$\setminus$	Differenzmenge von … und …	$\triangle$	symmetrische Differenz von … und …
$\cap$	… geschnitten mit …	$\cup$	… vereinigt mit …

$A = \{x \in G \mid …\}$ A ist die Menge aller x aus der Menge G, für die gilt: …

Wichtige Zahlenmengen

$\{\,\}, \varnothing$	leere Menge
$\mathbb{N} = \{0, 1, 2, 3, …\}$	Menge der natürlichen Zahlen **mit** 0
$\mathbb{N}^* = \{1, 2, 3, …\} = \mathbb{Z}^+$	Menge der natürlichen Zahlen **ohne** 0 = Menge der **positiven ganzen** Zahlen
$\mathbb{N}_g = \{0, 2, 4, …\}$	Menge der **geraden** natürlichen Zahlen
$\mathbb{N}_u = \{1, 3, 5, …\}$	Menge der **ungeraden** natürlichen Zahlen
$\mathbb{P} = \{2, 3, 5, 7, 11, …\}$	Menge der **Primzahlen**
$\mathbb{Z} = \{…, -2, -1, 0, 1, 2, …\}$	Menge der **ganzen** Zahlen
$\mathbb{Z}^- = \{…, -2, -1\}$	Menge der **negativen ganzen** Zahlen
$\mathbb{Q}$	Menge der **rationalen** Zahlen
$\mathbb{I} = \mathbb{R} \setminus \mathbb{Q}$	Menge der **irrationalen** Zahlen
$\mathbb{R}$	Menge der **reellen** Zahlen
$\mathbb{Q}^*$ bzw. $\mathbb{R}^*$	Menge der **rationalen** bzw. **reellen** Zahlen **ohne** 0
$\mathbb{Q}^+$ bzw. $\mathbb{R}^+$	Menge der **positiven rationalen** bzw. **reellen** Zahlen
$\mathbb{Q}^-$ bzw. $\mathbb{R}^-$	Menge der **negativen rationalen** bzw. **reellen** Zahlen
$\mathbb{Q}_0^+$ bzw. $\mathbb{R}_0^+$	Menge der **nichtnegativen rationalen** bzw. **reellen** Zahlen
$\mathbb{Q}_0^-$ bzw. $\mathbb{R}_0^-$	Menge der **nichtpositiven rationalen** bzw. **reellen** Zahlen
$\mathbb{C}$	Menge der **komplexen** Zahlen
$[a; b], (a; b), [a; b), (a; b]$	Intervalle
$\mathbb{R}^n$	Menge der geordneten n-Tupel reeller Zahlen

Symbole aus der Arithmetik und Algebra

$=$	… ist (dem Wert nach) gleich …	$\neq$	… ist (dem Wert nach) ungleich
$\approx$	… ist ungefähr gleich …	$\triangleq$	… entspricht …
$<$	… ist kleiner als …	$>$	… ist größer als
$\leq$	… ist kleiner oder gleich …	$\geq$	… ist größer oder gleich …
$+$	Addition (bzw. Vorzeichen)	$-$	Subtraktion (bzw. Vorzeichen)
$\sqrt{x}$	Quadratwurzel von x	$\sqrt[n]{x}$	n-te Wurzel von x
$\sum_{i=1}^{n} a_i$	Summe der Zahlen $a_1, a_2, \ldots, a_n$	$\pm$	… plus oder minus …
$\lvert a \rvert$	Betrag von a	$\mid$	… teilt … $\quad\nmid\quad$ … teilt nicht …
kgV	kleinstes gemeinsames Vielfaches von …	ggT	größter gemeinsamer Teiler von …
%	Prozent	‰	Promille
$(x_1 \mid x_2)$	geordnetes Paar	i	imaginäre Einheit

Funktionen

$f: A \rightarrow B \mid x \mapsto f(x)$	Funktion von A nach B, die jedem $x \in A$ den Funktionswert $f(x) \in B$ zuordnet		
$f^*: B \rightarrow A \mid f(x) \mapsto x$	Umkehrfunktion von f	$g \circ f$	Verkettung von f und g
f'	erste Ableitung von f	f'', f'''	zweite (dritte) Ableitung von f
$\dfrac{\Delta y}{\Delta x}$	Differenzenquotient	$\dfrac{dy}{dx}$	Differentialquotient
$\int f(x)\, dx$	Integral von f	$\int_a^b f(x)\, dx$	bestimmtes Integral

Symbole aus der Geometrie

A, B, …	Punkte	$(x_1 \mid x_2)$ bzw. $(x_1 \mid x_2 \mid x_3)$	Punkt/Vektor
AB	Strecke AB	$\overline{AB}$	Länge der Strecke AB
$\overrightarrow{AB}$	Vektor, dargestellt als Pfeil von A nach B	$\lvert\overrightarrow{AB}\rvert$	Länge des Pfeils von A nach B
$\vec{a}$	Vektor	$\lvert\vec{a}\rvert$	Betrag des Vektors $\vec{a}$
$\vec{a}_0$	Einheitsvektor zu $\vec{a}$	$-\vec{a}$	entgegengesetzter Vektor zu $\vec{a}$
$\vec{o}$	Nullvektor	$\sphericalangle ABC$	Maß des Winkels mit den Schenkeln BA und BC
$\vec{b}_a$	Normalprojektion von $\vec{b}$ auf $\vec{a}$		
$\perp$	rechtwinkelig (normal, orthogonal)	$\parallel$	parallel
$\vec{a} \cdot \vec{b}$	Skalarprodukt der Vektoren $\vec{a}$ und $\vec{b}$	$\vec{a} \times \vec{b}$	Vektorprodukt der Vektoren $\vec{a}$ und $\vec{b}$

Symbole aus der Wahrscheinlichkeitsrechnung und Statistik

$\bar{x}$	Mittelwert einer Liste	μ	Erwartungswert
s	empirische Standardabweichung	s^2	empirische Varianz
s_{xy}	empirische Kovarianz	r_{xy}	Korrelationskoeffizient
σ	Standardabweichung	σ^2	Varianz
$n!$	Fakultät, Faktorielle	$\binom{n}{k}$	Binomialkoeffizient
$P(E)$	Wahrscheinlichkeit des Ereignisses E		
$P(E_1 \mid E_2)$	Wahrscheinlichkeit von E_1 unter der Bedingung E_2		

Griechisches Alphabet

A α	Alpha	H η	Eta	N ν	Ny	T τ	Tau
B β	Beta	Θ ϑ	Theta	Ξ ξ	Xi	Y υ	Ypsilon
Γ γ	Gamma	I ι	Iota	O o	Omikron	Φ φ	Phi
Δ δ	Delta	K ϰ	Kappa	Π π	Pi	X χ	Chi
E ε	Epsilon	Λ λ	Lambda	P ρ	Rho	Ψ ψ	Psi
Z ζ	Zeta	M μ	My	Σ σ	Sigma	Ω ω	Omega

TABELLEN

Binomialkoeffizienten $\binom{n}{k}$

n\k	2	3	4	5	6	7	8	9	10	11	12	13
2	1											
3	3	1										
4	6	4	1									
5	10	10	5	1								
6	15	20	15	6	1							
7	21	35	35	21	7	1						
8	28	56	70	56	28	8	1					
9	36	84	126	126	84	36	9	1				
10	45	120	210	252	210	120	45	10	1			
11	55	165	330	462	462	330	165	55	11	1		
12	66	220	495	792	924	792	495	220	66	12	1	
13	78	286	715	1287	1716	1716	1287	715	286	78	13	1
14	91	364	1001	2002	3003	3432	3003	2002	1001	364	91	14
15	105	455	1365	3003	5005	6435	6435	5005	3003	1365	455	105
16	120	560	1820	4368	8008	11440	12870	11440	8008	4368	1820	560
17	136	680	2380	6188	12376	19448	24310	24310	19448	12376	6188	2380
18	153	816	3060	8568	18564	31824	43758	48620	43758	31824	18561	8568
19	171	969	3876	11628	27132	50388	75582	92378	92378	75582	50388	27132
20	190	1140	4845	15504	38760	77520	125970	167960	184756	167960	125970	77520
21	210	1330	5985	20349	54264	116280	203490	293930	352716	352716	293930	203490
22	231	1540	7315	26334	74613	170544	319770	497420	646646	705432	646646	497420
23	253	1771	8855	33649	100947	245157	490314	817190	1144066	1352078	1352078	1144066
24	276	2024	10626	42504	134596	346104	735471	1307504	1961256	2496144	2704156	2496144
25	300	2300	12650	53130	177100	480700	1081575	2042975	3268760	4457400	5200300	5200300
26	325	2600	14950	65780	230230	657800	1562275	3124550	5311735	7726160	9657700	10400600

Binomialverteilung mit $n = 10$ und $p = \frac{1}{6}$

k	0	1	2	3	4	5	6	7	8	9	10
$P(H = k)$	0,162	0,323	0,291	0,155	0,054	0,013	0,002				
$P(H \leq k)$	0,162	0,485	0,775	0,930	0,985	0,998	1,000	1,000	1,000	1,000	1,000
$P(H \geq k)$	1,000	0,838	0,515	0,225	0,070	0,016	0,002				

Keine Eintragung bedeutet 0,000.

Binomialverteilung mit $n = 20$ und $p = \frac{1}{6}$

k	0	1	2	3	4	5	6	7	8	9	10
$P(H = k)$	0,026	0,104	0,198	0,238	0,202	0,129	0,065	0,026	0,008	0,002	
$P(H \leq k)$	0,026	0,130	0,329	0,567	0,769	0,898	0,963	0,989	0,997	0,999	1,000
$P(H \geq k)$	1,000	0,974	0,870	0,671	0,433	0,231	0,102	0,037	0,011	0,003	0,001

k	11	12	13	14	15	16	17	18	19	20
$P(H = k)$										
$P(H \leq k)$	1,000	1,000	1,000	1,000	1,000	1,000	1,000	1,000	1,000	1,000
$P(H \geq k)$										

Keine Eintragung bedeutet 0,000.

Binomialverteilung mit n = 10 und verschiedenen Werten von p: P(H = k)

p \ k	0	1	2	3	4	5	6	7	8	9	10	
0,01	0,904	0,091	0,004									0,99
0,02	0,817	0,167	0,015	0,001								0,98
0,05	0,599	0,315	0,075	0,011								0,95
0,10	0,349	0,387	0,194	0,057	0,011							0,90
0,15	0,197	0,347	0,276	0,130	0,040	0,008	0,001					0,85
0,20	0,107	0,268	0,302	0,201	0,088	0,026	0,006	0,001				0,80
0,25	0,056	0,188	0,282	0,250	0,146	0,058	0,016	0,003				0,75
0,30	0,028	0,121	0,233	0,267	0,200	0,103	0,037	0,009	0,001			0,70
0,35	0,014	0,073	0,176	0,252	0,238	0,154	0,069	0,021	0,004	0,001		0,65
0,40	0,006	0,040	0,121	0,215	0,251	0,201	0,111	0,043	0,011	0,002		0,60
0,45	0,003	0,021	0,076	0,166	0,238	0,234	0,160	0,075	0,023	0,004		0,55
0,50	0,001	0,010	0,044	0,117	0,205	0,246	0,205	0,117	0,044	0,010	0,001	0,50
	10	9	8	7	6	5	4	3	2	1	0	k \ p

Keine Eintragung bedeutet 0,000.

Binomialverteilung mit n = 10 und verschiedenen Werten von p: P(H ≤ k) und P(H ≥ k)

P(H ≤ k)

p \ k	0	1	2	3	4	5	6	7	8	9	10	
0,01	0,904	0,996	1,000	1,000	1,000	1,000	1,000	1,000	1,000	1,000	1,000	0,99
0,02	0,817	0,984	0,999	1,000	1,000	1,000	1,000	1,000	1,000	1,000	1,000	0,98
0,05	0,599	0,914	0,988	0,999	1,000	1,000	1,000	1,000	1,000	1,000	1,000	0,95
0,10	0,349	0,736	0,930	0,987	0,998	1,000	1,000	1,000	1,000	1,000	1,000	0,90
0,15	0,197	0,544	0,820	0,950	0,990	0,999	1,000	1,000	1,000	1,000	1,000	0,85
0,20	0,107	0,376	0,678	0,879	0,967	0,994	0,999	1,000	1,000	1,000	1,000	0,80
0,25	0,056	0,244	0,526	0,776	0,922	0,980	0,996	1,000	1,000	1,000	1,000	0,75
0,30	0,028	0,149	0,383	0,650	0,850	0,953	0,989	0,998	1,000	1,000	1,000	0,70
0,35	0,014	0,086	0,262	0,514	0,751	0,905	0,974	0,995	0,999	1,000	1,000	0,65
0,40	0,006	0,046	0,167	0,382	0,633	0,834	0,945	0,988	0,998	1,000	1,000	0,60
0,45	0,003	0,023	0,100	0,266	0,504	0,738	0,898	0,973	0,995	1,000	1,000	0,55
0,50	0,001	0,011	0,055	0,172	0,377	0,623	0,828	0,945	0,989	0,999	1,000	0,50
0,55		0,005	0,027	0,102	0,262	0,496	0,734	0,900	0,977	0,997	1,000	0,45
0,60		0,002	0,012	0,055	0,166	0,367	0,618	0,833	0,954	0,994	1,000	0,40
0,65		0,001	0,005	0,026	0,095	0,249	0,486	0,738	0,914	0,987	1,000	0,35
0,70			0,002	0,011	0,047	0,150	0,350	0,617	0,851	0,972	1,000	0,30
0,75				0,004	0,020	0,078	0,224	0,474	0,756	0,944	1,000	0,25
0,80				0,001	0,006	0,033	0,121	0,322	0,624	0,893	1,000	0,20
0,85					0,001	0,010	0,050	0,180	0,456	0,803	1,000	0,15
0,90						0,002	0,013	0,070	0,264	0,651	1,000	0,10
0,95							0,001	0,012	0,086	0,401	1,000	0,05
0,98								0,001	0,016	0,183	1,000	0,02
0,99									0,004	0,096	1,000	0,01
	10	9	8	7	6	5	4	3	2	1	0	k \ p

Keine Eintragung bedeutet 0,000.

P(H ≥ k)

Binomialverteilung mit n = 20 und verschiedenen Werten von p:
P(H = k)

p\k	0	1	2	3	4	5	6	7	8	9	10	11	12	13	14	15	16	17	18	19	20	
0,01	0,818	0,165	0,016	0,001																		0,99
0,02	0,668	0,272	0,053	0,006	0,001																	0,98
0,05	0,358	0,377	0,189	0,060	0,013	0,002																0,95
0,10	0,122	0,270	0,285	0,190	0,090	0,032	0,009	0,002														0,90
0,15	0,039	0,137	0,229	0,243	0,182	0,103	0,045	0,016	0,005	0,001												0,85
0,20	0,012	0,058	0,137	0,205	0,218	0,175	0,109	0,055	0,022	0,007	0,002											0,80
0,25	0,003	0,021	0,067	0,134	0,190	0,202	0,169	0,112	0,061	0,027	0,010	0,003	0,001									0,75
0,30	0,001	0,007	0,028	0,072	0,130	0,179	0,192	0,164	0,114	0,065	0,031	0,012	0,004	0,001								0,70
0,35		0,002	0,010	0,032	0,074	0,127	0,171	0,184	0,161	0,116	0,069	0,034	0,014	0,005	0,001							0,65
0,40			0,003	0,012	0,035	0,075	0,124	0,166	0,180	0,160	0,117	0,071	0,036	0,015	0,005	0,001						0,60
0,45			0,001	0,004	0,014	0,037	0,075	0,122	0,162	0,177	0,159	0,119	0,073	0,037	0,015	0,005	0,001					0,55
0,50				0,001	0,005	0,015	0,037	0,074	0,120	0,160	0,176	0,160	0,120	0,074	0,037	0,015	0,005	0,001				0,50
	20	19	18	17	16	15	14	13	12	11	10	9	8	7	6	5	4	3	2	1	0	k\p

Keine Eintragung bedeutet 0,000.

Binomialverteilung mit n = 20 und verschiedenen Werten von p:
P(H ≤ k) und P(H ≥ k)

P(H ≤ k)

p\k	0	1	2	3	4	5	6	7	8	9	10	11	12	13	14	15	16	17	18	19	20	
0,01	0,818	0,983	0,999	1,000	1,000	1,000	1,000	1,000	1,000	1,000	1,000	1,000	1,000	1,000	1,000	1,000	1,000	1,000	1,000	1,000	1,000	0,99
0,02	0,668	0,940	0,993	0,999	1,000	1,000	1,000	1,000	1,000	1,000	1,000	1,000	1,000	1,000	1,000	1,000	1,000	1,000	1,000	1,000	1,000	0,98
0,05	0,358	0,736	0,925	0,984	0,997	1,000	1,000	1,000	1,000	1,000	1,000	1,000	1,000	1,000	1,000	1,000	1,000	1,000	1,000	1,000	1,000	0,95
0,10	0,122	0,392	0,677	0,867	0,957	0,989	0,998	1,000	1,000	1,000	1,000	1,000	1,000	1,000	1,000	1,000	1,000	1,000	1,000	1,000	1,000	0,90
0,15	0,039	0,176	0,405	0,648	0,830	0,933	0,978	0,994	0,999	1,000	1,000	1,000	1,000	1,000	1,000	1,000	1,000	1,000	1,000	1,000	1,000	0,85
0,20	0,012	0,069	0,206	0,411	0,630	0,804	0,913	0,968	0,990	0,997	0,999	1,000	1,000	1,000	1,000	1,000	1,000	1,000	1,000	1,000	1,000	0,80
0,25	0,003	0,024	0,091	0,225	0,415	0,617	0,786	0,898	0,959	0,986	0,996	0,999	1,000	1,000	1,000	1,000	1,000	1,000	1,000	1,000	1,000	0,75
0,30	0,001	0,008	0,036	0,107	0,238	0,416	0,608	0,772	0,887	0,952	0,983	0,995	0,999	1,000	1,000	1,000	1,000	1,000	1,000	1,000	1,000	0,70
0,35		0,002	0,012	0,044	0,118	0,245	0,417	0,601	0,762	0,878	0,947	0,980	0,994	0,998	1,000	1,000	1,000	1,000	1,000	1,000	1,000	0,65
0,40		0,001	0,004	0,016	0,051	0,126	0,250	0,416	0,596	0,755	0,872	0,943	0,979	0,994	0,998	1,000	1,000	1,000	1,000	1,000	1,000	0,60
0,45			0,001	0,005	0,019	0,055	0,130	0,252	0,414	0,591	0,751	0,869	0,942	0,979	0,994	0,998	1,000	1,000	1,000	1,000	1,000	0,55
0,50				0,001	0,006	0,021	0,058	0,132	0,252	0,412	0,588	0,748	0,868	0,942	0,979	0,994	0,999	1,000	1,000	1,000	1,000	0,50
0,55					0,001	0,006	0,021	0,058	0,131	0,249	0,409	0,586	0,748	0,870	0,945	0,981	0,995	0,999	1,000	1,000	1,000	0,45
0,60						0,001	0,006	0,021	0,057	0,128	0,245	0,404	0,584	0,750	0,874	0,949	0,984	0,996	0,999	1,000	1,000	0,40
0,65							0,001	0,006	0,020	0,053	0,122	0,238	0,399	0,583	0,755	0,882	0,956	0,988	0,998	1,000	1,000	0,35
0,70								0,001	0,005	0,017	0,048	0,113	0,228	0,392	0,584	0,762	0,893	0,965	0,992	0,999	1,000	0,30
0,75									0,001	0,004	0,014	0,041	0,102	0,214	0,383	0,585	0,775	0,909	0,976	0,997	1,000	0,25
0,80										0,001	0,003	0,010	0,032	0,087	0,196	0,370	0,589	0,794	0,931	0,988	1,000	0,20
0,85												0,001	0,006	0,022	0,067	0,170	0,352	0,595	0,824	0,961	1,000	0,15
0,90														0,002	0,011	0,043	0,133	0,323	0,608	0,878	1,000	0,10
0,95																0,003	0,016	0,076	0,264	0,642	1,000	0,05
0,98																	0,001	0,007	0,060	0,332	1,000	0,02
0,99																		0,001	0,017	0,182	1,000	0,01
	20	19	18	17	16	15	14	13	12	11	10	9	8	7	6	5	4	3	2	1	0	k\p

Keine Eintragung bedeutet 0,000.

P(H ≥ k)

Normalverteilung

z	Φ(−z)	Φ(z)	z	Φ(−z)	Φ(z)	z	Φ(−z)	Φ(z)	z	Φ(−z)	Φ(z)	z	Φ(−z)	Φ(z)	z	Φ(−z)	Φ(z)
	0,	0,		0,	0,		0,	0,		0,	0,		0,	0,		0,	0,
0,01	4960	5040	0,51	3050	6950	1,01	1562	8438	1,51	0655	9345	2,01	0222	9778	2,51	0060	9940
0,02	4920	5080	0,52	3015	6985	1,02	1539	8461	1,52	0643	9357	2,02	0217	9783	2,52	0059	9941
0,03	4880	5120	0,53	2981	7019	1,03	1515	8485	1,53	0630	9370	2,03	0212	9788	2,53	0057	9943
0,04	4840	5160	0,54	2946	7054	1,04	1492	8508	1,54	0618	9382	2,04	0207	9793	2,54	0055	9945
0,05	4801	5199	0,55	2912	7088	1,05	1469	8531	1,55	0606	9394	2,05	0202	9798	2,55	0054	9946
0,06	4761	5239	0,56	2877	7123	1,06	1446	8554	1,56	0594	9406	2,06	0197	9803	2,56	0052	9948
0,07	4721	5279	0,57	2843	7157	1,07	1423	8577	1,57	0582	9418	2,07	0192	9808	2,57	0051	9949
0,08	4681	5319	0,58	2810	7190	1,08	1401	8599	1,58	0571	9429	2,08	0188	9812	2,58	0049	9951
0,09	4641	5359	0,59	2776	7224	1,09	1379	8621	1,59	0559	9441	2,09	0183	9817	2,59	0048	9952
0,10	4602	5398	0,60	2743	7257	1,10	1357	8643	1,60	0548	9452	2,10	0179	9821	2,60	0047	9953
0,11	4562	5438	0,61	2709	7291	1,11	1335	8665	1,61	0537	9463	2,11	0174	9826	2,61	0045	9955
0,12	4522	5478	0,62	2676	7324	1,12	1314	8686	1,62	0526	9474	2,12	0170	9830	2,62	0044	9956
0,13	4483	5517	0,63	2643	7357	1,13	1292	8708	1,63	0516	9484	2,13	0166	9834	2,63	0043	9957
0,14	4443	5557	0,64	2611	7389	1,14	1271	8729	1,64	0505	9495	2,14	0162	9838	2,64	0041	9959
0,15	4404	5596	0,65	2578	7422	1,15	1251	8749	1,65	0495	9505	2,15	0158	9842	2,65	0040	9960
0,16	4364	5636	0,66	2546	7454	1,16	1230	8770	1,66	0485	9515	2,16	0154	9846	2,66	0039	9961
0,17	4325	5675	0,67	2514	7486	1,17	1210	8790	1,67	0475	9525	2,17	0150	9850	2,67	0038	9962
0,18	4286	5714	0,68	2483	7517	1,18	1190	8810	1,68	0465	9535	2,18	0146	9854	2,68	0037	9963
0,19	4247	5753	0,69	2451	7549	1,19	1170	8830	1,69	0455	9545	2,19	0143	9857	2,69	0036	9964
0,20	4207	5793	0,70	2420	7580	1,20	1151	8849	1,70	0446	9554	2,20	0139	9861	2,70	0035	9965
0,21	4168	5832	0,71	2389	7611	1,21	1131	8869	1,71	0436	9564	2,21	0136	9864	2,71	0034	9966
0,22	4129	5871	0,72	2358	7642	1,22	1112	8888	1,72	0427	9573	2,22	0132	9868	2,72	0033	9967
0,23	4090	5910	0,73	2327	7673	1,23	1093	8907	1,73	0418	9582	2,23	0129	9871	2,73	0032	9968
0,24	4052	5948	0,74	2296	7704	1,24	1075	8925	1,74	0409	9591	2,24	0125	9875	2,74	0031	9969
0,25	4013	5987	0,75	2266	7734	1,25	1056	8944	1,75	0401	9599	2,25	0122	9878	2,75	0030	9970
0,26	3974	6026	0,76	2236	7764	1,26	1038	8962	1,76	0392	9608	2,26	0119	9881	2,76	0029	9971
0,27	3936	6064	0,77	2206	7794	1,27	1020	8980	1,77	0384	9616	2,27	0116	9884	2,77	0028	9972
0,28	3897	6103	0,78	2177	7823	1,28	1003	8997	1,78	0375	9625	2,28	0113	9887	2,78	0027	9973
0,29	3859	6141	0,79	2148	7852	1,29	0985	9015	1,79	0367	9633	2,29	0110	9890	2,79	0026	9974
0,30	3821	6179	0,80	2119	7881	1,30	0968	9032	1,80	0359	9641	2,30	0107	9893	2,80	0026	9974
0,31	3783	6217	0,81	2090	7910	1,31	0951	9049	1,81	0351	9649	2,31	0104	9896	2,81	0025	9975
0,32	3745	6255	0,82	2061	7939	1,32	0934	9066	1,82	0344	9656	2,32	0102	9898	2,82	0024	9976
0,33	3707	6293	0,83	2033	7967	1,33	0918	9082	1,83	0336	9664	2,33	0099	9901	2,83	0023	9977
0,34	3669	6331	0,84	2005	7995	1,34	0901	9099	1,84	0329	9671	2,34	0096	9904	2,84	0023	9977
0,35	3632	6368	0,85	1977	8023	1,35	0885	9115	1,85	0322	9678	2,35	0094	9906	2,85	0022	9978
0,36	3594	6406	0,86	1949	8051	1,36	0869	9131	1,86	0314	9686	2,36	0091	9909	2,86	0021	9979
0,37	3557	6443	0,87	1922	8078	1,37	0853	9147	1,87	0307	9693	2,37	0089	9911	2,87	0021	9979
0,38	3520	6480	0,88	1894	8106	1,38	0838	9162	1,88	0301	9699	2,38	0087	9913	2,88	0020	9980
0,39	3483	6517	0,89	1867	8133	1,39	0823	9177	1,89	0294	9706	2,39	0084	9916	2,89	0019	9981
0,40	3446	6554	0,90	1841	8159	1,40	0808	9192	1,90	0287	9713	2,40	0082	9918	2,90	0019	9981
0,41	3409	6591	0,91	1814	8186	1,41	0793	9207	1,91	0281	9719	2,41	0080	9920	2,91	0018	9982
0,42	3372	6628	0,92	1788	8212	1,42	0778	9222	1,92	0274	9726	2,42	0078	9922	2,92	0018	9982
0,43	3336	6664	0,93	1762	8238	1,43	0764	9236	1,93	0268	9732	2,43	0075	9925	2,93	0017	9983
0,44	3300	6700	0,94	1736	8264	1,44	0749	9251	1,94	0262	9738	2,44	0073	9927	2,94	0016	9984
0,45	3264	6736	0,95	1711	8289	1,45	0735	9265	1,95	0256	9744	2,45	0071	9929	2,95	0016	9984
0,46	3228	6772	0,96	1685	8315	1,46	0721	9279	1,96	0250	9750	2,46	0069	9931	2,96	0015	9985
0,47	3192	6808	0,97	1660	8340	1,47	0708	9292	1,97	0244	9756	2,47	0068	9932	2,97	0015	9985
0,48	3156	6844	0,98	1635	8365	1,48	0694	9306	1,98	0239	9761	2,48	0066	9934	2,98	0014	9986
0,49	3121	6879	0,99	1611	8389	1,49	0681	9319	1,99	0233	9767	2,49	0064	9936	2,99	0014	9986
0,50	3085	6915	1,00	1587	8413	1,50	0668	9332	2,00	0228	9772	2,50	0062	9938	3,00	0013	9987

STICHWORTVERZEICHNIS

BILDNACHWEIS

U1: Asurobson / Thinkstock; S. 6: chris-m / Fotolia; S. 32: Andrey Artykov / iStockphoto.com; S. 49: payphoto / iStockphoto.com; S. 50: Margit Power / Fotolia; S. 59.1: akg-images / picturedesk.com; S. 59.2: akg-images / picturedesk.com; S. 59.3: Science Photo Library / picturedesk.com; S. 59.4: akg-images / picturedesk.com; S. 69: stillkost / Fotolia; S. 70.1: Sergej Toporkov / Fotolia; S. 70.2: AndreyPopov / Getty Images - iStockphoto; S. 71.1: KeongDaGreat / Getty Images - iStockphoto; S. 71.2: Leonid Shcheglov / Fotolia; S. 71.3: Grigorev_Vladimir / Getty Images - iStockphoto; S. 73.1: MEV-Verlag, Germany; S. 73.2: MP2 / Fotolia; S. 81.1: Vladimir Shevelev / Fotolia; S. 81.2: scanrail / Thinkstock; S. 83: Ruben Mario Ramos 2017 / Getty Images - iStockphoto; S. 84: Vudhikul Ocharoen / Getty Images - iStockphoto; S. 88.1: dima_sidelnikov / Thinkstock; S. 88.2: DmitriMaruta / Getty Images - iStockphoto; S. 91: monkeybusinessimages / Thinkstock; S. 98: lantapix - stock.adobe.com; S. 102: Composer / Fotolia; S. 105.1: Tatiana Popova / iStockphoto.com; S. 105.2: ideeone / iStockphoto.com; S. 108: auremar / Fotolia; S. 120: Stas Perov / iStockphoto.com; S. 125.1: impr2003 / Thinkstock; S. 125.2: kyslynskyy / Fotolia; S. 229: Tatiana Popova / iStockphoto.com; S. 231: Maciej Mamro / Fotolia